环境工程实用技术丛书

循环冷却水处理技术

XUNHUAN
LENGQUESHUI
CHULI
JISHU

胡大龙　王文东　主编

U0231363

化学工业出版社
·北京·

内容简介

本书以问答的形式,对循环冷却水处理中常见的技术及应用问题进行了整理汇编。全书共分八个部分,包括循环冷却水系统、循环冷却水补充水处理技术、循环冷却水结垢控制技术、循环冷却水腐蚀控制技术、循环冷却水微生物控制技术、循环冷却水旁流净化技术、循环冷却水系统监测与运行管理和附录。此外,本书还关注了循环冷却水技术的最新研究成果和创新实践,为读者提供了该领域的前沿动态和发展趋势。全书以实用性和全面性为主要原则,旨在体现循环冷却水处理的专业性、可参考性。

本书资料翔实、实用性强,可供基层企事业单位的环保技术人员、管理人员阅读,也适合高等院校环境相关专业师生、环保爱好者和宣传工作者参考。

图书在版编目(CIP)数据

循环冷却水处理技术 / 胡大龙,王文东主编.
北京:化学工业出版社,2024.11. ——(环境工程实用
技术丛书). —— ISBN 978-7-122-46073-8

Ⅰ. TQ085

中国国家版本馆 CIP 数据核字第 2024YE3723 号

责任编辑:左晨燕 　　　　　　　　　　装帧设计:史利平
责任校对:刘　一

出版发行:化学工业出版社(北京市东城区青年湖南街 13 号　邮政编码 100011)
印　　装:北京建宏印刷有限公司
787mm×1092mm　1/16　印张 19½　字数 475 千字　2025 年 3 月北京第 1 版第 1 次印刷

购书咨询:010-64518888 　　　　　　　售后服务:010-64518899
网　　址:http://www.cip.com.cn
凡购买本书,如有缺损质量问题,本社销售中心负责调换。

定　　价:148.00 元

前　言

中国目前面临的水资源短缺问题相当严重，人均水资源占有量不足世界平均水平的三分之一，部分重要流域如淮河、辽河、黄河、海河流域以及长江开发已超水资源承载力，显示出严重的水资源压力。在地域分布上，我国水资源也呈现出不均衡的特点，表现为"东多西少，南多北少"，加剧了部分地区的水资源短缺问题。这种不均衡性导致了供水压力的增加，尤其是在人口密集的地区，水资源相对匮乏，使得供水问题更加突出。

为应对这一挑战，国家近年来出台了一系列重要文件，旨在加强用水管理，推动节水工作。《国家节水行动方案》（发改环资规〔2019〕695号）、《"十四五"节水型社会建设规划》（发改环资〔2021〕1516号）、《工业水效提升计划》（工信部联节〔2022〕72号）、《节约用水条例》（中华人民共和国国务院令　第776号）等文件，通过严格控制用水总量和强度，推动农业节水增效、工业节水减排、城镇节水降损等节水重点行动，提高水资源的利用效率。节水对于推动形成绿色生产生活方式，实现可持续高质量发展具有关键作用。

通过循环利用冷却水，实现对设备和工艺流程的有效冷却，同时减少水资源的消耗和环境污染，是节约水资源和保护环境的重要途径。循环冷却水技术，作为工业生产中的关键一环，其目的在于通过高效的热交换过程，实现对设备的冷却与保护，确保生产流程的稳定运行。然而，循环冷却水在使用过程中所面临的问题与挑战也不容忽视，如水垢的形成、设备的腐蚀、微生物的滋生等，这些问题都可能对生产造成严重影响，在当前深度节水新形势下，采用再生水作为循环冷却水水源，循环冷却水高浓缩倍率运行，循环冷却水系统排水处理后回用等，对循环冷却水系统提出了更高的要求。因此，深入研究循环冷却水技术，探索其优化与创新之路，对于提升工业生产效率、保障设备安全、促进可持续发展具有重要意义。

为此，本书基于编者多年来的工作经验，从循环冷却水技术的基本原理出发，系统介绍了循环冷却水系统的组成、运行原理、补充水处理、防垢、腐蚀控制、循环冷却水微生物控制、旁流处理以及监测与运行管理的知识，此外，本书还关注了循环冷却水技术的最新研究成果和创新实践，为读者提供了该领域的前沿动态和发展趋势，将其中的难题以问答的形式进行了整理汇编。在编写上，力求通俗易懂，言简意赅，可供基层企事业单位的环保水处理技术人员、管理人员阅读，也适合高等院校环境相关专业师生、环保爱好者和宣传工作者参考。

全书共分八个部分：循环冷却水系统、循环冷却水补充水处理技术、循环冷却水结垢控制技术、循环冷却水腐蚀控制技术、循环冷却水微生物控制技术、循环冷却水旁流净化技术、循环冷却水系统监测与运行管理、附录。实际工作中的环境问题各种各样，书中所选都是环保工作者常用到的一些代表性的问题，资料翔实，内容丰富，实用性较强。

本书由西安西热水务环保有限公司胡大龙和西安交通大学王文东主编，参与编写的其他人员有：西安西热水务环保有限公司余耀宏、张江涛、王正江、姜琪、许臻，西安交通大学李超鲲，以及西安益通热工技术服务有限责任公司王园园。由于编者水平有限，书中的不足之处在所难免，敬请各位专家和读者批评指正。

编者
2024.3

目　录

二、循环冷却水补充水处理技术 —————————————— 34

三、循环冷却水结垢控制技术   **131**

七、循环冷却水系统监测与运行管理 —————————— **243**

循环冷却水系统

1 **冷却水系统分为哪几种类型? 各有什么特点?**

用水来冷却工艺介质的系统称作冷却水系统。冷却水系统分为两大类:直流冷却水系统和循环冷却水系统。循环冷却水系统又可以分为两大类:密闭式循环冷却水系统和敞开式循环冷却水系统。

(1) 直流冷却水系统

直流冷却水系统指冷却水只使用一次即被排放的冷却水系统。冷却水仅仅通过换热设备一次,水用过后直接排放,排水温度有所上升,水中各种矿物质和离子含量基本保持不变(图1-1)。直流冷却水系统的特点是设备简单,不需要冷却构筑物,一次性投资少。但是直流冷却水系统的弊端有很多。

① 由于直流冷却水系统的冷却水是一次性使用之后直接排放掉,所以水量消耗很大,相同的冷却效果,其消耗的水量约为循环冷却水系统的50倍。

② 直流冷却水系统排水量大,而且热的冷却水直接排入河流等水体,造成严重的热污染。

③ 直流冷却水系统进水水量很大,导致冷却水进水处理水量很大,处理冷却水消耗的化学药剂量也就相应增大,水处理费用昂贵,处理药剂造成的水污染也很严重。

因此,目前直流冷却水系统已经逐渐被淘汰,除了用海水的直流冷却水系统外,新建企业基本不采用这种冷却方式。

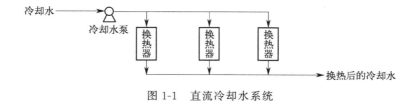

图1-1 直流冷却水系统

(2) 循环冷却水系统

密闭式循环冷却水系统指循环冷却水不与大气直接接触的循环冷却水系统,冷却水通过热交换器来冷却工艺介质,温度升高的冷却水通过与空气接触,用空气冷却后再循环使用,如图1-2所示。密闭式循环冷却水系统不经过浓缩,不存在蒸发和风吹飞溅,所以消耗水量和补充水量很小,系统内基本上不存在结垢问题。

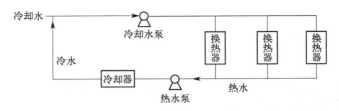

图 1-2　密闭式循环冷却水系统

密闭式循环冷却水系统内的主要问题是腐蚀。首先是氧腐蚀。虽然密闭式循环冷却水系统的重要特点是不与大气接触，但是系统内溶解氧仍然是存在的，一方面是由于阀门、管道接口、水泵等处可能存在漏气，使氧进入系统，另一方面少量补充水中的溶解氧也是冷却水系统中氧的一个来源。因此密闭式循环冷却水系统中会存在氧的腐蚀问题。其次是电偶腐蚀。密闭式循环冷却水系统通常是由不同金属组成的热交换器壳体和热交换管，水泵的叶轮和泵壳、阀门的阀芯和阀体等都可能是由不同的材质构成，因此密闭式循环冷却水系统还存在由不同金属材质而导致的电偶腐蚀。

敞开式循环冷却水系统指循环冷却水与大气直接接触冷却的循环冷却水系统，是工业生产中最常见的一种冷却水系统。冷却水通过热交换器来冷却工艺介质之后，升温的冷却水在冷却塔中通过与空气接触，被空气冷却，水降温之后再循环使用，如图 1-3 所示。

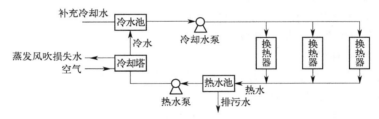

图 1-3　敞开式循环冷却水系统

敞开式循环冷却水系统有以下特点：

① 水在冷却塔冷却的重要方式是蒸发冷却。蒸发的水量是不含盐分的，所以在蒸发过程中循环水中盐的浓度是不断增加的，这就是浓缩现象。浓缩造成两种结果，一是结垢现象加重，某些在直流冷却水系统中不会结垢的盐类也会发生结垢；二是腐蚀现象加重，水源中无害的离子由于浓度增高可能造成腐蚀现象。

② 水在冷却塔中与空气充分接触会造成两个结果，一是二氧化碳逸出，导致碳酸钙结垢加重；二是溶解氧增加，使系统金属的电化学腐蚀加重。

③ 水在冷却塔中与空气充分接触，将空气中的灰尘带入冷却水，使冷却水中悬浮物增加，一方面给成垢盐类提供了晶核，另一方面会产生污垢沉积，会导致系统沉积物问题加重。

④ 水在冷却塔中接受日光照射，有利于藻类的繁殖，从而给微生物繁殖提供了良好的条件，会加重微生物黏泥和微生物腐蚀问题。

2 ▶ 敞开式循环冷却水系统分为哪几种类型？

敞开式循环冷却水系统按照热水与空气接触的方式不同可以分为两大类：冷却池和冷

却塔。

（1）冷却池

冷却池是比较早期的冷却水系统，它有很多弊端。它需要较大的出水量和占地面积，而且冷却过程中水的温差小，冷却缓慢、工作效率低。而且，由于水池露天工作，所以冷却水比较容易受到污染。冷却池分为自然冷却池和喷水冷却池，两种冷却池对比如表 1-1 所示。

表 1-1　两种冷却池对比表

项目	自然冷却池	喷水冷却池
适用条件	①冷却水量大 ②所在地区有可利用的河、湖、水库、渣池，且距厂区距离不远 ③夏季冷却水温要求不高	①有足够的开阔场地 ②冷却水量较小 ③有可利用的水池、渣池
优点	①取水方便、运行简单 ②可利用已有的河、湖、水库、渣池 ③造价低	①结构简单 ②就地取材，造价低
缺点	①受太阳辐射影响，夏季水温高 ②易淤积，清理困难	①占地大 ②风吹损失大 ③有水雾，影响周围交通和建筑

① 自然冷却池的散热是通过池面水与空气接触，以接触、辐射和蒸发的形式散热，效率低，一般水力负荷仅为 $0.01\sim0.1\mathrm{m^3/(m^2 \cdot h)}$。自然冷却池要求附近有可以利用的天然湖泊、湿地或者水库。自然冷却池适用于冷却水量大、冷却前后的温差较小的循环冷却水系统。

为充分利用池面，应尽量使水流分布均匀，减少死水区。有时为方便运转管理和节约投资，将热水进口和冷却水吸水口放在冷却池同一地段，设置导流墙，延长路径。冷却池的水深不宜太小，以免滋生水草，水深太小也不利于冷热水间形成异重流。异重流是由于冷水与热水的密度不同而形成的，热水浮于上层，冷水沉于下层，两层间可相对流动。形成异重流有利于热水在水面上的扩散，可更好地散热。水深越深，冷热水分层越好，同时热水排放与水面的衔接情况对分层也有影响。一般最小水深为 1.5m，水深宜在 2.5m 以上。

② 喷水冷却池是利用人工或天然水池，通过池上的水管或喷嘴将高温的水喷出，分散为较小的水滴，这样就增加了冷却水与空气的接触面积，传热效率增加，这样单位面积水池的传热效率就会比自然冷却池的高。喷水冷却池要求附近有比较开阔的场地或者可以利用的湿地。喷水冷却池适用于冷却水量较小、冷幅宽不大的循环水系统。

喷头的形式很多，不同形式的性能也不一样，最好选喷水量大、喷洒均匀、水滴较小、不易堵塞且加工和更换简单的形式。喷头布置可呈梅花形、方格形、辐射形。为达到较好的冷却效果，喷头前的配水管中应维持 $6\sim7$m 左右的水压，使水能向上喷射成均匀散开的小水滴，水滴在空中与周围空气接触，通过蒸发和传导方式散热冷却，然后跌落池中。喷水池四周外侧应设宽度不小于 5m，以 $2\%\sim5\%$ 底坡倾向喷水池的回水台，可减少冷却水量的风吹损失。喷水池设计深度一般为 $1.5\sim2.0$m，超高为 $0.3\sim0.5$m，水流负荷为 $0.7\sim1.2\mathrm{m^3/(m^2 \cdot h)}$。喷头一般安装在喷水池正常水位以上 $1.2\sim2.0$m 高度处，喷头间距为 $1.5\sim2.2$m，喷水管间距为 $3\sim3.5$m。

（2）冷却塔

冷却塔是将生产过程中经热交换升温后的冷却水，通过与空气直接接触，以蒸发、传导方式散热降温，或隔着换热器器壁与空气间接接触的单纯导热方式散热降温的塔型冷却构筑物。冷却塔内装有淋水装置，水和气都经过填料，增大了接触面积，具有占地面积小和冷却效果好等特点。

冷却塔是现在较普遍应用的冷却水系统，不仅在用水量较大的工厂内广泛应用，而且在用水量不大的工厂和宾馆的空调系统也已经开始逐渐推广。冷却塔是一个塔形建筑，水从塔顶喷出，向下落入池中，气流向上，水气充分接触。可以通过人工控制空气流量来加强空气与水的混合，提高热传递的效果。冷却塔不仅占地面积小，而且冷却效果更好，水量损失较小，处理水量的冷幅宽较大。目前使用较多的小型玻璃钢冷却塔，安装使用方便，具有良好的推广潜力。

3 ▶ 什么是换热器和水冷却器？

换热器又称热交换器，是工艺系统中工艺介质通过间壁（管壁或板壁）互相进行换热的设备。换热器中的热介质与冷介质进行热交换，使热介质温度降低、冷介质温度升高。冷介质可以是水，也可以是其他物料。用水作冷介质的换热器称为水冷却器，或称水冷器。在水冷却器中热介质与水进行热交换，使热介质温度降低、水的温度升高。

4 ▶ 换热器有哪些种类？

适用于不同介质、不同工况、不同温度、不同压力的换热器，结构形式也不同，换热器按传热原理具体分类如下。

① 表面式换热器　表面式换热器是温度不同的两种流体在被壁面分开的空间里流动，通过壁面的导热和流体在壁表面对流，两种流体之间进行换热。表面式换热器有管壳式、套管式和其他形式的换热器。

② 蓄热式换热器　蓄热式换热器通过固体物质构成的蓄热体，把热量从高温流体传递给低温流体，热介质先通过加热固体物质达到一定温度后，冷介质再通过固体物质被加热，使之达到热量传递的目的。蓄热式换热器有旋转式、阀门切换式等。

③ 流体连接间接式换热器　流体连接间接式换热器是把两个表面式换热器中循环的热载体连接起来的换热器，热载体在高温流体换热器和低温流体换热器之间循环，在高温流体换热器上吸收热量，在低温流体换热器把热量释放给低温流体。

④ 直接接触式换热器　直接接触式换热器是两种流体直接接触进行换热的设备，例如冷水塔、气体冷凝器等。

换热器按结构形式分类有夹套式、蛇管式、套管式、列管式、板式、螺旋板式等类型。

5 ▶ 常用的塑料换热器是什么？有什么特点？

常用的塑料换热器是聚丙烯换热器。聚丙烯是丙烯的高分子量聚合物，聚丙烯换热器的特点如下。

① 聚丙烯的密度是 $0.90 \sim 0.91 \mathrm{g/cm^3}$，聚丙烯换热器的质量轻，安装和维修方便。

② 聚丙烯具有优良的耐腐蚀性。聚丙烯是非氧化性的无机化合物，不论是酸、碱或盐溶液，如浓磷酸、40％硫酸或盐酸，几乎直到100℃，对聚丙烯都没有破坏作用。

③ 对于氧化性物质，例如发烟硫酸、浓硝酸和氯磺酸等强氧化性介质，由于聚丙烯分子中的叔碳原子容易氧化，即使在室温下聚丙烯也不能使用。对于含有活性氯的次氯酸盐以及铬酸、过氧化氢等氧化性介质，聚丙烯也往往只在浓度较低和温度较低的情况下使用。

④ 在室温下，聚丙烯几乎不溶于所有溶剂。对于大多数羧酸，除了浓乙酸和丙酸外，聚丙烯都是耐腐蚀的。在室温下对甲醇、乙醇、乙二醇和丙三醇等介质，聚丙烯的耐腐蚀性比聚氯乙烯更强。但在80℃的高温下，芳香烃和氯化烃对聚丙烯有溶胀作用。

⑤ 聚丙烯是非极性物质，聚丙烯换热器的表面不易结垢，对冷却水又十分耐蚀。这两点都是一般金属换热器所做不到的，从而使它在冷却水系统中得到广泛使用。

⑥ 聚丙烯的耐热性能较好，但远不如聚四氟乙烯和聚全氟乙丙烯，通常推荐的最高温度为110～120℃。聚丙烯耐低温性能不好，当温度低于0℃，接近玻璃转化点（－10℃）时脆性增加。目前，聚丙烯换热器的使用温度范围一般为－10～120℃。

⑦ 聚丙烯是可燃的，不宜在易燃、易爆的场合使用。

⑧ 聚丙烯换热器的最大缺点是其热导率太小，仅为 $0.148W/(m \cdot K)$，只有金属的几百分之一。为了弥补这一缺点，通常需要把它制成薄壁细管式换热器。

6 什么是夹套式换热器？

夹套式换热器（图1-4）是间壁式换热器的一种，在容器外壁安装夹套制成，结构简单；但其加热面受容器壁面限制，传热系数不高。

为提高传热系数且使釜内液体受热均匀，可在釜内安装搅拌器。当夹套中通入冷却水或无相变的加热剂时，亦可在夹套中设置螺旋隔板或其他增加湍流的措施，以提高夹套一侧的给热系数。为补充传热面的不足，也可在釜的内部安装蛇管。夹套式换热器广泛用于反应过程的加热和冷却。

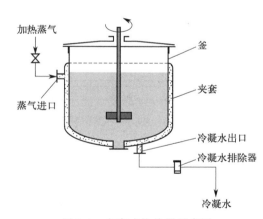

图1-4 夹套式换热器示意图

7 冷却塔有哪些类型？各有什么特点？

冷却塔按照它的构造以及空气流动的控制情况，可以分为自然通风冷却塔和机械通风冷却塔。

（1）自然通风冷却塔

自然通风冷却塔冷却效果稳定，风吹水量损失小，维护简单、管理费低，受场地建筑面积影响小，但是投资高、施工技术复杂，且冬季维护复杂，适用于冷却水量＞1000m³/h的情况，高温、高湿、低气压以及水温差要求较高时不宜采用。可以分为开放式冷却塔和风筒式冷却塔。

① 开放式冷却塔　开放式冷却塔的水流在塔内自上而下流动，而空气则是水平方向与水流方向成垂直流动，这种空气与水流成垂直流动的方式又称横流式。开放式冷却塔内没有填料时，称为喷水式，其冷却原理与喷水池类似，其结构示意图如图 1-5（a）所示。塔内设有填料时，称为开放点滴式冷却塔，其结构示意图如图 1-5（b）所示。这种填料的作用是使塔顶喷散下来的水滴经过填料时可以分散为更细的水滴，增强冷却效果。开放式冷却塔造价较低，设备简单，但是有很多缺点，受风力、风向影响较大，冷却后的水温不够稳定，同时水的风吹损失较大。

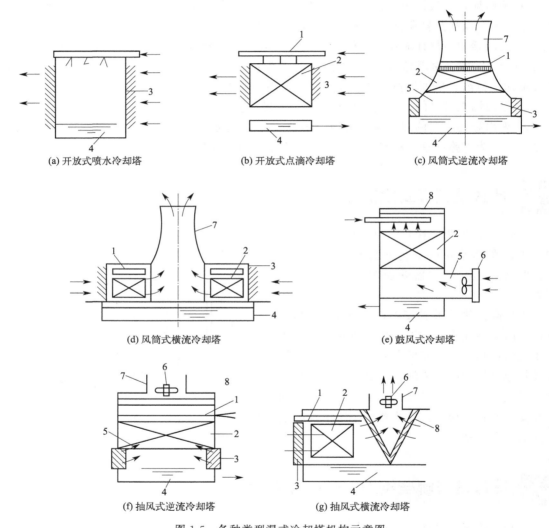

(a) 开放式喷水冷却塔　　　(b) 开放式点滴冷却塔　　　(c) 风筒式逆流冷却塔

(d) 风筒式横流冷却塔　　　　　(e) 鼓风式冷却塔

(f) 抽风式逆流冷却塔　　　　　(g) 抽风式横流冷却塔

图 1-5　各种类型湿式冷却塔机构示意图

1—配水系统；2—淋水填料；3—百叶窗；4—集水池；5—空气分配区；6—风机；7—风筒；8—除水器

② 风筒式冷却塔　循环冷却水所需要的空气流量是由较高的通风筒所产生的抽力来提供的。通风筒的抽力是由于塔内外空气的温度差而造成的相对密度差形成的，新鲜空气由塔下进入，湿热空气由塔顶排出，冷却效果较为稳定。风筒式冷却塔塔高决定了冷却效果，塔越高则抽力越大，冷却效果越好。风筒式冷却塔不需要风机动力设备，能够节省动力，维护

方便。但是基建费用高，而且不适合高温、高湿和低气压的南方地区。风筒式逆流冷却塔、风筒式横流冷却塔结构示意图分别如图 1-5(c)、图 1-5(d) 所示。

（2）机械通风冷却塔

其空气流量是由通风机供给的，更能够保证稳定的冷却效果，冷却效率比较高，布置紧凑、占地面积小，造价较自然通风冷却塔低，但是电耗和维护费用高，有一定的噪声，适用于气温、湿度较高的地区，对冷却水温及稳定性要求严格的工艺，场地狭窄自然通风条件差的工厂。机械通风冷却塔可以分为鼓风式冷却塔、抽风式逆流冷却塔、抽风式横流冷却塔。

① 鼓风式冷却塔　风机安装在塔的旁侧。优点是塔的结构简单而稳定，维修方便，风机工作条件好，不容易被腐蚀。但是为了避免塔高过高，风机叶轮直径一般控制在 4m 以内，处理水量会受到限制。因此当处理水量较小或者冷却水中含有腐蚀性物质时，宜采用鼓风式冷却塔，其结构示意图如图 1-5(e) 所示。

② 抽风式逆流冷却塔　风机安装在塔顶。新鲜空气从塔底被抽入塔内，与水流成平行方向进行逆流热交换，热空气由塔顶排出。优点是塔内空气分布比较均匀，湿热空气回流小，配水高度较低，冷却效果较好，其结构示意图如图 1-5(f) 所示。

③ 抽风式横流冷却塔　风机也安装在塔顶。区别于逆流式冷却塔的是，横流式冷却塔的空气流动方向是与水流方向垂直的，而且进口高度等于填料高度，这样有利于改善塔内空气分布状况，但是对于风机出口湿热空气的回流是不利的，其结构示意图如图 1-5(g) 所示。

8 冷却塔的主要构造是什么？

冷却塔的主要工艺构造包括配水系统、淋水装置、通风系统、收水器、集水池和塔体。

（1）配水系统

功能是将带冷却的热水均匀地分配到冷却塔的整个淋水面积上。如果水量分配不均，在水流密集的部分，通风阻力大，导致通风量小，冷却效果不好；反之通风量大，不能充分利用通风能力，从而使整体冷却效果不好，而且可能会发生冷却水滴飞溅到塔外造成污染。配水系统还应适应流量在一定范围内变动时的配水均匀，对塔内空气流动阻力影响小，以利于防堵维修。配水系统一般有槽式、管式和池式三种。

① 槽式配水系统　通常由配水槽、管嘴及溅水碟组成，如图 1-6 所示。热水经配水槽、管嘴落下，溅射无数小水滴，射向四周，以达到淋水装置均匀布水的目的。

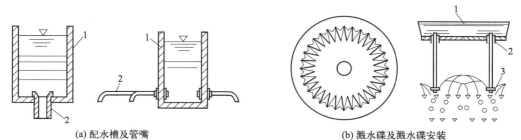

(a) 配水槽及管嘴　　　　　　　　　　(b) 溅水碟及溅水碟安装

图 1-6　常见槽式配水系统机构示意图

1—配水槽；2—管嘴；3—溅水碟

配水槽可做成树枝状、环状，如图 1-7 所示。管嘴安装在槽底或槽侧，间距取决于溅水碟的溅洒半径，而溅洒半径随管嘴水流跌落高度的增大而增大。一般溅水碟在管嘴下方0.5~0.7m处，其溅洒半径为0.5~0.8m，因此管嘴间距常取0.5~1.0m。主槽流速为0.8~1.2m/h，支槽流速为0.5~0.8m/h，槽断面净宽大于0.12m，配水槽总面积与通风面积之比小于30%，适宜于大型逆流塔。

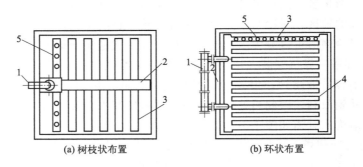

(a) 树枝状布置　　　　　　(b) 环状布置

图 1-7　配水槽的布置方式

1—进水管；2—配水主槽；3—配水支槽；4—环形槽；5—管嘴

管嘴出流量可采用下式计算：

$$q = \mu f_0 \sqrt{2gH} \qquad\qquad (1\text{-}1)$$

式中，q 为管嘴出流量，m^3/h；f_0 为管嘴出口断面积，m^2；H 为槽内水面至管嘴的高度，m；μ 为流量系数，$\mu = 0.82 \sim 0.98$，由实验确定；g 为重力加速度，$9.81 m/s^2$。

② 管式配水系统　管式分为固定式和旋转式两种。由干管、配水支管及其喷嘴或旋转布水器组成。水通过配水管上的小孔或喷头，均匀喷出，分布在整个淋水面积上。固定式布置成环状或枝状，干管流速为1~1.5m/s，用于大中型逆流塔，管嘴有离心式和冲击式，分别如图1-8和图1-9所示；小型逆流塔用旋转布水器，如图1-10所示，布水由进水管、旋转体、配水嘴（槽）组成，水流通过喷嘴喷出，推动配水管向与出水相反方向旋转，将热水洒在填料上，配水管转速为6~20r/min。

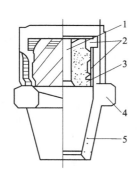

图 1-8　单旋流—直流式

喷嘴（离心式）

1—中心孔；2—螺旋槽；

3—芯子；4—壳体；5—导锥

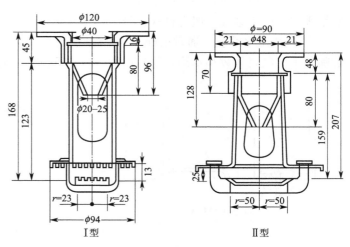

图 1-9　反射Ⅰ型、Ⅱ型喷嘴（冲击式）（单位：mm）

③ 池式配水系统　配水池建在淋水装置正上方，池底均匀开有 $\phi 4mm \times 10mm$ 小孔或者装管嘴，热水由配水管经溢流槽（消能箱）落入配水池中，通过池底的孔口或喷嘴洒向淋水装置，适用于横流塔，如图 1-11 所示。为配水均匀，消能箱必须对进水有效消能，且池中水深不小于 $150 \sim 200mm$，以维持池中水位稳定，配水池各配水孔或喷嘴出水均匀。池式配水系统配水均匀，管理维护方便，但易滋生藻类。

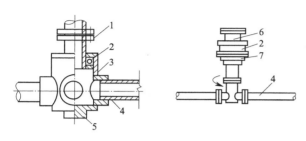

图 1-10　旋转布水器结构示意图
1—进水管法兰；2—轴承；3—旋转体；4—配水管；
5—塞管；6—接管；7—密封箱

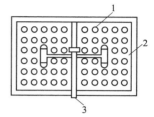

图 1-11　池式配水系统
1—管嘴；2—配水池；
3—进水管

（2）淋水装置

淋水装置是冷却塔内水、气两相进行传热、传质的效能核心，是影响冷却塔热力性能的主要组件，其作用是将配水系统溅落下来的热水形成水膜或细小水滴，以增大水和空气接触表面积并延长水在塔中的流程，创造良好的传热传质条件。淋水密度是衡量填料性能的重要技术指标，逆流冷却塔的淋水密度一般为 $13 \sim 16m^3/(m^2 \cdot h)$，有些可以达到 $18 \sim 23m^3/(m^2 \cdot h)$。淋水密度增大，填料厚度减小，塔体容积减小，冷却塔造价降低。填料还应具有较大的比表面积、通风阻力小、亲水性强、化学稳定性好、质轻耐久、抗腐蚀、价廉易得、施工维护方便等。

（3）通风系统

通风系统包括进风口、风机和通风筒。

① 进风口　逆流塔的进风口指填料以下到集水池水面以上的空间，横流塔高度是指整个淋水填料的高度。冷却塔进风口应具备良好的进水条件，减小气流阻力。进风口面积大，进口空气流速小，有利于塔内气流均匀分布和减小气流阻力，但要增加塔身高度和造价；反之，进风口面积太小，则易使塔内气流分布不均匀，阻力大，进风口涡流区大，影响塔的冷却效果。机械通风塔进风口面积与淋水面积比不小于 0.5，小于此值应设置导风装置以减小涡流；自然通风塔进风口面积与淋水面积比小于 0.4。逆流塔单台布置时，进风口四面进风；循环冷却水量大的工业企业，有时采用多台机械通风冷却塔单排并列布置的方式，则各塔均两面进风，进风口应朝当地夏季主导风向。为防止冷却水水滴溅落到塔外和改善进塔气流分布状况，一般在横流塔进风口设置向塔内倾斜成 $45°$ 交角的进风百叶窗。

② 风机　机械通风塔一般使用轴流式风机。轴流风机风量大，风压小，可在短时间内反向鼓风（利用热风融化进风口的冰），另外需要改变风量和风压时，只需要调整风叶的角度就可以了。

③ 通风筒　风筒式自然通风塔产生的气流主要通过通风筒产生，由于通风筒上、下部的空气密度不同，产生较稳定的空气对流，所以筒体一般设计得比较高，可达 150m 以上，且多为双曲线型筒壁。机械式通风塔的通风筒主要是进风口和气流的出口的扩散部分，由于

靠机械力通风，所以一般风筒比较低，在 10m 左右。外界空气由塔筒下部进风口进入塔内，对于横流塔则从筒侧进入塔内，空气穿过淋水填料时与热水进行热湿交换，然后排出塔外。风筒的外形对气流的影响很大，为使进风平缓，减少风阻和消除风筒出口的涡流区，风筒进水部分宜设计为流线型的喇叭口，除水器上到风机进风口间的收缩段高度小于风机半径，风机出口风筒高度为风机半径。风筒扩散段圆锥角为 14°～18°，风筒出口面积与塔的淋水面积比为 0.3～0.6，风筒下口直径大于上口直径。另外，通风筒在结构上还起到支撑塔内淋水填料和配水装置的作用。

（4）收水器

收水器主要是针对排出的湿热空气设置的。将排出的湿热空气所携带的水滴与空气分离，防止冷却塔中水量飞溅损失，减少逸出水量损失，减少补充水量，同时减轻对环境的影响。

收水器是冷却塔防止飞溅损失，减少补充水量，节约用水的重要组件，其作用是回收利用即将出塔的湿空气中挟带的雾状小水滴。在逆流塔中收水器设置在配水设备之上，在横流塔中斜放在淋水填料的内侧。一般由 1～2 层曲折排列的板条组成，有时也用 3 层。有些地方也有用 150～250mm 厚的一层塑料斜交错填料作收水器的，效果较好。目前我国收水器的飘水率一般为循环水量的 0.01%～0.015%。自然通风塔中，由于风速小，塔筒较高，一般水滴散失少，可不装收水器。

（5）集水池

位于冷却塔底，热水通过淋水装置被冷却后汇流到集水池中。同时，集水池有一定的储备容积，可以起到调节流量的作用。集水池设在冷却塔塔体下方，起储存和调节冷却水水量的作用，其容积约为循环水小时流量的 1/5～1/3，深度不小于 2m。池底设深度为 0.3%～0.5% 的坡度，坡向集水坑，以利于排污和排空，循环水泵吸水管有时直接伸入集水池的吸水坑吸水。坑内设排泥、放空管。集水池设溢流管，四周设回水台，宽度为 1.5～2.0m，坡度为 3%～5%。小型玻璃钢冷却塔下方，设水深不小于 0.1m 的集水盘集水。

（6）塔体

塔体在冷却塔功能中有着重要地位，起封闭和围护作用。在大、中型塔中，主体结构和填料支架用钢筋混凝土或防腐钢结构，塔体外围用混凝土大型砌块或玻璃钢装配结构，小塔则用玻璃钢。塔体形状在结构上有方形、矩形、圆形和双曲线形等。

9 ▶ 闭式冷却塔的工作原理和特点是什么？

闭式冷却塔是传统冷却塔的一种变形和发展。塔底蓄水池内的水由循环泵抽取后，送往管外均匀地喷淋下来，与工艺流体（热水或制冷剂）和管外空气并不接触，成为一种闭式冷却塔，通过喷淋水增强传热传质的效果。逆流闭式冷却塔结构示意图如图 1-12 所示。循环水在盘管内流动，盘管外壁被喷淋水包裹，循环水的热量通过盘管壁传递给喷淋水，喷淋水再通过填料与进风逆向流动，进行热交换，形成饱和的湿热空气后，通过风机排入大气。

闭式冷却塔适用于对循环水质要求较高的各种冷却系统，在电力、化工、钢铁、食品和许多工业部门有应用前景。另一方面，与空冷式热交换器相比，蒸发式冷却塔利用盘管下方水的蒸发潜热，使空气侧传热传质显著增强，也具有明显的优点。闭式冷却塔产品的优点

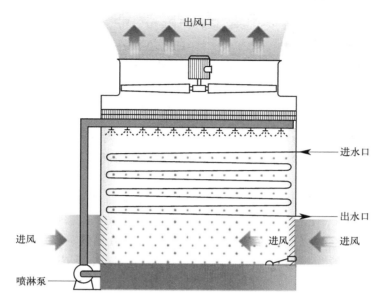

图 1-12　逆流闭式冷却塔结构示意图

如下：

① 提高生产效率，软化水循环、无结垢、无堵塞、无损失。

② 延长设备寿命，保障设备可靠、稳定运行，减少故障，杜绝事故。

③ 全封闭循环、无杂质进入、无介质蒸发、无污染。

④ 提高厂房利用率，无需单独水池，减少占地，节省空间。

⑤ 占用空间小，安装、移动、布置方便，结构紧凑。

⑥ 操作方便，运行稳定，自动化程度高。

⑦ 节约运行成本，多种模式自动切换，智能控制。

⑧ 用途广泛，对换热器无腐蚀的介质，均可直接冷却。

10 ▶ 淋水填料的主要类型和传热方式有哪些？

根据水被洒成的冷却表面形式，可将淋水填料分为点滴式、薄膜式和点滴薄膜式三种类型。

（1）点滴式

点滴式淋水填料通常是由在立面上呈水平或倾斜布置的矩形或三角形等板条，按一定间距排列而成。热水通过层层布设的板条，形成大小不同的水滴与空气接触进行热湿交换。水滴表面的散热约占总散热量的 60%～75%，板条形成的水膜散热约占 25%～30%，适用于水质较差的系统。

板条可由塑料、钢丝网水泥、石棉、木材等材料加工制成。常见结构有矩形水泥板条（横剖面按一定间距倾斜排列）、石棉水泥角形、塑料十字型、M 型、T 型和 L 型等，如图 1-13 所示。图 1-13 中的水平间距 S_1 一般为 150mm，层与层间距 S_2 一般为 300mm。减小 S_1、S_2 虽可增大散热面积，但会增加空气阻力。点滴式机械通风冷却塔的风速一般为

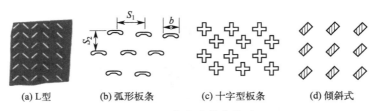

图 1-13　点滴式淋水装置

1.3~2.0m/s，自然通风塔的风速一般为 0.5~1.5m/s。风速过大或过小，冷却效果都不好。风速过大会使塔中小水滴互相聚结，减小水滴的总表面积，风吹损失也增大。

（2）薄膜式

薄膜式淋水填料是以膜板按一定间距（20~50mm）排列而成的。热水在淋水填料上形成膜状（厚 0.25~0.5mm）缓慢下流，流速约 0.15~0.3m/s，借此来增大与空气的接触表面和接触时间。这种填料通过水膜的散热量约占总散热量的 70%。膜板材料以塑料板居多，比表面积一般为 125~200m^2/m^3，膜板排列有三种形式：斜波交错、梯形斜波和折波。

（3）点滴薄膜式

点滴薄膜式淋水填料兼具点滴式和薄膜式填料的特点，既可以加大水气接触面积，又可使配风均匀，通常应用于降温要求较高或冷却水量较大的逆流冷却塔。

钢丝水泥网格板是点滴薄膜式淋水填料的一种（图 1-14）。它是以 16$^\#$~18$^\#$ 铅丝作筋，制成 50mm×50mm×50mm 方格孔的网板，厚 5mm，每块网板尺寸 1280mm×490mm，上下两块间距 50mm。表示方法为层数×网孔-层距，如 G16×50-50。它的制作取材都比较方便，耐久，但质量较大，该填料也可由塑料制成。

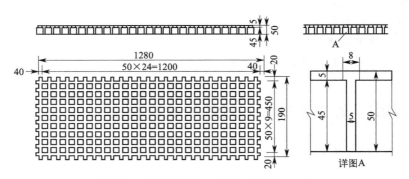

图 1-14　水泥格网淋水填料（单位：mm）

淋水填料应根据热力参数、阻力特性、塔型、负荷、材料性能、水质、造价及施工检修等因素综合评价选择。表 1-2 列出了大、中、小型冷却塔界限。

表 1-2　大中小型冷却塔界限

塔型	大	中	小
风筒式	$F_m \geq 3500m^2$	$3500m^2 > F_m > 500m^2$	$F_m < 500m^2$
机械通风式	$D > 8m$	$8m \geq D \geq 4.7m$	$D < 4.7m$

注：F_m 为淋水面积；D 为风机直径。

11 冷却塔进风口的面积如何确定?

冷却塔的进风口应该具备良好的通风条件。提高进风口面积,空气流速下降,有利于改善塔内的气流分布,减少气流阻力,但是塔身高度也随之增加,增加建设成本。反之,较低的塔身高度和建设成本,就要牺牲冷却效果,应根据需要协调。另外,通过在冷却塔内合理安装配风、导风装置,可以促进塔内空气的均匀分布,改善气流条件。

机械通风冷却塔的进风口面积和淋水面积的比值不应小于0.5,否则涡流太强影响正常通风;如果达不到上述要求,应该设置导风装置。对于自然通风冷却塔,该比值不应小于0.4。逆流塔单台布置时,进风口应该四面布置;如果多台通风塔单排并列布置,则各塔均应两面进风,进风口应朝向夏季风主导风向。

12 冷却塔冷却能力的影响因素有哪些?

冷却塔的冷却能力是以被冷却过的水的温度与周围空气湿球温度的差来衡量的,影响因素主要有室外空气(湿球)温度、入水口温差、冷却水量。

(1) 室外空气(湿球)温度

冷却塔出口水温的理论极限值为室外空气的湿球温度。因此当入口水温一定时,室外空气的湿球温度越低,入水口水温之差越大,冷却塔的冷却能力就越强。需要注意的是,冷却水的温度太低的话,制冷机组的冷凝压力会大幅度降低,因为制冷机冷凝器的冷凝压力有一个低限,冷凝温度也有一个低温限制,所以冷凝温度过低,将导致制冷机组运行容易出现故障。

湿球温度是用湿的脱脂纱布包在温度计的感温泡上,纱布下端浸入水中,这时所测得的温度为湿球温度,它包含了水分蒸发带走的热量,冷却塔选型时干球温度一般只作为参考,具体都以湿球温度为准。因为冷却塔的降温80%是靠冷却水的蒸发来实现的(夏季),冬季降温90%是汽水热交换实现的,一般不考虑冬季,以夏季为准。

干球温度就是用温度计测得的室内或大气温度。

(2) 入水口温差

当冷却水量一定,室外空气湿球温度一定时,随着冷却塔入口水温的增加,入口水温及出口水温与空气湿球温度之差都将增加,促进了冷却,因此冷却能力会增加。但是,对于结构形式已经确定的冷却塔而言,由于冷却能力的限制,可能使出口水温上升,导致制冷机组的冷凝压力过高、制冷量不足。

(3) 冷却水量

当冷却水入口水温、空气湿球温度一定时,冷却水量增加,冷却塔的总容积传热系数也会增加,虽然冷却水温降有所减少,但总的效果还会使制冷能力增加。要注意的是,由于水量的增加,将使配管内的腐蚀、管内压力损失增加。因此,必须在检验循环水泵、制冷机组及冷却塔等设备的使用条件后才能确定。

13 如何进行冷却塔的选型?

(1) 冷却塔选型基础资料

① 冷却水量和水温 冷却水量是选型的主要资料之一,它决定了冷却塔塔体的大小。

因此，应根据生产工艺作出准确的统计，并应留有适当的余量，以适应生产工况的变化而引起的水量波动。

冷却水温（进水温度 t_1，出水温度 t_2）的大小决定了冷却塔的形式、大小、采用通风的方式和淋水填料等，应由生产工艺，根据需冷却的设备或产品特性，经热力计算后确定。在确定冷却塔的出水温度 t_2 时，应根据生产工艺过程的最佳温度来确定。

② 气象参数　气象资料包括气温、风速和大气压等，应选用能代表冷却塔所在地气象特征的气象台的资料，必要时可在冷却塔所在地设置气象观察站。

③ 淋水填料性能实验资料　不同淋水填料装置的热力特性和阻力特性应该通过实验测得。

（2）冷却塔的选型

常见冷却塔的技术指标如表 1-3 所示。

表 1-3　常见冷却塔的技术指标

冷却塔类型		水力负荷/[$m^3/(m^2 \cdot h)$]	冷却水温差/℃	冷幅差/℃
开放式冷却塔	喷水式	1.5～3.0	<10～15	—
	点滴式	2.0～4.0		
自然通风冷却塔	喷水式	≤4	>6～7 一般取 6～12	>7～10
	点滴式	≤4～5		
	薄膜式	≤6～7		
机械通风冷却塔	喷水式	4～5	允许很大	<6 可取 2～3
	点滴式	3～8		
	木板	5～10		
	铅丝水泥方格网	6～10		
	蜂窝	10～12		
	点波	>12		
	斜波	>12		

民用建筑冷却塔选型一般选超低噪声逆流冷却塔，逆流塔冷却水与空气逆流接触，热交换效率高；在循环水量容积散质系数 β_{xv} 相同的条件下，所需的填料体积比横流式要节约 20%～30%。对于大流量的循环水系统，可以采用横流塔，横流塔的高度一般比逆流塔低，但是结构稳定性好，有利于布置在建筑物的立面。

冷却塔选型时应考虑一定的余地。在工程设计时，一般按制冷机样本所提供的循环冷却水量的 110%～115% 进行选型，其原因主要有以下几个方面。

① 冷却塔设计时，湿球温度为 28℃，冷水温度为 32℃，出水温度为 37℃，冷水温度与湿球温度的差为 4℃，而对于中南地区，湿球温度一般在 27～29℃ 之间，冷却后水温一般在 31～33℃，不能满足某些制冷机要求进水温度为 30℃ 的要求。

② 考虑到冷却塔布置时，受周围环境的影响，冷却效果达不到设计要求。例如，多塔布置湿空气回流的影响，建筑物塔壁、广告牌对气流通畅的影响。

③ 冷却塔自身质量会影响其热工性能。目前，国产冷却塔的技术含量不高，市场准入条件较低，厂家生产规模不大，质量难以保证。冷却塔在运转一定时间后出现填料塌陷、配水不均等，都将影响到其冷却效果。在实际工程中，经常出现冷却塔出水温度达不到设计参数要求的现象。

④ 降低冷却塔出水温度，有利于制冷机高效运转。空调制冷机组用电量大，远远高于循环冷却水系统，包括冷却塔风机的用电量。冷却塔选型时适当放大，有助于制冷机高效运

转、节约运转费用。

冷却塔应按如下步骤进行设计计算:

① 工艺参数的确定 在冷却塔设计前必须确定工艺操作参数。主要包括:循环水流量 L、冷却塔进口水温 T_1、冷却塔出口水温 T_2、空气湿球温度、空气干球温度和大气压力。上述条件中,若循环水流量及进出口水温未知,则需提供冷却塔的热负荷,并由此计算出循环水流量 L 和进出口水温。

② 冷却塔热力计算 计算并绘制冷却塔需求曲线 $\int dT/(H_s - H) = K_aV/L$。根据冷却塔类型,对其 K_aV/L 值进行修正。

③ 填料选型 选择合适的填料,然后根据该填料的特性作出 (K_aV/L)-(L/G) 的冷却塔特性曲线。

④ 确定设计工作点 求出冷却塔需求曲线与冷却塔特性曲线的交点,即为冷却塔的设计工作点,该点的 L/G 即为设计点的水汽比。同时,因水流量 L 已由工艺操作条件确定,故空气流量 G 亦可求出。

⑤ 确定冷却塔截面积 根据水流量 L 及填料淋水密度的变动范围,并适当参照比较成功的设计实践,确定一个合适的淋水密度,然后求出该冷却塔的横截面面积。

⑥ 全塔阻力计算 根据所选填料、淋水密度和空气流量,进行全塔阻力计算。

⑦ 风机选型 根据冷却塔横截面面积,选择适当的冷却塔风机。该风机所提供的风量必须达到设计点的空气流量 G,且必须是考虑了塔内所有阻力后的风量。

⑧ 冷却塔占地面积的确定和各部件设计 将热力计算的结果进行适当的修正后,即可确定出冷却塔的占地面积和尺寸。对塔内的布水系统、除水器、机械设备、风筒和各种附件的结构设计和排布必须进行综合考虑。由于计算机技术的飞速发展,目前上述计算和设计步骤都可采用计算机进行。

设计冷却塔时应注意以下事项。

(1) 工艺操作参数的控制

冷却塔的冷却能力是以冷却塔出口水温与空气湿球温度的接近程度来衡量的,出口水温与湿球温度的差值称为冷幅。一个比较经济合理的冷却塔,其冷幅一般控制在 4℃ 以上。工业用冷却塔的单台处理水量在 500～3000t/h 范围较佳。冷却塔进、出口水温温差可控制在 6～14℃,但应取决于冷幅的大小。

(2) 填料性能参数的积累

尽可能多地掌握各种类型填料在不同空气流速、不同热水温度和不同淋水密度工况下的水温变化及阻力变化试验数据,并将所有数据编入热力计算的软件中,以便随时使用。

(3) 风机的设计选择

冷却塔中最主要的设备就是风机,所设计或选择的风机必须与冷却塔合理匹配。风机的种类很多，有低风压高风量，有高风压低风量；风机的叶片形状也有多种，其静压效率均不一样；叶片的材质性能也各不相同，有玻璃钢的，也有铝合金的。对风机的转速也有一定的限制，一般叶尖的线速率应低于60m/s。对减速箱选用也要确保一定的安全系数，一般安全系数至少为210。因为冷却塔是长期运行的设备，一旦风机故障，将会严重影响冷却塔的运行，继而影响装置的正常生产。传动轴应选用不锈钢制作，出厂前必须进行动平衡试验。配套电机必须视冷却塔所在位置及周边是否有易燃易爆气体，选择合适的绝缘防爆等级。

（4）风筒的选择

风筒应能保证热空气顺畅地排入大气，并能回收一定的动能。风筒收缩段、直线段和扩张段的比例需合理，且还要兼顾造型。

（5）塔型的选择

目前主导的塔型有逆流塔和横流塔两种。在选择时，应先从冷却塔的占地面积、风机能耗大小、进水所需水压、结构建造的难易、冷却塔的噪声、冬季结冰、冷却塔造价等方面进行技术、经济分析，然后进行选择。

（6）塔体结构

冷却塔塔体结构主要有木结构、混凝土结构、钢结构、玻璃钢结构及混合结构等多种。其中，最经济的是混凝土结构，但建造周期长。若冷却塔建在建筑物顶上，则应选结构轻巧的钢结构或木结构。若冷却水中含有腐蚀性介质，宜选择全玻璃钢结构。

（7）布水系统

布水系统通常为管式布水或槽式布水。管式布水对水压有一定的要求，当水量变化时，塔内的每个喷嘴流量不尽相同，特别是当水压过大时会对填料上表面造成过大的冲击，容易引起填料损坏。若水质较差，杂质则容易在管内沉淀且较难清洗。槽式布水对热水进塔的水压要求极小，只要能进入塔内水槽即可，可节省大量的水泵能耗。不论进水流量大小，槽式布水均能保证每一喷嘴同一流量，若有杂质沉淀在槽中，清洗也较容易。在布水系统中，管道材料选用PVC或UPVC、PP、ABS、FRP时，使用效果均比钢管好。

对喷嘴的选择，上喷喷嘴要优于下喷喷嘴。但对喷嘴的结构必须综合考虑，因为所喷出的水滴的大小及均匀度将直接影响冷却效果。

（8）除水器

除水器能起到回收热空气中水滴、减少水滴飘逸、减少环境污染的作用。塔内除水器安装的部位相当重要，因为塔内不同部位的横截面尺寸是不同的，故各个截面的空气流速也不一样，不同的空气流速经过除水器后其除水效果也不相同。若风速大于3m/s，通过除水器时抽风飘水损失将大于0.02%，并对周围环境产生污染。除水器可选用木材、PVC、PP、FRP等制作，这主要取决于对水质情况及用户对抽风飘水损失的期望值。目前，冷却塔技术已能将冷却塔的抽风飘水损失控制在0.005%以内。

（一）循环冷却水系统运行参数

16 循环冷却水系统的运行参数有哪些？

循环冷却水系统的运行操作参数包括：循环水量，系统水容积，水滞留时间，凝汽器出水最高水温，冷却塔进、出水温差，蒸发损失，吹散及泄漏损失，排污损失，补充水量，凝汽器管中水的流速等，各参数意义和具体取值见问题 17～28。

17 ▶ 循环冷却水的水量如何估算？

一般冷却 1kg 蒸汽用 50～80kg 水是经济的。通常用 40kg 水冷却 1kg 蒸汽来估算循环水量，但实际上一些发电机组的循环水量小于此值。如对于 600MW 机组，锅炉蒸发量为 2000t/h，按上述比例计算，机组的循环水量应为 2000t/h×40＝8×10^{4}t/h，而某台 600MW 机组，设计循环水量仅为 2.64×10^{4}t/h。

18 ▶ 循环冷却水系统的容积如何计算？

《工业循环冷却水处理设计规范》（GB/T 50050—2017）中规定，循环冷却系统的水容积（V/m^3）与循环水量 $[Q_x/(m^3/h)]$ 的比，一般选用 V/Q_x＝1/5～1/3。V/Q_x 比值越小，系统浓缩得越快，即达到某一浓缩倍数的时间就比较短，可参见表 1-4。火电厂冷却系统的水容积一般选择的比其他行业大。同时，火电厂由于多数采用大直径的自然通风塔，塔底集水池的容积较大，所以多数电厂的此比值在 1/（1.5～1）之间。此外，冷却系统的水容积对冷却系统中水的滞留时间（算术平均时间）及药剂在冷却系统中的停留时间（药龄）有影响。

表 1-4 V/Q_x 对达到某一浓缩倍数时所需时间的影响 单位：h

项目	V/Q_x	1	1/2	1/3	1/5
浓缩倍数	1.1	11.9	5.95	3.97	2.38
	1.2	23.8	11.9	7.93	4.76
	1.5	59.5	29.8	19.8	11.9
	2.0	119	59.5	39.7	23.8
	2.5	179	89.3	59.5	35.7
	3.0	238	119	79.3	47.6
	4.0	357	179	119	71.4
	5.0	476	238	159	95.2

注：计算条件为 P_Z＝0.84%，$P_F＋P_P$＝0.2%，冷却塔温差 Δt＝7℃，P_Z 为蒸发损失率，P_F 为吹散及泄漏损失率，P_P 为排污损失率。

19 ▶ 循环冷却水系统的水力停留时间如何计算？

循环冷却水系统的水力停留时间表示水在冷却系统中的滞留时间，也可表示冷却水系统中水的轮换程度，水力停留时间可用式（1-2）计算：

$$t_R = \frac{V}{Q_w + Q_b} \tag{1-2}$$

式中，t_R 为滞留时间，h；V 为系统水容积，m^3；Q_w 为吹散及泄漏损失，m^3/h；Q_b 为排污损失，m^3/h。

显然，系统水容积大，水的滞留时间长；排污量少，滞留时间长。

20 ▶ 什么是凝汽器的真空度和端差？在火电厂循环冷却水系统中如何取值？

在火电厂循环冷却水系统中，其换热设备为凝汽器。凝汽器是用水冷却汽轮机排汽的设备，在火电厂使用的主要是管式表面式凝汽器，如图 1-15 所示。

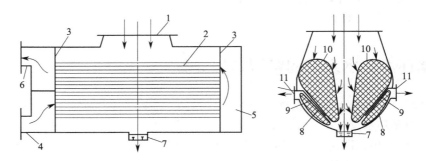

图 1-15　管式表面式凝汽器结构简图

1—蒸汽入口；2—冷却水管；3—管板；4—冷却水进水管；5—冷却水回流水室；6—冷却水出水管；
7—凝结水集水箱（热井）；8—空气冷却区；9—气汽冷却区挡板；10—主凝结区；11—空气抽出口

凝汽器由壳体、管板、管子等组成，冷却水在管内流动，蒸汽在管外被凝结成水。凝汽器的壳体和管板一般为碳钢，管子为黄铜、不锈钢或钛管等材质。管与管板的连接为胀接或焊接。

凝汽器的传热效果，可由真空度和端差来判断：在正常运行时，凝汽器内会形成一定的真空度，其值一般为 0.005MPa。汽轮机的排汽温度 t_p 与凝汽器冷却水的出口温度 t_2 之差，称为端差，用 δt 表示。它与汽轮机排汽温度和冷却水温度之间有以下关系：

$$t_p = t_1 + \Delta t + \delta t \tag{1-3}$$

$$\Delta t = t_2 - t_1 \tag{1-4}$$

式中，t_1 为冷却水的进口温度，℃；t_2 为冷却水的出口温度，℃；Δt 为冷却塔进出口水温温差，℃。

正常运行条件下，端差一般为 3～5℃。如凝汽器换热管内结垢或附着黏泥，端差可上升到 20℃ 以上。此外，汽轮机排汽量的增加和凝汽器中抽汽量的减小，冷却水流量的减少，都会使凝结水温度升高，端差上升，影响机组的热经济性。

冷却塔和凝汽器正常工作时，凝汽器出口最高水温一般小于 45℃；只有一些采用机械通风冷却塔的电厂，凝汽器出口最高水温曾达到 50℃。

凝汽器的传热过程：

$$Q = KS(t_p - t_w) = KS\Delta t_m \tag{1-5}$$

式中，Q 为传热量，J/h；K 为总传热系数，W/(m²·K)；S 为传热面积，m²；Δt_m 为流体间温差的平均值，℃；t_w 为冷却水温度，℃；S 为传热面积，m²。

在上式中，传热量越大，冷却水的热负荷越高，也越容易结垢。总传热系数 K 值愈高，则导热愈佳。总传热系数可按下式求出。

$$K = \cfrac{1}{\cfrac{1}{\alpha_1} + \cfrac{\delta_1}{\lambda_1} + \cfrac{1}{\alpha_2} + \cfrac{\delta_2}{\lambda_2}} \tag{1-6}$$

式中，α_1 为蒸汽侧界膜传热系数，$W/(m^2 \cdot K)$；α_2 为冷却水侧界膜传热系数，$W/(m^2 \cdot K)$；λ_1 为管材的热导率，$W/(m^2 \cdot K)$；λ_2 为附着物的热导率，$W/(m^2 \cdot K)$；δ_1 为管壁厚度，m；δ_2 为附着物厚度，m。

在凝汽器的运行中，K 值随结垢、腐蚀产物和黏泥附着的增长而减小。

表示某换热器所允许的污垢程度，称污垢系数，可由下式计算：

$$\gamma = \frac{1}{K_S} - \frac{1}{K_0} \tag{1-7}$$

式中，γ 为污垢系数，$(m^2 \cdot K)/W$；K_S 为运行一定时间后的总传热系数，$(m^2 \cdot K)/W$；K_0 为运行初期的设计总传热系数，$(m^2 \cdot K)/W$。

21 冷却塔的进出水温度差一般为多少？

冷却塔进水与出水的温差，是衡量冷却最为有效的方法之一，也是冷却塔选型的重要参数，一般情况下，民用冷却塔标准塔型设计工况为进水温度37℃，出水32℃，进、出塔水温差为5℃；工业用冷却塔进出水温差一般为6~12℃，多数为8~10℃。

22 什么是循环冷却水系统的浓缩倍数？如何计算？

浓缩倍数即循环冷却水的含盐浓度与补充水含盐浓度的比值。在工业冷却水等循环水中应用很广。循环冷却水在系统运行过程中有蒸发损失、风吹损失和排污损失（包括生产中渗漏损失）等水量损失，水量损失的总和由补充水补给。系统运行达到平衡时，从系统排出的盐量等于进入系统的盐量，即：

$$C_{ri}(Q_b + Q_w) = C_{mi}Q_m = C_{mi}(Q_e + Q_w + Q_b) \tag{1-8}$$

式中，C_{ri} 为循环冷却水的含盐浓度，mg/L；C_{mi} 为补充水的含盐浓度，mg/L；Q_m 为补充水量，m^3/h；Q_b 为排污水量，m^3/h；Q_e 为蒸发水量，m^3/h；Q_w 为风吹损失水量，m^3/h。

为防止结垢，应使循环冷却水的碳酸盐硬度小于极限碳酸盐硬度。从上式可以看出，在补充水含盐浓度（C_{mi}）不变的情况下，如果降低循环冷却水的浓缩倍数（Φ），即降低循环冷却水的含盐浓度（C_{ri}），就可以有效地控制系统结垢。但是，降低浓缩倍数势必以增加排污量为代价，这样一方面影响环境保护，另一方面增加了补充水量，造成水资源的浪费。因此，不加限制地降低浓缩倍数是不经济且不合理的。

实际应用中，考虑利用含盐量计算浓缩倍数较为复杂，常选择循环水中不易消耗而又可快速测定的某种离子（如氯离子、钾离子）或电导率来代替含盐量进行浓缩倍数的计算。循环水中若以液氯作为杀生剂而引入 Cl^- 时，则不宜以 Cl^- 计算浓缩倍数。

23 ▸ 冷却塔的蒸发损失量如何计算?

蒸发损失是指因蒸发而损失的水量。蒸发损失量以每小时损失的水量表示,单位为 m^3/h。蒸发损失率 P_Z 用蒸发损失量 Q_e 占循环水量 Q_x 的百分数表示。此值一般在 $1.0\%\sim1.5\%$ 左右。

蒸发损失率 P_Z 可根据以下经验公式估算:

$$P_Z = k\Delta t \tag{1-9}$$

式中,k 为系数,夏季采用 0.16,春、秋季采用 0.12,冬季采用 0.08;Δt 为冷却塔进出口水温温差,℃。

P_Z 的取值还可参考表 1-5 直接选择。

表 1-5 冷却设备的蒸发损失率 P_Z

冷却设备名称	每 5℃温差的蒸发损失/%		
	夏季	春、秋季	冬季
喷水池	1.3	0.9	0.6
机械通风冷却塔	0.8	0.6	0.4
自然通风冷却塔	0.8	0.6	0.4

确定蒸发损失率后,可依据下式计算冷却塔的蒸发损失量 Q_e:

$$Q_e = Q_x P_Z \tag{1-10}$$

24 ▸ 冷却塔风吹损失和泄漏损失量如何计算?

吹散及泄漏损失是指因水滴由冷却塔吹散出去和系统泄漏而损失的水量,风吹损失和泄漏损失率 P_F 用风吹损失和泄漏损失水量 Q_w 占循环水量 Q_x 的百分数表示。吹散及泄漏损失率 P_F 因冷却设备的不同而异,参见表 1-6。

表 1-6 冷却设备的吹散及泄漏损失率 P_F

冷却设备名称	吹散及泄漏损失/%	冷却设备名称	吹散及泄漏损失/%
小型喷水池 (<400m²)	1.5~3.5	自然通风冷却塔 (无捕水器)	0.1
大型和中型喷水池	1~2.5	自然通风冷却塔 (无捕水器)	0.3~0.5
机械通风冷却塔(有捕水器)	0.2~0.3		

冷却塔风吹损失和泄漏损失量 Q_w 的计算公式:

$$Q_w = Q_x P_F \tag{1-11}$$

25 ▸ 循环冷却水系统的排污量如何计算?

排污损失是指从防止结垢和腐蚀的角度出发,控制系统的浓缩倍数而强制排污的水量。排污损失率 P_w 的计算公式如下:

$$P_w = \frac{P_Z}{\Phi - 1} - P_F \tag{1-12}$$

式中，P_Z 为蒸发损失率；Φ 为循环水浓缩倍率；P_F 为风吹损失和泄漏损失率。

依据排污损失率，可由下式计算循环冷却水系统的排污量 Q_b：

$$Q_b = Q_x P_w \tag{1-13}$$

式中，Q_x 为循环水量，m^3/h。

26 ▶ 循环冷却水系统补充水水量如何计算？

补充水量 Q_m 是指补入循环冷却系统中的水量。当冷却系统中的总水量保持一定时，补充水量 Q_m 相当于单位时间内，因蒸发 Q_e、吹散 Q_w、排污 Q_b 损失的总和。

$$Q_m = Q_e + Q_w + Q_b \tag{1-14}$$

对于一定的冷却系统，蒸发 Q_e、吹散 Q_w 损失是一定的，也就是说补充水量 Q_m 由排污损失 Q_b 决定。

27 ▶ 什么是循环冷却水的热流密度？应满足什么要求？

热流密度，又称热通量或热通量强度，是指换热设备单位传热面每小时传出的热量，以 W/m^2 表示。循环冷却水热流密度不宜大于 $58.2kW/m^2$。

28 ▶ 循环冷却水的流速应满足什么要求？

循环冷却水流速应满足以下要求：
① 循环冷却水管程流速应大于 1.0m/s；
② 循环冷却水壳程流速应大于 0.3m/s。

29 ▶ 敞开式循环冷却水系统设计时应注意什么？

进行敞开式循环冷却水系统设计时应注意以下要点：
① 循环冷却水在系统内的停留时间不应超过药剂的允许停留时间。设计停留时间可按式(1-15)计算：

$$T_d = \frac{V}{Q_b + Q_w} \tag{1-15}$$

式中，T_d 为设计停留时间，h；V 为系统总容积，m^3；Q_b 为排污损失水量，m^3/h；Q_w 为蒸发损失水量，m^3/h。

② 循环冷却水系统的容积宜小于小时循环水量的 1/3。当按下式计算的系统总容积 V 超过前述规定时，应调整水池容积。

$$V = V_f + V_p + V_t \tag{1-16}$$

式中，V_f 为设备中的水容积，m^3；V_p 为管道容积，m^3；V_t 为水池容积，m^3。

③ 经过投加阻垢剂、缓蚀剂和杀菌灭藻剂处理后的循环冷却水不应作直流水使用。

④ 系统管道设计应符合下列规定。

a. 循环冷却水回水管应设置直接接至冷却塔集水池的旁路管。

b. 换热设备的接管宜预留接临时旁路管的接口。

c. 循环冷却水系统的补充水管管径、集水池排空管管径应根据清洗、预膜置换时间的要求确定。置换时间应根据供水能力确定，宜小于 8h。当补充水管设有计量仪表时，应增设旁路管。

⑤ 冷却塔集水池宜设置便于排除或清除淤泥的设施。集水池出口处和循环水泵吸水井宜设置便于清洗的拦污滤网。

30 进行密闭式循环冷却水系统设计时应注意什么？

进行密闭式循环冷却水系统设计时应注意以下要点：

① 密闭式循环冷却水系统容积 V 可按下式计算。

$$V = V_f + V_{pc} \tag{1-17}$$

式中，V_f 为设备中的水容积，m^3；V_{pc} 为管道和膨胀罐的容积，m^3。

② 密闭式循环冷却水系统的加药设施，应具备向补充水和循环水投药的功能。

③ 密闭式循环冷却水系统的供水总管和换热设备的供水管，应设置管道过滤器。

④ 密闭式循环冷却水系统的管道低点处应设置泄空阀，管道高点处应设置自动排气阀。

⑤ 密闭式循环冷却水系统管材选用应根据具体使用环境和使用条件确定。

⑥ 密闭式循环冷却水系统管道设计应贯彻便于维护和检修的原则，管道的设计方式应尽可能架空设计，如架空有困难，按照管廊、管沟、埋地的次序执行设计。

（二）循环冷却水系统水-盐平衡

31 工业冷却过程为什么常以水为媒介？

工业冷却选用水作为换热冷媒介质，具有如下优点：

① 冷却媒质需求量大，水来源丰富，便于取用，成本相对比较低。

② 水的比热容比较大，高达 75.3J/(mmol·℃)，冷却效果好。

③ 在一般工业生产的温度的范围内，水不会发生明显的体积膨胀或者收缩。

④ 水的沸点较高，在一般工业生产温度范围内不会发生汽化。

⑤ 水的稳定性好，在通常条件下不会分解。

⑥ 水的流动性比较强，便于输送和分配。

⑦ 水质和水温的控制相对比较容易，而且技术发展比较成熟。

因此，不论从经济角度还是从技术角度考虑，水都是最适合用于冷却的媒介。

32 循环冷却水对水质有什么要求?

冷却用水的水质虽然没有像锅炉用水那样对各种指标进行严格的限制,但为了保证生产稳定,不损坏设备,能长周期运转,对冷却用水水质的要求还是相当高的,主要有以下几点。

(1) 水温要尽可能低

在同样设备条件下,水温越低,日产量越高。例如,化肥厂生产合成氨时需要将合成塔中的气体进行冷却,冷却水的温度越低,则合成塔的氨产量越高,其相互关系如图 1-16 所示。

冷却水温度越低,用水量也相应减少。例如,制药厂在生产链霉素时,需要用水去冷却链霉素的浓缩设备和溶剂回收设备。如果水的温度越低,那么用水也就越少,其相互关系如图 1-17 所示。

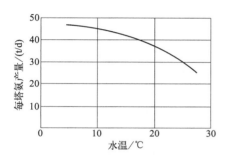

图 1-16 水温对氨产量的影响

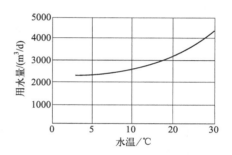

图 1-17 水温对用水量的影响

(2) 水的浊度要低

水中悬浮物带入冷却水系统,会因流速降低而沉积在换热设备和管道中,影响热交换,严重时会使管道堵塞。此外,浑浊度过高还会加速金属设备的腐蚀。为此,在国外一些大型化肥、化纤、化工等生产系统中对冷却水的浊度要求不得大于 2mg/L。

(3) 水质不易结垢

冷却水在使用过程中,要求在换热设备的传热表面上不易结成水垢,以免影响换热效果,这对工厂安全生产是一个关键。

(4) 水质对金属设备不易产生腐蚀

冷却水在使用中,要求对金属设备最好不产生腐蚀,如果腐蚀不可避免,则要求腐蚀性越小越好,以免传热设备因腐蚀太快而迅速减少有效传热面积或过早报废。

(5) 水质不易滋生菌藻

冷却水在使用过程中,要求菌藻等微生物不易滋生繁殖,这样可避免或减少因菌藻繁殖而形成大量的黏泥污垢,过多的黏泥污垢会导致管道堵塞和腐蚀。

33 循环冷却水是通过哪些途径实现散热的?

在冷却塔中,从塔顶进入的热水与塔中空气之间存在温度差,而且水相、气相在运动时两相表面存在速度梯度，水体主要通过与空气接触散热以及蒸发散热两种方式散热，另外还存在一定的辐射散热。

（1）蒸发散热

水分子在常温下逸出水面，成为自由蒸汽分子的现象称为水的蒸发。水的蒸发是由于分子热运动造成的，不同位置的水分子布朗运动的速率差异很大，水面上分子间相互碰撞，使一部分水分子获得了足以克服水体凝聚力的动能而逸出水面。逸出水面的分子从水体中带走了超出水体分子平均值的动能，这使得水体中余下分子的平均动能减少，表现为水温下降。热水在冷却塔中通过配水系统分散成小水滴或者水膜，与空气的接触面积很大，接触时间也比较长。由塔外进入的空气湿度比较低，水比较容易汽化成为水蒸气，汽化过程吸收热量使水冷却。

（2）接触散热

接触散热是通过空气和水的交界面进行的。接触散热主要包括传导和对流两种方式。热传导也称导热，它是指分子之间由于碰撞或者扩散作用而引起的分子动能的传递，这种分子动能的传递在宏观上表现为热量的传递。对流传热则是指流体本身由于流动把热量从一个地方带到另一个地方的传热方式。对流传热与导热的区别是前者通过流体的流动与混合来传热，而后者没有这种混合。因此，流体中的导热现象只能发生在层流中。从塔外进入的新鲜空气气温比较低，遇到热水时，热水会将热量通过接触直接传递给气流，水的温度降低，气流的温度升高。水和空气的温差越大，传热效果越好。

（3）辐射散热

辐射散热不需要介质，而是热水以电磁波的形式向外辐射能量。水体温度越高，表面积越大，辐射散热作用效果越好。所以在大面积冷却池中辐射散热效果比较明显，在其他冷却设备中，辐射散热可以忽略。

三种散热方式的效果和进入塔体的空气性质有关，气流湿度越低，蒸发散热的作用越明显；气流的温度越低，接触散热的效果越明显；散热设备水的表面积越大，水的温度越高，辐射散热的效果越明显。

34 如何建立循环冷却水系统盐量平衡？

（1）水量平衡

开放式循环冷却系统中，水的损失包括蒸发损失、吹散和泄漏损失、排污损失。要使冷却系统维持正常运行，对这些损失量必须进行补充，水的平衡方程式如下：

$$P_B = P_Z + P_F + P_P \tag{1-18}$$

式中，P_B 为补充水率，%；P_Z 为蒸发损失率，%；P_F 为风吹损失和泄漏损失率，%；P_P 为排污损失率，%。

$$P_B = \frac{Q_m}{Q_x} \times 100\% \tag{1-19}$$

式中，Q_m 为补充水水量，m^3/h；Q_x 为循环水水量，m^3/h。

（2）盐量平衡

由于蒸发损失不带走水中盐分，而吹散、泄漏、排污损失带走水中盐分，假如补充水中的盐分在循环冷却系统中不析出，则循环冷却系统将建立式(1-8)的盐量平衡。

如果冷却水系统的运行条件一定，那么蒸发损失量和吹散损失量就是定值，通过调整排污量可以控制循环冷却系统的浓缩倍数。排污损失率按式(1-12)计算。

由公式(1-12)计算出的补充水量、排污水量和浓缩倍数的关系，如图1-18所示。

从图1-18中可看出，提高冷却水的浓缩倍数，可大幅度减少排污量（也意味着减少药剂用量）和补充水量。同时，随着浓缩倍数的提高，补充水量明显降低，但当浓缩倍数超过5时，补充水量的减少已不显著。此外，过高的浓缩倍数，严重恶化了循环水质，容易发生各种故障，大大增加了处理费用。一般敞开式循环冷却系统的浓缩倍数应控制在5左右，多采用4~6。

现举一实例来分析：某火电厂总装机容量为1000MW，设蒸发损失率 $P_Z = 1.4\%$、风吹损失和泄漏损失率 $P_F = 0.1\%$、排污损失率 $P_P = 0.5\%$，循环水量为 $12.6 \times 10^4 \, \text{m}^3/\text{h}$。浓缩倍数与节水量关系的计算结果列于表1-7中。从表1-7中可看出，浓缩倍数为5时比浓缩倍数为1.5时节水 $3087 \text{m}^3/\text{h}$，而浓缩倍数为6时只比浓缩倍数为5时节水 $88 \text{m}^3/\text{h}$。

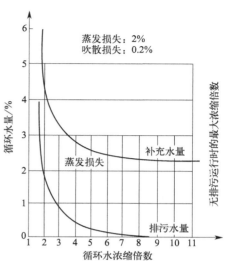

图1-18 开式循环冷却系统中浓缩倍数与
补充水量和排污量的关系

表1-7 浓缩倍数与节水量的关系

浓缩倍数 Φ	1.5	2	2.5	3	4	5	6	10
排污率 P_P/%	2.7	1.3	0.83	0.6	0.37	0.25	0.18	0.056
排污量/(m³/h)	3402	1638	1046	756	466	315	227	71
以 $\Phi=1.5$ 为基数的节水量/(m³/h)	0	1764	2356	2616	2936	3087	3175	3331

随着浓缩倍数的提高，药剂的耗量也显著降低。浓缩倍数对 P_B、$P_F + P_P$ 和药剂耗量 D 的影响见表1-8。从表1-8中可看出，随着浓缩倍数的提高，药剂的耗量也显著降低。

表1-8 浓缩倍数（Φ）对 P_B，$P_F + P_P$，D 的影响

Φ	P_B	$P_F + P_P$	D
1.1	$11P_Z$	$10P_Z$	$10P_Z d$
1.2	$6P_Z$	$5P_Z$	$5P_Z d$
1.5	$3P_Z$	$2P_Z$	$2P_Z d$
2.0	$2P_Z$	P_Z	$P_Z d$
2.5	$1.6P_Z$	$0.67P_Z$	$0.67P_Z d$
3.0	$1.5P_Z$	$0.5P_Z$	$0.5P_Z d$
4.0	$1.33P_Z$	$0.33P_Z$	$0.33P_Z d$
5.0	$1.25P_Z$	$0.25P_Z$	$0.25P_Z d$

注：d 为循环水中药剂浓度，mg/L。

（3）盐量变化

在循环冷却系统中的盐量存在以下关系：

循环冷却水中盐的增量＝补充水带进的盐量－吹散泄漏损失和排污损失带走的盐量。

在 dt 时间内，由补充水带入循环冷却系统的盐量为 $q_{v,B}\rho_B dt$，其中，$q_{v,B}$ 为补充水流量，m^3/h；ρ_B 为补充水的含盐量，mg/L。

在 dt 时间内，由吹散泄漏和排污带出的盐量为 $q_{v,S}\rho dt$，其中 $q_{v,S}$ 为吹散泄漏和排污损失水量的总和，m^3/h；ρ 为在时间 t 时循环水中的含盐量，mg/L。

因此，在 dt 时间内，循环冷却水中盐类的增量为：

$$V d\rho = q_{v,B}\rho_B dt - q_{v,S}\rho dt \tag{1-20}$$

将式（1-20）分离变量和积分：

$$\int_{t_0}^{t} dt = \int_{\rho_0}^{\rho} \frac{d\rho}{\dfrac{q_{v,B}\rho_B}{V} - \dfrac{q_{v,S}\rho}{V}} \tag{1-21}$$

$$\rho = \frac{q_{v,B}\rho_B}{q_{v,S}} + \left(\rho_0 - \frac{q_{v,B}\rho_B}{q_{v,S}} \right) \exp\left[-\frac{q_{v,S}\rho}{V}(t-t_0) \right] \tag{1-22}$$

式中，ρ、ρ_0 为在时间 t 和 t_0 时循环冷却水中的含盐量，mg/L。

当 $t=\infty$ 时，式（1-22）中第二项为零，则

$$\rho = \frac{q_{v,B}\rho_B}{q_{v,S}} \tag{1-23}$$

式（1-23）表明，在循环冷却水系统开始投运阶段，水中盐类随运行时间的延长而增加，当 t 达到某一时刻，由补充水带进的盐量与由吹散泄漏、排污带出的盐量相等时，循环水系统中的盐量趋向一个稳定值，浓缩倍数也达到一个最大值或预想值。

35 循环冷却水的水质指标有哪些?

《工业循环冷却水处理设计规范》（GB/T 50050—2017）对间冷开式系统循环冷却水、闭式系统循环冷却水和直冷系统循环冷却水的水质指标的要求见表 1-9～表 1-11。日常管理时，应以此核查生产运行的具体情况，并采取恰当的处理措施，确保循环冷却水系统的正常运转。

表 1-9　间冷开式系统循环冷却水水质指标

项目	单位	要求或使用条件	许用值
浊度	NTU	根据生产工艺要求确定	≤20
		换热设备为板式、翅片管式、螺旋管式	≤10
pH 值	—	—	6.8～9.5
钙硬度＋全碱度（以 $CaCO_3$ 计）	mg/L		≤1100
		传热面水侧壁温大于 70℃	钙硬度小于 200
总铁	mg/L	—	≤2.0
Cu^{2+}	mg/L	—	≤0.1
Cl^-	mg/L	水走管程:碳钢、不锈钢换热设备	≤1000
		水走壳程:不锈钢换热设备传热面水侧壁温≤70℃；冷却水出水温度<45℃	≤700
$SO_4^{2-}+Cl^-$	mg/L	—	≤2500
硅酸（以 SiO_2 计）	mg/L	—	≤175
$Mg^{2+}\times SiO_2$（Mg^{2+} 以 $CaCO_3$ 计）	—	pH(25℃)≤8.5	≤50000

项目	单位	要求或使用条件	许用值
游离氯	mg/L	循环回水总管处	0.1~1.0
NH_4^+-N	mg/L	—	≤10
		铜合金设备	≤1.0
石油类	mg/L	非炼油企业	≤5.0
		炼油企业	≤10.0
COD	mg/L	—	≤150

表 1-10 闭式系统循环冷却水水质指标

适用对象	水质指标		
	项目	单位	许用值
钢铁厂闭式系统	总硬度	mg/L(以 $CaCO_3$ 计)	≤20.0
	总铁	mg/L	≤2.0
火力发电厂发电机铜导线内冷水系统	电导率(25℃)	μS/cm	≤2.0①
	pH(25℃)	—	7.0~9.0
	含铜量	μg/L	≤20.0②
	溶解氧	μg/L	≤30.0③
其他各行业闭式系统	总铁	mg/L	≤2.0

① 火力发电厂双水内冷机组共用循环系统和转子独立冷却水系统的电导率不应大于 5.0μS/cm（25℃）。

② 双水内冷机组内冷却水含铜量不应大于 40.0μg/L。

③ 仅对 pH<8.0 时进行控制。

注：钢铁厂闭式系统的补充水宜为软化水，其余两系统宜为除盐水。

表 1-11 直冷系统循环冷却水水质指标

项目	单位	适用对象	许用值
pH 值(25℃)	—	高炉煤气清洗水	6.6~8.5
		合成氨厂造气洗涤水	7.5~8.5
		炼钢真空处理、轧钢、轧钢层流水、轧钢除鳞给水及连铸二次冷却水	7.0~9.0
		转炉煤气清洗水	9.0~12.0
悬浮物	mg/L	连铸二次冷却水及轧钢直接冷却水、挥发窑窑体表面清洗水	≤30
		炼钢真空处理冷却水	≤50
		高炉转炉煤气清洗水 合成氨厂造气洗涤水	≤100
碳酸盐硬度 （以 $CaCO_3$ 计）	mg/L	转炉煤气清洗水	≤100
		合成氨厂造气洗涤水	≤200
		连铸二次冷却水	≤400
		炼钢真空处理、轧钢、轧钢层流水、轧钢除鳞给水	≤500
Cl^-	mg/L	轧钢层流水	≤300
		轧钢、轧钢除鳞给水及连铸二次冷却水、挥发窑窑体表面清洗水	≤500
油类	mg/L	轧钢层流水	≤5
		轧钢、轧钢除鳞给水及连铸二次冷却水	≤10

36 ▶敞开式循环冷却水系统水质有哪些特点？

由于冷却水在敞开式循环系统中长时间反复使用，使水质具有以下特点。

（1）盐类浓缩

循环水中离子浓度随补充水量和排污水量的变化可如下求出：假设循环冷却水系统为连续补充水和连续排污，其水量基本稳定，且水中溶解离子浓度的变化与大气无关，某些结垢离子也不析出沉积。这样溶解离子只由补充水带入，只从排污水排出。设补充水中某离子的浓度为 c_b，循环水中该离子的浓度 c 随补充水量 B 和排污量 W 而变化，则根据物料衡算，系统中该离子瞬时变化量应等于进入系统的瞬时量和排出系统的瞬时量之差，即：

$$d(Vc) = Bc_b dt - Wc dt \tag{1-24}$$

式中，V 为循环冷却水系统水的总容积，m^3。

对上式积分，有：

$$\int_{c_0}^{c} \frac{V dc}{Bc_b - Wc} = \int_{t_0}^{t} dt \tag{1-25}$$

$$c = \frac{Bc_b}{W} + \left(c_0 - \frac{Bc_b}{W}\right) \exp\left[-\frac{W}{V}(t - t_0)\right] \tag{1-26}$$

由上式可知，当系统排污量 W 很大，即系统在低浓缩倍数下运行时，随着运行时间的延长，指数项的值趋于减小，c 由 c_0 逐渐下降，并趋于定值 $\dfrac{Bc_b}{W}$（即 kc_b）。当系统排污量很小，系统在高浓缩倍数下运行时，系统中的 c 由 c_0 逐渐升高，并趋于另一个定值 $\left(\dfrac{Bc_b}{W}\right)$。

由此可见，控制好补充水量和排污水量，理论上能使系统中溶解固体量稳定在某个定值。实际上，循环冷却水系统多在浓缩倍数 k 为 2～5 甚至更高状态下运行，故系统中溶解固体的含量以及水的 pH、硬度和碱度等都比补充水的高，水的结垢和腐蚀性增强。

（2）二氧化碳散失

天然水中含有钙、镁的碳酸盐和碳酸氢盐两类盐与二氧化碳存在下述平衡关系：

$$Ca(HCO_3)_2 \Longrightarrow CaCO_3 \downarrow + CO_2 \uparrow + H_2O$$

$$Mg(HCO_3)_2 \Longrightarrow MgCO_3 \downarrow + CO_2 \uparrow + H_2O$$

空气中 CO_2 含量很低，只占 0.03%～0.1%。冷却水在冷却塔中与空气充分接触时，水中的 CO_2 被空气吹脱而逸入空气中。实验表明，无论水中原来所含的 CO_3^{2-} 及 HCO_3^- 量是多少，水滴在空气中降落 1.5～2s 后，水中 CO_2 几乎全部散失，剩余含量只与温度有关。循环水温达 50℃以上，则无 CO_2 存在。

因此，水中钙、镁的碳酸氢盐转化为碳酸盐，因碳酸盐的溶解度远小于碳酸氢盐，使循环水比补充水更易结垢。由于 CO_2 的散失，水中酸性物质减少，pH 上升。

（3）循环水温度上升

循环冷却水的温度在凝汽器内上升后，一方面降低了钙、镁碳酸盐的溶解度，另一方面使碳酸盐平衡关系向右转移，提高了平衡 CO_2 的需要量，从而加大产生水垢的趋势。相反，循环水在冷却塔内降温后，平衡 CO_2 的需要量也降低，当需要量低于水中实际的 CO_2 含量时，水就具有侵蚀性和腐蚀性。因此，在一些进、出口温差比较大的循环冷却水系统中，有时出现循环冷却水进口端（低温区）产生腐蚀，循环冷却水出口端（高温区）产生结垢的现象。

（4）循环水溶解氧量升高

循环水与空气充分接触，水中溶解氧接近平衡浓度。当含氧量饱和的水通过凝汽器后，由于水温升高，氧溶解度下降，在局部溶解氧达到过饱和。冷却水系统金属的腐蚀性与溶解氧的含量有密切关系，如图 1-19 所示。

图中将 20℃含氧量饱和水的腐蚀率定为 1。冷却水的相对腐蚀率随温度升高而增大，至 70℃后，因含氧量已相当低，才逐渐减小。溶解氧对钢铁的腐蚀有两个相反的作用：① 参加阴极反应，加速腐蚀；② 在金属表面形成氧化物膜，抑制腐蚀。一般规律是在氧低浓度时起到去极化作用，加速腐蚀，随着氧浓度的增加腐蚀速度也增加。但达到一定值后，腐蚀速度开始下降，这时溶解氧浓度称为临界点值。

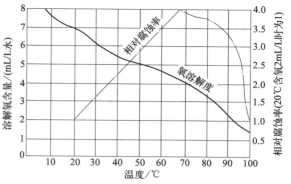

图 1-19 水中溶解氧含量、腐蚀率与温度的关系

腐蚀速度减小的原因是氧使碳钢表面生成氧化膜所致。溶解氧的临界点值与水的 pH 有关，当水的 pH 为 6 时，一般不会形成氧化膜。所以溶解氧越多，腐蚀越快。当水的 pH 为 7 左右时，溶解氧的临界点浓度为 16mg/L。因此，碳钢在中性或微碱性水中时，腐蚀速度先是随溶解氧的浓度增加而增加，但过了临界点，腐蚀速度随溶解氧的浓度升高反而下降。

循环冷却水的水质在运行过程中会逐渐受到污染。污染因素如下：

① 由补充水带进的悬浮物、溶解性盐类气体和各种微生物物种；

② 由空气带进的尘土、泥沙及可溶性气体等；

③ 由于塔体、水池及填料被侵蚀，剥落下来的杂物；

④ 系统内由于结垢、腐蚀、微生物滋长等产生的各种产物等，都会使水质受到不同程度的污染。

（5）循环水中微生物滋生

循环水中含有的盐类和其他杂质较高，溶解氧充足，常年水温在 10～40℃，而且阳光充足，营养物质丰富，是微生物生长、繁殖的有利环境。许多微生物（细菌、真菌和藻类）在此条件下生长繁殖，在冷却水系统中形成大量黏泥沉淀物，附着在管壁或填料上，影响水气分布，降低传热效率，加速金属设备的腐蚀。微生物也会使冷却塔中的木材腐朽。

37 ▶ pH 对循环冷却水有什么影响？如何确定循环冷却水系统的自然 pH？

（1）pH 对循环冷却水的影响

循环水系统中主要的水垢是碳酸钙，因而钙离子含量及碳酸盐碱度都是影响结垢的重要因素。虽然循环水中钙含量是受补充水水质和浓缩倍数决定的，但 pH 可以改变碳酸盐碱度的形式和数量，因而水的结垢倾向是可以由 pH 调整的。

溶于水中的碳酸氢钙 $[Ca(HCO_3)_2]$ 与碳酸钙（$CaCO_3$）存在以下平衡关系：

$$Ca(HCO_3)_2 \rightleftharpoons 2HCO_3^- + Ca^{2+}$$

$$+$$

$$2H^+ + CO_3^{2-} \qquad (1-27)$$

$$CaCO_3 \downarrow$$

Ca(HCO$_3$)$_2$ 的溶解度很大，在 20℃时为 16.6g/100g 水，在水中不会沉积。CaCO$_3$ 的溶解度极小，在 25℃时为 1.7mg/L，极易沉积结垢。从以上平衡关系看，H$^+$ 离子或 pH 起着两者平衡的作用。如在水中加酸，H$^+$ 增加（即 pH 降低），反应向左上进行，使 CO$_3^{2-}$ 减少，水中的碳酸钙水垢或保护膜会溶解，水的腐蚀倾向会增加。反之，如在水中加碱，H$^+$ 减少（即 pH 升高），反应向右下进行，使 CO$_3^{2-}$ 增加，碳酸钙会沉积为水垢。可见 pH 直接影响到碱度的形式（HCO$_3^-$ 或是 CO$_3^{2-}$）和数量。在水中 CO$_3^{2-}$ 含量和水温一定的条件下，pH 和碱度成为影响腐蚀或结垢的主要因素。在考虑循环水的化学处理时，需要了解水的 pH 和碱度，以判断水的腐蚀结垢倾向。

（2）浓缩后的 pH

如果在循环冷却水中加酸调节 pH，则其 pH 是人为控制的，和循环水的浓缩倍数没有关系。如果浓缩的循环水的 pH 不进行人为调节，而任其自然变化，则称为自然 pH。

自然 pH 随浓缩倍数增加而升高。原因是水中碱度因浓缩而增加，碱度升高使 pH 升高。在敞开式循环冷却水系统中，碱度不是无限度增长的，只能达到一定的平衡值，而不可能达到浓缩倍数乘补充水碱度的数量。因为，在冷却塔中，空气与水的对流传质是遵循亨利定律的，即水中二氧化碳的溶解度与空气中的二氧化碳分压成正比。空气中的二氧化碳分压是基本固定的，所以浓缩后，水中过饱和的游离二氧化碳会逸出到空气中，保持与空气中二氧化碳的平衡。另外，在换热过程中，水中一部分碳酸氢盐因受热会分解，如以下反应：

$$Ca(HCO_3)_2 \Longrightarrow CaCO_3\downarrow + H_2O + CO_2\uparrow \tag{1-28}$$

这部分新转化的二氧化碳也逸出空气中。浓缩倍数提高后，水中碳酸总量虽成倍增加，但游离二氧化碳的大量逸出又会使碳酸总量有所降低。碳酸重新平衡后，水中的总碱度虽然上升，但达不到浓缩倍数的乘积。浓缩后的 pH 随平衡的碱度变化，但不会无限上升。

（3）自然 pH 的计算

自然 pH 随浓缩倍数增加而升高，其升高的幅度随补充水而异。所以自然 pH 的计算公式也有所不同。

① 理论计算公式：

$$K_1 = \frac{[H^+][HCO_3^-]}{[H_2CO_3]} \tag{1-29}$$

根据 pH 定义，pH$=-$lg[H$^+$]，p$K_1=-$lgK_1，则得式(1-30)：

$$pH = pK_1 + lg[HCO_3^-] - lg[H_2CO_3] \tag{1-30}$$

因水的 pH 为 6～9，则总碱度 M 主要是 HCO$_3^-$，故 [HCO$_3^-$]≈M/100(mmol/L)；[H$_2$CO$_3$]=CO$_2$/44(mmol/L)。25℃时，pK_1=6.35，故可将式(1-30)转化为式(1-31)：

$$pH = lg(0.88M/C_{CO_2}) - 6.35 \tag{1-31}$$

式中，M 为总碱度（以 CaCO$_3$ 计），mg/L；C_{CO_2} 为游离二氧化碳含量，mg/L。

采用机械通风冷却塔时，C_{CO_2}=5mg/L，即：

$$pH = lgM + 5.60 \tag{1-32}$$

采用自然通风冷却塔时，C_{CO_2}=10mg/L，即：

$$pH = lgM + 5.29 \tag{1-33}$$

计算式从理论上说是正确的，pH 与 lg$M$ 应该是直线关系。但 M 是未知数时，则无法计算。又因游离二氧化碳是估算的，计算式适用于 pH=4.3～8.7，准确度±0.02。

② 国内经验公式：

$$pH = 6.78 + 0.204pH_{BC} + 0.094\Phi + 0.0022M_{BC} \tag{1-34}$$

式中，M_{BC} 为补充水的总碱度（以 $CaCO_3$ 计），mg/L；pH_{BC} 为补充水的pH；Φ 为浓缩倍数。

式(1-29) 适用于钙离子含量在 $17.5 \sim 150mg/L$（以 $CaCO_3$ 计），$pH_{BC} = 6.3 \sim 8.3$，$pH = 1.32 \sim 4.86$。实际数据与计算值误差为 ± 0.1。计算式(1-29) 是根据实验数据归纳出来的，有一定的准确性，应用较广。

式(1-29) 表明，刚开始浓缩时pH上升很快。到 $\Phi = 1.3$ 左右开始平稳缓慢上升，这与实际情况是符合的。一般在现场或实验装置初开机时，当循环水略有浓缩，自然pH即迅速上升。浓缩倍数还测不出来时（即 $\Phi < 1.1$ 时），pH已上升了。这是因为原水中的游离二氧化碳多为过饱和状态，进入冷却塔后迅速曝气使二氧化碳逸出，pH也迅速升高。

另一方面，式(1-29) 反映了 $\Phi > 3$ 时的实际情况。根据运行经验，即使循环水的浓缩倍数达到 5 倍时，pH 一般不会超过 9.3。用式(1-29) 计算，当 $\Phi = 5$ 时，自然 $pH = 9.29$，与实际比较相近。

（4）不同补充水质下自然 pH 的确定

式(1-29) 仍有不足之处，就是不同的补充水质采用同一个计算式，对某些水质不合适。因此，按硬度划分为极硬水、硬水、中硬水、软水及极软水，按碱度划分为极高碱水、高碱水、中碱水、低碱水及极低碱水。

为研究方便，按碱度和硬度综合考虑将补充水分为四种类型：类型 A（中硬中碱水及负硬度水）、类型 B（中硬中碱水及低碱软水）、类型 C（石灰软化水）、类型 D（极软极低碱水）。

分别归纳为四个计算式，见表 1-12。

表 1-12 不同类型补充水的自然 pH 计算式（适用于 $\Phi = 1.3 \sim 5.0$）

项目	类型 A	类型 B	类型 C	类型 D
补充水类型	中硬中碱水及负硬度水	中硬中碱水及低碱软水	石灰软化水	极软极低碱水
计算式	$pH = 6.75 + 0.204pH_{BC} + 0.0819\Phi + 0.0022M_{BC}$	$pH = 6.78 + 0.204pH_{BC} + 0.0994\Phi + 0.0022M_{BC}$	$pH = 7.90 + 0.1\Phi + 0.0055M_{BC}$	$pH = pH_{BC} + 0.1\Phi + 0.8M_{BC}$
适用范围	$pH_{BC} = 7.5 \sim 8.5$ $TH = 50 \sim 300mg/L$ $M_{BC} = 200 \sim 300mg/L$	$pH_{BC} = 6.8 \sim 8.3$ $TH = 50 \sim 300mg/L$ $M_{BC} = 50 \sim 200mg/L$	$pH_{BC} = 9.0 \sim 11.0$ $TH < 150mg/L$ $M_{BC} < 150mg/L$	$pH_{BC} = 6.5 \sim 7.5$ $TH < 50mg/L$ $M_{BC} < 50mg/L$
备注	代表的水质是黄河流域水系及负硬度水	代表的水质是长江水系	—	代表的水质是华南及吉林水系

注：1. TH 为补充水硬度，M_{BC} 为补充水总碱度，均以 $CaCO_3$ 计。

2. 中硬中碱 A 类水，$TH = 150 \sim 300mg/L$，$M_{BC} = 150 \sim 200mg/L$；中硬中碱 B 类水，$TH = 150 \sim 300mg/L$，$M_{BC} = 200 \sim 300mg/L$。

上述四种不同补充水的水质指标见表 1-13。

表 1-13 四种不同补充水的水质指标   单位：mg/L

水质指标	类型 A	类型 B	类型 C	类型 D
Al^{3+}	0	0	0.3	0
Ca^{2+}	15	147	31	15
Mg^{2+}	6	99	8	0
HCO_3^-	334	179	31	31
CO_3^{2-}	0	0	15	0
OH^-	0	0	1.7	0

续表

水质指标	类型 A	类型 B	类型 C	类型 D
Cl^-	60	1272	30	9
SO_4^{2-}	5	137	51	80
pH	27	15	10	7.2
酚酞碱度（P 碱度）	—	0	25	0
甲基橙碱度（M 碱度）	274	147	50	25

当这四种不同的原水作补充水时，自然 pH 随浓缩倍数的变化情况如图 1-20 所示。

类型 A 和类型 B，这种水浓缩后 pH 偏高，类型 A 的最高自然 pH 记录为 9.3，类型 B 浓缩到 3~5 倍时，pH 大多不超过 9.0。类型 C 和类型 D 的水浓缩后 pH 偏低，类型 C 大多不超过 8.5，类型 D 大多不超过 8.0。

类型 C 及类型 D 的水，在浓缩初始 pH 均有下降现象，随浓缩倍数增加，pH 平稳上升。这种现象在用石灰软化水为补充水时尤为明显。其原因是初浓缩时，补充水吸收了空气中部分二氧化碳，中和了部分碱度。因为石灰软化水的总碱度虽不太低，但 HCO_3^- 很少，是以 CO_3^{2-} 碱度为主，甚至还有 OH^- 碱度。浓缩时，吸收的二氧化碳使 CO_3^{2-} 及 OH^- 转化为 HCO_3^-，使 pH 下降。待碱度完全转化为 HCO_3^- 之后，继续浓缩 pH 才会上升。

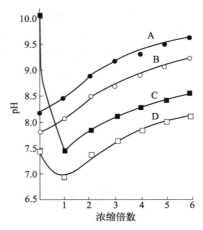

图 1-20　四种不同补充水质下循环水的自然 pH 与浓缩倍数的关系

需注意的是，以上计算式中，参与计算的水质数据为补充水的 pH 及 M_0。补充水进入循环水后会使循环水水质发生变化。循环水系统中如果装有加氯杀菌装置，氯在水中作用之后，最终变为盐酸（HCl），因而使循环水的 pH 降低。因加氯是间断的，所以整个系统 pH 有些波动。加氯可使循环水的 pH 平均下降 0.1~1.1，夏季有时影响很大，冬季影响小一些。所以，按表 1-12 中的计算式算出自然 pH 后，有加氯装置的还要减去加氯影响才是循环水的 pH，粗算时可以减去 0.2。

38 ▶ 循环冷却水处理的目的是什么？

在开式循环冷却系统中，经常容易发生的问题可分为结垢、腐蚀、黏泥三类。因此，冷却水处理的目的，就是防止冷却系统中的重要设备——凝结器、冷却塔中形成污垢、黏泥和产生腐蚀。当凝结器管和冷却系统附着水垢或黏泥后，会产生下列不良后果。

① 增加了水流阻力，降低了冷却水的流量。

② 由于垢的热导率很低，如表 1-14 所示，因而急剧降低了凝结器的传热系数。

表 1-14　各种物质的热导率

物质	热导率/[W/(m·K)]	物质	热导率/[W/(m·K)]
碳酸盐为主要成分的水垢	0.35~0.52	铜	285
硫酸盐为主要成分的水垢	0.43~1.72	碳钢	34.5
磷酸盐为主要成分的水垢	0.43~0.60	不锈钢	13
黄铜	69		

③ 冷却塔和喷水池喷嘴结垢，特别是冷水塔填料结垢，将造成水流短路，这些均会降低冷却效率，降低凝结器进水的温度。此外，水塔填料结垢后，由于清洗困难，往往只能被迫更换填料，耗资可达几十万元或几百万元人民币，带来大量的经济损失。

④ 由于凝结器结垢，往往要求停机进行清洗，既影响企业生产，还要消耗大量的人力、物力。经常采用化学方法清洗还会造成铜管损伤。

此外，垢的附着，特别是黏泥的附着也会造成不良后果，在附着物下部易发生局部腐蚀。凝结器铜管的腐蚀，会导致管子的破裂和穿孔。凝结器铜管的损坏，如应力腐蚀破裂，会造成凝结器的严重泄漏，情况严重或处理不当时还会造成锅炉水冷壁管的爆破。

39 ▶ 循环冷却水的处理流程一般有哪些？

循环冷却水系统由 6 个流程组成，包括主流程、加药流程、加氯流程、加酸流程、监测换热流程和旁流流程。

① 主流程　循环冷却水系统的主流程为：补充水由循环水泵自冷却塔塔下水池吸水加压后进入循环冷却给水管，用于供应工艺装置的冷却用水。循环冷却回水则通过循环冷却回水管返回循环水站，经冷却塔的配水系统均匀分布后，在冷却塔内自上而下进行汽水换热降温，冷却后进入塔下水池，再经循环水泵加压供出。如此循环往复。

② 加药流程　为控制循环冷却水流经的管道和热交换设备的腐蚀、结垢，必须向循环冷却水投加缓蚀、阻垢等药剂。另外，在系统正常运行之前，必须先投加预膜剂，使金属表面形成一层完好的缓蚀保护膜。实际操作中，药剂原液通过自吸泵或人工搬运送入储药罐，然后按一定比例加入稀释水（工业水或循环冷却水），或者直接将原液搅拌后自流进入药剂溶液罐，计量泵将药液送入冷却塔塔下水池。

③ 加氯流程　为控制微生物繁殖，必须向循环冷却水投加杀生剂。常用的杀生剂为液氯。氯气从氯瓶中蒸发，依次经过氯气过滤器、真空调节器、加氯控制柜，最终通过水射器送入冷却塔塔下水池。另外，系统还常配备在线余氯分析仪，以便控制余氯为 $0.5 \sim 1.0mg/L$，同时在线余氯分析仪与加氯机连锁，可实现连续自动加氯。

④ 加酸流程　循环冷却水系统在每次正常运行之前，应对系统进行酸洗；另外，在系统正常运行的过程中，为保证缓蚀阻垢剂处理效果而需降低系统 pH 值时，也进行加酸处理。

⑤ 监测换热流程　循环冷却水系统在正常运行的过程中，应采用必要的监测手段，以随时掌握循环冷却水处理的效果，并根据监测所得的数据及时采取相应的措施，以期达到良好的效果。

⑥ 旁流流程　旁流的目的是保持循环冷却水水质，使系统在满足浓缩倍数的条件下有效、经济地运行。在高浓缩倍数条件运行时，可减少补充水量和排污水量，减轻对环境的污染。

40 ▶ 影响循环冷却水处理方案选择的因素有哪些？

循环冷却水处理设计方案的选择，应根据换热设备设计对污垢热阻值和腐蚀率的要求，结合下列因素通过技术经济比较确定：①循环冷却水的水质标准；②水源可供的水量及其水质；③设计的浓缩倍数（对敞开式系统）；④循环冷却水处理方法所要求的控制条件；⑤旁流水和补充水的处理方式；⑥药剂对环境的影响。

循环冷却水补充水处理技术

（一）预处理技术

41 ▶ 循环冷却水水源有哪些？各有什么特点？

地表水、地下水、海水、再生水等都可以作为冷却水水源。但作为循环冷却水，不同的行业、不同的生产设备、不同的产品、不同的换热器等，对循环冷却水的水质要求也有所不同。不论哪种水源，都应进行适当的净化处理，以满足目标水质要求。

（1）地表水

这里指的地表水包括江、河、湖泊、水库等。选择水源的原则是：水源水质良好，水量充沛，便于保护。地表水是循环冷却水的主要水源。地表水的特点是浊度较高，硬度较低，有机物和细菌含量高，水质和水温随季节性变化大，易受人为污染。但地表水取用相对较方便，管理较集中，水量能满足冷却水的需要。山区河流水量受季节变化的影响大，有些河流洪、枯水位的水位差可达 30m 以上，给取水造成很大困难；沿海地区河段受咸潮的影响；西北、东北的河流受冰凌及浮冰的影响；有些河段受植物等漂浮物的影响。这些都会对构筑物造成复杂性影响。

不同类别的地表水，其水质也存在一定的差异。江河水一般浑浊度较高，平原地区河流易受生活污水、工业废水、农田排水等污染，一般水质较差。湖泊相当于一个天然沉淀池，经过沉淀自净作用，去除了部分悬浮物质。因此，湖泊水一般比江河水的水质好。然而，湖泊水流缓慢，春、夏会有藻类繁殖，有些湖泊如果湖、太湖等，藻类繁殖相当严重，富营养化程度大幅度上升，夏季水明显发臭，对水处理造成很大困难。水库水是由众多的山区小溪汇集而成，水质一般清澈透明，通常浊度≤5NTU。只有暴雨洪水期浊度大些，但经水库沉淀自净后又会较好。虽然春夏也会有藻类繁殖，但富营养化不严重，水库水是地表水中水源水质最好的水。

地表水环境质量应按《地表水环境质量标准》（GB 3838—2002）执行。依据地表水水域环境功能和保护目标，按功能高低划分为 5 类：

Ⅰ类：主要适用于源头水、国家自然保护区；

Ⅱ类：主要适用于集中式生活饮用水地表水源地一级保护区、珍稀水生生物栖息地、鱼虾类产卵场、仔稚幼鱼的索饵场等；

Ⅲ类：主要适用于集中式生活饮用水地表水源地二级保护区、鱼虾类越冬场、洄游通道、水产养殖区等渔业水域及游泳区；

Ⅳ类：主要适用于一般工业用水区及人体非直接接触的娱乐用水区；

Ⅴ类：主要适用于农业用水区及一般景观要求水域。

5类水体的水质标准见《地表水环境质量标准》（GB 3838—2002）。为避免与城镇供水、渔业用水等争水，循环冷却水的水源应取自Ⅳ类水体。

（2）地下水

地下水埋藏于地下含水层中，由地表水经渗流补给，因在地层中缓慢地渗流，经过地层的自然过滤，水质透明无色，作为生活饮用水仅需要消毒处理。与地表水相比，地下水中的生物或有机物含量很少，但在渗流过程中溶解了不同的矿物质，其溶解性固体物含量高于地表水。同时，地下水卫生条件好、水温低、常年水温变化不大，是冷却用水最为理想的水源。

然而，因地下水在渗流过程中溶解了各种矿物质，故含盐量和硬度较高，特别是硬度，用作冷却水，在水温升高的过程中更容易形成 $CaCO_3$、$Mg(OH)_2$ 而沉淀结垢，产生危害。因此，硬度高的地下水用作冷却用水时，需要进行适当的软化处理或采取防垢、阻垢、除垢措施。

（3）海水

海水是地球上储量最大的水资源，但海水含盐量高，腐蚀性特别强，如一般的水泵叶片，使用3个月就被腐蚀穿透。然而，对海水进行淡化处理成本很高，我国目前还较难以承受。只有某些沿海和岛屿地区，为解决饮用水问题才配备了小量的海水淡化装置。

把海水用作冷却水在世界上已有很多国家采用，如美国、英国、法国、日本等。我国沿海地区淡水资源紧缺，而冷却水量又大，不少地方也用海水冷却，如浙江秦山核电厂、华能大连电厂、华能威海电厂、浙能嘉兴电厂、华能玉环电厂、粤能湛江电厂、粤能红海湾电厂等。用海水冷却必须注意两点：①直流式冷却，即热水直接排入海中，不存在循环使用；②设备一定要严格地做好防腐蚀处理。

（4）再生水

我国是一个淡水资源比较匮乏的国家，人均水资源量仅为世界人均水平的1/4。城市污水的水质比较稳定，水量也充足，具有作为城市第二水源的可靠条件。在世界范围内来说，利用再生城市污水来解决城市的缺水问题，已经基本成为共识。

2021年1月，国家发展改革委、生态环境部等十部门联合印发《关于推进污水资源化利用的指导意见》，明确到2025年全国污水收集效能显著提升，县城及城市污水处理能力基本满足当地经济社会发展需要，水环境敏感地区污水处理基本实现提标升级，全国地级及以上缺水城市再生水利用率达到25%以上，京津冀地区达到35%以上；到2035年，形成系统、安全、环保、经济的污水资源化利用格局。2021年6月，国家发展改革委联合住房城乡建设部印发《"十四五"城镇污水处理及资源化利用发展规划》（发改环资〔2021〕827号），从城镇污水管网、城镇污水处理设施、再生利用设施、污泥处置设施四大方面提出重点建设任务，要求"十四五"期间新增和改造污水收集管网80000km，新增污水处理能力 $2×10^7 m^3/d$，新建、改建和扩建再生水生产能力不少于 $1.5×10^7 m^3/d$，新增污泥无害化处置设施规模不少于 $2×10^4 t/d$，从而有效缓解我国城镇污水收集处理设施发展不平衡不充分的矛盾，系统推动补短板强弱项，全面提升污水收集处理效能，加快推进污水资源化利用。

我国大部分地区再生水用于工业循环冷却水，有两种方式，一种是污水处理厂出水达到《城镇污水处理厂污染物排放标准》（GB 18918—2002）中规定的二级或更高水质标准后，直接送至工业用户，由工业用户根据自己水质要求进行深度处理。另外一种是污水厂出水达到《城镇污水处理厂污染物排放标准》（GB 18918—2002）中规定的二级或更高水质标准后，一部分再经过深度处理后，掺混后达到当地地表水水质指标再送至工业用户。目前，大部分地区采取的是第一种方式，水中的含盐量、氯离子、硬度、碱度等离子性指标一般高于当地地表水。

42 ▶ 循环冷却水补充水水量、水温如何确定？不同类型的补充水，其水质收集分别有什么要求？

循环冷却水用水量应根据生产工艺最大时用水量确定，供水温度应根据生产工艺要求、冷却介质温度并结合气象条件确定。

补充水水质资料的收集与选取应符合下列规定。

① 当补充水为地表水时，不宜少于一年的逐月水质全分析资料。

② 当补充水为地下水时，不宜少于一年的逐季水质全分析资料。

③ 当补充水为再生水时，不宜少于一年的逐月水质全分析资料，并应包括再生水水源组成及其处理工艺等资料。

④ 水质分析项目应符合表 2-1 的要求。

表 2-1　水质分析项目

水样（水源名称）：　　　　　　　　　　外观：
取样地点：　　　　　　　　　　　　　　水温：　　　　　　　℃
取样日期：

分析项目	单位	数量	分析项目	单位	数量
K^+	mg/L		PO_4^{3-}（以 P 计）	mg/L	
Na^+	mg/L		pH	—	
Ca^{2+}	mg/L		悬浮物	mg/L	
Mg^{2+}	mg/L		浊度	NTU	
Cu^{2+}	mg/L		溶解氧	mg/L	
$Fe^{2+}+Fe^{3+}$	mg/L		游离 CO_2	mg/L	
Mn^{2+}	mg/L		氨氮（以 N 计）	mg/L	
Al^{3+}	mg/L		石油类	mg/L	
NH_4^+	mg/L		溶解固体	mg/L	
SO_4^{2-}	mg/L		COD_{Cr}	mg/L	
CO_3^{2-}	mg/L		总硬度（以 $CaCO_3$ 计）	mg/L	
HCO_3^-	mg/L		总碱度（以 $CaCO_3$ 计）	mg/L	
OH^-	mg/L		碳酸盐硬度（以 $CaCO_3$ 计）	mg/L	
Cl^-	mg/L		全硅（以 SiO_2 计）	mg/L	
NO_2^-	mg/L		总磷（以 P 计）	mg/L	
NO_3^-	mg/L				

注：再生水作为补充水时，需增加 BOD_5 项目。

43 ▶ 循环冷却水系统对补充水的水质要求有哪些？

（1）物理性指标

① 浑浊度　浑浊度又称浊度。悬浮物是由不溶于水的淤泥、黏土、有机物、微生物及

矿物质等的微粒组成。悬浮物含量指每升水中含悬浮物的质量，用 mg/L 表示。但由于测定悬浮物质量时操作麻烦，所以通常用透明度或浑浊度来代替。浑浊度可用特制的光学仪器（浊度仪）进行测定。

② 色度　水的颜色主要是由于水中含有胶黏质悬浮物及溶解性有机物所形成，但并不包括可以沉淀的悬浮物质。色度可由原水与特配的色度标准比色液比较测定。

③ 嗅和味　由于水中有机物质的分解，溶解气体、矿物成分及沟渠中的污物等原因而产生水嗅，这称为天然嗅气。由某些工业污水所引起的称为人为嗅气。在工业给水中对嗅与味无严格要求。

（2）溶解盐类含量指标

① 含盐量　表示水中所含盐类的量的总和，可以通过水质全分析，用计算法求得。将水中所含全部阳离子和全部阴离子的量相加即可，单位为 mg/L。

② 蒸发残渣　表示水中溶解性与悬浮性固体的总量，可以分为水中溶解性盐类和胶体，这几类物质在水蒸发后残余下来，就是蒸发残渣。其测定方法是将水蒸发后再用烘箱在 105～110℃加热至恒重得到，单位是 mg/L。

③ 电导率　表示水导电能力的大小。水导电能力的大小可反映水中含盐量的多少。对相同溶液来讲，电导率越大，含盐量越高。

（3）表示水中结垢物质含量的指标——硬度（H）

水中钙、镁盐类的总含量称为水的硬度。硬度分为碳酸盐硬度和非碳酸盐硬度，即

$$总硬度＝碳酸盐硬度＋非碳酸盐硬度 \qquad (2-1)$$

碳酸盐硬度指钙、镁的碳酸盐和碳酸氢盐含量之和，但由于碳酸盐在水中的溶解度很小，所以可将碳酸盐硬度看作水中钙、镁碳酸氢盐的含量，并称它为暂时硬度。因为钙、镁的碳酸氢盐在加热时不稳定，容易分解为碳酸盐而附着在换热器的管道壁上，成为水垢。非碳酸盐硬度是钙、镁的氯化物、硫酸盐等的含量，也称为永久硬度。度量硬度的单位还有德国度（°G），每升水中含有相当于 10mgCaO 的钙镁离子称为 1°G。另外，还可用每升水中所含 $CaCO_3$ 的毫克数来表示。它们之间的换算关系为：$2.8°G＝50mgCaCO_3/L$。

（4）表示水中碱性物质含量的指标——碱度（A）

水中 OH^-、CO_3^{2-}、HCO_3^- 等离子及其他一些弱酸盐类的总含量称为碱度。天然水中，弱碱盐主要是碳酸氢盐，碱度主要由 HCO_3^- 形成。因此，天然水的碱度一般与其暂时硬度的大小很相近。表示碱度的单位与硬度相同。

如果水的碱度大于硬度（$A＞H$），说明该水体没有非碳酸盐硬度，称为碱性水。

当硬度大于碱度（$H＞A$）时，则表明水体中非碳酸盐硬度（永久硬度）相对较高，称为非碱性水。

（5）表示水中有机物含量的指标——水的耗氧量

利用有机物的可氧化性，进行水的耗氧量的测定。水的耗氧量定义为氧化每升水中所含有机物需要消耗的氧气的质量，单位为 mg/L。

44 ▷冷却水补水中悬浮物的去除方法有哪些？

悬浮物去除的主要方法是沉淀法。沉淀法去除悬浮物主要有两种方式：

① 天然水中悬浮物的自然沉降。

② 往水中加入各种混凝剂，使水中细小悬浮物及胶体物质转变为大块沉淀物而除去。粒子直径越小，比表面积越大，沉降时间越长。对于黏土胶体，要先使它集聚成较大的颗粒，才能实现沉淀除去。但是黏土胶体粒子在水中是相当稳定的，要使它集聚，首先要投加药剂破坏其稳定性，使黏土胶体脱稳，才可能使胶体聚集成大块而沉淀。所以，混凝过程有两个阶段：一个是絮凝剂粒子的引入使胶体等粒子间互相接触；另一个是胶体粒子接触时脱稳而集聚。混凝过程在实际工程中可以考虑为三个步骤：凝聚、絮凝和沉降。

45 ▶ 什么是格栅，其作用和类型有哪些？

格栅设在取水头部或进水间的进水孔上，用来拦截水中粗大的漂浮物及鱼类。格栅由框架和栅条组成。格栅立面和剖面图如图 2-1 所示。

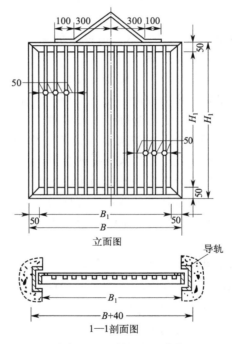

图 2-1　格栅立面和剖面图（单位：mm）

格栅框架外形与进水孔形状相同，栅条断面有矩形、圆形等，栅条厚度或直径一般采用 10mm，栅条净间距视河中漂浮物情况而定，小型取水构筑物宜为 30～50mm，大、中型取水构筑物宜为 80～120mm。

46 ▶ 如何进行格栅设计？

格栅水力计算，设计流量取峰值流量，格栅至少按 2 个并联设计，无须单独设备用，在低谷流量时检修。格栅计算简图如图 2-2 所示。

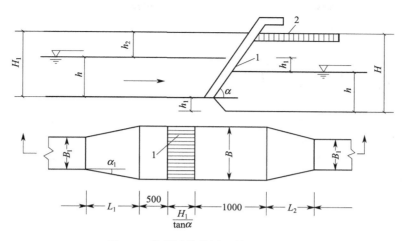

图 2-2 格栅计算简图（单位：mm）

1—栅条；2—操作平台

（1）栅槽宽度计算

$$B=s(n-1)+en \tag{2-2}$$

$$n=\frac{Q\sqrt{\sin\alpha}}{ehv} \tag{2-3}$$

式中，B 为栅槽宽度，m；s 为栅条宽度，m，一般取 0.01m；e 为栅条净间距（栅条间隙），m；n 为栅条数；Q 为最大设计流量，m^3/s；α 为格栅倾角，（°）；h 为栅前水深，m；v 为过栅流速，m/s。

岸边式取水构筑物，有冰絮时，v 采用 0.2～0.6m/s；无冰絮时，v 采用 0.4～1.0m/s。河床式取水构筑物，有冰絮时，v 采用 0.1～0.3m/s；无冰絮时，v 采用 0.2～0.6m/s。当取水量较小，江河水流速度较小，泥沙和漂浮物较多时，v 可取较小值。反之，可取较大值。当临近鱼类产卵区域时，进水孔 v 不应大于 0.1m/s。

（2）过栅水头损失

$$h_1=h_0k \tag{2-4}$$

$$h_0=\xi\frac{v^2}{2g}\sin\alpha \tag{2-5}$$

$$\xi=\beta\left(\frac{s}{e}\right)^{4/3} \tag{2-6}$$

式中，h_1 为过栅水头损失，m；h_0 为计算水头损失，m；k 为系数，格栅受污染物堵塞后水头损失增大倍数，一般取 3；ξ 为阻力系数，与栅条断面形状有关；g 为重力加速度，$9.81m/s^2$；β 为系数，矩形取 2.42，不是矩形可替换。

（3）栅后槽总高度 H

$$H=h+h_1+h_2 \tag{2-7}$$

式中，h 为栅前水深，m；h_2 为栅前渠道超高，m，一般取 0.3m。

（4）每日栅渣量 W

$$W=\frac{86400QW_1}{1000K_z} \tag{2-8}$$

式中，W_1 为每 $1000m^3$ 污水的栅渣量，m^3/d，参考类似工程取值，一般 $0.01 \sim$ $0.1m^3/d$；K_z 为设计系数。

47 筛网的作用和类型有哪些?

某些悬浮物采用格栅不能截留，也难通过重力沉降去除，常给后续处理构筑物或设备带来麻烦，可采用筛网过滤来分离和回收。筛网设在进水间内，孔径一般小于 10mm。一般用来去除水中含有的细小纤维状的悬浮物质，如棉布毛、化学纤维、纸浆纤维、动物羽毛、藻类等细小的杂物和残渣。装置类型有转筒式(图 2-3)、振动式(图 2-4)、微滤机 (图 2-5) 和水力筛网 (图 2-6) 等。

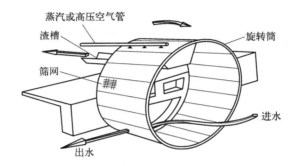

图 2-3　转筒式筛网构造示意图

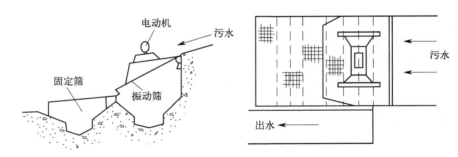

图 2-4　振动式筛网示意图

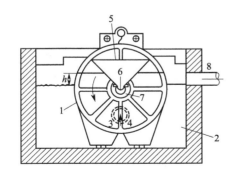

图 2-5　微滤机构造示意图

1—旋转鼓筒；2—水池；3、4—水槽；5—滤网冲洗设备；6—集渣斗；7—排渣管；8—出水管

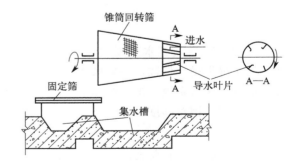

图 2-6　水力筛网构造示意图

48 ▶ 水力筛网的工作原理和特点是什么？

水力筛网由运动筛和固定筛组成，如图2-6所示。运动筛水平放置，呈截顶圆锥形。进水端在运动筛小端，水在从小端到大端流动的过程中，纤维等杂质被筛网截留，并沿倾斜面卸到固定筛以进一步脱水。水力筛网的动力来自进水水流的冲击力和重力作用。因此，水力筛网的进水端要保持一定压力，且一般采用不透水的材料制成。

水力筛网主体为由楔形钢棒经精密制成的不锈钢弧形或平面过滤筛面，待处理水通过溢流堰均匀分布到倾斜筛面上，由于筛网表面间隙小，平滑，背面间隙大，排水顺畅，不易阻塞；固态物质被截留，过滤后的水从筛板缝隙中流出，同时在水力作用下，固态物质被推到筛板下端排出，从而达到固液分离目的。

水力筛网能有效地降低水中悬浮物浓度，减轻后续工序的处理负荷，常用于工业生产中进行固、液分离和回收有用物质，是一种优良的过滤或回收悬浮物、漂浮物、沉淀物等固态或胶体物质的无动力设备。水力筛网的特点有：①利用水流本身的重力工作，无能耗；②单机处理水量大；③不易阻塞，清洗方便；④整机材质采用不锈钢制造，机械强度高，不变形、寿命长。

49 ▶ 氨氮对循环冷却水的处理有哪些危害？

氨氮对循环水处理的危害主要体现在消耗杀菌剂、增加微生物繁殖、对铜材质过流部件的腐蚀等方面。

① 氨氮会消耗循环水中的杀菌剂（余氯），降低杀菌性能。虽然 NH_2Cl、$NHCl_2$ 和 NCl_3 亦有杀生作用，但其杀生能力远不如氯本身。

② 氨氮作为细胞合成的营养物质，提供细胞合成的氮源，有利于细菌的繁殖和降低循环水的碱度，使 pH 值下降。

③ 氨氮对循环水铜系换热材质具有强腐蚀性。

50 ▶ 循环冷却水补充水氨氮去除工艺有哪些？

参照《火力发电厂再生水深度处理设计规范》（DL/T 5483—2013），循环水补充水氨氮宜小于 5mg/L，对于凝汽器等换热器为铜管时，氨氮宜小于 1mg/L。循环水补充水氨氮一般采用曝气生物滤池、膜生物反应器等生物处理工艺通过硝化反应去除，硝化反应包括亚硝化和硝化两个步骤：

亚硝化过程： $$NH_4^+ + 1.5O_2 \longrightarrow NO_2^- + H_2O + 2H^+$$
硝化过程： $$NO_2^- + 0.5O_2 \longrightarrow NO_3^-$$

51 ▶ 循环冷却水补充水有机物去除工艺有哪些？各有什么特点？

循环冷却水补充水有机物的去除常采用生化处理技术，可选用曝气生物滤池工艺，也可选用膜生物反应器等工艺，曝气生物滤池宜处理进水有机物浓度低的补充水，膜生物反应器宜处理进水有机物浓度高的补充水，其进水水质宜满足表 2-2 的要求。

表 2-2　曝气生物滤池和膜生物反应器进水质　　　　　　　单位：mg/L

项目	曝气生物滤池	膜生物反应器	备注
COD	$100\sim300$	$\leqslant500$	$BOD_5/COD\geqslant0.3$
BOD_5	$50\sim150$	$\leqslant300$	
悬浮物	$\leqslant60$(短时可为100)	$\leqslant150$	—
NH_4^+-N	$\leqslant60$	$\leqslant50$	—

52 曝气生物滤池的工作原理是什么？有何特点？

曝气生物滤池（Biological Aerated Filter，BAF）是浸没式接触氧化与过滤相结合的一种生物处理工艺，典型的曝气生物滤池工艺流程如图 2-7 所示。

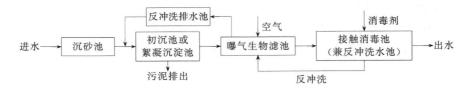

图 2-7　典型曝气生物滤池工艺流程

污水经过沉砂、初沉后进入曝气生物滤池，在溶解氧存在的条件下，利用滤池中的生物膜降解污水中的污染物质。处理水进入消毒池，经过消毒后排放。

随着处理过程的进行，填料表面和内部新产生的生物量越来越多，截留的悬浮物不断增加。在开始阶段，水头损失增加缓慢，当固体物质积累达到一定程度后，会堵塞滤料层的上部表面，从而阻止气泡的释放，导致水头损失很快达到极限。此时应立即进入反冲洗以去除滤床内过量的生物膜及其他悬浮物，恢复处理能力。

反冲洗通常采用气-水联合反冲洗，即先用气冲，再用气、水联合冲洗，最后再用水洗。反冲洗水为处理后出水（来自消毒池），反冲洗空气来自底部单独的反冲气管。反冲洗时滤层有轻微的膨胀，在气、水对填料的冲刷和填料间相互摩擦下，老化的生物膜和被截留的其他悬浮物与填料分离，并被排出滤池，反冲洗污泥回流至初沉池。不同形式、不同滤料的曝气生物滤池，其反冲洗强度、历时、周期各不相同，用水量和用气量也存在较大差异。

曝气生物滤池的主要特点有：

① 占地面积小。曝气生物滤池之后不设二次沉淀池，可省去二次沉淀池的占地。此外，由于系统中生物膜量大且活性高，使得工艺水力停留时间短，所需生物处理构筑物面积和体积均较小。

② 出水水质好。填料本身截留及表面生物膜的多种作用可保障出水水质。

③ 氧的传输效率高，供氧动力消耗低。由于滤料粒径小，气泡在上升过程中，不断被切割成小气泡，加大了气液接触面积，提高了氧气的利用率。此外，气泡在上升过程中受到了滤料的阻力，延长了气泡在滤料中的停留时间，有利于氧的传质。处理水的运行费用比传统活性污泥法约低 20%。

④ 抗冲击负荷能力强，受气候、水量和水质变化影响相对较小。这主要依赖于滤料的高比表面积，使系统内截留了比较大的生物量，提高了系统的抗冲击负荷能力。另外，由于

生物膜的特点，曝气生物滤池可暂时停止运行，一旦通水曝气，可在很短的时间内恢复正常。

⑤ 可和其他传统工艺组合使用。

⑥ 曝气生物滤池采用模块化结构，便于后期改建、扩建。

⑦ 进水一般要求进行预处理，当进水悬浮物较多时，运行周期短，反冲洗频繁。

53 ▶ 膜生物反应器的原理是什么？有何特点？

膜生物反应器（membrane bioreactor，MBR）是生物反应器与膜组件组合工艺的统称。MBR综合了膜分离技术和生物处理技术的优点，以膜组件代替生物处理中的二沉池，起到分离活性污泥混合液中的固体微生物和大分子溶解性物质的作用，将微生物与污染物截留在生物反应器中，实现了污泥停留时间和水力停留时间的分离，提高了反应器效率；同时，通过膜的分离过滤，得到良好的出水效果。

根据膜组件的设置位置，MBR可分为分置式（外置式）和一体式（浸没式）两种，基本构型如图2-8所示。

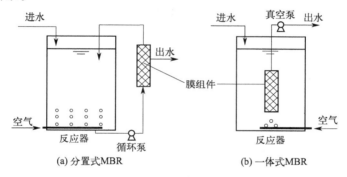

图 2-8　分置式和一体式 MBR 构型

MBR 具有以下特点：

（1）出水水质好

由于膜的高效过滤作用，MBR 出水中基本无悬浮固体，细菌和病毒可以被有效去除。由于膜的高效分离，增强了系统对有机物及含氮化合物等污染物的去除效率。

① 活性污泥混合液中的微生物絮体和较大分子量的有机物被滤膜截留在反应器内，使反应器内保持较高的污泥浓度（MLSS）和较长的固体平均停留时间，污泥浓度可以维持在 $10\sim20g/L$，不排泥的情况下甚至可以高达 $50g/L$。反应器中 F/M 值很低，有机物的降解彻底。

② 膜生物反应器易于控制污泥停留时间（SRT）和污水水力停留时间（HRT）的比例。有利于生物反应器中细菌种群多样性的培养和保持，使得世代时间长的细菌（如硝化细菌等）也能生长，提高了硝化效率。

③ 颗粒物、胶体及大分子物质等污染物均被截留在系统内，增加了生物对其进一步降解的机会。

④ 由于膜的高效截留效果，有利于高效菌种在生物反应器中的投放和积累，提高了对难降解有机物的降解效率，同时防止了菌的流失，降低了处理出水的生物风险。

（2）容积负荷高，占地面积小

MBR 的容积负荷一般为 1.2～3.2kg COD/(m^2·d)，甚至高达 20kg COD/(m^2·d)，因此占地面积相比传统工艺大幅度减小。

从整个处理系统来看，污水经过必要的预处理后，MBR 工艺可省去二沉池，流程简单，结构紧凑，占地面积小，不受设置场所限制，可做成地面式、半地下式或地下式。

（3）剩余污泥产量少

MBR 的污泥负荷一般为 0.03～0.55kg COD/(kg MLSS·d)。F/M 值保持在一个较低值，反应器中微生物营养受限而处于内源呼吸阶段，比增长速率很低，活性污泥生殖增长与内源呼吸消耗达到动态平衡。因此，膜生物反应器产生的剩余污泥量少，可降低污泥处理、处置费用。

（4）运行管理方便

MBR 实现了 HRT 与 SRT 的完全分离，膜分离单元不受污泥膨胀等因素的影响，易于设计成自动控制系统，从而使运行管理简单易行。

但 MBR 仍存在一些不足之处：

① 膜材料价格相对较高，使得 MBR 的建设投资高于同规模传统污水处理工艺；

② 膜污染控制的技术要求较高，膜的清洗给操作管理带来不便，同时也增加运行成本投入；

③ 为克服膜污染，一般需要用循环泵或膜下曝气的方式在膜的表面提供一定的错流流速，造成运行能耗较高；

④ 运行过程中电耗较高。

（二）絮凝澄清与沉淀技术

54 ▷ 何为絮凝？常用的混凝剂和助凝剂有哪些？

向水中添加一些化学药剂，如电解质或高分子物质，使胶体微粒之间的静电斥力减弱或消失，胶体微粒相互吸附结成大颗粒的过程称为"凝聚"。由高分子物质对这些悬浮的大颗粒起架桥吸附作用，最终破坏胶体的沉降稳定性，使胶体逐渐形成絮状沉淀物的过程称"絮凝"。"混凝"即是这两种过程同时发生的总称。最常用的混凝剂有无机盐类、无机盐聚合物类以及有机类化合物。

（1）无机盐类

① 铝盐　常用的铝盐有硫酸铝 $Al_2(SO_4)_3·18H_2O$ 和明矾 $Al_2(SO_4)_3·K_2SO_4·24H_2O$。

无机铝盐使用方便，对处理后的水质无不良影响；但水温低时水解困难，形成的絮凝体比较松散，效果不如铁盐。另外，对水的 pH 值适应范围较窄，一般在 5.5～8.0 之间。

② 铁盐　常用的铁盐有三氯化铁水合物 $FeCl_3·6H_2O$ 和硫酸亚铁水合物 $FeSO_4·7H_2O$。三氯化铁水合物是一种黑褐色的结晶体，极易溶于水，溶解度随温度升高而增大，形成的矾花密度大，易沉降，处理低温、低浊水的效果比铝盐好。它适宜的 pH 值范围较宽，在 5.0～11.0 之间。但是三氯化铁很容易吸潮，其水溶液呈酸性，腐蚀性强，须注意防腐。而

且，由于铁离子有颜色，处理后的水的色度比用铝盐高。

硫酸亚铁离解出的 Fe^{2+} 只能生成单核络合物，其混凝效果不如 Fe^{3+}。因此，使用时应先将 Fe^{2+} 氧化成 Fe^{3+}。当水的 pH>8 时，Fe^{2+} 易被水中的溶解氧氧化成 Fe^{3+}。因此，当 pH<8 时，可适当加些石灰，以提高碱度和 pH 值。水中溶解氧不足时，也可适当通入氯气或加入次氯酸盐，代替溶解氧起到氧化作用。

（2）无机盐聚合物类

① 聚合氯化铝　聚合氯化铝又称碱式氯化铝，其分子式为 $[Al_2(OH)_n Cl_{6-n}]_m$。聚合氯化铝对高浊度、低浊度、高色度及低温水都有较好的混凝效果。它形成絮凝体快，且颗粒大而重，易沉淀；投加量比硫酸铝低；适用的 pH 值范围较宽，在 5～9 之间。而且，还可以根据所处理的水质不同制取最适宜的聚合氯化铝，聚合氯化铝的加入量不宜过多，否则会使已脱稳的絮体颗粒再次变得稳定，影响颗粒物去除效率。

② 聚合铁　其分子式为 $[Fe(OH)_n \cdot (SO_4)_{3-n/2}]_m$。聚合铁适用的 pH 值范围较宽，在 4～11 之间。当原水 pH 值在 5～8 范围内时，混凝效果更好。聚铁混凝效果比三氯化铁好，且使用成本比三氯化铁低 30%～40%，形成絮体的速度快，颗粒大且重，因此沉降快。但有时会有少量细小絮体漂浮水面，使水显微黄色，经过滤处理即能完全脱色，不会影响出水水质。

（3）有机类化合物

有机类化合物作混凝剂用的主要是人工合成的高分子化合物，如高聚合的聚丙烯酸钠、聚乙烯吡啶、聚乙烯亚胺、聚丙烯酰胺等。

助凝剂大体也可分为两类：一类用于调节和改善混凝条件的药剂，如使用亚铁盐时为提高其混凝效果，通常通入氯气使 Fe^{2+} 氧化为 Fe^{3+}；还有为了控制良好的反应条件，常需添加碱，以提高水的 pH 值。

另一类用于改善絮凝体结构的高分子助凝剂有聚丙烯酰胺、活化硅酸、骨胶、海藻酸钠等。如以铝盐或铁盐为主的混凝剂，再添加微量有机高分子混凝剂，可使铝盐或铁盐所形成的细小松散絮凝体在高分子混凝剂的强烈吸附架桥作用下变得粗大而密实，有利于重力沉降。

55 ▶ 水质条件对混凝效果有什么影响？

（1）水温

水温低对混凝效果有不利影响。首先，因为无机盐类混凝剂溶于水时需要吸热，水温越低，混凝剂的水解越困难。其次，水温越低，水中胶体颗粒的布朗运动越弱，彼此碰撞机会减少，凝聚就越困难。再者，水温越低，水的黏度越大，水流阻力就越大，絮凝体的成长就越困难，从而影响混凝效果。

（2）pH 值和碱度

pH 值需要维持在一个相对稳定的范围内，才能达到较好的混凝效果；因此需要一定的碱度进行 pH 值的调节。

① pH 值的影响　因为 pH 值会对无机盐类的水解状态产生很大影响，所以无机盐类混凝剂（例如铝盐或铁盐）对水的 pH 值都有一定的使用范围。如果 pH 值超出这个范围，将

会使无机盐的水解受到阻碍，影响混凝效果。

② 碱度的影响 HCO_3^- 和 OH^- 的浓度都是碱度。铝盐水解导致 pH 值下降，如果水中有足够的 HCO_3^- 离子浓度时，则对 pH 值有缓冲作用，在铝盐水解的过程中，不会引起 pH 值大幅度下降。如水中碱度不足，为维持相对稳定的 pH 值，需投加石灰或碳酸钠等加以调节。

（3）浊度

浊度对混凝效果的影响很大，浊度过高或者过低时都会增加处理难度。

浊度较低时，颗粒细小而均匀，如果投加的混凝剂量少，仅靠混凝剂与悬浮微粒之间相互接触，接触的机会太小，难以实现混凝，所以很难达到预期的混凝目的。因此，必须投加大量的混凝剂，形成絮凝体沉淀物，依靠这些絮凝体沉淀物的卷扫作用才能除去这些微粒。不仅浪费混凝剂，而且会增加污泥量，增加处理成本。即使这样，处理效果通常仍不十分理想。目前尚无很好的解决方法。

浊度较高时，混凝剂投加需适量，使其恰好产生吸附架桥作用。若投加过量，已脱稳的胶粒又将重新稳定，效果反而不好。对于高浊度水的处理，混凝剂主要起吸附架桥作用，但随着水中浊度的增加，混凝剂投加量也相应增大。

（4）有机物质

水中的有机物质浓度如果过高，就会吸附到胶粒表面，增加胶体颗粒的稳定性，从而使混凝效果变差。

56 ▶ 颗粒物沉淀分离的原理是什么？

根据悬浮颗粒的浓度和颗粒特性，其从水中沉降分离的过程分为以下几种形式。

（1）自由沉降

悬浮颗粒浓度不高，下沉时彼此没有干扰，颗粒相互碰撞后不产生聚结，只受到颗粒本身在水中的重力和水流阻力作用的沉淀。含沙量小于 5000mg/L 的天然河流水中的泥沙颗粒具有自由沉降的性质。自由沉降的沉降速度可根据斯托克斯（Stokes）公式计算：

$$u_t = \frac{d_p^2 g(\rho_p - \rho)}{18\mu} \tag{2-9}$$

式中，u_t 为自由沉降的沉降速度；d_p 为颗粒粒径；g 为重力加速度；ρ_p 为颗粒密度；ρ 为液体密度；μ 为水的动力黏度。

由斯托克斯公式可知，颗粒的粒径 d_p 和密度 ρ_p 越大，沉速越快；水温增加，水的黏度 μ 和密度 ρ 降低，所以沉速也加快；如果 $\rho_p - \rho < 0$，即颗粒比水轻，则沉速为负值，表明颗粒不是下沉，而是上浮。

对于非球形颗粒，其沉速小于等体积球形颗粒的沉降速度，可采用经验公式修正。

（2）絮凝沉降

天然水中胶体或矾花大都具有絮凝能力，特别是经过混凝处理后的悬浮颗粒，颗粒相互碰撞后聚结，其粒径和质量逐渐增大，沉降速度随水深增加而加快。虽然目前尚无较为理想的公式计算，但可通过多嘴沉降筒的沉降试验测定颗粒的沉降效率。

多嘴沉降筒沉降试验的方法是：取一定量的水样置于多口沉降管中，使水中悬浮物在静止条件下自然沉降。在沉降过程中测定不同水深处颗粒浓度随时间变化数据，再根据颗粒浓度随时间变化数据计算颗粒的沉降效率与沉降时间和水深的关系。

（3）拥挤沉淀

又称为分层沉淀，当水中悬浮颗粒浓度大，一般大于 15000mg/L 时，颗粒下沉产生的上涌水流和尾流对周围颗粒下沉有影响，使沉速降低，并在清水、浑水之间形成明显界面层整体下沉，故又称为界面沉降。在沉淀池的进水区和沉淀池积泥区附近，一般发生这种沉降。拥挤沉速可表示为：

$$u'_t = \beta u_t \tag{2-10}$$

式中，u'_t 为拥挤沉降速度；u_t 为自由沉降的沉降速度；β 为沉降降低系数，$\beta<1$，为颗粒浓度的函数，可用经验公式计算。

（4）压缩沉降

随着沉降的进行，水中全部颗粒不断向底部聚集，当这里的浓度增加至颗粒间相互接触时，此后发生的沉降是压缩沉降，又称污泥的浓缩。沉淀池积泥区中的沉降、松土的自然板结都可看成为这种沉降。在压缩沉降过程中，先沉降的颗粒将承受上部沉泥的重量，颗粒间空隙中的水由于压力增加和结构变形被挤出，使污泥浓度增加。压缩沉降过程中污泥厚度随时间呈指数规律减薄，即：

$$h - h_\infty = (h_0 - h_\infty)e^{-kt} \tag{2-11}$$

式中，h_0、h、h_∞ 分别为沉降时间为 0、t 和 $+\infty$ 时污泥层厚度；k 为系数；t 为沉降时间。

57 如何计算天然悬浮颗粒在静态水中的自由沉淀速度？

水中悬浮颗粒浓度较低，沉淀时不受池壁和其他颗粒干扰的沉淀称为自由沉淀。如低浓度的除砂预沉池属于这种沉淀。

在重力的作用下，颗粒下沉，同时受到水的浮力和水流阻力作用。这些作用力达到平衡时，颗粒以稳定沉速下沉。以直径为 d 的球形颗粒为例，其在水中所受的重力为 F_1，则：

$$F_1 = \frac{1}{6}\pi d^3(\rho_s - \rho)g \tag{2-12}$$

式中，ρ_s 为悬浮颗粒的密度，kg/m^3；ρ 为水的密度，kg/m^3；g 为重力加速度，$9.81m/s^2$；d 为粒径，m。

颗粒下沉时所受到水的阻力 F_2 是颗粒上下部位的水压差在竖直方向的分量，即压力阻力，和颗粒周围水流摩擦力在竖直方向的分量（摩擦阻力）之和，称为绕流阻力。

$$F_2 = \frac{1}{2}C_D\rho\left(\frac{\pi}{4}d^2\right)u^2 \tag{2-13}$$

式中，C_D 为绕流阻力系数，与颗粒的形状、水流雷诺数有关，同时与颗粒表面粗糙程度有关；u 为球形颗粒沉速，m/s。

颗粒开始下沉时，初始速度为零，而后加速下沉，阻力增大。当所受到的阻力和其在水中的重力相等时，颗粒等速下沉。一般所说的沉淀速度即指等速下沉时的速度，由下式求得：

$$\frac{1}{6}\pi d^3(\rho_s-\rho)g=\frac{1}{2}C_D\rho\left(\frac{\pi}{4}d^2\right)u^2 \tag{2-14}$$

可求得：

$$u=\sqrt{\frac{4}{3C_D}\left(\frac{\rho_s-\rho}{\rho}\right)gd} \tag{2-15}$$

绕流阻力系数 C_D 与雷诺数 Re 有关，Re 计算式是：

$$Re=\frac{ud}{\nu}=\frac{ud\rho}{\mu} \tag{2-16}$$

式中，ν 为水的运动黏度系数，cm^2/s；μ 为水的动力黏度系数，$Pa \cdot s$。

根据试验，C_D 和 Re 的关系如图 2-9 所示。

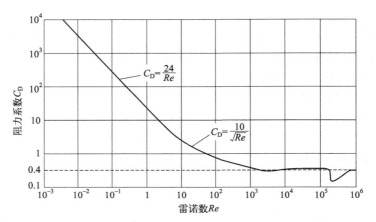

图 2-9 C_D 与 Re 的关系

同时，可回归为如下表达式：

$$C_D=\frac{24}{Re}+\frac{3}{\sqrt{Re}}+0.34 \tag{2-17}$$

试验证明，在 $Re<1$ 范围内，绕圆球流过的水流呈层流状态，绕流阻力系数为：

$$C_D=\frac{24}{Re} \tag{2-18}$$

代入式(2-15)得斯托克斯（Stokes）公式：

$$u=\frac{\rho_s-\rho}{18\mu}gd^2 \tag{2-19}$$

在 $1<Re<1000$ 范围内，属于过渡区，绕流阻力系数：

$$C_D=\frac{10}{\sqrt{Re}} \tag{2-20}$$

代入式(2-15)得阿兰（Allen）公式：

$$u=\left[\frac{4}{225}\frac{(\rho_s-\rho)^2g^2}{\mu\rho}\right]^{\frac{1}{3}}d \tag{2-21}$$

在 $1000<Re<250000$ 范围内，绕圆球流过的水流呈紊流状态。绕流阻力系数 $C_D\approx$ 0.4，代入式(2-15)得牛顿（Newton）公式：

$$u = 1.83\sqrt{\frac{\rho_s - \rho}{\rho}gd} \tag{2-22}$$

对于非球形颗粒，应以实际计算的体积和投影面积代入式(2-14) 中沉淀颗粒的体积和投影面积计算。

还应说明，式(2-15)、式(2-19)、式(2-22) 为不同 Re 范围内的特定形式。不难理解，在计算某一颗粒的沉速或粒径时，因不知道 Re 的范围，无法确定采用哪一公式，因而不能直接计算。利用先行绘制的 C_D-Re 关系图（图 2-9），或绘制成相互对应的标尺，可使此类计算简化。如果已知悬浮颗粒粒径为 d，求其沉速 u，则可变换式(2-15) 为：

$$C_D = \frac{4}{3}\frac{(\rho_s - \rho)gd}{\rho u^2} \tag{2-23}$$

引入式(2-16) 消除 u^2，得：

$$C_D Re^2 = \frac{4\rho(\rho_s - \rho)gd^3}{3\mu^2} \tag{2-24}$$

由已知条件代入式(2-24) 求出 $C_D Re^2$ 值，由雷诺数计算式，即可计算出 u 值。

同理，已知颗粒沉速 u 求粒径 d 时，可用式(2-23) 两边同除以 Re 及其表达式，先消去 d，得：

$$\frac{C_D}{Re} = \frac{4\mu(\rho_s - \rho)g}{3\rho^2 u^3} \tag{2-25}$$

将 u 代入上式，求出 C_D/Re 值，查表得出相应的 Re 值，由雷诺数计算式，即可计算出 u 值。

58 ▶ 如何计算絮体颗粒在静态水中的自由沉淀速度?

混凝后的悬浮颗粒已经脱稳，大多具有絮凝性能。在沉淀池中虽不如在絮凝池中相互碰撞聚结的频率高，但因水流流速分布差异而产生相邻水层速度差，以及颗粒沉速差异仍会促使颗粒相互碰撞聚结。目前，对于絮凝颗粒沉淀的研究较少，国外学者根据投加混凝剂的种类、投加量对沉淀基本公式进行修正。试验时取絮凝颗粒球形度系数 $\phi = 0.8$，则绕流阻力系数为：

$$C_D = \frac{45}{Re} \tag{2-26}$$

代入式(2-15)，得絮凝颗粒在静水中的自由沉淀速度：

$$u = \frac{4}{135\mu}(\rho_s - \rho)gd^2 \tag{2-27}$$

聚结成悬浮颗粒群体絮状物的沉淀和单颗粒沉淀有一定的差别。因为，群体颗粒比较松散，密度较小，在垂直方向的投影面积大于单颗粒投影面积之和，周围水流雷诺数 Re 也有变化。所以，沉淀速度会变得较小些。同时，细小的颗粒聚结成粒径较大的颗粒后，如果密度不发生变化，沉淀时其在水中的重力和所受到的阻力之比随着粒径的增大而增大，因而沉速加快。这是细小粒径颗粒聚结成大粒径颗粒沉速增大的主要原因。

59 ▶ 何为理想沉淀池？理想沉淀池表面负荷和临界沉速，以及沉淀去除效率如何计算？

（1）理想沉淀池基本假定

所谓"理想沉淀池"指的是水流流速变化、沉淀颗粒分布状态符合以下三个基本假定条件的沉淀池。

① 颗粒处于自由沉淀状态，即在沉淀过程中，颗粒之间互不干扰，颗粒大小、形状、密度不发生变化，进口处颗粒的浓度及在池深方向的分布完全均匀一致，因此沉速始终不变。

② 水流沿水平方向等速流动，在任何一处的过水断面上，各点的流速相同，始终不变。

③ 颗粒沉到池底即认为已被去除，不再返回水中，到出水区尚未沉到池底的颗粒全部随出水带到池外。

（2）理想沉淀池表面负荷和临界沉速

"表面负荷"代表沉淀池的沉淀能力，或者单位面积的产水量，在数值上等于从最不利点进入沉淀池全部去除的颗粒中最小的颗粒沉速。从沉淀池最不利点（即进水区液面 A 点）进入沉淀池的沉速为 u_0 的颗粒，在理论沉淀时间内，恰好沉到沉淀池终端池底，u_0 被称为"临界沉速"或"截留速度"。根据理想沉淀池基本假定，悬浮颗粒在理想沉淀池的沉淀规律见图 2-10。理想沉淀池表面负荷和临界沉速的计算方法如下。

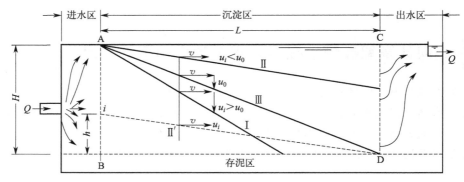

图 2-10 平流理想沉淀示意图

原水进入沉淀池后，在进水区均匀分配在 A-B 断面上，水平流速为：

$$v = \frac{Q}{HB} \qquad (2-28)$$

式中，v 为水平流速，m/s；Q 为流量，m^3/s；H 为沉淀区水深，m；B 为 A-B 断面的宽度，m。

如图 2-10 所示，沉速为 u 的颗粒以水平流速 v 向右水平运动，同时以沉速向下运动，其运动轨迹是水平流速 v、沉速 u 的合成速度方向直线。具有相同沉速的颗粒无论从哪一点进入沉淀区，沉降轨迹互相平行。沉速大于 u_0 的颗粒全部去除，沉降轨迹为直线Ⅰ。沉速小于 u_0 的某一颗粒沉速为 u_i，在进水区液面下某一高度 i 点以下进入沉淀池，可被去除，沉降轨迹为虚线Ⅱ′，而在 i 点以上任一处进入沉淀池的颗粒未被去除，如实线Ⅱ，与虚线Ⅱ'平行。

临界流速 u_0 及水平流速 v 都与沉淀时间 t 有关，在数值上等于：

$$t = \frac{L}{v} = \frac{H}{u_0} \qquad (2\text{-}29)$$

式中，L 为沉淀区长度，m；v 为水平流速，m/s；H 为沉淀区水深，m；t 为水流在沉淀区内的理论停留时间，s；u_0 为临界流速，mm/s。

即可得出：

$$u_0 = \frac{Hv}{L} = \frac{HvB}{LB} = \frac{Q}{A} \qquad (2\text{-}30)$$

式中，A 为沉淀池表面积，也就是沉淀池在水平面上的投影，即为沉淀面积，m^2。

式(2-30)中的 Q/A，即为沉淀池的表面负荷。

(3) 沉淀去除效率计算

如上所述，沉速为 u_i 的颗粒（$u_i < u_0$）从进水区水面进入沉淀池，将被水流带出池外。如果从水面以下距池底 h 高度处进入沉淀池，在理论停留时间内，正好沉到池底，即认为已被去除。如果原水中沉速等于 u_i 的颗粒重量浓度为 C_i，进入整个沉淀池中沉速等于 u_i 颗粒的总量为 $HBvC_i$。由 h_i 高度内进入沉淀池中沉速等于 u_i 颗粒的总量是 $h_i BvC_i$，则沉淀去除的数量占该颗粒总量之比，即为沉速等于 u_i 颗粒的去除率，用 E_i 表示：

$$E_i = \frac{h_i BvC_i}{HBvC_i} = \frac{h_i}{H} \qquad (2\text{-}31)$$

由于沉速等于 u_0 的颗粒沉淀 H 高度和沉速等于 u_i 的颗粒沉淀 h 高度所用的时间均为 t，则：

$$E_i = \frac{h_i/t}{H/t} = \frac{u_i}{u_0} = \frac{u_i}{Q/A} \qquad (2\text{-}32)$$

由此可知，悬浮颗粒在理想沉淀池中的去除率除与本身的沉速有关外，还与沉淀池表面负荷有关，而与其他因素如池深、池长、水平流速、沉淀时间无关。不难理解，沉淀池表面积不变，改变沉淀池的长宽比或池深，在沉淀过程中，水平流速将按长、宽、深改变的比例变化，从最不利点进入沉淀池的沉速为 u_0 的颗粒，在理论停留时间内同样沉到终端池底。

以上讨论的是某一特定的沉速为 u_i（$u_i < u_0$）的颗粒的去除效率。实际上，原水中沉速小于 u_0 的颗粒众多，这些不同沉速的颗粒总去除率等于各颗粒去除率的总和。所有沉速小于 u_0 的颗粒去除率总和应为：

$$p = \frac{u_1}{u_0}\mathrm{d}p_1 + \frac{u_2}{u_0}\mathrm{d}p_2 + \cdots\cdots + \frac{u_n}{u_0}\mathrm{d}p_n = \frac{1}{u_0}\sum_{i=1}^{n} u_i \mathrm{d}p_i = \frac{1}{u_0}\int_0^{p_0} u_i \mathrm{d}p_i \qquad (2\text{-}33)$$

沉速大于等于 u_0 的颗粒已全部去除，其占全部颗粒的重量比例为（$1-p_0$），因此。理想沉淀池总去除率 P 为：

$$P = (1 - p_0) + \frac{1}{u_0}\int_0^{p_0} u_i \mathrm{d}p_i \qquad (2\text{-}34)$$

式中，p_0 为所有沉速小于截留速度 u_0 的颗粒重量占进水中全部颗粒重量比；u_0 为颗粒截留速度或临界流速，mm/s；u_i 为沉速小于截留速度 u_0 的某一颗粒沉速，mm/s；p_i

为所有沉速小于 u_i 的颗粒重量占进水中全部颗粒重量比；$\mathrm{d}p_i$ 为沉速等于 u_i 颗粒的重量占进水中全部颗粒重量比。

式(2-34) 中 p_i 是 u_i 的函数，$p_i = f(u_i)$。

由于进入各沉淀池的水质不完全相同，因而 p_i 和 u_i 的关系也不完全相同，难以准确求出适用各种水质的 p-u 数学表达式。常常根据不同水质，通过沉降筒（图 2-11）试验结果绘出颗粒累计分布曲线，用图解法求解。即把 u_1、p_1、u_2、p_2……绘成曲线（图 2-12）就得到了不同沉速颗粒的累积分布曲线，从而可以求出截留速度为 u_0 的沉淀池的总去除率。

图 2-11 沉降筒

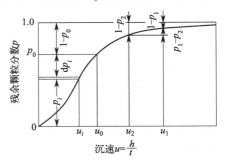

图 2-12 理想沉淀去除百分比计算

60 ▸ 影响沉淀池沉降效果的因素有哪些?

在讨论理想沉淀池时，假定水流稳定，流速均匀，颗粒沉速不变。而实际的沉淀池因受外界风力、温度、池体构造等影响时将偏离理想沉淀条件。

（1）短流影响

在理想沉淀池中，垂直于水流方向的过水断面上各点流速相同，在沉淀池的停留时间 t_0 相同。而在实际沉淀池中，有一部分水流通过沉淀区的时间小于 t_0，而另一部分则大于 t_0，该现象称为短流。引起沉淀池短流的主要原因有：

① 进水惯性作用，使一部分水流流速变快；

② 出水堰口负荷较大，堰口上产生水流抽吸，近出水区处出现快速水流；

③ 风吹沉淀池表层水体，使水平流速加快或减慢；

④ 温差或过水断面上悬浮颗粒密度差、浓度差，产生异重流，使部分水流水平流速减慢，另一部分水流流速加快或在池底绕道前进；

⑤ 沉淀池池壁、池底、导流墙摩擦，刮（吸）泥设备的扰动使部分水流水平流速减小。

短流的出现，有时形成流速很慢的"死角"，减小了过流面积，局部地方流速更快，本来可以沉淀去除的颗粒被带出池外。从理论上分析，沿池深方向的水流速度分布不均匀时，表层水流流速较快，下层水流流速较慢。沉淀颗粒自上而下到达流速较慢的水流壁后，容易沉到终端池底，对沉淀效果影响较小。而沿宽度方向水平流速分布不均匀时，沉淀池中间水流停留时间小于 t_0，将有部分颗粒被带出池外。靠池壁两侧的水流流速较慢，有利于颗粒沉淀去除，一般不能抵消较快流速带出沉淀颗粒的影响。

（2）水流状态影响

在平流式沉淀池中，雷诺数和弗劳德数是反映水流状态的重要指标。水流属于层流还是

紊流用雷诺数 Re 判别，Re 表示水流的惯性力和黏滞力之比：

$$Re = \frac{vR}{\xi} \tag{2-35}$$

式中，v 为水平流速，m/s；R 为水力半径，m，$R = \frac{\omega}{\chi}$；ω 为过水断面面积，m^2；χ 为湿周，m；ξ 为水的运动黏滞系数，m^2/s。

对于平流式沉淀池，当 $Re < 500$ 水流处于层流状态，$Re > 2000$ 水流处于紊流状态。大多数平流式沉淀池的 $Re = 4000 \sim 20000$，显然处于紊流状态。在水平流速方向以外产生脉动分速，并伴有小的涡流体，对颗粒沉淀产生不利影响。

水流稳定性以弗劳德数 F_r 判别，表示水流惯性力与重力的比值：

$$F_r = \frac{v^2}{Rg} \tag{2-36}$$

式中，v 为水平流速，m/s；R 为水力半径，m；g 为重力加速度，9.81m/s^2。

当惯性力的作用加强或重力作用减弱时，F_r 值增大，抵抗外界干扰能力增强，水流趋于稳定。

在实际沉淀池中存在许多干扰水流稳定的因素，提高沉淀池的水平流速和 F_r 值，异重流等影响将会减弱。一般认为，平流式沉淀池的 F_r 值大于 10^{-5} 为宜。

比较式(2-35)、式(2-36)可知，减小雷诺数、增大弗劳德数的有效措施是减小水力半径 R 值。沉淀池纵向分格，可减小水力半径。因减小水力半径有限，还不能达到层流状态。提高沉淀池水平流速，有助于增大弗劳德数，减小短流影响，但会增大雷诺数。由于平流式沉淀池内水流处于紊流状态，再适当增大雷诺数不至于有太大影响。故希望适当增大水平流速，不过分强调雷诺数的控制。

（3）絮凝作用影响

平流式沉淀池水平流速存在速度梯度以及脉动分速，伴有小的涡流体。同时，沉淀颗粒间存在沉速差别，因而导致颗粒间相互碰撞聚结，进一步发生絮凝作用。水流在沉淀池中停留时间越长，则絮凝作用越加明显，有利于沉淀效率的提高。

61 沉淀池的常见类型有哪些？有何特点？

常用的沉淀池是按照进出水方向来划分的。一般分为竖流式、平流式和辐流式沉淀池。其中，竖流式沉淀池中的水流向上运动，沉降颗粒向下运动。为使进、出水均匀，多设计成圆锥形。鉴于竖流式沉淀池主要去除沉淀速度大于上升水流速度的颗粒，表面负荷选用值较小，直接影响了该池型的使用。辐流式沉淀池中的水流从池中心进入后流向周边，水平流速逐渐减少，沉降杂质沉淀到底部。辐流式沉淀池多设计成圆形，池底向中心倾斜。常常用于高浊度水的预沉处理。

按照悬浮颗粒沉降距离划分，斜管、斜板沉淀池的沉淀属于浅池沉淀。斜管（板）沉淀池主要基于增大沉淀面积，减少单位面积上的产水量来提高杂质的去除效率。目前，使用最多的沉淀池是平流式沉淀池。其性能稳定、去除效率高，是我国应用较早、使用最广的泥水分离构筑物。

62 ▸ 平流式沉淀池的结构是什么?

平流式沉淀池分为进水区、沉淀区、出水区和存泥区四部分,见图 2-13。

(1) 进水区

进水区的主要功能是使水流分布均匀,减小紊流区,减少絮凝体破碎,通常采用穿孔花墙、栅板等布水方式。理论上,欲使进水区配水均匀,应增大进水流速。而增大水流过孔流速,势必增大沉淀池的紊流段长度,造成絮凝体破碎。目前,大多数沉淀池属混凝沉淀,而进水区或紊流区段占整个沉淀池长度的比例很小,故首先考虑对絮凝体破碎影响,所以多按絮凝池末端流速作为过孔流速设计穿孔墙过水面积,且池底积泥面上 0.3m 至池底范围内不设进水孔。

(2) 沉淀区

沉淀区即为泥水分离区,由长、宽、深尺寸决定。根据理论分析,沉淀池深度与沉淀效果无关。但考虑到后续构筑物,不宜埋深过大。同时,考虑外界风吹不使沉泥泛起,常取有效水深为 3～3.5m,超高为 0.3～0.5m。沉淀池长度 L 与水量无关,而与水平流速 v 和停留时间 T 有关。一般要求长深比 (L/H) 大于 10,即水平流速是截留速度的 10 倍以上。沉淀池宽度 B 和处理水量有关,即 $B=Q/(Hv)$。宽度 B 越小,池壁的边界条件影响就越大,水流稳定性越好。一般设计 $B=3～8m$,最大不超过 15m,当宽度较大时可中间设置导流墙,设计要求长宽比 (L/B) 大于 4。

(3) 出水区

沉淀后的清水在池宽方向能否均匀流出,对沉淀效果有较大影响。多数沉淀池出水采用集水管、集水渠集水,如图 2-13 所示。

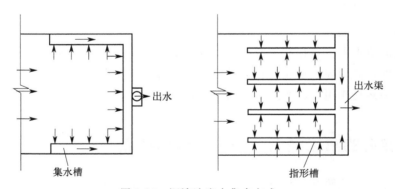

图 2-13 沉淀池出水集水方式

集水管、渠多采用孔口出流、锯齿堰出流或薄壁堰出流形式,见图 2-14。

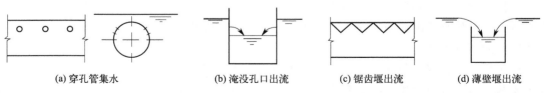

(a) 穿孔管集水　　(b) 淹没孔口出流　　(c) 锯齿堰出流　　(d) 薄壁堰出流

图 2-14 集水管、渠集水方式

各集水方式的适用条件和设计要求如表 2-3 所示。

表 2-3 各集水方式的适用条件和设计要求

集水方式	适用条件及设计要求
穿孔管	①小型斜管、斜板沉淀池、澄清池、气浮池； ②集水管可用钢管、铸铁管或水泥管； ③集水管中心间距为 1.2～2.0m，管长以不大于 10m 为宜； ④集水管上部单排或双排斜向 ϕ20～25mm 进水孔，孔口淹没深度为 0.07～0.10m
淹没孔口出流集水槽	①适用于大中型规模的沉淀池、澄清池； ②水中无大量树叶，小草等漂浮物； ③集水槽可用钢筋混凝或钢板焊接，进水孔开设在钢板条或硬塑料板上，再固定在集水槽两侧，允许调节槽口高度； ④集水槽中心间距 1.5～2.0m，两侧进水孔 ϕ25～35mm，孔口淹没深度为 0.05～0.07m，出流跌落为 0.05m
锯齿堰出浅集水槽	①适用于大中型规模的沉淀池、澄清池； ②出水顺畅，一般不易堵塞进水口； ③钢板或铝合金切割成倒三角形，三角形顶角为 90°或 60°； ④倒三角形进水口作用水头（即淹没高度）为 0.05～0.07m； ⑤倒三角形进水口也可开设在钢板条、硬塑料板上，再固定在集水槽两侧
水平堰出流集水槽	①适用于大中型规模的沉淀池、澄清池； ②堰口水平，集水负荷<250m²/(d·m)； ③水平堰出流集水槽可用钢筋混凝土浇筑、堰口粉平或用钢板加工后校正水平

以淹没式孔口集水的沉淀池水位变化时，不会立刻增大出水流量。为防止集水堰口流速过大产生抽吸作用带出沉淀杂质，堰口溢流率以不大于 $250\mathrm{m}^3/(\mathrm{m \cdot d})$ 为宜。目前，新建沉淀池大多采用增加集水堰长或指形出水槽集水，效果良好。加长堰长或指形槽集水，相当于增加沉淀池的中途集水作用，既降低了堰口负荷，又因集水槽前段集水后，减少后段沉淀池中水平流速，有助于提高沉淀去除率或提高沉淀池处理水量。

（4）存泥区和排泥方法

平流式沉淀池下部设有存泥区，排泥方式不同，存泥区高度不同。小型沉淀池设置的斗式、穿孔管排泥方式，需根据设计的排泥斗间距或排泥管间距设定存泥区高度。近年来，平流式沉淀池普遍使用了机械排泥装置，池底为平底，一般不再设置排泥斗、泥槽和排泥管。

桁架式机械排泥装置分为泵吸式和虹吸式两种。其中虹吸式排泥是利用沉淀池内水位和池外排水渠水位差排泥，节约泥浆泵和动力，目前应用较多（图 2-15）。当沉淀池内水位和

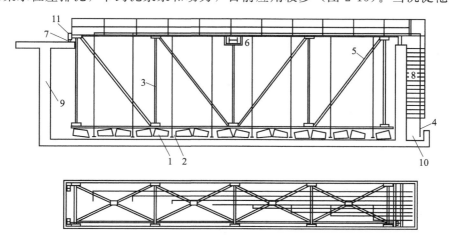

图 2-15 虹吸式排泥机

1—刮泥机；2—吸泥口；3—吸泥管；4—排泥管；5—桁架；6—传动装置；

7—导轨；8—爬梯；9—池壁；10—排泥渠；11—驱动滚轮

池外排水渠水位差较小，虹吸排泥管不能保证排泥均匀时可采用泵吸式排泥。

上述两种排泥装置安装在桁架上，利用电机、传动机构驱动液轮，沿沉淀池长度方向运动。为排出进水端较多积泥，有时设置排泥机在前三分之一长度处返还一次。机械排泥较彻底，但排出积泥浓度较低。为此，有的沉淀池把排泥设备设计成只刮不排装置，即采用牵引小车或伸缩杆推动刮泥板把沉泥刮到底部泥槽中，由泥位计控制排泥管排出。

63 如何进行平流式沉淀池设计？

在设计平流式沉淀池时，通常把表面负荷率和停留时间作为重要控制指标，同时考虑水平流速。当确定沉淀池表面负荷率（Q/A）之后，即可确定沉淀面积，根据停留时间和水平流速便可求出沉淀池容积及平面尺寸。有时先行确定停留时间，用表面负荷率复核。

平流沉淀池表面负荷应通过试验或参照相似条件下的水厂运行经验确定，现行国家标准《室外给水设计标准》（GB 50013—2018）建议清水区表面负荷采用 $0.5\sim1.0\text{m}^3/(\text{m}^2\cdot\text{h})$，停留时间 $T=1.5\sim3.0\text{h}$，低温低浊水处理沉淀时间宜为 $2.5\sim3.5\text{h}$，水平流速 $v=10\sim25\text{mm/s}$，并避免过多转折。

平流沉淀池设计方法如下：

（1）按截留速度计算沉淀池尺寸

① 沉淀池面积 A：

$$A=\frac{Q}{3.6u_0} \tag{2-37}$$

式中，A 为沉淀池面积，m^2；u_0 为截留速度，mm/s；Q 为设计进水水量，m^3/h。

② 沉淀池长度 L：

$$L=3.6vT \tag{2-38}$$

式中，L 为沉淀池长度，m；v 为水平流速，mm/s；T 为水平停留时间，h。

③ 沉淀宽度 B：

$$B=\frac{A}{L} \tag{2-39}$$

④ 沉淀池深度 H：

$$H=\frac{QT}{A} \tag{2-40}$$

式中，H 为沉淀池有效水深，m。

（2）按停留时间 T 计算沉淀池尺寸

① 沉淀池容积 V：

$$V=QT \tag{2-41}$$

式中，V 为沉淀池容积，m^3；Q 为设计水量，m^3/h；T 为水平停留时间，h。

② 沉淀池容积 A：

$$A=V/H \tag{2-42}$$

式中，A 为沉淀池面积，m^2；H 为沉淀池有效水深，m，一般取 $3.0\sim3.5\text{m}$。

③ 沉淀池长度 L：

$$L=3.6vT \tag{2-43}$$

沉淀池每个宽度（或导流墙间距）宜为 3～8m。用下式计算：

$$B = \frac{V}{LH} \tag{2-44}$$

（3）校核弗劳德数 Fr

按 $Fr = \frac{v^2}{Rg}$ 校核弗劳德数 Fr，控制 $Fr = 1 \times 10^{-4} \sim 1 \times 10^{-5}$。

（4）出水集水槽和放空管尺寸

出水各集水方式的计算方法见表 2-4。

表 2-4　各集水方式计算方法

集水方式	计算公式	符号说明
穿孔管孔口和淹没孔口的流量	$Q = \mu\omega\sqrt{2gh}$	Q——孔口流量，m^3/s； μ——孔口流量系数，按薄壁堰锐缘孔口计算，取 $\mu = 0.62$； ω——孔口过水断面，m^2； h——自由出流孔淹没水深、淹没出流孔口两侧水位差，m； g——重力加速度，$9.81m/s^2$
锯齿堰出水流量	$q = \frac{8}{15}\mu\tan\frac{\theta}{2}\sqrt{2g}H^{2.5}$ $q_{90} = 1.401H^{2.5}$ $q_{60} = 0.812H^{2.5}$	q——每个三角堰出水流量，m^3/s； θ——倒三角顶角，(°)； H——堰口作用水头，指锯齿堰底到集水槽外水面高度，m； μ——三角堰流量系数，$\theta = 90°$ 时，$\mu = 0.593$，$\theta = 60°$ 时，$\mu = 0.596$； q_{90}——$\theta = 90°$时的三角堰流量，m^3/s； q_{60}——$\theta = 60°$时的三角堰流量，m^3/s
水平堰单宽流量	$q = m_0 b\sqrt{2g}H^{1.5}$ $q = 1.86bH^{1.5}$	q——矩形水平堰流量，m^3/s； m_0——堰流量系数，取 $m_0 = 0.42$； b——单位堰顶长度，m

其中，薄壁堰、齿形堰不易堵塞，其单宽出水流量分别和堰上水头的 1.5 次方、2.5 次方成正比。而淹没式孔口集水，有时易被杂物堵塞，其孔口流量与淹没水位的 0.5 次方成正比。

出水槽采用指形槽集水，两边进水，槽宽为 0.2～0.4m，间距为 1.2～1.8m。

指形集水槽集水流入出水渠。集水槽、出水渠大多采用矩形断面，当集水槽底、出水渠为平底，自由跌落出水时起端水深 h 按下式计算：

$$h = \sqrt[3]{\frac{q^2}{gB^2}} \times \sqrt{3} \tag{2-45}$$

式中，q 为集水槽、出水渠流量，m^3/s；B 为槽（渠）宽度，m；g 为重力加速度，$9.81m/s^2$。

沉淀池放空时间 T' 按变水头非恒定流盛水容器放空公式计算，并取外圆柱形管嘴流量系数 $\mu = 0.82$，按下式求出排泥、放空管管径 d：

$$d \approx \sqrt{\frac{0.7BLH^{0.5}}{T'}} \tag{2-46}$$

式中，T' 为沉淀池放空时间，s。

64 ► 斜板、斜管沉淀池的原理是什么？

由沉淀原理可知，悬浮颗粒的沉淀去除率仅与沉淀池沉淀面积 A 有关，而与池深无关。在沉淀池容积一定的条件下，池深越浅，沉淀面积越大，悬浮颗粒去除率越高，此即"浅池沉淀原理"。如图 2-16 所示，如果平流式沉淀池长为 L、深为 H、宽为 B，沉淀池水平流速为 v，截留速度为 u_0，沉淀时间为 T。将此沉淀池加设两层底板，每层水深变为 $H/3$，在理想沉淀条件下，则有如下关系：

未加设底板前，$u_0 = \dfrac{H}{T} = \dfrac{H}{L/v} = \dfrac{Hv}{L} = \dfrac{HvB}{LB} = \dfrac{Q}{A}$

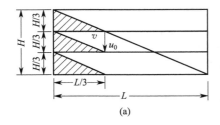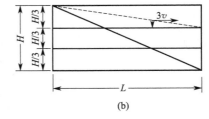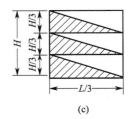

图 2-16　浅池沉淀机理

加设两层底板后［图 2-16(a)］，截留速度比原来减小 2/3，去除效率相应提高。如果去除率不变，沉淀池长度不变，而水平流速增大［图 2-16(b)］，则处理水量比原来增加两倍。如果去除率不变，处理水量不变，而改变沉淀池长度［图 2-16(c)］，则沉淀池长度减小原来的 2/3。

按此推算，沉淀池分为 n 层，其处理能力是原来沉淀池的 n 倍。但是，如此分层排出沉泥有一定难度。为解决排泥问题，把众多水平隔板改为倾斜隔板，并预留排泥区间，这就变成了斜板沉淀池。用管状组件（组成六边形、四边形断面）代替斜板，即为斜管沉淀池。在斜板沉淀池中，按水流与沉泥相对运动方向可分为上向流、同向流和侧向流三种形式。而斜管沉淀池只有上向流、同向流两种形式。

水流自下而上流出，沉泥沿斜管、斜板壁面自动滑下，称为上向流沉淀池。水流水平流动，沉泥沿斜板壁面滑下，称为侧向流斜板沉淀池。上向流斜管沉淀池和侧向流斜板沉淀池是目前常用的两种基本形式。

斜板（或斜管）沉淀池沉淀面积是众多斜板（或斜管）的水平投影和原沉淀池面积之和，沉淀面积很大，从而减小了截留速度。又因斜板（或斜管）湿周增大，水流状态为层流，更接近理想沉淀池。

悬浮颗粒在斜板中的运动轨迹如图 2-17 所示。图中 v_0 为斜板间轴向流速，mm/s；v_s 为斜板出口上升流速，mm/s；u 为颗粒下沉速度，mm/s；d 为斜板间距，mm；θ 为斜板倾角，(°)。

可以看出，在沉淀池尺寸一定时，斜板间距 d 愈小，斜板数愈多，总沉淀面积愈大。斜板倾角 θ 愈小，越接近水平分隔的多层沉淀池。斜板间轴向流速 v_0 和斜板出口水流上升流速 v_s 有如下关系：

$$v_s = v_0 \sin\theta \tag{2-47}$$

斜板中轴向流速 v_0、截留速度 u_0 和斜板构造的几何关系如图 2-18 所示。

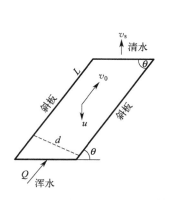

图 2-17 斜板间水流和悬浮颗粒运动轨迹

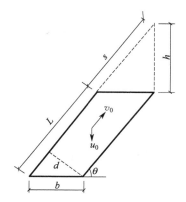

图 2-18 轴向流速、截留速度和斜板构造的几何关系图

由 $\dfrac{v_0}{u_0} = \dfrac{L+s}{h} = \dfrac{L+\dfrac{d}{\cos\theta}\dfrac{1}{\sin\theta}}{\dfrac{d}{\cos\theta}} = \dfrac{L}{d}\cos\theta + \dfrac{1}{\sin\theta}$，得关系式：

$$\frac{u_0}{v_0}\left(\frac{L}{d}\cos\theta + \frac{1}{\sin\theta}\right) = 1 \tag{2-48}$$

如图 2-18，假设斜板宽度 B，由上式得

$$u_0 = \frac{v_0}{\dfrac{L}{d}\cos\theta + \dfrac{1}{\sin\theta}} = \frac{v_0 d}{L\cos\theta + b} \cdot \frac{B}{B} = \frac{Q}{BL\cos\theta + Bb} \tag{2-49}$$

由此可知，斜板沉淀池截留速度 u_0 等于处理量 Q 与斜板投影面积与沉淀池面积之和的比值。

如果斜管直径 d，截留速度 u_0，以最不利沉淀断面上流速代替斜管中轴向流速 v_0，和斜管构造的几何关系表达式为：

$$\frac{u_0}{v_0}\left(\frac{L}{d}\cos\theta + \frac{1}{\sin\theta}\right) = \frac{4}{3} \tag{2-50}$$

65 ▶斜管沉淀池设计计算要点？

斜管沉淀池构造如图 2-19 所示，分为清水区、斜管区、配水区、积泥区。

斜管沉淀池在设计时应考虑以下几点：

① 底部配水区高度不小于 2.0m，以便减小配水区内流速，达到均匀配水。进水口采用穿孔墙、缝隙栅或下向流斜管布水。

② 斜管倾角越小，则沉淀面积越大，截留速度越小，沉淀效率越高，但排泥不畅，根据生产实践，斜管水平倾角 θ 通常采用 60°。

③ 斜管材料多用厚 0.4～0.5mm 的无毒聚氯乙烯或聚丙烯薄片热压成波纹板，然后黏结成多边形斜管。为防止堵塞，斜管内切圆直径取 30～40mm 以上。斜管长度和沉淀面积有关，但长度过大，势必增加沉淀池深度，沉淀效果提高有限。一般斜管长 1000mm，斜管区高度为 860mm 可满足要求。

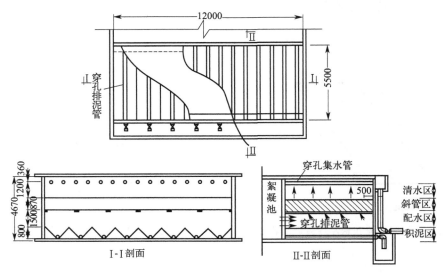

图 2-19　上向流斜管沉淀池平、剖面图（单位：mm）

④ 斜管沉淀池清水区高度是保证均匀出水和斜管顶部免生青苔的必要高度，一般不小于 1200mm。清水集水槽根据清水区高度设计，其间距应满足斜管出口至两集水槽的夹角小于 60°，可取集水槽间距等于 1～1.2 倍的清水区高度。

⑤ 斜管沉淀池的表面负荷是一个重要的技术参数，对整个沉淀池的液面而言，又称为液面负荷。用下式表示：

$$q = \frac{Q}{A} \tag{2-51}$$

式中，q 为斜管沉淀池液面负荷，$m^3/(m^2 \cdot h)$；Q 为斜管沉淀池处理水量，m^3/h；A 为斜管沉淀池清水区面积，m^2。

上向流斜管沉淀池液面负荷 q 一般取 5.0～9.0$m^3/(m^2 \cdot h)$（相当于 1.4～2.5mm/s），低温低浊水取 3.6～7.2$m^3/(m^2 \cdot h)$。不计斜管沉淀池材料所占面积及斜管倾斜后的无效面积，则斜管沉淀池液面负荷 q 等于斜管出口处水流上升流速 v_s。

小型斜管沉淀池采用斗式及穿孔管排泥，大型斜管沉淀池多用桁架虹吸机械排泥。

斜板和斜管沉淀池可应用于给水、工业污水、废水等，其特点是占地小、效率高，主要设计参数如表 2-5 所示。

表 2-5　斜板和斜管沉淀池主要设计参数

主要设计参数	设计数据
进水悬浮物/(mg/L)	<500
悬浮物去除率/%	>95
排泥浓度/%	2～4

66　辐射式沉淀池的结构和工作原理是什么？

辐射式沉淀池一般为圆形池子，其直径通常不大于 100m。它可作自然沉淀池用，也可作混凝沉淀池用，其结构如图 2-20 所示。水流由中心管自底部进入辐射式沉淀池中心，然后均匀池沿池子半径向池子四周辐射流动，水中絮状物逐渐分离下沉。清水从池子周边环形水槽排出，沉淀池则由刮泥机刮到池中心，由排泥管排走。

辐射式沉淀池沉淀排泥效果好，适用于处理高浊度原水。但刮泥机维护管理较复杂，施工较困难，投资也较大。

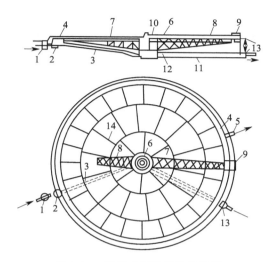

图 2-20   辐射式沉淀池构造视图

1—进水计量表；2—出水闸门；3—进水管；4—池周集水槽；5—出水槽；6、7、8—辅助桁架；
9—牵引小车；10—圆形配水罩；11—排泥管廊；12—排泥闸门；13—排泥计量表；14—池底伸缩缝

67 何为高密度沉淀池?

高密度沉淀池是法国德利满公司开发的一种新型的沉淀池，其构造见图 2-21。该沉淀池由混合絮凝区、推流区、泥水分离区、沉泥浓缩区、泥渣回流及排放系统组成。

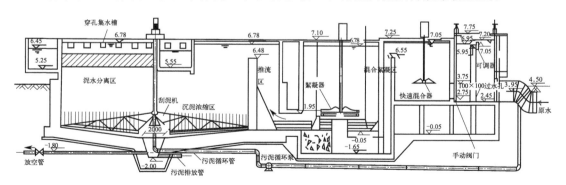

图 2-21   高密度沉淀池

高密度沉淀池的特点之一是污泥回流，回流量约占处理水量的 5％～10％，发挥了接触絮凝作用。在絮凝区及回流污泥中投加高分子混凝剂有助于絮凝颗粒聚结沉淀。沉淀出水经过斜管沉淀区，较大的沉淀面积进一步沉淀分离出了水中细小杂质颗粒。下部设有很大容积的污泥浓缩区，根据污泥浓度定时排放。

高密度沉淀池池深达 8～9m，集合接触絮凝、斜管沉淀、污泥浓缩于一体。斜管出水区负荷很高，可达 $20\sim25m^3/(m^2\cdot h)$（相当于 $5.6\sim7mm/s$）。排放污泥含固率在 3% 以上，可直接进入污泥脱水设备。国内借鉴上述沉淀池设计原理研发的高速澄清池，在絮凝区采用水体回流循环方法，强化了絮凝作用。该高速澄清池清水区液面负荷可达 $12\sim25m^3/(m^2\cdot h)$，用于高浊度水处理时可取 $7.2\sim15.0m^3/(m^2\cdot h)$。

68 机械搅拌澄清池的构造特点和主要设计要点有哪些?

机械搅拌澄清池的工作示意图如图 2-22 所示。机械搅拌澄清池是通过机械搅拌将混凝、反应和沉淀置于一个池中进行综合处理的构筑物。悬浮状态的活性泥渣层与加药的原水在机械搅拌作用下，增加颗粒碰撞机会，提高了混凝效果。经过分离的清水向上升，经集水槽流出，沉下的泥渣部分回流与加药原水机械混合反应，另一部分则经浓缩后定期排放。这种池子对水量、水中离子浓度变化的适应性强，处理效果稳定，处理效率高，出水浊度小于 10NTU，低温低浊水小于 15NTU。缺点是机械搅拌、耗能较大，腐蚀严重，维修困难。

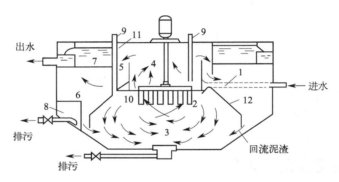

图 2-22　机械搅拌澄清池工作示意图

1—进水管；2—进水槽；3—第一反应室（混合室）；4—第二反应室；5—导流室；6—分离室；
7—集水槽；8—泥渣浓缩室；9—加药室；10—机械搅拌器；11—导流板；12—伞形板

机械搅拌澄清池设计要点包括：

① 第二反应室计算流速（考虑回流因素在内）一般为出水量的 $3\sim5$ 倍。

② 清水区上升流速一般采用 $0.8\sim1.1mm/s$，当处理低温低浊水时可采用 $0.7\sim0.9mm/s$。

③ 水在池中的总停留时间为 $1.2\sim1.5h$，第一絮凝室和第二絮凝室的停留时间一般控制在 $20\sim30min$，第二反应室按流量计计算的停留时间为 $0.5\sim1min$。

④ 为使进水分配均匀，可采用三角配水槽缝隙或孔口出流以及穿孔管配水等，为防止堵塞，也可采用底部进水的方式。

⑤ 加药点一般设于池外，在池外完成快速混合，第一反应室可设辅助加药管以备投加助凝剂，软化时应将石灰投加在第一反应室内，以防止堵塞进水管。

⑥ 第二反应室内应设导流板，其宽度一般为直径的 1/10 左右。

⑦ 清水区高度为 $1.5\sim2.0m$。

⑧ 底部锥体坡度一般在 45°左右，当设有刮泥装置时也可做成平底。

⑨ 可选用淹没孔集水槽或三角堰集水槽，过孔流速为 0.6m/s 左右。池径较小时，采用

环形集水槽；池径较大时，采用辐射集水槽及环形集水槽。集水槽中流速为0.4～0.6m/s，出水管流速为1.0m/s左右。考虑水池超负荷运行和留有加装斜板（管）的可能，集水槽和进水管的校核流量宜适当增大。

⑩ 进水悬浮物含量经常小于1000mg/L，且池径小于24m时可采用污泥浓缩斗排泥和底部排泥相结合的方式，一般设置1～3个排泥斗，每个泥斗容积一般为池容的1%～4%；小型水池也可只用底部排泥；进水悬浮物超过1000mg/L或池径大于24m时应设机械排泥装置。

⑪ 污泥斗和底部排泥宜用自动定时的电磁阀排泥、电磁虹吸排泥装置或橡皮斗阀，也可使用手动快开阀人工排泥。

69 ▶ 水力循环澄清池的构造特点和主要设计参数有哪些?

水力循环澄清池工作示意图如图2-23所示。水力循环澄清池与机械加速澄清池工作原理相似，不同的是它利用水射器形成真空自动吸入活性泥渣与加药原水进行充分混合反应，这样省去机械搅拌设备，使构造简单、节能，并使维护管理方便。水力循环澄清池构造简单，维修工作量小，但对水质、水量、水温的变化适应性较差，主要设计参数如表2-6所示。

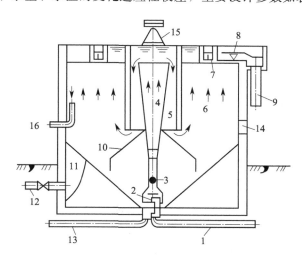

图2-23 水力循环澄清池工作示意图

1—进水管；2—喷嘴；3—喉管；4—第一反应室；5—第二反应室；6—分离室；7—环形集水槽；
8—出水槽；9—出水管；10—伞形板；11—沉渣浓缩室；12—排泥管；13—放空管；14—观察室；
15—喷嘴与喉管距离调节装置；16—取样管

表2-6 水力循环澄清池主要设计参数

主要设计参数	设计数据
进水浊度/NTU	＜2000
单池生产能力/(m³/d)	不宜大于7500
清水区上升流速/(mm/s)	0.7～1.0,低温低浊水取下限
池导流筒(第二絮凝室)有效高度/m	3～4
回流水量	为进水量的2倍～4倍
池斜壁与水平的夹角	不宜小于45°

70 接触絮凝沉淀池的构造特点和主要设计参数是什么？

接触絮凝沉淀池一般指的是湍流凝聚接触絮凝沉淀池，是一种新型的混凝澄清一体化设备，该工艺技术涉及了给水处理中混合、絮凝、沉淀三大主要工艺环节。湍流凝聚接触絮凝沉淀池平面图如图 2-24 所示。

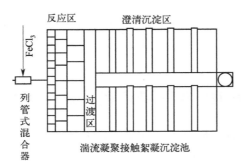

图 2-24　湍流凝聚接触絮凝沉淀池平面图

（1）混合工艺

湍流凝聚接触絮凝沉淀给水处理技术的混合工艺是让原水经过列管式混合器，通过列管式混合器控制水流的速度、水流空间的尺度以及速度零区的范围，造成高比例高强度的微涡旋，从而充分利用微小涡旋的离心惯性效应克服亚微观传质阻力，增加亚微观传质速率，使混凝剂的水解产物瞬间进入水体的每一个细部而得以充分利用，使胶体颗粒脱稳。这样不仅避免了水体中局部药剂不足和局部药剂浪费的现象发生，同时剪切力的作用避免了微絮体的不合理长大，保证了单位体积内的颗粒数量，为絮体的凝聚提供了保障。

电厂的实际工程使用证明此列管式混合器混合效率高、效果好、混合时间仅为 3s 左右，相比于传统的静态混合器大幅度提高了处理能力，并且相应节省投药量 30%～35%。

（2）絮凝工艺

微小涡旋的惯性效应以及湍流剪切力提供了絮凝的原动力，并在相应的理论基础上建立起了絮凝的动力学相似准则。以此项技术理论为基础，将翼片隔板絮凝设备应用于水处理工艺的反应池段，在反应池的过水断面上设置翼片隔板设备，含有絮体的水进入反应池，该设备对含有絮体的水的作用有以下几个方面：

① 水体通过翼片隔板设备区段是其速度激烈变化的过程，同时在这一过程中也是惯性效应最强，颗粒碰撞比率最大最高的阶段，为絮体的长大创造了有利的水利条件。

②经翼片隔板设备后，湍流的尺度减小，可控制的涡旋的大小和比例相应增强，同时由于涡旋的惯性效应增加，加大了颗粒的有效碰撞次数，另外升力作用使得涡旋离开原位置，增加了不同涡旋内的颗粒碰撞的概率，有效提高了絮凝效果。

③ 经翼片隔板设备过程中絮体颗粒碰撞、吸附，絮体本身产生强烈变形，使絮体中吸附能级低的部分由于变形揉动作用从而达到更高的吸附能级，并在通过设备后絮体变得更加密实，易于沉淀。

④ 通过控制湍流剪切梯度，增强了传质扩散以及颗粒的有效碰撞，控制絮体颗粒的合理长大，以保障单位体积内的颗粒数量，从而得到均匀密度、易于沉淀的絮体。

⑤ 由于充分利用了流体边界层理论和微水动力学理论，大幅度提高了絮凝效率，使得絮凝时间可缩至 5～10min，并得到易于颗粒沉淀的絮凝效果。

（3）沉淀工艺

浅池理论的出现使沉淀技术有了长足的发展。依据浅池理论及对颗粒沉降中湍流扰动的抑制，在实际工程当中应用了小间距斜板-接触絮凝沉淀设备。斜板单元为 120mm×25mm，同时采用相应的雷诺数，减少对上升水流的扰动。接触絮凝沉淀设备中在整流段和斜板区内形成絮体粒子动态悬浮区，利用接触絮凝和沉淀原理去除水中固体颗粒。实际工程中发现，由于斜板间距小，沉淀距离短，使水中小的颗粒可以沉降下来，同时无侧向约束，排泥面和沉泥面近似相等，从而有利于絮体沉降和彻底排泥。由于斜板间距小，水流阻力相应增大，并成为沉淀池中水流阻力的主要部分，可使沉淀池中水流流量更加均匀，使池头和池尾保持水流阻力一致，消除二者的差别保证出水水质。

实际工程运行证明，接触絮凝沉淀设备在沉淀池中运行时，沉淀池上升流速可以达到 2.5～3.5mm/s，并且在设计时尚有很大潜力。由于以上因素使得此项技术的占地面积比传统常规工艺大幅度减少（可节省 50%），同时抗冲击负荷能力较强，沉淀池出水水质稳定，沉淀后出水浊度稳定在 3NTU。

（三）过滤技术

71 ▶ 过滤的对象是什么？在水处理流程中一般处于什么位置？

过滤对象是去除水中细小（2～10μm）的悬浮物、絮凝性胶体颗粒，以及部分有机物和大量的微生物及病原体，降低水的浑浊度，使处理出水清澈透明。一般位于沉淀工艺之后、深度处理工艺之前，有时也作为最终处理工艺。

72 ▶ 过滤的机理是什么？

经混凝沉淀后水中的悬浮物粒径小于 30μm，能被滤料层截留下来，不是简单的机械筛滤作用，而主要是悬浮颗粒与滤料颗粒之间的黏附作用。

水中的悬浮颗粒能够黏附在滤料表面，一般认为涉及以下两个过程。首先，悬浮于水中的微粒被输送到贴近滤料表面，即水中微小颗粒脱离水流流线向滤料颗粒表面靠近的输送过程，称为迁移。其次，接近或到达滤料颗粒表面的微小颗粒截留在滤料表面的附着过程，又称为黏附。

（1）颗粒迁移

在过滤过程中，滤料孔隙内水流挟带的细小颗粒随着水流流线运动。在物理作用、水力作用下，这些颗粒脱离流线迁移到滤料表面。通常认为发生如下作用：当处于流线上的颗粒尺寸较大时，会直接碰到滤料表面产生拦截作用；沉速较大的颗粒，在重力作用下脱离流线沉淀在滤料表面，即产生沉淀作用；随水流运动的颗粒具有较大惯性，当水流在滤料孔隙中弯弯曲曲流动时脱离流线而到达滤料表面，是惯性作用的结果；由相邻水层流速差产生的速度梯度，使微小颗粒不断旋转跨越流线向滤料表面运动，即为水动力作用。此外，细小颗粒的布朗运动或在其他微粒布朗运动撞击下扩散到滤料表面，属于扩散作用。

水中微小颗粒的迁移，可能是上述作用单独存在或者几种作用同时存在。例如，进入滤池的凝聚颗粒尺寸较大时，其扩散作用几乎无足轻道。还应指出，这些迁移机理影响因素比较复杂，如滤料尺寸、形状，水温，水中颗粒尺寸、形状和密度等。颗粒迁移机理示意如图2-25所示。

图 2-25 颗粒迁移机理示意

（2）颗粒黏附

水中的悬浮颗粒在上述迁移机理作用下，到达滤料附近的固-液界面，在彼此间静电力作用下，带有正电荷的铁、铝等絮体被吸附在滤料表面。或者在范德华力及某些化学键和某些化学吸附力作用下，黏附在滤料表面原先已黏附的颗粒上，如同颗粒间的吸附架桥作用。颗粒的黏附过程，主要取决于滤料和水中颗粒的表面物理、化学性质。未经脱稳的胶体颗粒，一般不具有相互聚结的性能，不能满足黏附要求，滤料就不容易截留这些微粒。由此可见，颗粒的黏附过程与澄清池中泥渣层黏附过程基本相似，主要发挥了接触絮凝作用。另外，随着过滤时间增加，滤层中孔隙尺寸逐渐减小，在滤料表层就会形成泥膜，这时，滤料层的筛滤拦截将起很大作用。

73 ▶ 滤层内杂质的分布规律是什么？

水中杂质颗粒黏附在砂粒表面的同时，还存在因空隙中水流的剪切冲刷作用而导致杂质颗粒从滤料表面脱落的趋势。过滤初期，滤料较干净，孔隙率最大，孔隙中水流速度最小，水流剪力较弱小，颗粒黏附作用占优势。滤层表面截留的杂质逐渐增多后，孔隙率逐渐减小，孔隙中的水流速度增大，剪切冲刷力相应增大，将使最后黏附的颗粒首先脱落下来，连同水流挟带不再黏附的后续颗粒一并向下层滤料迁移，下层滤料截留作用渐次得到发挥。对于某一层滤料而言，颗粒黏附和脱落，在黏附力和水流剪切冲刷力作用下，处于相对平衡状态。

由于水力筛选结果，非均匀滤料自上而下，由细到粗排列，空隙尺寸由小到大，势必在滤料表层积聚大量杂质以至于形成泥膜。显然，所截留的悬浮杂质在滤层中分布很不均匀。以单位体积滤层中截留杂质的重量进行比较，上部滤料层截留量大，下部滤料层截留量小。在一个过滤周期内，按整个滤层计算，单位体积滤料中的平均含污量称为"滤层含污能力"（单位：g/cm^3 或 kg/m^3）。可见，在滤层深度方向截留悬浮颗粒的量有较大差别的滤池，滤池含污能力较小。

为了改变上细下粗滤层中杂质分布不均匀的现象，提高滤层含污能力，便出现了双层滤料、三层滤料及均质滤料滤池。滤料组成情况如图2-26所示。

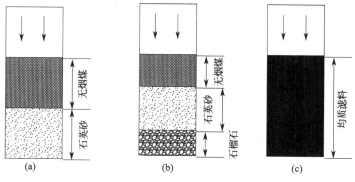

图 2-26　几种滤料组成示意图

74 什么是直接过滤？直接过滤的形式和特点是什么？

在水处理系统中，为了去除天然水中的悬浮杂质，通常在澄清池或沉淀池内进行混凝处理，然后用过滤设备进行过滤。但是，当原水浊度、悬浮物较低时（一般认为浊度小于50NTU、悬浮物小于150mg/L），采用上述典型处理工艺并不经济。此时，可以不设置澄清池或沉淀设备，即在原水中加入混凝剂，进行混凝反应后，直接引入过滤设备进行过滤，这种工艺称为直接过滤（in-line filtration）或混凝过滤、直流混凝，工艺流程如下：

直接过滤机理是在粒状滤料表面进行接触混凝后，再依靠深层（滤层）过滤滤除悬浮杂质，机械筛滤及沉淀作用不是主要作用。根据进入过滤装置前混凝程度不同，通常可分为两类：一是接触过滤，二是微絮凝直接过滤。

（1）接触过滤

接触过滤指的是在混凝剂加入水中混合后，将水引入到过滤设备中，即把混凝过程全部引入到滤层中进行的一种过滤方法。正因为混凝过程在滤层中进行，所以加药量较少。

（2）微絮凝直接过滤

微絮凝直接过滤指的是在过滤装置前设一个简易的微絮凝池或在一定距离的进水管上设置静态混合器，原水加药混合后先经微絮凝池，形成微絮粒后（粒径大致在40μm左右）引入滤设备进行过滤。形成的微絮凝体，容易渗入滤层，再在滤层中与滤料间进一步发生接触凝聚，获得良好的过滤效果。

直接过滤工艺使用时的注意事项如下：

① 要求原水浊度和色度较低且水质变化小，一般要求原水浊度小于50NTU。

② 原水进入过滤装置前，无论是接触过滤还是微絮凝直接过滤，均不应形成大的絮凝体以免很快堵塞滤层表面孔道，因此加药量较小。为提高絮粒强度和黏附力，有时需投加高分子助凝剂。

③ 为提高过滤效率，提高滤层截污容量及延长运行周期，通常采用双层、三层或均质滤料，滤料粒径和厚度适当增大（粒径为0.5～2.0mm，可厚达2m）。也可采用上向流过滤或双流过滤设备。

④ 过滤速度依据原水水质确定，由于滤前无澄清及沉淀的缓冲作用，运行滤速应偏小些，一般在 8m/h 左右。过滤设备反洗应加强，否则易造成滤料结块。

⑤ 在工业用水处理中，由于它对水中胶体去除不理想，有部分胶体会穿透过滤设备进入后续处理装置，甚至进入用水设备，所以选用时应根据用户具体情况确定。

⑥ 直接过滤对原水中胶体硅去除率较差。

75 ▶ 滤池滤料有哪些要求？常见的滤料有哪些？

滤料的选用是影响过滤效果的重要因素。滤料选用涉及滤料粒径、滤层厚度和级配。滤料选用的基本要求如下：

① 具有足够的机械强度，防止冲洗时产生磨损和破碎现象；

② 化学性质稳定，与水不产生化学反应，不恶化水质，不增加水中杂质含量；

③ 具有一定颗粒级配和适当的空隙率；

④ 就地取材，货源充沛，价格便宜。

天然石英砂是使用最广泛的滤料，一般可满足①、②两项要求。经筛选可满足第③项要求。在双层和多层滤料中，选用的无烟煤、石榴石、钛铁矿石、磁铁矿石、金刚砂，以及聚苯乙烯和陶粒滤料，经加工或烧结，大都可满足上述要求。

一般应根据去除的目标污染物，选择相应的滤料，除去水中悬浮杂质一般采用石英砂和无烟煤作滤料；去除地下水中的铁和锰，采用锰砂作滤料；去除水中的有机物、颜色、异味及余氯等采用活性炭作滤料。近年来，迅速发展的合成纤维滤料，既可以去除水中悬浮杂质，又可以去除地下水中的铁和锰。

76 ▶ 什么是 d_{10}、d_{80} 和 K_{80}？

根据滤池截留杂质的原理，滤料粒径的大小对过滤水质和水头损失变化有着很大影响。滤料粒径比例不同，过滤水头损失不同。所以，筛选滤料时不仅要考虑粒径大小，还应注意不同粒径的级配。表示滤料粒径的方法有有效粒径 d_{10} 和不均匀系数 K_{80}。

不均匀系数 K_{80} 表示 80% 质量的滤料能通过的筛孔孔径（d_{80}）与有效粒径 d_{10} 的比值，即：

$$K_{80} = \frac{d_{80}}{d_{10}} \tag{2-52}$$

式中，d_{80} 为 80% 质量的滤料能通过的筛孔孔径，mm；d_{10} 为 10% 质量的滤料能通过的筛孔孔径，mm。

其中 d_{10} 反映细颗粒滤料尺寸，d_{80} 反映粗颗粒滤料尺寸。K_{80} 越大，表示粗细颗粒滤料尺寸相差越大，颗粒越不均匀，这对过滤和反冲洗都不利。因为 K_{80} 越大，水力筛分作用越明显，滤料的级配就越不均匀，结果是滤层的表层集中了大量的细小颗粒滤料，致使过滤过程主要在表层进行、滤料截污能力下降，水头损失很快达到其允许值。过滤周期缩短，反冲洗的冲洗强度大时，细小滤料会被反洗水带出，反冲洗强度小时，不能松动滤层底部大颗粒滤料，致使反洗不彻底。K_{80} 越接近 1，滤料越均匀，过滤与反冲洗效果越好，但滤料价格越高。

77 单层、双层和三层滤料的级配和滤速的一般要求是什么？

目前，过滤过程普遍采用的是无烟煤和石英砂双层滤料。根据煤、砂的密度差，选配恰当的粒径级配，可形成良好的上粗下细的分层状态。否则，将造成大量煤砂混杂，即失去双层滤料的作用。实践证明，最粗无烟煤和最细石英砂粒径之比在 3.5～4.0 之间时，可形成良好的分层状态，当然，交界面处有一定程度的混杂是难免的。多层滤料的级配见表 2-7。

表 2-7　滤料级配与滤速的经验数据

类别		滤料组成			滤速/(m/h)
		粒径/mm		滤层厚度/mm	
		d_{max}	d_{min}		
单层石英砂滤料		1.2	0.5	700	8～12
双层滤料	无烟煤	1.8	0.8	200～400	12～16
	石英砂	1.2	0.5	400	
三层滤料	无烟煤	1.6	0.8	450	18～20
	石英砂	0.8	0.5	230	
	重质矿石	0.5	0.25	/	

注：滤料密度一般为石英砂 2.60～2.65g/cm³，无烟煤 1.40～1.60g/cm³，重质矿石 4.7～5.0g/cm³。

粒径较小的滤料，具有较大的比表面积，黏附悬浮杂质的能力较强，但同时具有较大的水头损失值。双层或多层滤料滤池就整体滤层来说，滤料粒径上大下小，从而能使截留的污泥趋于均匀分布，滤层具有较大的含污能力。

双层滤料或三层滤料的选用主要考虑正常过滤时各自截留杂质的作用及相互混杂问题。根据所选滤料的粒径大小、密度差别、形状系数及反冲洗强度大小，有可能出现正常分层、分界处混杂或分层倒置几种情况。需要合理掌握反冲洗强度，尽量减少混杂的可能。生产经验表明，煤、砂交界面混杂厚度 5cm 左右，对过滤效果不会产生影响。

78 滤池截污包括哪三个过程？

滤池过滤主要是悬浮颗粒与滤料颗粒之间的黏附作用的结果。水流中的悬浮颗粒能够黏附于颗粒表面，一般认为涉及三个过程。

第一个过程是被水流挟带的颗粒如何与滤料颗粒表面接近或接触，这就涉及颗粒脱离水流流线而向滤料颗粒表面靠近的迁移机理；

第二个过程是当颗粒与滤粒表面接触或接近时，依靠哪些力的作用使它们黏附于滤粒表面，这就涉及黏附机理；

最后一个过程是在黏附的同时，已黏附的悬浮颗粒会重新进入水中，被下层滤料截留，这就涉及剥落机理。

79 实际工作中为什么下层滤料作用还未充分发挥过滤就得停止？

在过滤初期，滤料较干净，孔隙率较大，孔隙流动水速较小，水流剪力较小，黏附作用占优势。随着过滤时间延长，滤层中杂质逐渐增多，孔隙率减小，水流剪力逐渐增大，以致最后黏附的颗粒将首先脱落，或后续颗粒不再有黏附现象，于是，下层滤料的截留作用渐次发挥。实际上，在下层滤料作用远未得到充分发挥时，过滤就得停止。主要原因在于表层滤料粒径最小，在下层滤料的截留作用尚未充分发挥时，表层滤料的孔隙可能已被堵塞或悬浮物穿过过滤层而使水质恶化，使得过滤被迫停止。

80 ▶ 什么是滤层含污量？提高滤层含污量的途径有哪些？

当过滤周期结束后，滤层中所截留的悬浮颗粒量在滤层深度方向变化很大。滤层含污量指单位体积滤层中所截留的杂质量。在一个过滤周期内，如果按整个滤层计，单位体积滤料中的平均含污量称为"滤层含污能力"，单位为 g/cm^3 或 kg/cm^3。

提高滤池含污能力的途径主要有：①提高滤料颗粒的均匀性；②由单层滤料改为多层滤料；③改变水流方向（上下双向过滤）。

81 ▶ 滤池失效点判断指标有哪些？失效后反洗的方式有哪些？

理论上，判断过滤运行结束有两个指标，即出水水质变坏和水头损失超过极限值。

在过滤过程中，水中悬浮颗粒越来越多地截留在滤层之中，滤料间孔隙率逐渐减小，通过滤层缝隙的水流速度逐渐增大，同时引起流态和阻力系数发生变化，致使过滤水头损失增加。因滤层中水流冲刷剪切力增大，易使杂质穿透滤层，过滤水质变差。为了恢复滤层过滤能力，洗除滤层中截留的污物，需对滤池进行反冲洗。

截留在滤层中的杂质，一部分滞留在滤层缝隙之中，采用水流反向冲洗滤层，很容易把污泥冲出池外。而另一部分附着在滤料表面，需要扰动滤层，使之摩擦脱落，冲出池外。常用的冲洗方式有高速水流反冲洗和气-水反冲洗。

（1）高速水流反冲洗

高速水流反冲洗是普通快滤池常用的冲洗方法。相当于过滤滤速 4～5 倍以上的高速水流自下而上冲洗滤层时，滤料因受到绕流阻力作用而向上运动，处于膨胀状态。上升水流不断冲刷滤料使之相互碰撞摩擦，附着在滤料表面的污泥就会脱落，随水流排出池外。

① 滤层膨胀率　冲洗滤池时，当滤层处于流态化状态后，即认为滤层将发生膨胀。膨胀后增加的厚度与膨胀前厚度的比值称为滤层膨胀率，其计算公式为：

$$e = \frac{L - L_0}{L_0} \times 100\% \tag{2-53}$$

式中，e 为滤层膨胀率，又称为滤层膨胀度，%；L_0 为滤层膨胀前的厚度，cm 或 m；L 为滤层膨胀后的厚度，cm 或 m。

滤层膨胀率的大小和冲洗强度有关，并直接影响了冲洗效果。实践证明，单层细砂级配滤料在水反冲洗时，膨胀率为 45% 左右，具有较好的冲洗效果。

由于滤料层膨胀前后滤池中的滤料体积没有变化，只是滤料间的空隙体积增加，则有 $L_0(1-m_0) = L(1-m)$，代入式（2-40）后，得：

$$e = \frac{m - m_0}{1 - m} \tag{2-54}$$

式中，m_0 为滤层膨胀前孔隙率；m 为滤层膨胀后孔隙率。

按照式(2-53)、式(2-54) 所求的是同一种粒径滤料滤层的膨胀率。对于不同粒径组成的非均匀滤料层，在相同的冲洗流速下，不同粒径滤料具有不同的膨胀率。假定第 i 层滤料的重量占滤层总重量之比为 p_i，则膨胀前第 i 层滤料厚 $Li_0 = p_i L_0$，膨胀后变为了 $Li = p_i L_0 (1+e_i)$。膨胀后的滤层总厚度变为：

$$L = \sum_{i=1}^{n} L_i = \sum_{i=1}^{n} p_i L_0 (1+e_i) \tag{2-55}$$

将式(2-55) 代入式(2-53)，则得到整个滤层膨胀率为：

$$e = \sum_{i=1}^{n} p_i e_i \tag{2-56}$$

式中，e_i 为第 i 层滤料膨胀率；p_i 为第 i 层滤料的重量占整个滤层重量之比；n 为滤料分层数。

② 滤层水头损失　在反冲洗时，水流从滤层下部进入滤层。反冲洗流速大，滤层松动，处于流态状态时，水流通过滤料层的水头损失可用欧根（Ergun）公式计算：

$$h = \frac{150v}{g} \cdot \frac{(1-m_0)^2}{m_0^3} \left(\frac{1}{\varphi d_0}\right)^2 L_0 v + \frac{1.75}{g} \cdot \frac{1-m_0}{m_0^3} \cdot \frac{1}{\varphi d_0} \cdot L_0 v^2 \tag{2-57}$$

式中，h 为水流通过清洁砂层的水头损失，cm；v 为水的运动黏度，cm^2/s；g 为重力加速度，$981cm/s^2$；m_0 为滤料孔隙率；d_0 为与滤料体积相同的球体直径，cm；L_0 为滤层厚度，cm；v 为过滤速度，cm/s；φ 为滤料颗粒球形度系数。

滤料颗粒球形度系数的定义为：

$$\varphi = 同体积球体表面积/颗粒实际表面积 \tag{2-58}$$

目前还没有一种满意的方法可以确定不规则形状颗粒的形状系数，各种方法只能反映颗粒大致形状，根据推算，几种不同形状颗粒球形度系数和孔隙率见表 2-8，相应的形状示意图见图 2-27。

表 2-8　滤料颗粒球形度及孔隙率

序号	形状描述	球形度系数 φ	孔隙率 m
1	圆球形	1	0.38
2	圆形	0.98	0.38
3	已磨蚀的	0.94	0.39
4	带锐角的	0.81	0.40
5	有角的	0.78	0.43

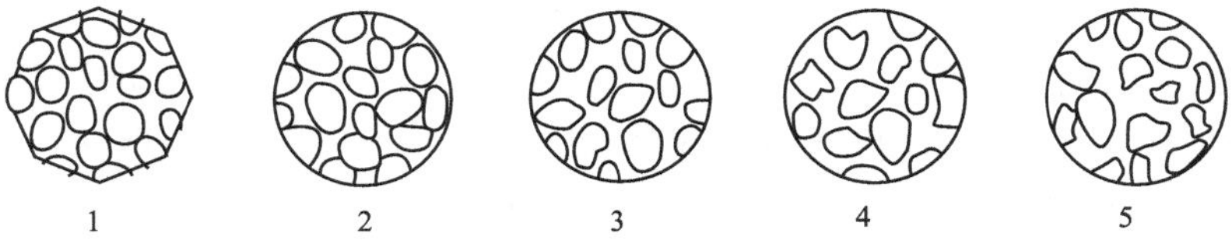

　　　1　　　　　　2　　　　　　3　　　　　　4　　　　　　5

图 2-27　滤料颗粒形状示意图

根据实际测定和滤料形状对过滤和反冲洗水力学特性影响推算，天然砂滤料球形度系数 φ 值一般为 $0.75 \sim 0.80$。

当滤层膨胀起来后，处于悬浮状态下的滤料受到水流的作用力主要是水流产生的绕流阻力，在数值上等于滤料在水中的重量。即有：

$$\rho g h = (\rho_s - \rho) g (1-m) L \qquad (2\text{-}59)$$

即：

$$h = \frac{\rho_s - \rho}{\rho}(1-m)L \qquad (2\text{-}60)$$

式中，h 为滤层处于膨胀状态时，冲洗水流水头损失，cm；ρ_s 为滤料密度，g/cm^3；ρ 为水密度，g/cm^3；m 为滤层处于膨胀状态时的孔隙率；L 为滤层处于膨胀状态时的厚度，cm；g 为重力加速度，981cm/s^2。

对于不同粒径的滤料，其比表面积不同，在相同的冲洗流速作用下，所产生的水流阻力不同。因此，冲洗不同粒径滤料处于膨胀状态时的水流流速是不相同的。

根据滤料的特征参数，很容易求出滤料层流态化前后的水头损失值，绘成水头损失和冲洗流速关系图，如图 2-28 所示。

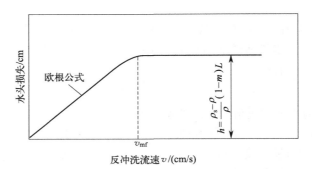

图 2-28　水头损失和冲洗流速关系

图 2-28 中，滤料膨胀前后水头损失线交叉点对应的反冲洗流速是滤料层刚刚处于流态化的冲洗流速临界值 v_{mf}，称为最小流态化冲洗流速。当反冲洗流速大于 v_{mf} 后，滤层将开始膨胀起来，再增加反冲洗强度，托起悬浮滤料层的水头损失基本不变，而增加的能量表现为冲高滤层，增加滤层的膨胀高度和空隙率。

③ 反冲洗强度　滤料层反冲洗时单位面积上的冲洗水量 $[\text{L/(m}^2 \cdot \text{s})]$ 称为反冲洗强度。根据最小流态化冲洗流速求出的水头损失等于滤料在水中的重量，可以求出不同粒径滤料在不同冲洗强度下的膨胀率。或者，根据膨胀率、滤料粒径及水的黏滞系数求出反冲洗强度。

敏茨、舒别尔特通过实验研究提出如下石英砂滤料水反冲洗强度计算式：

$$q = 29.4 \frac{d_0^{1.31}}{\mu^{0.54}} \cdot \frac{(e+m_0)^{2.31}}{4(1+e)^{1.77}(1-m_0)^{0.5}} \qquad (2\text{-}61)$$

式中，q 为反洗强度，$\text{L/(m}^2 \cdot \text{s})$；$d_0$ 为与砂滤料颗粒体积相同的球体直径，cm；μ 为水的动力黏度，$\text{Pa} \cdot \text{s}$；m_0 为滤料层膨胀前孔隙率，石英砂滤料一般取 $m_0 = 0.41 \sim 0.42$。

从式(2-61) 可以看出，反冲洗强度和水的动力黏度有关。冬天水温低时，动力黏度增大，在相同的冲洗强度条件下，滤层膨胀率增大。因此，冬天反冲洗时的强度可适当降低。不同的水温条件下水的动力黏度和冲洗强度关系为：

$$\frac{q_1}{q_2} = \left(\frac{\mu_2}{\mu_1}\right)^{0.54} \qquad (2\text{-}62)$$

式(2-62) 包含参数较多，不便计算，一般不用该式确定反冲洗强度。又因为流态化时滤层水头损失值稍大于滤料在水中的重量，求出的流态化时反冲洗流速和实际滤池反冲洗速度有一定差别，考虑到实际的滤池滤料是不均匀的，上层细滤料截污量大，允许有较大的膨胀率，而下层粗滤料只要达到最小流态化状态，即有很好的反冲洗效果。通常，滤池反冲洗强度按下式计算：

$$q = 10kv_{mf} \tag{2-63}$$

式中，q 为反冲洗强度，L/(m² · s)；k 为安全系数，一般取 $k = 1.1 \sim 1.3$，趋于均匀的滤料取小值；v_{mf} 为滤层中最大粒径滤料最小流化态速度，cm/s。

滤层反冲洗强度的计算，关键在于滤层中最大粒径滤料的最小流态化速度的大小，一般通过实验求得。20℃水温，滤料粒径 $d = 1.2mm$ 的石英砂滤料，$v_{mf} = 1.0 \sim 1.2cm/s$。

④ 冲洗时间　当冲洗强度或滤层膨胀率符合要求，若冲洗时间不足时，不能充分清洗掉滤料层中的污泥。而且，冲洗废水也不能完全排出而导致污泥重返滤层。不同的滤池滤料，在水温 20℃时的冲洗强度、膨胀率和冲洗时间参照表 2-9 确定。在实际操作中，冲洗时间可根据排出冲洗废水的浊度适当调整。

表 2-9　冲洗强度、膨胀率和冲洗时间

滤料组成	冲洗强度/[L/(m² · s)]	膨胀率/%	冲洗时间/min
单层细砂级配滤料	12～15	45	7～5
双层煤、砂级配滤料	13～16	50	8～6

单水冲洗滤池的冲洗强度及冲洗时间还和投加的混凝剂或助凝剂种类有关，也与原水含藻情况有关。单水冲洗滤池的冲洗周期一般为 12～24h。

（2）气-水反冲洗

上述单水反冲洗滤池滤层厚 0.70～1.0m，高速水流冲洗时，上层滤料完全膨胀，下层滤料处于最小流态化状态。因冲洗时水头损失不足 1.0m，滤料层中的水流速度梯度一般在 400s⁻¹ 以下，所产生的水流剪切力不能够使滤料表面污泥完全脱落。而且，高速水流冲洗耗水量大，滤料上细下粗明显分层，下层滤料的过滤作用没有很好发挥作用。为此，人们便研发了气-水反冲洗工艺。

① 气-水反冲洗原理　在滤层结构不变或稍有松动条件下，利用高速气流扰动滤层，促使滤料互撞摩擦，以及气泡振动对滤料表面擦洗，使表层污泥脱落，然后利用低速水流冲洗污泥排出池外，为气-水反冲洗的基本原理。低速水流冲洗后滤层不产生明显分层，仍具有较高的截污能力。气流、水流通过整个滤层，无论上层、下层滤料都有较好的冲洗效果，允许选用较厚的粗滤料滤层。由此可见，气-水反冲洗方法不仅提高了冲洗效果，延长了过滤周期，而且可节约一半以上的冲洗水量。所以，气-水反冲洗滤池得到广泛应用。

② 气-水冲洗强度及冲洗时间　选用气-水反冲洗，根据滤料组成不同，冲洗方式有所不同，一般采用以下几种模式：

a. 先用空气高速冲洗，然后再用水中速冲洗；

b. 先用高速空气、低速水流同时冲洗，然后再用水低速冲洗

c. 先用空气高速冲洗，然后高速空气、低速水流同时冲洗，最后低速水流冲洗；

d. 也有使用时间较长的滤池，滤料层板结，先用低速水流松动后，再按上述冲洗方法冲洗。

根据大多数滤池运行情况，气-水反冲洗强度、时间可采用表 2-10 所列数据。

表 2-10 气-水冲洗强度及冲洗时间

滤料层组成	先气冲洗		气-水同时冲洗			后水冲洗		表面扫洗		冲洗周期/h
	强度/[L/(m²·s)]	时间/min	气强度/[L/(m²·s)]	水强度/[L/(m²·s)]	时间/min	强度/[L/(m²·s)]	时间/min	强度/[L/(m²·s)]	时间/min	
单层细砂级配滤料	15~20	3~1	—	—	—	8~10	7~5	—	—	12~24
双层煤砂级配滤料	15~20	3~1	—	—	—	6.5~10	6~5	—	—	12~24
单层粗砂级配滤料（有表面扫洗）	13~17	2~1	13~17	1.5~2	5~4	3.5~4.5	8~5	1.4~2.3	全程	24~36
单层粗砂级配滤料（无表面扫洗）	13~17	2~1	13~17	3~4	4~3	4~8	8~5	—	—	24~36

注：本表不适用于翻板阀滤池。

82 ▶ 滤池的常见类型有哪些？

在水处理中，当前常用的是快滤型滤池。其型式有很多种，滤速一般都在 6m/h 以上，截留水中杂质的原理基本相同，仅在构造，滤料组成，进水、出水方式以及反冲洗排水等方面有一定差别。

按照滤料组成和级配划分，常用的滤池有单层细砂级配滤料滤池，单层细砂均匀级配滤料滤池，双层滤料滤池、三层滤料滤池以及活性炭吸附滤池。

按照控制阀门多少划分，可以分为：四个阀门控制的滤池，俗称四阀滤池（或称普通快滤池）、双阀（双虹吸管）滤池。基于滤层过滤阻力增大，砂面水位上升到一定高度形成虹吸或水位继电器控制的原理，可省去控制阀门，于是出现了无阀滤池、虹吸滤池和单阀滤池。

按照反冲洗方法分类，有单水反冲洗和气-水反冲洗滤池。

此外，还有上向流、下向流、双向流之分，以及混凝、沉淀过滤和接触过滤滤池。滤池的型式是多样的，各自具有一定的适用条件。从过滤周期长短，让水质稳定考虑，滤料粒径、级配与组成是滤池设计的关键因素，也由此决定反冲洗方法。在过滤过程中，每组滤池的过滤流量基本不变，进入到各格滤池的流量是否相等，是等速过滤或是变速过滤操作运行的主要依据。原水中悬浮物的性质、含量及水源受到污染的状况，是滤池选型主要考虑的问题，也是整个水处理工艺选择和构筑物形式组合的出发点。

83 ▶ 普通快滤池的典型结构和工作过程是什么？

普通快滤池（fastfilter）应用较早，也较为广泛，其构造如图 2-29 所示。普通快滤池通常有四个阀门，包括控制过滤进水和出水用的进水阀、出水阀，控制反洗进水和排水用的冲洗水阀、排水阀，因此普通快滤池也称四阀滤池。

普通快滤池过滤时，关闭冲洗水阀 14 和排水阀 17，开启进水阀 3 和出水阀 10。浑水经

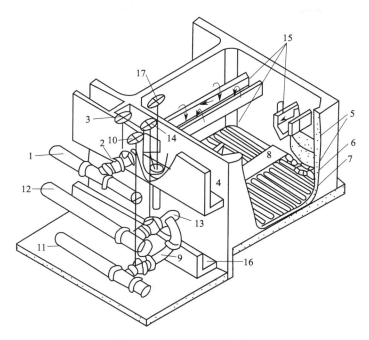

图 2-29　普通快滤池构造图

1—进水总管；2—进水支管；3—进水阀；4—浑水渠；5—滤料层；6—承托层；7—配水系统支管；
8—配水干渠；9—清水支管；10—出水阀；11—清水总管；12—冲洗水总管；13—冲洗支管；
14—冲洗水阀；15—排水槽；16—废水渠；17—排水阀

进水总管 1、进水支管 2 和浑水渠 4 进入滤池。再通过滤料层 5、承托层 6 后，滤后清水由配水系统支管 7 收集，从配水干渠 8、清水支管 9、清水总管 11 流往清水池。随着滤层中截留杂质的增加，滤层的阻力随之增加，滤池水位也相应上升。当池内水位上升到一定高度或水头损失增加到规定值（一般为 19.8～24.5kPa）时，应停止过滤，进行反洗。

反洗时，关闭出水阀 10 和进水阀 3，开启冲洗水阀 14 和排水阀 17。反冲洗水依次经过冲洗水总管 12、冲洗支管 13、配水干渠 8 和配水系统支管 7，经支管上孔口流出再经承托层 6 均匀分布后，自下而上通过滤料层 5，滤料层得以膨胀、清洗。冲洗废水流入排水槽 15，经浑水渠 4、排水管和废水渠 16 排入地沟。冲洗结束后，重新开始过滤。

84　V 型滤池的典型结构和特点是什么？

V 型滤池是一种滤料粒径较为均匀的重力式快滤型滤池。由于截污量大，过滤周期长，而采用了气-水反冲洗方式。近年来，在我国应用广泛，适用于大、中型水厂。

（1）滤池构造

V 型滤池构造如图 2-30 所示。一组滤池通常分为多格，每格构造相同。多格滤池共用一条进水总渠、清水出水总渠、反冲洗进水管和进气管道。反冲洗水排入同一条排水总渠后排出。滤池中间设双层排水、配水干渠，将滤池分为左右两个过滤单元。渠道上层为冲洗废水排水渠 7，顶端呈 45°斜坡，防止冲洗时滤料流失。下层是气-水分配渠 8，过滤后的清水汇集在其中。反冲洗时，气-水从分配渠中均匀流入两侧滤板之下。滤板上安装长柄滤头，

上部铺设 $d=2\sim4$mm 的粗砂承托层，覆盖滤头滤帽 $50\sim100$mm。承托层上面铺 $d=0.9\sim$ 1.2mm 的滤料层，厚为 $1200\sim1500$mm。滤池侧墙设过滤进水 V 形槽和冲洗表面扫洗进水孔。

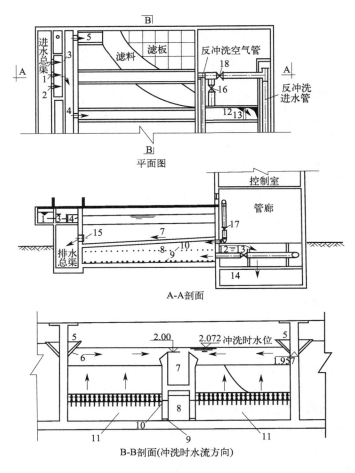

图 2-30　V 型滤池构造

1—进水阀门；2—进水方孔；3—堰口；4—侧孔；5—V 形槽；6—扫洗水布水孔；7—排水渠；
8—气-水分配渠；9—配水孔；10—配气孔；11—底部空间；12—水封井；13—出水堰；14—清水渠；
15—排水阀门；16—清水阀；17—进气阀；18—冲洗水阀

在过滤时，冲洗进水、进气阀门关闭，浑水由进水总渠经开启的进水阀门 1、堰口 3 进入分配渠，向两侧流过侧孔 4 进入 V 形槽 5。同时，从 V 形槽槽底扫洗水布水孔 6 和槽顶溢流，均匀分布到滤池之中。滤后清水从底部空间 11 经配水孔 9 汇入气-水分配渠 8，再由水封井 12、出水堰 13、清水渠 14 流入清水池。出水堰 13 的堰顶水位标高和砂面水位标高的差值即为过滤水头损失值。

当滤后水质逐渐变差时，即要进行滤池反冲洗。启动鼓风机，开启空气进气阀 17，压缩空气经气-水分配渠 8 上部的配气孔 10 均匀分布在滤板之下底部空间 11 中，并形成气垫层。不断进入的空气经长柄滤头滤杆上进气孔（缝）到滤头缝隙流出，冲动砂滤料发生位移，填补、互相摩擦，致使滤料表面附着的污泥脱落到滤料孔隙之中。被气流带到水面表层的污泥，在 V 形槽底扫洗孔横向出流的扫洗水作用下，推向排水渠 7。经过气冲 2min 左右，启动反冲洗水泵，开启冲洗水阀 18，或用高位水箱冲洗。冲洗水经气-水分配渠 8 下部的配水孔 9 进入滤板下底部空间 11 的气垫层之下，从长柄滤头滤杆端口压入滤头，和压缩空气一并从滤头缝隙进入滤池。反冲洗水流冲刷滤层，进一步搅动滤料相互摩擦，促使滤料表层污泥脱落，同时把滤层空隙中污泥冲到水面排走。气-水同时冲洗时，空气冲洗强度不变，水冲洗强度 2.5～3L/(m² · s)。气-水同时冲洗 5～4min。最后停止空气冲洗，关闭进气阀 17，单独用水漂洗（后水冲洗），适当增大反冲洗强度到 4～6L/(m² · s)，冲洗 8～5min。整个反冲洗过程历时 10～12min。

(2) 工艺特点

从滤料级配、过滤过程、反冲洗方式等方面考虑，均质滤料滤池具有以下工艺特点：

① 滤层含污量大　所选滤料粒径 d_{max} 和 d_{min} 相差较小，趋于均匀。气-水反冲洗时滤层不发生膨胀和水力分选，不发生滤料上细下粗的分级现象。又因为该种滤料孔隙尺寸相对较大，过滤时，杂质穿透深度大，能够发挥绝大部分滤料的截污作用，因而滤层含污量增加，过滤周期延长。

② 等水头过滤　滤池出水阀门根据砂面上水位变化，不断调节开启度，用阀门阻力逐渐减小的方法，克服滤层中增大的水头损失，使砂面水位在过滤周期内趋于平稳状态。虽然上层滤料截留杂质后，孔隙流速增大，污泥下移，但因滤层厚度较大，下层滤料仍能发挥过滤作用，确保滤后水质。当一格反冲洗时，进入该池的待滤水大部分从 V 形槽下扫洗孔流出进行表面扫洗，不至于使其他未冲洗的几格滤池增加过多水量或增大滤速，也就不会产生冲击作用。

③ 滤料反复摩擦，污泥及时排出　空气反冲洗引起滤层微膨胀，发生位移和碰撞。气-水同时冲洗，增大滤层摩擦及水力冲刷，使附着在滤料表面的污泥脱落。随水流冲出滤层，在侧向表面冲洗水流作用下，及时推向排水渠，不沉积在滤层。和处于流态化的滤层相比，气-水同时冲洗的摩擦作用更大。

④ 配水布气均匀　滤池滤板表面平整，同格滤池所有滤头滤帽或滤柄顶表面在同一水平高程，高差不超过 ±5mm。从底部空间进入每一个滤头的气量、水量基本相同。底部空间高 700～900mm，气-水通过时，流速很小，各点压力相差很小，可以保证气、水均匀分布，冲洗到滤层各处，不产生泥球，不板结滤层。

85 ▶ 无阀滤池的典型结构和特点是什么？

无阀滤池（non valve fiter）因没有阀门而得名，其特点是过滤和反冲洗自动地周而复始进行。重力式无阀滤池如图 2-31 所示。

无阀滤池过滤时，经混凝澄清处理后的水，由进水分配槽 1、进水管 2 及配水挡板 5 的消能和分散作用，比较均匀地分布在滤层的上部。水流通过滤层 6、装在垫板 8 上的滤头 7，进入集水空间 9，滤后水从集水空间经连通管 10 上升到冲洗水箱 11，当水箱水位上升达到出水管 12 喇叭口的上缘时，便开始向外送水至清水池，水流方向如图中箭头方向所示。

过滤刚开始时，虹吸上升管 3 与冲洗箱中的水位的高差 H_0 为过滤起始水头损失，一般在 20cm 左右。随着过滤的进行，滤层截留杂质量的增加，水头损失也逐渐增加，但由于滤

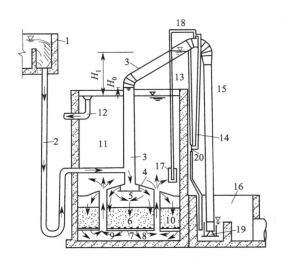

图 2-31　重力式无阀滤池构造图

1—进水分配槽；2—进水管；3—虹吸上升管；4—顶盖；5—配水挡板；6—滤层；7—滤头；
8—垫板；9—集水空间；10—连通管；11—冲洗水箱；12—出水管；13—虹吸辅助管；14—抽气管；
15—虹吸下降管；16—排水井；17—虹吸破坏斗；18—虹吸破坏管；19—锥形挡板；20—水射器

池的进水量不变，使虹吸上升管内的水位缓慢上升，因此保证了过滤水量不变。当虹吸上升管内水位上升到虹吸辅助管 13 的管口时（这时的水头损失 H_T 称期终允许水头损失，一般为 1.5～2.0m），水便从虹吸辅助管中不断流进水封井内，当水流经过抽气管 14 与虹吸辅助管连接处的水射器 20 时，就把抽气管 14 及虹吸管中的空气抽走，使虹吸上升管和虹吸下降管 15 中的水位很快上升，当两股水流汇合后，便产生了虹吸作用，冲洗水箱的水便沿着与过滤相反的方向，通过连通管 10，从下而上地经过滤层，使滤层得到反冲洗，冲洗废水由虹吸管流入水封井溢流到排水井中排掉。就这样自动进行冲洗过程。

随着反冲洗过程的进行，冲洗水箱的水位逐渐下降，当水位降到虹吸破坏斗 17 以下时，虹吸破坏管 18 会将斗中的水吸光，使管口露出水面，空气便大量由破坏管进入虹吸管，虹吸被破坏，冲洗结束，过滤又重新开始。

无阀滤池设计运行中的主要特点：

① 由于冲洗水箱容积有限，冲洗过程中反洗强度变化的梯度较大，末期冲洗效率较差。为保证冲洗效率并避免滤池高度过高，设计中常采用两个滤池合用一个冲洗水箱，这种滤池称为双格滤池，无阀滤池一般均按一池二格设计。另外，在反冲洗过程中，滤池仍在不断进水，并随反冲洗水一起排出，造成浪费。为解决此问题，可在进水管上安装阀门，改为单阀滤池，当反洗时停止进水。

② 进水分配槽的作用，是通过槽内堰顶溢流使二格滤池独立进水，并保持进水流量相等。

③ 进水管 U 形存水弯的作用是防止滤池冲洗时空气通过进水管进入虹吸管而破坏虹吸，U 形存水弯底部标高要低于水封井的水面。

④ 无阀滤池的自动反洗，只有在滤池的水头损失达到期终的允许水头损失值 H_T 时才能进行。如果滤池的水头损失还未达到最大允许值而因某些原因（如出水水质不符合要求）需要提前反洗时，可进行人工强制冲洗。为此，需在无阀滤池中设置强制冲洗装置。

⑤ 无阀滤池是用低水头反冲洗，因此只能采用小阻力配水系统。

86 虹吸滤池的典型结构和工艺特点是什么？

虹吸滤池是采用虹吸管代替进水、反冲洗排水阀门，并以真空系统控制滤池工作状态的重力式过滤滤池。一座虹吸滤池往往是由数个滤池组成的一个整体。池型有圆形、矩形和多边形，从施工方便和保证冲洗效果考虑，大多情况下采用矩形池型，见图 2-32。

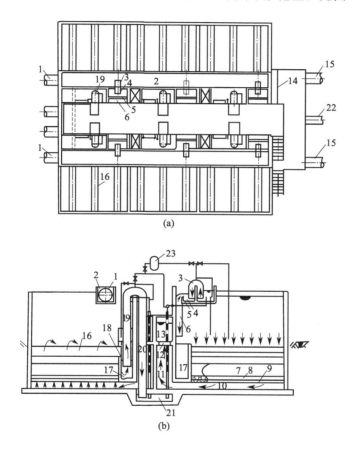

图 2-32 虹吸滤池布置

1—进水管；2—进水渠；3—进水虹吸管；4—单格滤池进水槽；5—进水堰；6—单个滤池进水管；
7—滤层；8—承托层；9—配水系统；10—底部集水区；11—清水室；12—出水孔洞；13—清水集水渠；
14—出水堰；15—清水出水管；16—排水槽；17—反冲洗废水集水渠；18—防涡栅；19—虹吸上升管；
20—虹吸下降管；21—排水渠；22—排水管；23—真空系统

虹吸滤池的工艺特点如下：

① 虹吸滤池的总进水量自动均衡地分配至各格，当总进水量不变时，各格均为变水头等速过滤；

② 采用真空系统或继电控制进水虹吸管和排水虹吸管，代替了进水阀门和排水阀门的启闭，在过滤和反冲过程中实现无阀操作，自动化控制；

③ 利用滤池本身的出水及水头进行单格滤池的冲洗，不必设置专门的冲洗水泵或冲洗水箱（水塔）；

④ 过滤时，滤后水水位始终高于滤层，不会出现负水头现象；

⑤ 由于采用小阻力配水系统，单格面积不宜过大，反冲洗可用水头偏低，影响反冲洗均匀性。同时，池深较大，结构比较复杂，有一定施工难度。从滤料截留水中杂质的过程分析，这种等速过滤的滤后水浊度不易控制在较低水平。

87 ▶ 滤池配水系统的原理是什么？

滤池配水系统的作用在于使反冲洗水在整个过滤装置平面上均匀分布，同时过滤时可均匀收集过滤出水。配水系统的配水均匀性对反冲洗效果的影响很大。配水不均匀会造成部分滤层膨胀不足，而另一部分滤层膨胀过甚，在膨胀不足区域，滤料冲洗不干净，在膨胀过甚区域，会导致"跑砂"，当承托层卵石发生移动，造成"漏砂"现象。目前，配水系统有大阻力配水系统和小阻力配水系统两种基本形式。

88 ▶ 大阻力配水系统的结构及特点是什么？有哪些设计要求？

普通快滤池中常用的是穿孔管大阻力配水系统，如图 2-33 所示。中间是一根干管（母管或干渠），干管两侧接出若干根相互平行的支管。支管下方开两排小孔，与中心线成 45°角交错排列，见图 2-34。反冲洗时，水流自干管起端进入后，流入各支管，由支管孔口流出，再经承托层和滤料层流入排入槽。

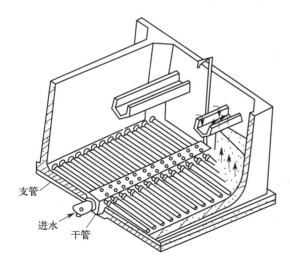

图 2-33　穿孔管大阻力配水系统

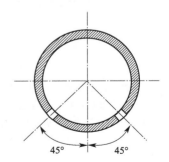

图 2-34　穿孔支管孔口位置

大阻力配水系统的物理含义是，在反冲洗时悬浮滤料层过水断面上阻力不均匀造成的影响被配水系统孔隙的大阻力消除。大阻力配水系统的水头损失一般大于 3m。

大阻力配水系统主要设计参数和取值范围如下：①干管起端流速为 1～1.5m/s；②支管起端流速为 1.5～2.5m/s；③支管间距为 200～300mm；④支管孔径为 9～12mm；⑤孔间

距离为 75～300mm；⑥孔眼总面积占过滤截面积的 0.2%～0.25%。

89 ▶ 小阻力配水系统的原理是什么？常见形式有哪些？

大阻力配水系统的优点是配水均匀性较好，当滤层或其他部位运行中有阻力不均匀时，造成的水流不均匀也可减少到很低的程度，但大阻力配水系统结构较复杂，孔口水头损失大，要求进水压头高。因此，对冲洗水头有限的无阀滤池和虹吸滤池等重力式滤池，大阻力配水系统不能采用，可以采用小阻力配水系统。

小阻力配水系统中水流流经配水系统的阻力小，水头损失一般在 0.5m 水柱以下。

小阻力配水系统的结构通常采用格栅式、尼龙网式和滤帽式等，图 2-35 和图 2-36 为常见的小阻力配水系统和装置示意图。

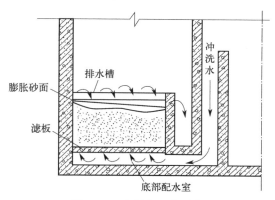

图 2-35 小阻力配水系统

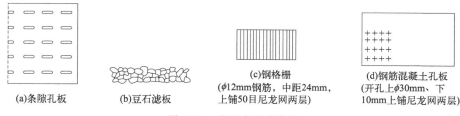

图 2-36 小阻力配水装置

90 ▶ 压力过滤器的工作原理是什么？有何特点？

压力式过滤器（pressure filter）是指过滤器在一定压力下进行过滤，通常用泵将水输入过滤器，过滤后，借助剩余压力将过滤水送到其后的用水装置。这种过滤器的本体是一个由钢板制成的圆柱形密闭容器，故属于受压容器，为防止压力集中，容器两端采用椭圆形或碟形封头。容器的上部装有进水装置及排空气管，下部装有配水系统，在容器外配有必要的管道和阀门。压力式过滤器又称为机械过滤器，结构示意图如图 2-37 所示。目前，常用的压力过滤器有单层滤料过滤、双流式过滤器和多层滤料过滤器。

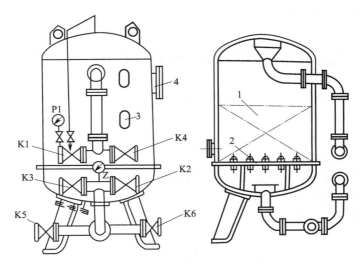

图 2-37　压力式过滤器

1—滤层；2—多孔板水帽配水系统；3—视镜；4—人孔；K1—进水阀；K2—出水阀；

K3—进反洗水阀；K4—排反洗水阀；K5—进压缩空气阀；K6—正洗排水阀；P1—进水压力表

91　纤维滤料过滤的工作原理是什么？有何特点？

　　早期过滤理论主要以"单一纤维模型"为基础，认为纤维对悬浮颗粒的捕集是依靠 4 种捕集机理的联合作用：惯性效应、截留效应、扩散效应和静电效应。

　　现代过滤理论认为纤维对悬浮颗粒的捕集效应是截留效应、布朗扩散效应、沉淀效应和压力效应等，可能存在 7 种捕集机理：拦截、惯性碰撞、扩散、静电吸引、映象力、电泳力、沉淀（重力）。其中，静电映象力沉积概念如下：无外界电场，当带电微粒接近中性纤维时，纤维表面会感应出等量的异号电荷，位置相当于微粒在纤维表面镜像处；感应电荷对带电微粒产生吸引力，此力称为映象力，此种沉积机理称为映象力沉积机理。

　　由纤维球滤料构成的滤层上部比较松散，纤维球基本仍为球状，球与球之间的孔隙比较大；而在床层下部，由于水力作用和自身重力作用，纤维球堆积得比较密实，球丝之间互相穿插，从而形成一种上部孔隙率大、下部孔隙率小的理想分布，这有利于深层过滤。当水自上而下流过纤维球床层时，水中悬浮颗粒之间、悬浮颗粒与纤维表面相互作用，使杂质附着于纤维表面，从而使水得到净化。

　　在纤维球过滤过程中，一方面，水流绕过球的背面向下流动，减小了球背面对杂质的吸附截留作用；另一方面，相邻球的纤维丝互相交叉和挤压，也使得该区域成为过滤的"盲区"。因此，在滤层中真正参与过滤过程的这部分滤料孔隙率将远小于纤维球孔隙率的平均值，截污能力不能充分发挥。

　　纤维束滤料在过滤设备中有两种状态，即过滤时的压实状态、反洗时的松散状态。纤维滤料的过滤效率可用式（2-64）表达：

$$c = c_0 \mathrm{e}^{-\frac{9}{4}(1-\varepsilon)\eta \frac{d_p^2}{d_c^3}L} \tag{2-64}$$

　　式中，c 为过滤前悬浮固体的浓度，$\mathrm{mg/L}$；c_0 为过滤后悬浮固体的浓度，$\mathrm{mg/L}$；ε 为

滤层孔隙率；η 为碰撞效率，定义为有效碰撞次数与总碰撞次数之比；d_p 为悬浮颗粒直径，mm；d_c 为纤维直径，mm；L 为滤层厚度，mm。

由式(2-64)可知，减小滤层孔隙率和纤维直径可以提高过滤效率。纤维滤料的截污能力明显高于粒状滤料，原因是纤维滤料的孔隙尺寸和孔隙率都明显小于粒状滤料，它的孔隙尺寸和孔隙率大约是粒状滤料的 1/25 和 1/4。

纤维过滤器类型主要有纤维球过滤器、胶囊挤压式纤维过滤器、活动孔板式纤维过滤器、刷型纤维过滤器、旋压式纤维过滤器和活塞式纤维过滤器等。纤维过滤器（纤维球过滤器除外）的一个显著工作特点是，纤维在外力作用下被压密后实现过滤，而在外力消失后呈自然疏散状态后完成反洗。

由于纤维滤料密度很小，反洗时滤料之间的摩擦作用不如石英砂、无烟煤等粒状滤料强烈，所以反洗时必须采用空气擦洗；利用压缩空气的搅动作用，使纤维束产生猛烈地摆动，甩曳而相互碰撞、摩擦或揉搓，将截留的悬浮物质从纤维丝上擦洗掉。纤维球过滤器设有搅拌器，利用搅拌器产生的强烈旋转水流冲洗滤料。

纤维过滤器的主要问题集中在反洗效果上。有些纤维滤料在使用过程中脏污后不容易清洗干净，即使采用高强度的空气擦洗也无法保证清洗效果。

92 ▶ 纤维球过滤器主要技术参数有哪些？有何特点？

纤维球过滤器的床层由纤维球堆积而成，过滤器内设置上、下两块多孔挡板，纤维球滤料置于两板之间，不需设承托层。原水自上而下经过滤层，反洗方式是气-水同时反冲洗或先气洗后再气-水反冲洗，以便节省反冲洗水，也可以采用机械搅拌辅助水力反冲洗。

（1）纤维球过滤器的主要技术参数

纤维球过滤器的主要技术参数包括：①滤层高度一般为 1.2m；②滤速为 25～30m/h；③悬浮物除去率≥85%；④工作周期为 8～48h；⑤截污容量为 2～12kg/m³；⑥水头损失为 0.02～0.15MPa；⑦水反洗强度为 6～10L/(m²·s)；⑧水反洗时间为 10～20min；⑨自用水率为 1%～3%。

（2）纤维球过滤器的特点

纤维球柔性好、可压缩、比表面积大、孔隙率高、密度小，作为滤料具有以下特点：

① 纤维球的孔隙分布不均匀，球心处纤维最密，球边处纤维最松。在床层中，纤维球之间的纤维丝相互穿插；过滤时，床层在水压及上层截泥和滤料的自重作用下，形成滤层空隙沿水流方向逐渐变小的理想分布状态。

② 深层过滤明显，截污容量大。

③ 纤维球容易流化。反洗强度低，自用水量少，但纤维球易流失。

④ 球中心部位的纤维密实，反洗时无法实现疏松，截留的污物难于彻底清除，故一般需要联合使用机械搅拌或压缩空气清洗，增加球间碰撞频率和摩擦力。

93 ▶ 胶囊挤压式纤维束过滤器的结构构造是什么？

将长度大约 1m 的纤维束的一端悬挂在过滤器上部的多孔板上，另一端系上重坠而下垂，纤维束中有一个或多个胶囊。过滤时，胶囊充水或充气，将周围纤维束挤压成密实状态，以保证过滤精度；反洗时，胶囊排水或排气，纤维束恢复成松散状态，以提高反洗效果。

胶囊装置分为胶囊挤压式和浮动式两种，见图2-38。为了保障纤维加压室密度的均匀性，可设置多个胶囊。

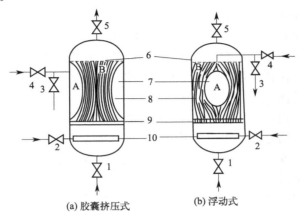

(a) 胶囊挤压式　　(b) 浮动式

图2-38　胶囊挤压式纤维束过滤器

A—加压室；B—过滤室；1—进水阀；2—压缩空气阀；3—加压室泄水阀；4—加压室冲水阀；
5—出水阀；6—多孔隔板；7—胶囊；8—纤维；9—管形重坠；10—配气管

胶囊挤压式纤维过滤器的滤速一般为20～40m/h，截污容量是砂滤器的2～4倍。因为充满水的胶囊相当于一个挡水板，所以过滤时承受着很大的推力。计算结果表明，直径为3m的过滤器，胶囊承受的推力超过100000N，此推力是导致胶囊移位而撕破的原因。胶囊损坏也是这种过滤器的常见故障。

为了彻底解决胶囊破损问题，有的过滤器取消了胶囊，取而代之的是其他挤压装置，如多孔推力板、旋压器和活塞等。取消胶囊的过滤器统称为无囊式纤维过滤器。

94 活动孔板式纤维束过滤器的构造是什么？

过滤器内安装有一个固定孔板和一个活动孔板。两块孔板在过滤器内部的位置可以上下对调，纤维束一端固定在出水孔板上，另一端固定在活动孔板上。活动孔板开孔率为固定孔板开孔率的50%，且与罐壁间留有约20mm的缝隙，移动幅度受到罐壁上的限位装置的限制。有的上部进水的纤维过滤器在活动孔板的上部联结3条限位链索，以取代限位装置，以活动孔板在下部的过滤器为例，在运行时，水流自底部进入，依靠水流压力将活动孔板托起，靠近孔板侧的下层纤维首先被压弯，被压弯的纤维层阻力增大，进一步挤压上部纤维层，使纤维密度逐渐加大，相应的滤层孔隙直径逐渐减小，形成变孔隙滤床。在清洗时，纤维滤层拉开，处于放松状态，水自上而下，空气由下至上，进行水气联合清洗。活动孔板式纤维束过滤器结构如图2-39

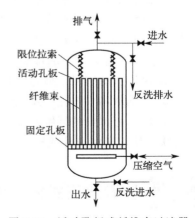

图2-39　活动孔板式纤维束过滤器

所示。

对于小直径过滤器，活动孔板可以采用密度小的非金属材料；而对于大直径过滤器，为了保证孔板强度，需要采用金属材料，这时需要在孔板上加装浮体，增加活动孔板的浮力，提高孔板随压力差变化的自行调节位置能力。

有的过滤器依靠机械装置控制活动孔板的位置。这种过滤器的活动孔板位于过滤器上端，通过螺杆、滑轮绳索、液压或气压活塞来调节位置。当需要过滤时，则孔板下移，把纤维压实到需要的高度，原水从上端进入，滤出水从下端流出。当出水水质不合格，或者是进出口压差大于 0.1MPa 时，则提升孔板到最高位置，以松散纤维层，然后用压缩空气和水冲洗。

活动孔板式过滤器的主要缺点是活动孔板固定在定位调节机构上，结构复杂，成本较高，而且每次过滤和清洗都要进行调节。

95 滤膜过滤的原理是什么？根据滤膜的孔径大小或由其筛滤出颗粒和溶质的大小有哪些分类？

（1）滤膜过滤的原理

杂质颗粒被滤膜截留，根据微粒在膜中截留位置，可分为表面截留和内部截留，如图2-40 所示。截留机理主要有以下 3 种：

① 筛分　指膜拦截比其孔径大或与孔径相当的微粒，也称机械截留。

② 吸附　微粒通过物理化学吸附而被膜截获。因此，即使微粒尺寸小于孔径，也能因吸附而被膜截留。

③ 架桥　微粒相互推挤导致大家都不能进入膜孔或卡在孔中不能动弹。

筛分、吸附和架桥既可以发生在膜表面，也可发生在膜内部。

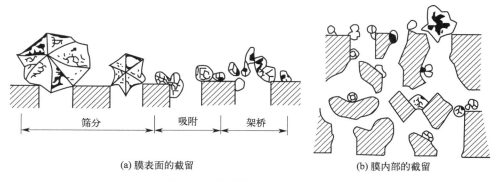

(a) 膜表面的截留　　　　　　　　　(b) 膜内部的截留

图 2-40　滤膜的截留原理示意图

（2）滤膜的特性

根据孔径的大小或由其筛滤出颗粒和溶质的大小来分类，可以分为以下几类，见图 2-41。

① 反渗透膜　有致密的表层，是非对称膜或合成膜，在理想情况下，其能让水分子通过同时截留住所有的盐类。

② 纳滤膜　也是反渗透膜，其能截留住高价离子和直径大于 1nm 的有机溶质（分子质量大于 300g/mol），纳滤膜的命名由此而来。

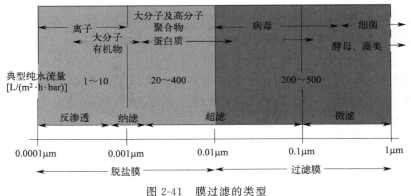

图 2-41　膜过滤的类型

③ 超滤膜　其孔径为 $1\sim50nm$，是非对称膜或合成膜，它们允许无机盐和有机分子通过，只能截留住大分子物质。

④ 微滤膜　最常见的是均质或稍不对称的多孔膜。孔径在 $0.1\sim10\mu m$ 之间。它们几乎能让每一种溶解物质通过，而只截留固体颗粒。

96　何为滤膜浓差极化？如何减轻浓差极化？

用滤膜进行的过滤又称膜滤。在膜滤过程中，滤液将溶质带到膜表面，溶剂透过膜成为透过液，而溶质由于膜的截留作用，使其部分或全部不能穿过膜，而在膜表面积累，结果是膜表面溶质浓度上升，形成膜表面溶质浓度 c_m 高于主体溶液浓度 c_b 的浓度梯度边界层，即浓差极化。由于 c_m 高于 c_b，浓度梯度形成的同时也出现了溶质由膜表面向主体溶液方向的反向扩散。膜过滤过程中的浓差极化如图 2-42 所示。

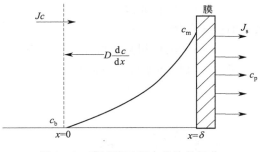

图 2-42　膜过滤过程中的浓差极化

在图 2-42 中，Jc 为透过通量与溶质浓度的乘积，即溶质向膜表面迁移的通量；$D\dfrac{dc}{dx}$ 为反向扩散的溶质通量，其中 D 为溶质扩散系数，$\dfrac{dc}{dx}$ 为溶质的浓度梯度；x 为离开膜表面距离；c_p 为透过液中溶质浓度；J_s 为溶质透过膜的通量；σ 为浓度边界层厚度。

在稳定工况下，根据质量平衡，可得：

$$J_s = Jc - D\frac{dc}{dx} = Jc_p \tag{2-65}$$

即

$$D\frac{dc}{c-c_p} = J dx \tag{2-66}$$

根据边界条件，$x=0$，$c=c_b$；$x=\sigma$，$c=c_m$。对于式(2-66) 积分得：

$$J = \frac{D}{\sigma}\ln\frac{c_m-c_p}{c_b-c_p} = k\ln\frac{c_m-c_p}{c_b-c_p} \tag{2-67}$$

其中，$k=D/\sigma$，为传质系数，式(2-67) 即为滤膜透水通量的表达式。

在滤膜性能正常时，可以认为 c_p 小至忽略不计，则式(2-67) 变为：

$$J = k \ln \frac{c_m}{c_b} \tag{2-68}$$

在式(2-68) 中，c_m/c_b 比值越大，则浓差极化越厉害。浓差极化的危害是：膜面溶质堵塞膜孔，导致膜滤效率下降，特别是当膜面溶质沉淀析出时更为严重。

由式(2-67) 和式(2-68) 可知，提高膜表面水流速度或水流紊乱度，可以降低边界层厚度 δ，减轻浓差极化，水通量增加。适当提高水温，水的黏度下降，可以降低边界层厚度 δ 和提高扩散系数 D，同样可以减轻浓差极化，提高水通量。这也说明，浓差极化既可以发生，也可以通过改变条件而削弱，故浓差极化是可逆的。

97 何为滤膜污染？膜污染机理是什么？

与浓差极化不同，膜污染是指料液中的颗粒、胶体或大分子溶质通过物理吸附、化学作用、机械截留在膜表面或在膜孔内沉积，造成膜孔堵塞的现象。膜污染是一个复杂的过程，污染程度主要与污染物和膜之间的静电作用和疏水作用有关。

（1）静电作用

因静电吸引或排斥，膜易被异号电荷杂质所污染，而不易被同号电荷杂质所污染。膜表面荷负电或荷正电的原因是膜表面某些极性基团（如羧基、胺基等）在与溶液接触后发生了解离，在天然水的 pH 值条件下，水中的胶体、杂质颗粒和有机物一般荷负电。因此，这些物质会造成荷正电膜的污染，阳离子絮凝剂（如铝盐）带正电荷，所以它可引起荷负电膜的污染。杂质和膜的极性越强，电荷密度越高，膜与杂质之间的吸引力或排斥力越大。另外，杂质和膜表面极性基团的解离与 pH 值有关，所以，膜的污染也受 pH 值影响。

（2）疏水作用

一般的，疏水性的膜易受疏水性杂质的污染，原因是膜与污染物之间存在范德华力。据估计，每个"—CH₂"基团的范德华吸引能为 2.5kJ/mol，于是一个含 12 个碳原子的有机物的范德华吸引能为 30kJ/mol，此值超过了两个各具有一个单位同号电荷基团之间的静电排斥能。也就是说，如果有机物和膜各带一个单位的同号电荷，当有机物碳原子数超过 12 时，则该有机物与膜之间的疏水吸附能就大于静电排斥能，从而导致膜的有机物污染。因此，当疏水吸引作用超过静电排斥作用时，膜就会被污染；疏水作用越强，污染越严重。

98 中空纤维超滤膜按膜组件类型可以分为哪几类？

中空纤维膜实际上是很细的管状膜，一般外径为 0.5~2.0mm，内径为 0.3~1.4mm，用几千甚至上万根中空纤维膜并排捆扎成一个膜组件，中空纤维超滤膜组件有内压式和外压式两种。

（1）内压式

内压式在运行时，水由中空膜丝的内部向外渗透，膜丝外侧汇集的是产品水。内压式中空纤维超滤组件是将数千根甚至上万根中空纤维丝平行地装入耐压容器中，两个端头用环氧树脂密封，露出中空纤维丝的空心，这样进水从容器的一端就可以进入纤维丝内，并从容器的另一端以浓水的形式排出，透过膜的产品水在膜丝外侧汇集并引出外壳。图2-43为内压式中空纤维超滤组件运行示意图。

内压式超滤的特点是丝内水的流动分布比较均匀，没有死角。因为外部流动的是产品水，所以污垢不会在膜丝之间积累。

（2）外压式

外压式是指原水在膜丝的外侧流动，膜丝管内腔汇集的是产品水，因为膜丝壁厚的影响，外压式的过滤面积比内压式的大。另外，反洗时由于水力分布均匀而更为有效。但进水在纤维束之间流动，截留的污物分布有可能不均匀；反洗时可能会留有死角。图2-44为外压式中空纤维超滤组件运行示意图。

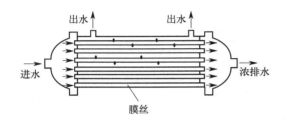

图2-43　内压式中空纤维超滤组件运行示意图

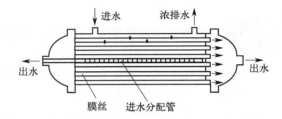

图2-44　外压式中空纤维超滤组件运行示意图

为了布水均匀，有些外压式超滤组件设有一只多孔中心管，作用是均匀地向纤维束布水，浓水从外壳排水口排出，透过膜的产品水则在纤维管内汇集并从组件另一端引出。

99 ▶ 超滤膜组件质量的检测包括哪些内容？

以中空纤维膜组件为例，说明超滤膜组件的质量检测方法。这种质量检测又称完整性检测，包括现场检测和实验室检测。

（1）现场检测

① 整体外观　超滤膜外观应清洁、干净，没有污染、划伤、裂纹等缺陷。

② 膜丝堵孔数　中空纤维膜丝可能存在缺陷，例如制膜过程中浇铸不良，膜壁上有大的漏洞，组装时造成断丝。为了防止原水直接从断丝或漏洞进入透过水中，组装时需要将断丝或有洞的膜丝两端封住，这就是堵孔。将超滤组件两端的端盖拧下后露出超滤膜的环氧树脂端封，可以数出堵孔膜丝的根数，见图2-45。一般从两个方面限制堵孔数：a.90％以上超滤膜组件无堵孔，即100支超滤膜组件中，有90支以上完全没有堵孔；b. 在有堵孔的单支膜组件上，堵孔数应小于0.5％，即1000根膜丝中有堵孔的膜丝不应超过5根。降低堵孔数的措施之一是在纺丝过程中采用膜丝全检法，即每根膜丝都经过0.15MPa气压的渗漏检测。

图2-45　超滤膜端面堵孔示意图

③ 膜丝断面　膜丝直径应大小一致，壁厚均匀。膜丝直径误差直接反映了纺丝水平，对于直径为 1～2mm 的膜丝，误差一般应控制在±0.05mm 以内。

④ 端封表面　环氧端封表面应平整光滑，没有凸凹不平，整束膜丝在整个滤壳圆周上均匀分布，没有偏向一侧或膜丝扭转、弯曲现象。

（2）实验室检测

实验室常用泡点法检测膜丝缺陷。

泡点检测方法的基本原理是：先在膜一侧充满液体，然后在膜的另一侧施加压缩空气，逐渐增加压力。当压力较小时，由于液体膜界面张力作用，空气不能穿透膜，当压力升高到某一临界点时，空气会从一个或多个孔中逸出，此临界压力称为泡点压力。假设完整无损膜的泡点压力为 p'，如果某膜的实际泡点压力 p 明显低于 p'，则该膜存在缺陷。观察液体侧是否出现连续气泡，或者监测气体侧压力是否下降，可以判断膜及其组件的完整性。

① 气泡观察法　如图 2-46（a）所示，膜组件充满水后，向进水侧缓慢通入无油压缩空气，并逐渐提高进气压力，当产水侧有气泡逸出时，记下空气压力值，如果此压力小于厂家规定压力（例如操作压力、泡点压力），则膜及其组件存在泄漏。

② 压力衰减法　如图 2-46（b）所示，膜组件充满水后，打开产水阀门，向进水侧缓慢通入无油压缩空气，提高进气压力至小于泡点压力的某预定值。开始（大约持续 2min）时会有少量水透过膜，待压力稳定在预定值后，关闭进气阀，保持压力 10min 后，若压力降超过允许值（如 0.03MPa），则膜组件存在泄漏。

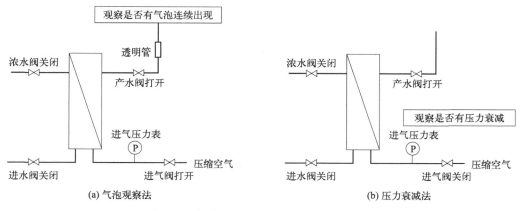

(a) 气泡观察法　　　　　　　　(b) 压力衰减法

图 2-46　超滤膜组件完整性检测原理示意图

100 ▶ 中空纤维超滤膜基本运行方式有哪些?

中空纤维超滤膜主要有以下五种运行方式：

① 死端过滤　死端过滤就是没有浓水排放的过滤方式，即进水全部透过膜而成为产品水，故又称全量过滤，如图 2-47（a）所示。

② 错流过滤　错流过滤就是有浓水排放的过滤方式，即进水沿膜表面流动，浓缩后经浓水排放口排出，透过水垂直透过膜表面，穿过膜后成为产品水，经产品水排放口收集，如图 2-47（b）所示。

③ 正洗　正洗又称顺洗，即用流量较大的水流快速冲洗浓水侧的膜表面，将膜表面的

污染物冲掉，如图 2-47（c）所示。

④ 反洗　反洗就是反向过滤，即与过滤方向相反，进水沿产品水侧膜表面流动，透过膜后由浓水排放口排出，由于透过水与正常过滤相反，故可将膜孔内部的污染物冲至膜外。一般应往反洗水中投加消毒剂，以便在反洗的同时灭菌，如图 2-47（d）所示。

⑤ 水气合洗　水气合洗就是在用水反洗的同时，引入压缩空气，强化清洗效果，如图 2-47（e）所示。

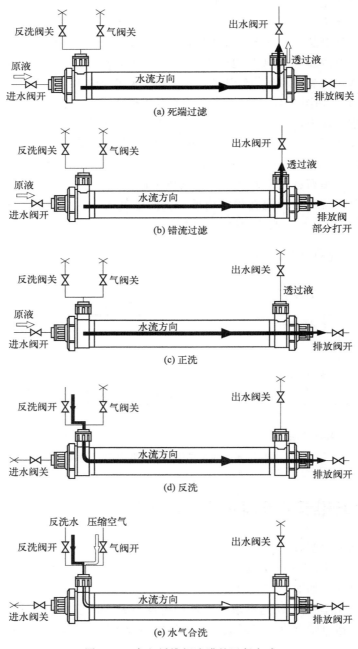

图 2-47　中空纤维超滤膜的运行方式

101 超滤膜清洗需要控制的项目有哪些？常用的化学清洗剂有哪些？

为了获得较好的清洗效果，需要控制好运行周期、清洗压力、清洗流量、清洗时间、清洗液温度、清洗剂浓度和清洗方式等。

（1）运行周期

超滤在两次清洗之间的实际工作时间称为运行周期。超滤膜若长时间使用而不清洗，则污染过度，很难清洗干净。运行周期主要取决于进水水质，当进水中悬浮颗粒、有机物和微生物含量较高时，应缩短运行周期，提高清洗频率。跨膜压差的增加和水通量的下降是膜污染的客观反映。所以，可以根据跨膜压差或水通量变化程度决定是否需要清洗。中空纤维超滤膜的运行周期一般为 10～60min。

（2）清洗压力

反冲洗时，必须将压力控制在膜厂商的规定值以下，以防膜受损。例如，HYDRAcap 中空纤维组件的反洗压力应小于 0.24MPa。

（3）清洗流量

提高流量可以提高除污效果，但不能太高，否则会造成膜组件的损坏。反冲洗时，反洗流量通常控制在正常运行水通量的 2～4 倍范围内。例如，HYDRAcap 中空纤维组件正常运行水通量为 59～145L/(m^2 · h)，反洗流量为 298～340L/(m^2 · h)。

（4）清洗时间

每次清洗时间的长短应从清洗效果和经济性两个方面来考虑。清洗时间长虽然可以提高清洗效果，但耗水量增加；而且，有些附着力强的污染物，即使延长清洗时间，也难以将其清洗掉。所以，实际操作时可根据反洗排水的污浊程度，决定清洗是否需要延续、清洗液配方是否需要改进，以及其他清洗条件是否需要强化。如果清洗效果不理想，则可尝试化学清洗或空气擦洗。通常，中空纤维膜的反洗时间为 30～60s。

（5）清洗液温度

从微观上看，膜的化学清洗过程包括化学药剂向膜表面的传质、药剂和污染物发生反应和反应产物返回主体溶液三个步骤。温度可以改变清洗反应的化学平衡，提高化学反应的速率，增加污染物和反应产物的溶解度。所以，在膜组件允许的使用温度范围内，可以适当提高清洗液温度。

（6）清洗剂浓度

适当地提高清洗剂浓度，可以加快溶污反应速度，增强清洗剂向污垢内部的渗透力，获得较好的清洗效果。但是，若清洗剂浓度过高，既造成药品浪费，又可能伤害膜过滤设备。表 2-11 是超滤装置的常用化学清洗剂。

表 2-11　超滤装置的常用化学清洗剂

污染物类型	常见的污染物质	化学清洗配方
无机物	碳酸钙、铁盐和无机胶体	pH=2 的柠檬酸、盐酸或草酸溶液
	硫酸钡、硫酸钙等难溶性无机盐	1%左右的 EDTA(乙二胺四乙酸)溶液
有机物	脂肪、腐殖酸有机胶体等	pH≈12 的 NaOH 溶液
	油脂及其他难洗净的有机污染物	0.1%～0.5%的十二烷基磺酸钠、TritonX-100 等
微生物	细菌、病毒等	1% 的 H_2O_2 或 500～1000mg/L 的 NaClO 溶液

（7）清洗方式

常用清洗方式有正冲洗、反冲洗、化学强化反冲洗、气洗、化学清洗等。

① 正冲洗　又称正洗、顺洗、快洗，是以 1.5～2.0 倍的产水流量对膜浓水表面的大流量冲洗，目的是将进水侧流道中的杂质冲出膜组件。正洗频率通常为 10～60min 一次。为减少冲洗水耗，可用超滤进水作为正洗水。

② 反冲洗　简称反洗，又称逆向清洗，是与过滤水流方向相反的冲洗，通常是将等于或优于透过水质量的水从膜组件的产水侧送入，从进水侧排出。因为反洗水透过膜的方向与过滤方向相反，所以可以扩张膜孔和松解膜表面的污物，提高清洗效果。反洗频率通常为 10～60min 一次。

③ 化学强化反冲洗　为了提高反洗效果，可以在反洗水中加入杀菌剂、酸或碱等药剂，以增强反洗效果。一般在杀菌时，投加 15mg/L 的次氯酸钠或 30mg/L 的过氧化氢；酸洗时，投加 0.5%～1.0% 的柠檬酸、草酸或盐酸；碱洗时，投加 0.1%～2.0% 的 NaOH。化学强化反冲洗的频率视进水水质而定，水质差时可以每次反洗都加药。

④ 气洗　让无油压缩空气通过膜的进水侧表面，通过压缩空气与水的混合振荡作用，松解并冲走膜外表面的污物。气洗频率通常为 2～24h 一次。

⑤ 化学清洗　就是用适当的化学试剂，如酸、碱、氧化剂、洗涤剂等，采用循环流动、浸泡等方式，将膜装置污物清洗下来。化学清洗时，清洗液从组件进水口送入，在透过水阀门关闭和打开的条件下分别清洗一段时间（30～60min）。一般的，当跨膜压差达到 0.15～0.20MPa 或者是标准化产水量下降 15% 时，则应该进行化学清洗。

102 ▷ 盘片式过滤器的结构特点和工作原理是什么？

盘片式过滤器是一种较新的过滤器，由以色列发明，近年来国内已有生产。该种过滤器是将一组带有微槽的滤片叠压在一起，滤片之间的微槽形成过滤通道。反洗时，松开压紧弹簧，扩大过滤通道，截留的污物即可用水冲出，可以用于反渗透的预处理系统、循环水旁滤系统等。

盘片式过滤器的结构如图 2-48 所示，主要由盘片及其支撑装置、弹簧活塞式压紧部件、单向阀、出入口、壳体等部分组成。盘片及其支撑装置居中安装在圆筒形壳体内，上部压紧装置可以在进水压力作用下将盘片压紧，也可在外加流体压力作用下松开压盖。下部漏斗式橡胶筒套单向阀允许通过盘片进入内腔的过滤水流至出口，并能阻止清洗水从单向阀进入内腔。盘片内周通常有三根直立的清洗导管，导管的上端封闭，下端与出口相通，每根导管上有一列喷嘴，清洗时压力水可以从喷嘴喷出。

过滤时，原水从入口进入到过滤器的外腔，在原水压力作用下，压紧部件的弹簧受力压缩，十字杆向下运动，带动压盖将盘片压紧。原水从盘片四周进入，悬浮颗粒物被截留在盘片外部或沟槽内，滤出水则到达内腔后作用于单向阀，单向阀发生内向变形，露出出水狭缝，于是滤出水经狭缝流向出水口，如图 2-48（a）所示。

清洗时，切断原水，压紧部件所受原水压力消失，而外加压力流体进入到压力控制连通管，使得压盖从压紧状态松开；接着清洗水从出水口进入，单向阀发生外向变形，阻止水流通过出水狭缝。于是清洗水只能进入三根清洗导管，从导管的喷嘴喷出。喷射流不断冲刷盘式，并使盘片旋转，脱落污物随冲洗水由外腔流至出口，从排污管排出，如图 2-48（b）所

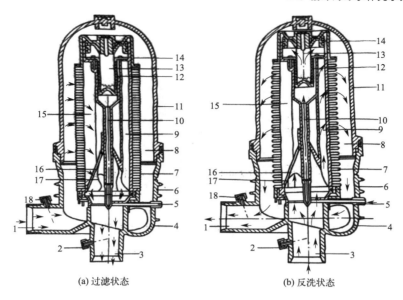

(a) 过滤状态　　　　　　　　(b) 反洗状态

图 2-48　盘片式过滤器结构

1—入口；2—出口压力测点；3—出口；4—出入口壳体；5—加压流体入口；6—下部壳体；7—盘片；
8—外腔；9—清洗喷嘴导管；10—压力控制连通管；11—上部壳体；12—弹簧；13—十字杆；14—压盖；
15—内腔；16—出水狭缝；17—漏斗式单向阀；18—入口压力测点

示。清洗时间约为 20s，清洗水耗约为 0.5%。

通常由 2～11 个盘式过滤单元并联成一组，单元轮流清洗，全组连续供水。

103 ▶ 盘式过滤系统是如何工作的?

盘片过滤系统一般由一个或多个盘片过滤器单元组合而成。系统多采用自动控制，实现各单元轮流过滤和反洗状态的自动切换，确保系统连续出水。清洗介质来自身滤出水、外系统水源和辅助空气的盘片过滤系统，依次称之为内源清洗过滤系统、外源清洗过滤系统和空气辅助清洗过滤系统。

下面以 3 个过滤单元组成的内源清洗过滤系统（见图 2-49）为例，介绍内源清洗过滤系统的工作过程。

过滤时，原水从进水母管通过进口三通阀流入每个过滤单元，过滤后的清水通过出口三通阀汇流到出水母管。当某个单元需要反洗时，则将该单元的出水三通阀和进口三通阀同时切换至反洗位置，反洗排水阀（简称反洗阀）打开。出水母管的清水利用自身压力反流至该单元实现反冲洗，反洗排水经反洗网流入排放母管。

当压差或过滤时间达到规定值时，控制器则向第一单元发出启动反洗的电信号，第一单元的进口三通阀改变方向，切断进水，反洗阀打开，形成反洗通道：出水母管→出水三通阀盘片→反洗阀→排水母管。此时，出水在自身压力作用下进入第一单元进行反冲洗，而其他单元照常过滤。反洗时间一般在 15s 左右，可根据需要设置反洗时间。当第一单元反洗至预定时间后，控制器撤销该单元的反洗信号，反洗阀关闭，出水三通阀和进口三通阀同时回位到过滤位置，过滤重新开始。

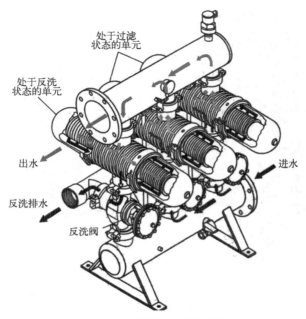

图 2-49 内源清洗过滤系统

　　类似于第一单元反洗程序，依次反洗第二、三单元，循环往复。两个单元之间反洗的间隔时间可事先设置，一般为几秒钟。空气辅助清洗过滤系统的工作过程与上述内源清洗过滤系统有些不同，参见图 2-50。

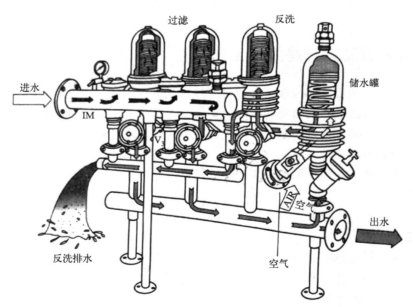

图 2-50 空气辅助清洗过滤系统

　　它的工作过程如下：过滤开始后，当出水压力大于 1kPa 时，小部分滤出水优先经过单向阀流入储水罐，大部水滤出水进入出水总管。

　　当压差或过滤时间达到规定值时，首先打开压缩空气隔膜阀，压缩空气进入储水罐，1～3s 后（延时时间可以设置），第一单元的进、出口三通阀同时切换至反洗位置，进水和出水被切断；打开反洗排水阀，储水罐的水在压缩空气推力下，进入第一单元，实施反洗，而其他单元照常过滤。反洗时间一般为 $7\sim15s$。

类似于第一单元反洗程序，依次反洗第二、第三…第 n 单元，循环往复。两个单元之间反洗的间隔时间可事先设置，一般为 $10\sim30s$。

104 ▶ 常见的自清洗过滤器设备有哪些？

目前，有许多自动清洗过滤设备在各行业中使用，自动清洗过滤设备类别见表 2-12，大都具有以下特点：

① 安装方便，可以在任何地方以任意方向安装，例如可以在室内外、田间、地边、无人看管的野外的管道上，呈水平、垂直、倾斜、倒置安装。

② 体积小，质量小，维护量小，如产水量为 $750m^3/h$ 的 MCFM312LP 过滤器，长为 $5.72m$，高为 $1.45m$，质量为 $360kg$。

③ 规格多，用户选择空间大，接管直径通常 $DN25\sim2500mm$、过滤精度 $30\sim3000\mu m$、单台处理能力 $20\sim40000m^3/h$ 的范围均有产品。

④ 自动化程度高，有的过滤器配备了 PCL 控制器，可实现自动运行。

⑤ 阻力小，压力损失为 $0.01\sim0.05MPa$，工作压力为 $0.2\sim2.5MPa$，因而可直接利用主管道水压工作。

⑥ 可根据差压、时间或手动方式控制反洗。

表 2-12 自动清洗过滤设备类别

分类依据	类别	特征
过滤精度	低精度过滤器	液体通道由孔径为 $2\sim10mm$ 的圆孔或锥孔构成
	中精度过滤器	液体通道由孔径为 $0.2\sim2mm$ 的 V 形断面构成
	高精度过滤器	液体通道由孔径为 $0.03\sim0.2mm$ 的 V 形断面及其特种编织网构成
	超高精度过滤器	液体通道由孔径小于 $30\mu m$ 的特种编织网或烧结网构成
主管道接口方向	直通式过滤器	进出口管道在同一中心线上
	非直通式过滤器	进出口管道不在同一中心线上
过滤网筒数量	单筒式过滤器	—
	双筒式过滤器	由粗过滤筒和精滤筒组成过滤单元
供水方式	连续式过滤设备	个别过滤单元反洗，大部分过滤单元运行，以保障正常供水量
	间断式过滤设备	反洗期间终止供水
壳体材料	滤池	混凝土构筑物，一般在大气压下工作
	过滤器	主要是钢制设备，一般在高于大气压下工作
用途	水过滤设备	水固分离
	气体过滤设备	气固分离
	油过滤设备	油固分离、油水分离

（四）软化技术

105 ▶ 补充水处理防垢的方法有哪些？这些方法的原理分别是什么？

循环冷却水补充水处理防垢有单纯加硫酸处理、加硫酸与稳定剂联合处理、全部弱酸处理、部分弱酸处理、石灰处理等。

① 单纯加硫酸处理　在循环水补充水中加入 H_2SO_4，利用 H_2SO_4 中和水中碱度的方法来保证循环水的稳定运行。

② 加硫酸和稳定剂处理　先在循环水补充水中加入一定量的 H_2SO_4，使补充水的碱度降到一定程度，再利用加水质稳定剂来保证循环水稳定运行。

③ 全部弱酸处理　利用弱酸阳离子交换树脂除去水中碳酸盐硬度和部分碱度，使循环水中的硬度和碱度降低，再用缓蚀剂来防止循环水系统的腐蚀。

④ 部分弱酸树脂处理　将一部分补充水采用弱酸树脂处理，加入稳定剂进行稳定处理，以保证循环水中的碳酸盐不结垢。该方法也叫"部分弱酸树脂和稳定剂联合处理系统"。

⑤ 石灰处理　向澄清池中投加石灰乳，使水中的碱度和碳酸盐硬度降低，不产生 $CaCO_3$ 结垢。

106 ▸ 石灰软化技术的原理是什么？

石灰软化可分为快速脱碳和慢速脱碳两种方式，适用于碳酸盐硬度较高的原水。石灰软化可除去水中的碳酸氢钙 $Ca(HCO_3)_2$，碳酸氢镁 $Mg(HCO_3)_2$ 和游离二氧化碳 CO_2：

$$Ca(HCO_3)_2 + Ca(OH)_2 \longrightarrow 2CaCO_3 \downarrow + 2H_2O$$
$$Mg(HCO_3)_2 + 2Ca(OH)_2 \longrightarrow 2CaCO_3 \downarrow + Mg(OH)_2 \downarrow + 2H_2O$$
$$CO_2 + Ca(OH)_2 \longrightarrow CaCO_3 \downarrow + H_2O$$

石灰还可和水中镁的非碳酸盐硬度作用，生成 $Mg(OH)_2$ 沉淀：

$$MgCl_2 + Ca(OH)_2 \longrightarrow Mg(OH)_2 \downarrow + CaCl_2$$
$$MgSO_4 + Ca(OH)_2 \longrightarrow Mg(OH)_2 \downarrow + CaSO_4$$

此外，石灰还可以除去水中部分铁和硅的化合物：

$$4Fe(HCO_3)_2 + 8Ca(OH)_2 + O_2 \longrightarrow 4Fe(OH)_3 \downarrow + 8CaCO_3 \downarrow + 6H_2O$$
$$Fe_2(SO_4)_3 + 3Ca(OH)_2 \longrightarrow 2Fe(OH)_3 \downarrow + 3CaSO_4$$
$$H_2SiO_3 + Ca(OH)_2 \longrightarrow CaSiO_3 \downarrow + 2H_2O$$
$$m H_2SiO_3 + n Mg(OH)_2 \longrightarrow n Mg(OH)_2 \cdot m H_2SiO_3 \downarrow$$

107 ▸ 如何确定石灰的加药量？怎样配置石灰？

石灰的加药量计算方法如下：

① 当水中 $H_{Ca} + W > H_T$ 时

$$G_{CaO} = 28[H_T + c_{CO_2} + c_{Fe} + W + \alpha] \tag{2-69}$$

② 当水中 $H_{Ca} + W < H_T$ 时

$$G_{CaO} = 28[2(H_T) - H_{Ca} + c_{CO_2} + c_{Fe} + W + \alpha] \tag{2-70}$$

或　　　$$G_{CaO} = 28[(H_T) + \Delta c_{Mg} + c_{CO_2} + 2c_{Fe} + W + \alpha] \tag{2-71}$$

式中，G_{CaO} 为石灰加药量，g/m^3；28 为 CaO 摩尔质量（$1/2CaO$ 计），$mg/mmol$；H_T 为原水中的碳酸盐硬度（以 $1/2Ca^{2+} + 1/2Mg^{2+}$ 计），$mmol/L$；c_{CO_2} 为原水中的游离二氧化碳含量（以 $1/2CO_2$ 计），$mmol/L$；c_{Fe} 为原水中的含铁量（以 $1/3Fe^{3+}$ 计），$mmol/L$；

W 为凝聚剂的加入量，mmol/L，一般为 0.1～0.2mmol/L；α 为石灰过剩量（以 1/2CaO 计），mmol/L，一般为 0.1～0.4mmol/L；H_{Ca} 为原水中的钙硬度（以 1/2Ca^{2+} 计），mmol/L；Δc_{Mg} 为石灰处理后镁含量的降低值，mmol/L。

$$\Delta C_{Mg} = H_{Mg} - H'_{Mg} \tag{2-72}$$

式中，H_{Mg} 为原水中的镁硬度（以 1/2Mg^{2+} 计），mmol/L；H'_{Mg} 为石灰处理后，水中残留的镁硬度（以 1/2Mg^{2+} 计），mmol/L。

在氢氧碱度运行方式下，镁的残留浓度可按下式计算：

$$H'_{Mg} = \frac{2K_{Mg(OH)_2}}{f_Z K_W^2 10^{(2pH-3)}} \tag{2-73}$$

式中，$K_{Mg(OH)_2}$ 为氢氧化镁溶度积，当温度为 25℃时，为 5.0×10^{-12}；K_W 为水的离子积，当温度为 25℃时，为 1.27×10^{-14}；f_Z 为水中离子的活度系数。

石灰的配制过程如下，配置系统如图 2-51 所示。

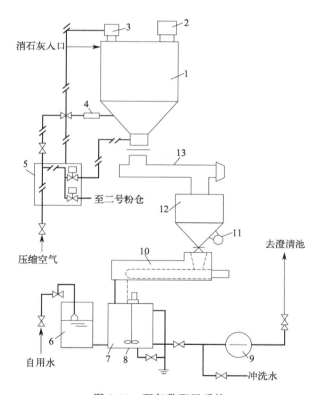

图 2-51　石灰乳配置系统

1—石灰粉筒仓；2—布袋滤尘器；3—粉位指示器；4—空气破拱装置；5—气动控制盘；6—石灰乳辅助箱；7—石灰乳搅拌箱；8—石灰乳搅拌器；9—石灰乳泵；10—精密称重工粉给料机；11—振动器；12—缓冲斗；13—螺旋输粉机

① 当石灰的用量（按 CaO 计）小于 0.25t/d 时，可以采用石灰溶液。

② 石灰可用机械或人工消化。一般当石灰用量在 1t/d 以下时，采用人工消化。

③ 石灰乳液浓度采用 2％～5％（以纯 CaO 计）。

④ 石灰乳液需用旋转叶轮、水泵或压缩空气不断搅拌。用水泵搅拌时，石灰乳液器应做成圆锥形底，其与水平倾斜角不小于 45°。循环的石灰乳液应从下面送入，由上部流出，

其上升流速不应小于 5mm/s。用压缩空气搅拌时，空气的供给强度可按 8～10L/(s·m²)计算，并应保证空气的均匀分配。

⑤ 输送石灰乳液的管道应便于维护，管径不小于 25mm，管内流速不应小于 0.8m/s，管道转弯处的弯轴半径不宜小于 5 倍管内径。

108 ▷ 什么是慢速脱碳石灰软化工艺？有何特点？

慢速脱碳处理工艺的反应机理与石灰处理相同，不同的是采用循环污泥泵回流活性泥渣至絮凝反应池，在絮凝搅拌器作用下，脱稳的微小絮体吸附在较高密度活性泥渣上，并在高效斜板澄清池中分离，从而达到去除碳酸盐硬度、浊度及有机物的良好效果。慢速脱碳工艺原理示意图见图 2-52。

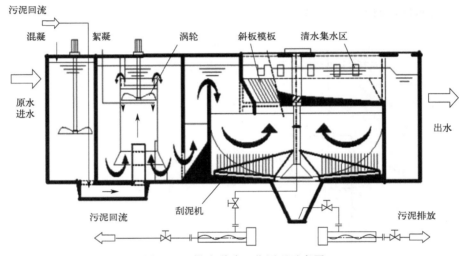

图 2-52　慢速脱碳工艺原理示意图

与传统的石灰处理工艺相比较，慢速脱碳工艺具有以下特点：

① 通过试验确定正确的化学药剂投加量；

② 在设计中通过设计参数优化确定良好的反应条件，确保反应充分；

③ 通过设备的选型，达到精确自动控制的目的，如对反应的 pH、污泥回流量等的精确控制，可以提高出水水质的稳定性。

109 ▷ 石灰软化法对硬度、硅和有机物的去除效果如何？

石灰软化法对硬度去除与原水总硬度、碳酸盐硬度有关，经石灰处理后，水的残留硬度可按下式计算：

$$H_C = H_F + A_c + c(H^+) \tag{2-74}$$

式中，H_C 为经石灰处理后水的残留硬度（$1/2Ca^{2+} + 1/2Mg^{2+}$），mmol/L；H_F 为原水中的非碳酸盐硬度（$1/2Ca^{2+} + 1/2Mg^{2+}$），mmol/L；A_c 为经石灰处理后水的残留碱度（$1/2CO_3^{2+}$），mmol/L；$c(H^+)$ 为凝聚剂剂量，mmol/L。

用石灰处理时，水中硅化合物的含量会有所降低，当温度为 40℃ 时，硅化合物可降至原水的 30%～35%。

在采用石灰-混凝处理时，水中有机物可降低 30%～40%。对于城市中水尤其是工业废水含量较高的城市中水，有机物的去除率约 5%～20%。

110 什么是双碱软化？其原理是什么？

双碱软化一般指的是石灰与纯碱结合的除硬工艺，石灰一般用于去除水中的碳酸盐硬度，纯碱用于去除非碳酸盐硬度。

（1）石灰去除水中的碳酸盐硬度

$$Ca(HCO_3)_2 + Ca(OH)_2 \longrightarrow 2CaCO_3 \downarrow + 2H_2O$$
$$Mg(HCO_3)_2 + 2Ca(OH)_2 \longrightarrow 2CaCO_3 \downarrow + Mg(OH)_2 \downarrow + 2H_2O$$
$$CO_2 + Ca(OH)_2 \longrightarrow CaCO_3 \downarrow + H_2O$$

（2）纯碱去除水中永久硬度

$$CaSO_4 + Na_2CO_3 \longrightarrow CaCO_3 \downarrow + Na_2SO_4$$
$$CaCl_2 + Na_2CO_3 \longrightarrow CaCO_3 \downarrow + 2NaCl$$
$$MgSO_4 + Na_2CO_3 \longrightarrow MgCO_3 \downarrow + Na_2SO_4$$
$$MgCl_2 + Na_2CO_3 \longrightarrow MgCO_3 \downarrow + 2NaCl$$

在较高 pH 值时，$MgCO_3$ 很快水解：

$$MgCO_3 + H_2O \longrightarrow Mg(OH)_2 \downarrow + CO_2 \uparrow$$

111 什么是离子交换树脂的交换容量？

离子交换树脂进行离子交换反应的性能，表现在它的"离子交换容量"，即每克干树脂或每毫升湿树脂所能交换的离子的毫克当量数，meq/g（干）或 meq/mL（湿）；当离子为一价时，毫克当量数即是毫摩尔数（对二价或多价离子，前者为后者乘离子价数）。它又有总交换容量、工作交换容量和再生交换容量三种表示方式。

① 总交换容量 表示每单位数量（质量或体积）树脂能进行离子交换反应的化学基团的总量。

② 工作交换容量 表示树脂在某一定条件下的离子交换能力，它与树脂种类和总交换容量以及具体工作条件（如溶液的组成、流速、温度等因素）有关。

③ 再生交换容量 表示在一定的再生剂量条件下所取得的再生树脂的交换容量，表明树脂中原有化学基团再生复原的程度。

通常，再生交换容量为总交换容量的 50%～90%（一般控制为 70%～80%），而工作交换容量为再生交换容量的 30%～90%（对再生树脂而言），后一比率亦称为树脂的利用率。

在实际使用中，离子交换树脂的交换容量包括了吸附容量，但后者所占的比例因树脂结构不同而异。现仍未能分别进行计算，在具体设计中需凭经验数据进行修正，并在实际运行时复核。

树脂交换容量的测定一般以无机离子进行。这些离子尺寸较小，能自由扩散到树脂体内，与它内部的全部交换基团起反应。而在实际应用时，溶液中常含有高分子有机物，它们的尺寸较大，难以进入树脂的显微孔中，因而实际的交换容量会低于用无机离子测出的数值。这种情况与树脂的类型、孔的结构尺寸及所处理的物质有关。

112 ▷ 离子交换树脂的常见类型有哪些?

树脂中化学活性基团的种类决定了树脂的类别和性质。首先区分为阳离子树脂和阴离子树脂两大类，它们可分别与溶液中的阳离子和阴离子进行离子交换。阳离子树脂又分为强酸性和弱酸性两类，阴离子树脂又分为强碱性和弱碱性两类。

离子交换树脂根据其基体的种类分为苯乙烯系树脂和丙烯酸系树脂；根据树脂的物理结构分为凝胶型和大孔型。

① 强酸性阳离子树脂　这类树脂含有大量的强酸性基团，如磺酸基—SO_3H，容易在溶液中离解出 H^+，故呈强酸性。树脂离解后，本体所含的负电基团，如—SO_3H，能吸附结合溶液中的其他阳离子。这两个反应使树脂中的 H^+ 与溶液中的阳离子互相交换。强酸性树脂的离解能力很强，在酸性或碱性溶液中均能离解和产生离子交换作用。

② 弱酸性阳离子树脂　这类树脂含弱酸性基团，如羧基—$COOH$，能在水中离解出 H^+ 而呈酸性。树脂离解后余下的负电基团，如 $R—COO^-$（R 为碳氢基团），能与溶液中的其他阳离子吸附结合，从而产生阳离子交换作用。这种树脂的酸性即离解性较弱，在低 pH 值下难以离解和进行离子交换，只能在碱性、中性或微酸性溶液中（如 pH 值为 5~14）起作用。

③ 强碱性阴离子树脂　这类树脂含有强碱性基团，如季氨基（亦称四级氨基）—NR_3OH（R 为碳氢基团），能在水中离解出 OH^- 而呈强碱性。这种树脂的正电基团能与溶液中的阴离子吸附结合，从而产生阴离子交换作用。

这种树脂的离解性很强，在不同 pH 值下都能正常工作。它用强碱（如 NaOH）进行再生。

④ 弱碱性阴离子树脂　这类树脂含有弱碱性基团，如伯氨基（亦称一级氨基）—NH_2、仲氨基（二级氨基）—NHR 或叔氨基（三级氨基）—NR_2，它们在水中能离解出 OH^- 而呈弱碱性。

这种树脂的正电基团能与溶液中的阴离子吸附结合，从而产生阴离子交换作用。这种树脂在多数情况下是将溶液中的整个其他酸分子吸附。它只能在中性或酸性条件（如 pH 值为 1~9）下工作。它可用 Na_2CO_3、NH_4OH 进行再生。

113 ▷ 弱酸树脂的基本理化性质有哪些?

目前，在循环冷却水处理中应用最多的弱酸树脂编号为 D113。该树脂的制备反应如下：

大孔共聚白球

其水解反应在 10% NaOH 溶液中进行，共聚体中酯链断裂生成羧酸基团-钠型弱酸性阳树脂。

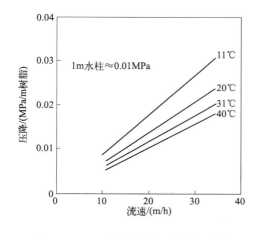

钠型弱酸性阳离子交换树脂

为了适应循环冷却水处理的需要，对 D113 树脂的性能还提出了如下要求：有效粒径为 0.5～0.6mm，其中 0.4～1.0 的树脂≥95%，小于 0.4mm 的树脂≤2%；均一系数 1.5；转型膨胀率（H→Na）≤70%；渗磨圆球率≥90%；R—COOH 含量≥98%。D113 树脂的水力学特性如下。

（1）阻力

D113 树脂的水流阻力特性曲线（RCOOH）如图 2-53 所示。弱酸树脂在运行过程中，将由 RCOOH 型逐渐转变为 Ca、Mg，此时将发生一定的转型膨胀，在运行水流作用下，这种膨胀不会使树脂层高相应增加，其结果是树脂粒互相挤压，空隙率减小，水的通流面积减小，结果使水流阻力增加，其结果如图 2-54 所示。

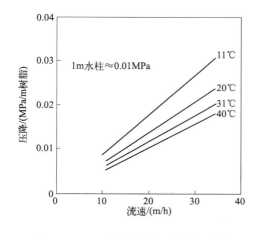

图 2-53　D113 树脂水流阻力特性曲线

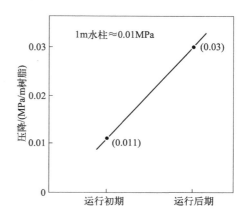

图 2-54　运行初期、后期弱酸树脂层阻力变化

（2）反洗展开率

树脂的离子形式对树脂的湿真密度和粒径均有影响。因此，反洗展开率与树脂的离子形式有关。反洗展开率还与水温有关。D113 树脂的反洗流速与反洗展开率的关系如图 2-55 和图 2-56 所示。

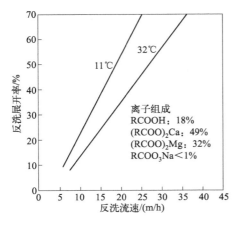

图 2-55　D113 树脂反洗流速与反洗展开率的关系

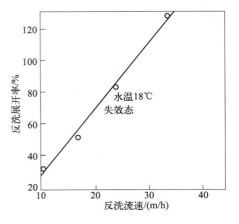

图 2-56　新工艺生产的 D113 树脂反洗流速
与反洗展开率的关系

114 ▷ 弱酸氢离子交换软化技术的原理和适用水质是什么？

当循环冷却水系统补充水通过弱酸氢离子交换器时，它与水中碳酸氢盐硬度（暂时硬度）发生以下交换反应：

$$2R—COOH+Ca(HCO_3)_2 \longrightarrow (R—COO—)_2Ca+2CO_2\uparrow+2H_2O$$

$$2R—COOH+Mg(HCO_3)_2 \longrightarrow (R—COO—)_2Mg+2CO_2\uparrow+2H_2O$$

反应的结果，不仅去除了水中的碳酸盐硬度，也同时去除了水中的碱度。

H^+ 型弱酸树脂的主要作用是交换暂时硬度。弱酸树脂对原水中几种主要盐类交换能力的顺序为：$Ca(HCO_3)_2$、$Mg(HCO_3)_2$＞$NaHCO_3$＞$CaCl_2$、$MgCl_2$＞$NaCl$、Na_2SO_4。

试验结果表明，弱酸树脂对上述四类盐的交换容量之比约为 45∶15∶2.5∶1，证实了弱酸树脂主要是交换暂时硬度。H^+ 弱酸树脂对天然水中各种盐类的交换能力取决于阳离子对羧基的亲和力及阴离子和 H^+ 结合成酸的解离度。弱酸树脂对各种阳离子的交换势是 H^+＞Ca^{2+}＞Mg^{2+}＞Na^+。原水中的 HCO_3^- 和 H^+ 结合成 H_2CO_3，其解离能力比—COOH 更低，所以反应进行得比较彻底。弱酸树脂的上述性能决定了它对各种盐类的交换特性。弱酸树脂只在交换初期可以交换少量中性盐，使出水呈酸性，这个还与树脂的再生水平有关。当再生水平很低时，出水可能呈碱性。这是因为在弱酸树脂和中性盐交换反应中，生成了强酸，抑制了反应的继续进行。

弱酸树脂对 HCO_3^- 的交换特性为：周期开始时，弱酸树脂几乎可将水中的 $NaHCO_3$ 全部除去，随后漏过量逐渐增大，因此弱酸树脂对 $NaHCO_3$ 的交换容量相对较低。

115 ▷ 弱酸树脂工艺的运行要点有哪些？

弱酸树脂工艺的运行要点如下：

（1）运行流速、水温

设计时正常运行流速一般为 15～20m/h，瞬时流速可达 40m/h。由于弱酸树脂的交换速度慢，所以运行流速、水温对工作容量的影响要比强酸树脂大很多。在彻底再生、运行流速 28m/h，进水碱度 6mmol/L，硬碱比＝1.00～1.01 的条件下，流速和水温对工作交换容量影响的试验结果如图 2-57 和图 2-58 所示。对于 D113 树脂，流速每降低 1m/h 或水温提高 1℃，树脂工作交换容量约增加 25mmol/L。

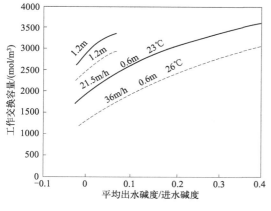

图 2-57 流速对工作交换容量影响

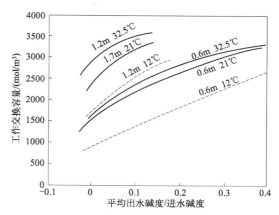

图 2-58 水温对工作交换容量影响

对于用新工艺生产的 D113 树脂（树脂色泽由原色变为黄色，工作交换容量比老工艺生产的树脂也有所降低），采用 3％HCl 再生，再生流速为 5m/h，不同水温和不同流速的试验结果（再生水平：80kg HCl/m³ 树脂；置换水量：2 倍交换柱中存水量，树脂层高 1.8m），列于表 2-13。从表 2-13 中可以看出，水温升高 1℃，工作交换容量增加约 5mmol/L 树脂。流速升高 1m/h，工作交换容量降低约 19mmol/L 树脂。

表 2-13 流速、水温对工作交换容量的影响

水温/℃	流速/(m/h)	工作交换容量/(mol/m³ 树脂)
18	25	2190
18	35	1997
10	25	1748

还应指出的是，随着树脂层高的增加，温度和流速对工作交换容量的影响减弱。在一定流速下，只有树脂层高度超过某一高度时，工作交换容量才基本不变。在 20m/h 流速下，这一层高为 0.85m 左右。

（2）出水水质、工作交换容量

由于弱酸树脂的再生效率很高，但它的交换速度比较慢，因此影响弱酸树脂工作交换容量的主要因素在运行阶段，这些因素包括进水水质（主要为硬碱比）、流速、水温、树脂层高、再生剂比耗等。原水的硬碱比反应水中暂时硬度、永久硬度和负硬三种盐类的比例关系。从运行曲线，可以观察到原水不同硬碱比对弱酸树脂交换过程的影响。图 2-59、图 2-60 分别为硬碱比大于 1 和小于 1 时的典型运行曲线。

从图中可以观察到以下规律：

① 运行初期，出水中就漏过大量 Na^+，即使在硬碱比小于 1，水中含有较多 $NaHCO_3$ 时，弱酸树脂对水中 Na^+ 的交换量也是很小的。由于运行初期吸附的 Na^+，在运行中后期会被水中的 Ca^{2+}、Mg^{2+} 置换出，因此从整个周期看，弱酸树脂只交换很少量的 Na^+。周期平均出水的 Na^+ 含量与进水基本相等。

② 弱酸树脂主要交换水中的暂时硬度，对彻底再生的弱酸树脂，运行初期，出水有一

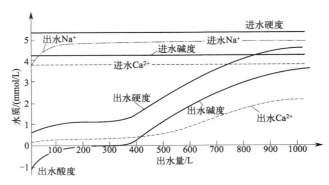

图 2-59 硬碱比＝1.26 时，D113 树脂的运行曲线

（试验条件：彻底再生；层高为 0.9m；水温为 23℃；流速为 29m/h）

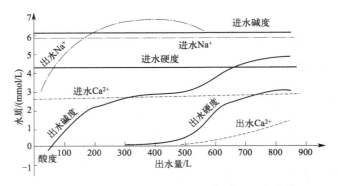

图 2-60 硬碱比＝0.7 时，D113 树脂的运行曲线

（试验条件：彻底再生；层高为 0.9m；水温为 19℃；流速为 28m/h）

定的酸度，在硬碱比大于 1 时，水中有下述反应：

$$2RCOOH + {}^{Ca}_{Mg}(HCO_3)_2 \longrightarrow (RCOO)_2{}^{Ca}_{Mg} + 2H_2CO_3$$

$$2RCOOH + {}^{Ca}_{Mg}Cl_2 \longrightarrow (RCOO)_2{}^{Ca}_{Mg} + 2HCl$$

$$2RCOOH + {}^{Ca}_{Mg}SO_4 \longrightarrow (RCOO)_2{}^{Ca}_{Mg} + H_2SO_4$$

$$RCOOH + NaCl \longrightarrow RCOONa + HCl$$

$$2RCOOH + Na_2SO_4 \longrightarrow 2RCOONa + H_2SO_4$$

在进水硬碱比小于 1 时，除上述反应外，还会有以下反应：

$$RCOOH + NaHCO_3 \longrightarrow RCOONa + H_2CO_3$$

硬碱比越小，出水维持酸性的时间越短，碱度出现的越早。对于负硬水，失效终点不同，弱酸树脂的交换容量相差甚大。如硬碱比为 0.6 的水，以碱度漏过 10％ 为终点，其工作交换容量为 430mmol/L；以暂时硬度漏过 10％ 为终点，弱酸树脂工作交换容量高达 2244mmol/L。以暂时硬度漏过 10％ 为失效终点，不同硬碱比时，弱酸树脂的工作交换容量列于表 2-14。

表 2-14 D113 弱酸树脂工作交换容量和原水硬度的关系

原水硬碱比	原水暂时硬度/(mmol/L)	工作交换容量/(mol/m³ 树脂)	工作交换容量相对值/％
0.6	4.41	2244	117
1.0	4.30	1917	100
2.0	4.42	2091	106

③ 硬碱比越小，漏过的硬度越少。当硬碱比小于1时，运行周期大部分时间出水没有硬度，但漏过的碱度很高。当硬度漏过时，也就是暂时硬度漏过。对于循环水处理，当硬碱比小于1时，可以用出水硬度漏过作为失效终点。如某厂原水硬碱比为0.8，控制出水硬度大于1mmo/L时作为失效终点。当硬碱比等于1时，在大约前半个周期中，也可保持出水无硬度或低硬度，此时失效终点既可控制碱度，也可控制硬度。

当硬碱比大于1时，漏过的硬度较大，其值等于原水的永久硬度再加自再生作用产生的硬度及未完全清洗好废液中的硬度。所以，此时可以碱度漏过作为终点控制。

当再生剂用量较少，再生不彻底时，其运行交换规律就会有所变化，一个不彻底再生的运行曲线列于图2-61。

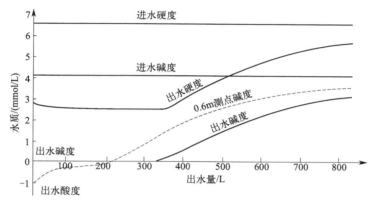

图2-61　D113弱酸树脂未彻底再生时的运行曲线

(试验条件：层高为0.82m；水温为23℃；流速为29m/h；硬碱比为1.6)

图2-61中虚线是树脂层为0.6m处测点的碱度变化情况。对比运行初期出水与0.6m处水质变化可知，在0.6~0.82m（出水处）树脂层之间，发生了如下反应：

$$(RCOO)_2{}^{Ca}_{Mg} + \begin{matrix} H_2SO_4 \\ 2HCl \\ 2H_2CO_3 \end{matrix} \longrightarrow 2RCOOH + {}^{Ca}_{Mg}\left\{ \begin{matrix} SO_4 \\ Cl_2 \\ (HCO_3)_2 \end{matrix} \right.$$

即所谓树脂的自再生作用。在未彻底再生时，再生后树脂的层态如图2-62所示。运行初期，水流经上部再生较彻底的树脂层，水中永久硬度及中性盐会部分交换，产生相应的酸（H_2SO_4、HCl、H_2CO_3），此水再流经未再生好的底部树脂层时，就会发生上述反应，而使出水硬度升高、酸度降低，甚至出现碱度。

当再生剂用量过低，逆交换可使投运初期出现硬度偏高。如果控制的正洗合格标准较严，就会使正洗时间过长。如再生剂用量稍低，则初期出水硬度略高，对循环水处理，还是允许的。如用再生水平80kg HCl/m^3 树脂的药剂再生1.8m层高的D113弱酸树脂层，从排液酸度计算的酸利用率为99.98%。在水温18℃，流速25m/h时运行，进水水质全碱度为5.5mmol/L，全硬度为6.9mmol/L，永久硬度为1.4mmol/L，Cl^-浓度为41mg/L，正洗15min，排水Cl^-降至60mg/L，全硬度降至2.8mmo/L，碱度为0.25mmo/L，运行至周期的1/8

RCOOH

(RCOO)₂Mg

(RCOO)₂Ca

图2-62　未经彻底再生的弱酸树脂层示意

时，全硬度降至 1.7mmol/L，然后趋于平稳，如图 2-63 所示。开始运行时，硬度只增加 1.1mmol/L，这对于循环水处理还是允许的。

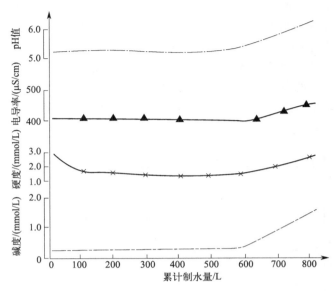

图 2-63　再生水平为理论量时的运行流出曲线

（3）失效终点

在进行锅炉补给水处理时，对于永久硬度水和暂时硬度水，多采用碱度漏过 10% 为终点。对于循环水处理，更应考虑弱酸床整个周期出水的平均碱度。而平均碱度又与循环水的极限碳酸盐硬度和循环冷却系统的浓缩倍数有关。例如，试验求得循环水的极限碳酸盐硬度为 1.5mmol/L，设计浓缩倍数为 3，则要求补充水的碱度小于 0.5mmol/L。也就是说弱酸床周期出水平均碱度应小于 0.5mmol/L。如果原水碱度为 5mmol/L，弱酸床运行周期为 50% 时，出水平均碱度为零；周期为 50%～70% 时，出水平均碱度为 0.5mmol/L；周期为 70%～85% 时，出水平均碱度为 1.0mmol/L；周期为 85%～100% 时，出水平均碱度为 1.6mmol/L。当失效终点定为出水碱度为 2.2mmol/L 时，此时整个周期的出水平均碱度为 0.49mmol/L，符合上述要求。为了留有余地，将失效终点定为出水碱度大于 2mmol/L，此时相当于碱度漏过 40%，较之碱度漏过 10% 提高了很多。

弱酸树脂交换时，在暂时硬度漏过之后，其漏过量增加也很缓慢，如图 2-64 所示。从图中可看出，漏过前的交换容量约为 1800mmol/L 树脂，从漏过 10% 至漏过 50% 的交换容量约为 600mmol/L 树脂，从漏过 50% 至漏过 80% 的交换容量也接近 600mmol/L 树脂。说明失效终点的选择对弱酸树脂的交换容量有很大影响。

关于出水平均碱度的选择，有资料介绍"出水平均碱度应大于进水碱度的 5%～20%"，还有资料指出"出水平均碱度可选择 0.3～0.5mmol/L"，总之，在可能的条件下，应将出水平均碱度选择高一些，这样可以提高工作交换容量。

综合上述情况，对于硬碱比大于 1 的水，弱酸床周期出水平均碱度取 0.5mmol/L，根据初、中期出水碱度（或有酸度）的不同，失效碱度可定为 1.5～3.0mmol/L。对于硬碱比等于或小于 1 的水，弱酸床周期出水平均硬度可取 0.3mmol/L，失效硬度可定为 1mmol/L。

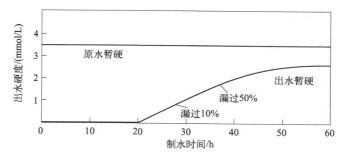

图 2-64　弱酸树脂交换暂时硬度的流出曲线

116 ▶ 弱酸树脂软化再生工艺组成有哪些?

弱酸树脂软化再生包括反洗、再生、置换、正洗四个步骤。

（1）反洗

设计反洗流速一般为 $15\sim20\text{m/h}$，反洗时间为 15min。反洗时间的长短与进水悬浮物含量有关，一般反洗至出水澄清为止。

（2）再生

冷却水系统的补充水量大，远远大于锅炉的补充水量，而对处理水质的要求又远远低于锅炉补给水，由于处理水量大，在采用弱酸树脂处理时，如采用大于 1.0（理论量的倍数）的比耗再生，用酸量增加，排出的酸性废水量也较大，酸性废水处理难度大、费用高。因此，用弱酸树脂处理循环水补充水，应尽可能采用近似 1.0（理论量）的比耗再生。也就是说，在弱酸树脂再生时，排出废液中的酸量是非常小的。

当弱酸树脂选用硫酸再生时，采用一步法（用一种硫酸浓度，1%，再生流速为 20m/h）和分步法（第一步硫酸浓度为 1%，第二步为 2%，进酸量各占总用酸量的 1/2，再生流速为 20m/h），再生的比较如表 2-15 所示。

表 2-15　D113 一步再生与分布再生的再生效果比较

再生方式	再生水平/(g/L 树脂)	工作交换容量/(mmol/L 树脂)	酸耗/(g/mmol)	自用水率/%
一步	156.5	2347.4	66.65	9.72
两步	156.5	2329.9	67.15	7.45

从表 2-15 中可以看出，两种再生方式的再生效果没有明显差异，当再生水平不是很高时，再生水平对树脂的工作交换容量影响较大。

用硫酸再生 D113 树脂时，不同再生水平下相应的工作交换容量和酸利用率如图 2-65 所示。如选择再生水平为 $170\text{g}H_2SO_4/L$ 树脂时，此时酸利用率为 98%。

用盐酸再生 D113 树脂时，不同再生水平的试验结果如表 2-16 所示。

表 2-16　不同再生水平的试验结果

再生水平/(g HCl/L)	酸利用率/%	工作交换容量/(mol/m³ 树脂)	酸耗/(g/mol)
80	99.89	2190	37.0
90	91.6	2265	39.0
100	85.8	2407	74.0

注：实验条件为，HCl 浓度 3%，再生流速 5m/h，置换水量 2 倍交换柱中存水量，运行流速 25m/h，水温 18℃。

弱酸树脂用酸再生时，再生溶液浓度增高，树脂交换工作容量就一定会提高，但多树脂层在再生时的体积收缩增加（加 5%HCl 较 3%HCl 再生，树脂体积收缩增加了 6%，树脂的可逆膨胀率也增加约 6%），则运行时，阻力增加，不宜选用较高的再生浓度。

弱酸树脂在顺流再生、逆流再生和浮床再生三种方式下，其树脂的工作交换容量和比耗数据见表2-17。从表 2-17 所列结果可以看出，再生方式对弱酸树脂没有明显影响，因此，弱酸树脂可以采用顺流再生工艺。

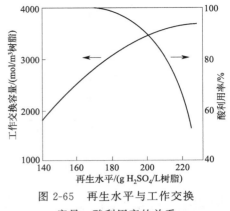

图 2-65　再生水平与工作交换
容量、酸利用率的关系

表 2-17　弱酸树脂机组再生方式的比较

再生方式	工作交换容量/(mol/m³ 树脂)	比耗（理论倍数）
顺流再生	1805	1.37
逆流再生	1825	1.35
浮床	1817	1.36

（3）置换

置换流速同再生流速，置换时间约为 15～30min。

（4）正洗

正洗流速为 15～20m/h，置换时间约为 10～30min。由于循环水质量要求较低，所以对正洗终点可以放宽，这样可以大大缩短正洗时间，节省正洗水量。如用盐酸再生弱酸树脂床时，正洗终点可采用一级软化器的正洗终点，即正洗排水氯根数值与原水氯根数值之差小于30mg/L。

117 ▷弱酸树脂再生剂有哪些?

弱酸树脂再生剂有盐酸和硫酸，D113 树脂的再生工艺参数如表 2-18 所示。

表 2-18　D113 树脂的再生工艺参数

再生剂种类	再生水平/(g/L 树脂)	再生剂浓度/%	再生液流速/(mg/L)	再生方式
H_2SO_4	170	1.0	15～20	顺流再生
HCl	70～80	2～3	3～5	顺流再生

118 ▷硫酸作为弱酸树脂再生剂，为什么投运初期出水硬度偏高?

在以 H_2SO_4 作为再生剂时，即使再生剂用量充足，投运初期也会存在出水硬度偏高的现象，这是因为用 H_2SO_4 再生时，即使再生工况适当，也难免在树脂层中生成少量 $CaSO_4$ 沉淀，它们在运行中又会逐渐溶解，造成出水硬度偏高。

119 强酸氢离子交换树脂软化技术的原理和适用水质是什么？

（1）利用强酸氢离子交换的酸性出水

对于永久硬度水，一般采用此种运行方式，此时水中全部阳离子均与阳树脂中的 H^+ 交换，出水呈酸性，运行一定时间后，当出水呈现碱度时，出水硬度也很快上升，此时需停运再生，其周期出水水质变化曲线如图 2-66 所示。

强酸氢离子交换水量占循环冷却系统补充水量的比例，可由下式确定：

$$n = \frac{A_0 - A_B}{C_0 + A_B} \times 100\%$$ （2-75）

$$A_B = \frac{H_{TJ}}{\Phi}$$

式中，A_0 为原水的全碱度，mmol/L；A_B 为循环冷却系统补充水的全碱度，mmol/L；C_0 为原水强酸阴离子量，mmol/L；H_{TJ} 为循环水极限碳酸盐硬度，mmol/L；Φ 为冷却水系统浓缩倍数。

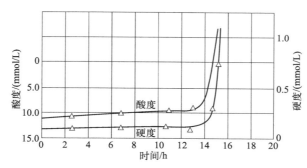

图 2-66　强酸氢离子交换周期出水水质变化曲线

（2）利用强酸氢离子交换的 Na 型软化水

对于负硬水，阳离子交换器先以 H 型树脂运行，运行至漏 Na，继续以 Na 型树脂运行，此时出水为低硬度软水，运行至漏硬度后，进行再生。

某厂原水为负硬水，其水质分析结果为：全碱度为 4.25mmol/L，全硬度为 2.08mmol/L，强酸阴离子含量为 1.1mmol/L。其周期出水水质变化曲线如图 2-67 所示。强酸 H 交换器在开始投运时，向阴床供水，以制备除盐水，当出水漏 Na 超过标准时，则改向冷却系统供水，当出水硬度大于 0.2mmol/L 时，停止运行，进行再生。

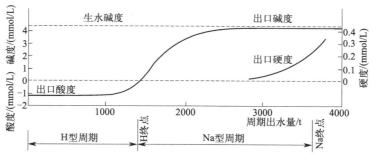

图 2-67　周期出水水质变化曲线

120 ▷ 如何确定氢型树脂周期制水量、钠型树脂周期制水量和全周期制水量间的关系?

H 型树脂周期制水量、Na 型树脂周期制水量及全周期制水量与水中离子含量的关系,可用下列公式计算:

$$\frac{Q_{Na}}{Q_H} = \frac{[Na^+]}{H_0}, \frac{Q_{Na}}{Q_{总}} = \frac{[Na^+]}{\sum c} \tag{2-76}$$

式中, Q_{Na} 为 Na 型树脂周期制水量, m^3; Q_H 为 H 型树脂周期制水量, m^3; $Q_{总}$ 为周期总制水量, m^3; $[Na^+]$ 为水中 Na^+ 含量, mmol/L; H_0 为水中总硬度, mmol/L; $\sum c$ 为水中总阳离子量, mmol/L。

121 ▷ 选用全部弱酸树脂处理系统和部分弱酸树脂处理系统需要考虑的因素有哪些?

(1) 原水水质

当要求浓缩倍数在 4.0~5.0,而原水碳酸盐硬度大于 6mmol/L 时,应采用 100% 的弱酸树脂处理系统。因为从理论上计算,如采用 50% 弱酸树脂处理系统,设弱酸出水平均碱度为 0.5mmol/L,则补充水的碳酸盐硬度约为 3.25mmol/L,按浓缩 5 倍计算,循环水的碳酸盐硬度可高达 16.25mmol/L。这要靠稳定剂稳定,在目前是做不到的。因此,必须将经弱酸树脂处理的水量增加到 70% 以上,方可满足稳定处理的要求。由于经弱酸树脂处理的水量所占比例很高,这样的部分处理意义就不大了。如原水的碳酸盐硬度小于 4mmol/L,采用 50% 的弱酸树脂处理和加稳定剂的方案是可行的,此时应尽量采用部分弱酸树脂处理。原水碳酸盐硬度为 4~6mmol/L 时,在进行综合比较后,确定采用全部弱酸树脂处理或部分弱酸树脂处理。

(2) 投资

如将全部弱酸树脂处理改为 50% 弱酸树脂处理,可节省基建投资 40%~50%。

(3) 废水排放量

由于原水水质不同,交换器的再生周期会有差异,一般取废水占总制水量的 3%~5% 是合适的。

如某电厂,总装机容量 $4 \times 300MW$,浓缩倍率约 4.5,总补充水量为 $3000m^3/h$。如采用全部弱酸树脂处理系统,按废水量 5% 计,则废水量为 $150m^3/h$;如采用 50% 弱酸树脂处理系统,则废水量可降低至 $75m^3/h$。这不但大大降低了废水排放量,有利于整个地区的环境保护,而且也大幅度降低了废水处理费用。

(4) 设备腐蚀

在采用全部弱酸树脂处理系统时,循环水碱度与中性盐的比值显然比部分弱酸树脂处理系统时小,此比值小,说明腐蚀倾向大。

122 ▷ 离子交换脱碱软化系统有哪几类系统?

为达到去除硬度、降低碱度又不增加含盐量的目的,常采用 H-Na 离子交换法来处理。

（1）H-Na 并联离子交换系统

H-Na 并联离子交换系统软化过程如图 2-68 所示。原水一部分进入 RNa 交换器，另一部分流入 RH 交换器，处理后的两股水流入混合器进行中和反应，再经脱气塔去除 CO_2，得到符合要求的软化水。

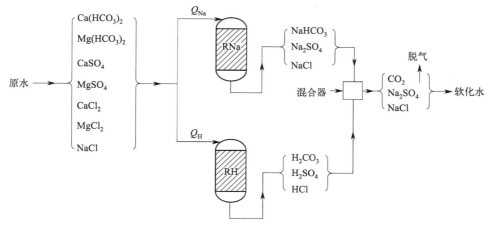

图 2-68　H-Na 并联离子交换系统软化过程示意图

注：Q_{Na}、Q_H 分别为 Na 型、H 型树脂周期处理水量，m^3。

（2）H-Na 串联离子交换系统

H-Na 串联离子交换系统软化过程如图 2-69 所示。原水的一部分流入 RH 型交换器，处理后出水（酸性）与原水的另一部分在混合器中混合，进行中和反应，再经脱气塔去除 CO_2，然后流入脱气塔下部的集水箱，再由水泵提升进入 RNa 交换器进行软化，去除水中永久硬度。

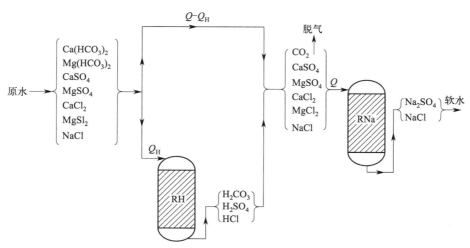

图 2-69　H-Na 串联离子交换系统软化过程示意图

注：Q 为总处理水量，m^3。

在混合器中发生如下反应：

$$H_2SO_4 + \overset{Ca}{\underset{Mg}{}}(HCO_3)_2 \longrightarrow \overset{Ca}{\underset{Mg}{}}SO_4 + 2H_2O + 2CO_2 \uparrow$$

$$2HCl + \overset{Ca}{\underset{Mg}{}}(HCO_3)_2 \longrightarrow \overset{Ca}{\underset{Mg}{}}Cl_2 + 2H_2O + 2CO_2 \uparrow$$

123 ▶ 二氧化碳脱气塔的工作原理是什么?

碳酸（H_2CO_3）是弱酸，水的 pH 值越低，水中的碳酸越不稳定，方程为：

$$H^+ + HCO_3^- \Longleftrightarrow H_2CO_3 \Longleftrightarrow CO_2 + H_2O$$

水中的 pH 值越低说明 H^+ 浓度大，上述平衡会向右移动，水中约有 99% 的 CO_2 和 1% 的 H_2CO_3。

RH 交换器出水为酸性，含有大量的 H^+，促使反应向右边进行。同时，如采用鼓风机吹走或增加 CO_2 分解面积，不断排出分解出来的 CO_2，降低其浓度，也会促使反应向右进行。

当水中溶解的 CO_2 浓度大于溶解度，则 CO_2 会从水中析出。另外，由于空气中 CO_2 含量极低，因此可使用脱气塔，加速 CO_2 从水中转移到空气的解析过程。

脱气塔有瓷环或塑料填料式、木格板或塑料板填料式、起泡式、真空式等，其中瓷环填料鼓风式除 CO_2 塔应用最广泛。鼓风填料式除 CO_2 塔结构如图 2-70 所示。磁环填料脱气塔的主要尺寸示意图如图 2-71 所示。补水装置将进水沿整个截面均匀淋下，经填料层时水被淋洒成细滴或薄膜，增加了空气和水的接触面积；空气从下而上由鼓风机不断送入，在与水充分接触的同时，将析出的 CO_2 排出，脱气后的水流入下部引出。

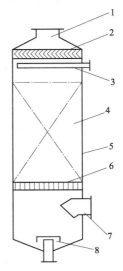

图 2-70 鼓风填料式除 CO_2 塔结构

1—排风口；2—收水器；3—布水器；4—填料；5—外壳；6—承托层；7—进风口；8—水封及出口

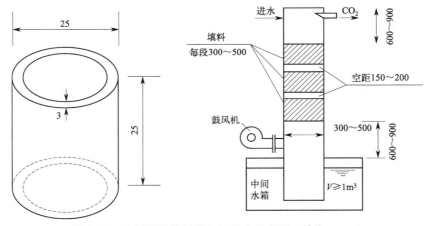

图 2-71 磁环填料脱气塔主要尺寸示意图（单位：mm）

124 ▶ 双流式交换器的特点是什么?

双流式交换器结构如图 2-72 所示。双流式交换器的中间设有集水装置，将弱酸树脂层分为上、下两部分。运行时，被处理的水从上部和下部进水装置同时进入交换器，进行离子交换后，再经中间集水装置汇合后送出。

双流式交换器的再生步骤与单流式交换器基本相同。弱酸树脂失效后，首先自下而上对整个树脂层进行反洗，然后自上而下进行再生、置换和正洗。如用 H_2SO_4 作再生剂时，为了防止在树脂层中析出 $CaSO_4$，除采用低浓度、高流速的再生方式外，还可采用分步再生法，即先再生上部树脂，由中间出水装置排再生废液，同时由底部进水，流速可控制在 2m/h 左右，以防止再生液进入下部树脂层而形成 $CaSO_4$ 沉淀。待上部再生液出现酸性时，停止中部排水和下部进水，再生废液、置换废液、正洗废液均由底部排出。

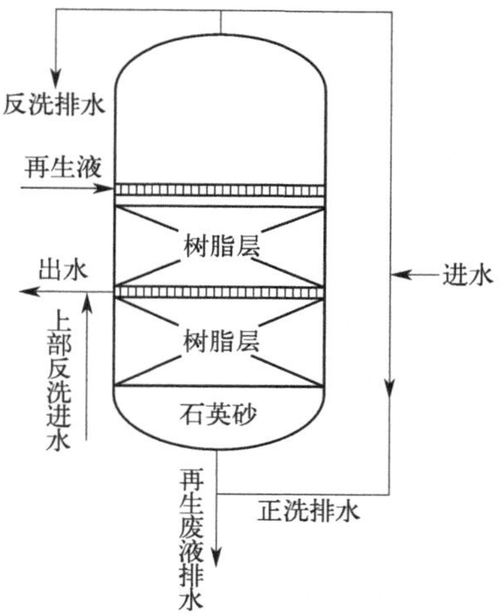

与单流式交换器相比，双流式交换器具有下列优点：

① 可提高设备出力，降低投资　由于单台设备出力提高近 1 倍，使设备台数减少近一半，减少了占地面积，降低了投资。

② 节省树脂 12.5% 左右　在双流式交换器中，在相同再生剂比耗下，残留失效树脂占单位树脂体积的比例下降。此外，由于再生层高度约为运行树脂层的 2 倍，使再生剂得到充分利用，这些都使相同比耗条件下，双流交换器树脂的工作交换容量略高于单流式交换器，从而可节省树脂用量，同时降低了再生剂比耗。

③ 自用水率低　由于出水区树脂的再生度较高，因而不会发生自再生作用，因而减少了正洗水量，自用水率可由单流式的 7% 左右下降到 5% 左右。

图 2-72　双流式弱酸树脂交换器结构

125 ▷ 树脂发生硅污染和铁污染应该如何处理？

（1）硅污染

硅化合物污染发生在强碱阴离子交换器中，尤其是在强、弱型阴离子交换树脂联合应用的设备和系统中，其结果往往导致阴交换器的除硅效率下降。

发生这种污染的原因是再生不充分，或树脂失效后没有及时再生。处理方法为用稀的温碱液浸泡溶解。碱液浓度为 2%，温度约 40℃。污染严重时，可使用加温的 4% 氢氧化钠溶液循环清洗。

（2）铁污染

阳离子交换树脂中的铁主要来源于原水中的铁离子，特别是铁盐作为混凝剂时。阴离子交换树脂中的铁主要来源于再生液。被铁污染的树脂颜色变深，交换容量降低，并会加速阴离子交换树脂降解。

清除铁化合物的方法，通常是用加抑制剂的高浓度盐酸（10%～15%）浸泡树脂 5～12h，甚至更长。也可用柠檬酸、氨基三乙酸、EDTA 等络合物进行处理。

126 ▷ 树脂发生悬浮物污堵和硫酸钙沉淀应该如何处理？

（1）悬浮物污堵

原水中的悬浮物会堵塞在树脂层的孔隙中，从而增大其水流阻力，也会覆盖在树脂颗粒的表面，因而降低其工作交换容量。

为防止悬浮物污堵，主要是加强对原水的预处理，以降低水中悬浮物含量。为清除树脂层中的悬浮物，可采用增加反洗次数和时间或使用压缩空气擦洗等方法。

（2）硫酸钙沉淀

当有硫酸再生钙型阳离子交换树脂时，如操作不当时，有可能在树脂层中析出硫酸钙沉淀物。此时，不但再生后清洗困难，洗出液中总是有硬度，而且树脂的交换容量降低。

防止硫酸钙沉淀的措施，一是降低再生液硫酸的浓度，二是加快再生液流速。也可采用分步再生法，其浓度逐步加大，流速逐步减慢。一旦发现硫酸钙沉淀时，可采用10％的盐酸溶液浸泡1～2天，或改用盐酸再生数次。

127 ▶ 树脂发生有机物污染应该如何处理？

苯乙烯系强碱性阴离子交换树脂易受有机物污染，其症状为：①树脂颜色变深；②工作交换容量下降；③出水电导率增大；④出水pH值降低；⑤出水二氧化硅含量增大；⑥清洗水量增加。

防止有机物污染的基本措施是在预处理中将水中有机物尽量除去，并采用抗污染树脂，如大孔弱碱阴离子交换树脂、丙烯酸系阴离子交换树脂对抗有机物污染很有效。

常用复苏方法为碱性盐法。用10％ NaCl＋（4％～6％）NaOH混合液，用量为3个床体积，以缓慢的流速通过树脂层，当第2个床体积通过后，浸泡树脂8h或放置过夜，再通入第3床体积混合液。混合液需加温至40～50℃。若在混合液中加1％左右磷酸钠或硝酸钠，或结合压缩空气搅拌树脂层，则效果更佳。

当用碱性盐法效果不佳时，可以考虑用次氯酸钠溶液清洗。此时，在阴单床或混床系统，先用至少一个床体积的10％ NaCl溶液通过树脂层，使树脂彻底失效。次氯酸钠溶液浓度为有效氯含量1％，用量为3个树脂床体积。第2个床体积溶液在树脂床内浸泡4h，溶液不用加热。最后，微量的次氯酸钠必须淋洗（冲洗）干净。

128 ▶ 树脂在储存与运输过程中要注意什么？

树脂在储存与运输过程中需要注意以下几点。

① 离子交换树脂在长期储存中，或需在停用设备内长期存放时，强型树脂应转为盐型，弱型树脂可转为相应氢型或游离胺时也可转为盐型，以保持树脂性能稳定，然后常浸泡在洁净的水中。停用设备若需将水排去，则应密闭，以防树脂水分散失。

② 离子交换树脂内含有一定的平衡水分，在储存和运输中应保持湿润，防止脱水。树脂应储存在室内或加遮盖，环境温度以5～40℃为宜。袋装树脂应避免直接日晒，远离锅炉、取暖器等加热装置，避免脱水。若发现树脂已有脱水现象，切勿直接放于水中，以免干树脂遇水急剧溶胀而破碎。应根据其脱水程度，用10％左右的食盐水慢慢加入树脂中，浸泡数小时后，用洁净水逐步稀释。

③ 当环境温度在0℃或以下时，为防止树脂因内部水分结冰而崩裂，应做好保温措施，

或根据气温条件将树脂存于不同浓度的食盐水中，防止冰冻。若发现树脂已被冻，则应让其缓慢自然解冻，切不可用机械力施于树脂。

（五）脱盐技术

129 ▶ 反渗透膜材料有哪些种类？各有什么特点？

人们根据脱盐的要求，从大量的高分子材料中筛选出醋酸纤维素（CA）和芳香聚酰胺（PA）两大类膜材料。此外，复合膜的表皮层还用到其他一些特殊材料。

（1）醋酸纤维素

醋酸纤维素又称乙酰纤维素或纤维素醋酸酯。常以含纤维素的棉花、木材等为原料，经过酯化和水解反应制成醋酸纤维素，再加工成反渗透膜。

（2）聚酰胺

聚酰胺膜材料包括脂肪族聚酰胺和芳香族聚酰胺两类。

20世纪70年代应用的聚酰胺膜材料主要是脂肪族聚酰胺膜，如尼龙-4、尼龙-6和尼龙-66膜；目前使用最多的芳香族聚酰胺膜材料为芳香族聚酰胺、芳香族聚酰胺-酰肼及一些含氮芳香族聚合物。

（3）复合膜

复合膜的特征是它由两种以上的材料制成，用很薄的致密层与较厚的多孔支撑层复合而成。多孔支撑层又称基膜，起增强机械强度作用；致密层也称表皮层，起脱盐作用，故又称脱盐层。脱盐层厚度一般为 500×10^{-10} m，最薄的为 300×10^{-10} m。

由单一材料制成的非对称膜有下列不足之处：

① 致密层与支撑层之间存在着易被压密的过渡层。

② 表皮层厚度的最薄极限约为 1000×10^{-10} m，很难通过减少膜厚度降低推动压力。

③ 脱盐率与透水速度相互制约，因为同种材料很难兼具脱盐与支撑两者均优的特点。

复合膜较好地解决了上述问题，它可以分别针对致密层的功能要求选择一种脱盐性能最优的材料，针对支撑层的功能要求选择另一种机械强度高的材料。复合膜脱盐层可以做得很薄，有利于降低推动压力；它消除了过渡区，抗压密能力强。

基膜材料以聚砜应用最为普遍，其次为聚丙烯和聚丙烯腈。因为聚砜原料价廉易得、制膜简单、机械强度高、抗压密能力强、化学性能稳定、无毒、能抗微生物降解。为了更进一步增加多孔支撑层的强度，常用聚酯无纺布增强。

脱盐层的材料主要为芳香聚酰胺。此外，还有聚哌嗪酰胺、丙烯烷基聚酰胺与缩合尿素、糠醇与三羟乙基异氰酸酯、间苯二胺与均苯三甲酰氯等。

130 ▶ 反渗透膜常见的类型有哪些？

基于不同分类方法，反渗透膜有如下类型：

① 按膜材料分类，主要有醋酸纤维素膜和芳香聚酰胺膜。此外，还有聚酰亚胺膜、磺

化聚砜膜、磺化聚砜醚膜等。

② 按制膜工艺分类，可分为溶液相转化膜、熔融热相转变膜、复合膜和动力膜。水处理中普遍使用复合膜。

③ 按膜元件的大小分类，例如卷式膜元件按元件直径分有 4in（101.6mm）膜元件、6in（152.4mm）膜元件、8in（215.9mm）膜元件等。

④ 按膜的形状分类，主要有板式膜、管式膜、卷式膜和中空纤维膜 4 种。

⑤ 按膜出厂时的检测压力分类，分别将膜出厂时检测压力为 1.03MPa（150psi）、1.55MPa（225psi）和 2.90MPa（420psi）的膜划分为超低压膜、低压膜和中压膜。

⑥ 按膜的用途分类，有苦咸水淡化膜、海水淡化膜、抗污染膜等多个品种。

⑦ 按膜结构特点分类，可分为均相膜和非对称膜。中水处理中常用非对称膜。

⑧ 按传质机理分类，有活性膜和被动膜之分。活性膜是在溶液透过膜的过程中，透过组分的化学性质可改变；被动膜是指溶液透过膜的前后化学性质没有发生变化。目前，所有反渗透膜都属于被动膜。

131 ▶ 反渗透性能指标有哪些？

反渗透性能指标有以下几种。

（1）脱盐率

脱盐率又称除盐率，通称分离度、截留率，记作 R，定义为进水含盐量经反渗透分离成淡水后所下降的百分率，按式（2-77）计算，即

$$R = \frac{c_f - c_p}{c_f} \times 100\% \tag{2-77}$$

式中，c_f 为进水含盐量，mg/L；c_p 为淡水含盐量，mg/L。

水处理中常用进水的 TDS 或电导率作为 c_f，淡水的 TDS 或电导率作为 c_p。

（2）透过速度

① 水通量（J_w）　在单位时间、单位有效膜面积上透过的水量称水通量，又称透水速度，通称溶剂透过速度，用 J_w 表示。水通量单位可用 GFD［gal/(ft^2·d)］、LMH［L/(m^2·h)］和 MMD［m^3/(m^2·d)］表示。1MMD=24.54GFD=41.67LMH。操作压力大、水温高、含盐量低、回收率小、膜孔隙大，则 J_w 亦大；当浓差极化严重或沉积物较多时，J_w 明显下降。反渗透装置运行时，为了减轻膜的污染速度，通常需要将 J_w 控制在选用导则所规定的范围内，该规定值与水源有关，井水的较大，地表水的较小。

正常使用时反渗透膜 J_w 的年衰减率一般不超过 10%。

② 盐透过速度（J_s）　在单位时间、单位膜面积上透过的盐量，称盐透过速度，又称透盐率、透盐速度和盐通量，通称溶质透过速度，用 J_s 表示。水温和回收率低、含盐量和膜孔径小、膜材料对盐的排斥力大，则 J_s 小；当浓差极化严重时，J_s 显著增加。一般情况下，J_s 受压力影响较小。

反渗透膜的 J_s 年增加率一般不超过 20%。

③ 溶液透过速度（J_v）　在单位时间、单位膜面积上透过的溶液量，称溶液透过速度。透过液包括盐和水两部分，故 $J_v = J_w + J_s$。一般情况下，$J_w \gg J_s$，所以 $J_v \approx J_w$，故生产中通常不区分 J_w 与 J_v，而是等同使用。一般的，水通量大的膜，盐透过速度也高。

（3）回收率

反渗透系统从盐水中获得的淡水百分比称水的回收率，简称回收率，例如回收率 65％ 表示用 1t 盐水可生产出 0.65t 淡水。被处理水的含盐量越高，允许的回收率越低。例如，反渗透处理海水时回收率一般为 30％～40％，处理江河水时回收率一般为 70％～85％。

（4）耐氧化能力

膜的耐氧化能力与膜材料有关。芳香聚酰胺膜和复合膜比醋酸纤维素膜更易受到水中氧化剂的侵蚀。水中常见的氧化剂有游离氯、次氯酸钠、溶解氧和六价铬等。膜被氧化后，化学结构和形态结构发生了不可逆破坏。为了减轻反渗透膜的氧化程度，反渗透装置进水中允许的游离氯最高含量，醋酸纤维素膜为 1mg/L，芳香聚酰胺膜和复合膜为 0.1mg/L。

（5）纯水透过系数

膜的纯水透过能力用纯水透过系数 A 表示。A 也是膜总孔隙的量度。A 值与测定时的温度和压力有关。当压力一定时，温度增加，水的黏度减少，因而透水速度增加。一般情况下，温度每增加 1℃，透水速度增加 2％～3％。不过，温度太高可能导致膜材料变软而发生压密，透水速度反而下降，通常以 25℃ 时的 A 值作为标准值。

当温度不变时，A 值随压力（ΔP）呈负指数规律下降，即

$$A = A_0 \exp(-\alpha \Delta P) \tag{2-78}$$

式中，A_0 为外推至 $\Delta P = 0$ 时的 A 值，它是膜初始空隙的量度；α 为膜对压力敏感性的量度常数，反映了膜的压密效应。

（6）流量衰减系数

即使在正常运行条件下，反渗透膜也会在压力的长期作用下，随着运行时间的延长，孔隙率缓慢减少，水通量缓慢下降，这种现象称为膜的压密。在生产实践中人们发现 J_v 与运行时间 t 的 m 次方成反比，即

$$J_{vt} \propto \frac{J_{vt_0}}{(t/t_0)^m} \tag{2-79}$$

式中，J_{vt} 为运行时间 t 时溶液透过速度；J_{vt0} 为运行时间 t_0 时溶液透过速度；m 为流量衰减系数，$m > 0$；t 为运行时间，对于新的反渗透膜，运行开始 24～48h 后透水速度趋于稳定，所以 t_0 常取 24～48h。

除压力外，膜表面物质的沉积，膜的水解，水中有机物长期与膜接触而使膜溶解，膜表面微生物繁殖或细菌侵蚀，膜被氧化和水温季节性下降等原因也会引起膜透水速度的下降。提高操作压力虽然可以增加透水量，但是会加重膜的压密，所以生产中应将操作压力控制在允许范围内。

（7）抗水解能力

抗水解能力与高分子材料的化学结构和介质性质有关。当高分子链中具有易水解的 —CO—NH—、—COOR、—CN、—CH₂—O— 时，就会在酸或碱的作用下发生水解或降解反应，于是膜被破坏。例如，芳香聚酰胺膜分子中的 —CO—NH— 在酸或碱的作用下，C—N 断裂后生成羧酸或羧酸盐；醋酸纤维素膜（CA 膜）分子链中的 —COOR 在酸或碱作用下更易水解。为了降低水解速度，一般将 CA 膜使用的 pH 控制在 5～6 范围内。

（8）耐热抗寒能力

耐热抗寒能力取决于高分子材料的化学结构。如前所述，水温增加，有利于提高脱盐率、透水速度及减轻浓差极化，但膜变软、氧化和水解的速度快。反渗透膜本身含有许多水

分，结冰时体积增加，造成膜的永久性破坏。一般地，水处理用 RO 膜最低使用温度为 5℃，最高使用温度为 40～45℃。

(9) 机械强度

在压力作用下，膜会被压缩变形，导致透过速度下降。膜的变形可分为弹性变形和非弹性变形。当压力较低时，膜处于弹性变形范围，压力消失后，膜的透过能力可以恢复；当压力较高时，膜处于非弹性变形范围，将发生不可逆压实，压力消失后膜的透过能力不能恢复。压力越大，水温越高，作用时间越长，膜发生非弹性变形的可能性就越大。不同的膜元件，允许的运行压力不同，应注意查阅相关产品说明书。卷式 RO 膜元件（海水淡化膜除外）的最高运行压力一般为 4.1MPa。

(10) 物质迁移系数

物质迁移系数是表示反渗透装置运行时浓差极化的指标。由于水透过膜的量远大于盐透过膜的量，导致膜表面处盐浓度高，渗透压 $\Delta\pi$ 增加，水透过速度下降，盐透过速度增加。膜两侧浓度有如式(2-80) 所示的关系，即

$$(c_2-c_3)/(c_1-c_3)=\exp(J_v/k) \tag{2-80}$$

式中，c_1 为高压侧主体溶液中盐浓度；c_2 为盐水侧膜表面处盐的浓度；c_3 为淡水侧膜表面处盐的浓度；k 为物质迁移系数，可表达成如式(2-81) 所示的形式。

$$k\propto D\mu^n\exp(0.005T) \tag{2-81}$$

式中，D 为盐的扩散系数；μ 为高压侧水流速度；n 为系数，随装置不同而异，一般为 0.6～0.8；T 为温度。

在式(2-80) 中，当 $k\rightarrow+\infty$ 时，$c_2=c_1$，膜不发生浓差极化；当 k 为任一有限正值时，$c_2>c_1$，即膜表面处浓度大于主体溶液浓度；k 值越小，差值"c_2-c_1"越大，浓差极化越厉害。浓差极化发生后，膜透过性能下降，膜表面可能析出沉淀物。增强水流紊动，提高浓水流速和缩短浓水流程是减少浓差极化的有效途径。

生产实际中是通过保持足够的浓水流量来减轻浓差极化的，该浓水流量的最低限值称最小浓水流量。

132 ► 反渗透脱盐工艺装置有哪些配置？

反渗透装置由膜组件、高压泵及相关仪表、阀门和管件组成，装置系统图如图 2-73 所示。对于海水淡化系统，还配备有能量回收装置。

(1) 给水泵

反渗透装置的给水泵又称高压泵，为反渗透装置的运行提供动力。

(2) 膜组件

一般每个压力容器（即膜组件）内装 6 个膜元件，膜组件的排列方式为一级两段，按 $2N:N$ 排列，即第 1 段由 $2N$ 个压力容器并联而成，第 2 段由 N 个压力容器并联而成。第 1 段的浓水作为第 2 段的进水，两段共 $3N$ 个压力容器的淡水汇集一起流入淡水箱。由于经过第 1 段反渗透后进水变成浓水，水量减少了约 50%，为了保证第 2 段膜表面足够的浓水流速，减少浓差极化，故相应减少了第 2 段并联的压力容器个数。

(3) 膜元件

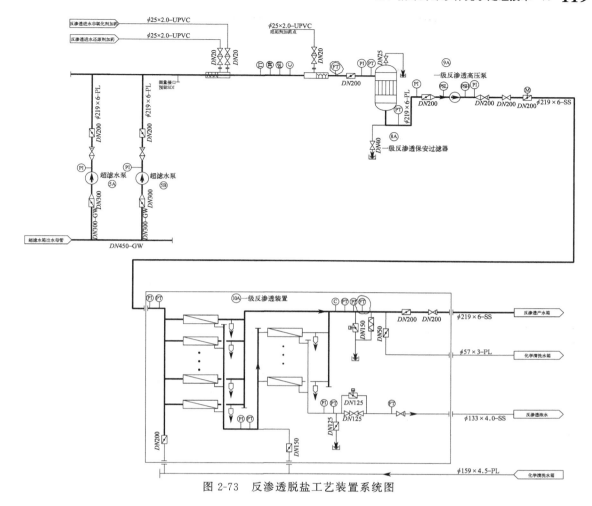

图 2-73 反渗透脱盐工艺装置系统图

电厂水处理一般用卷式膜元件和复合膜材料。

（4）压力容器

一般的，串联 6 个膜元件的压力容器的直径为 216mm，长度为 6558mm，筒体材料为 FRP。

（5）能量回收装置

在海水反渗透（SWRO）系统中，高压泵的电耗大约占运行费用的 35%，故电耗对制水成本影响较大，这是由于反渗透装置排出的浓水压力高达 5.0～6.0MPa，造成了较多的能量损失。为此，如今所建、大型的 SWRO 系统都配有能量回收装置，可回收高压浓水 90% 左右的能量。

早期投产的 SWRO 系统，能耗为 5～6kWh/t 淡水；近期投产的 SWRO 系统，因有机械效率高的能量回收装置，能耗可以低至 2.2kWh/t 淡水。

133 ▷ 常用的卷式反渗透膜进水水质有何要求？

反渗透装置要求的进水应根据所选膜的种类，结合膜厂商的设计导则要求以及类似工程的经验确定。参考《发电厂化学设计规范》（DL 5068—2014），卷式反渗透膜的进水水质要求应符合表 2-19 所示。

表 2-19　卷式反渗透膜的进水水质要求

序号	项目	指标
1	pH（25℃）	4～11（运行） 2～11（清洗）
2	浊度/NTU	＜1.0
3	淤泥密度指数 SDI_{15}	＜5
4	游离余氯/（mg/L）	＜0.1[①]，控制为 0.0
5	铁/（mg/L）	＜0.05（溶氧＞5mg/L）[②]
6	锰/（mg/L）	＜0.3
7	铝/（mg/L）	＜0.1
8	水温[③]/℃	5～45

① 同时满足在膜寿命期内剂量小于 1000h·mg/L；
② 铁的氧化速度取决于铁的含量，水中溶解氧浓度和水的 pH 值，当 pH＜6 时，溶氧＜0.5mg/L，允许最大 Fe^{2+}＜4mg/L；
③ 反渗透装置的最佳设计水温宜为 20～25℃。

134 ▷ 如何进行反渗透预处理单元设计？

水源不同，预处理方法也不一样。为了保证反渗透装置进水水质，必须针对不同水源，将各种水处理单元有机组合起来，形成一个技术上可行、经济上合算的预处理系统。水处理单元主要有混凝、澄清、过滤、消毒、脱氯（投加还原剂）、软化、加酸、投加阻垢剂、微孔过滤（精密过滤）和超滤等。

（1）地下水

与同地区的江、河、湖水相比，地下水的含盐量、硬度、碱度和 CO_2 含量较高，悬浮物和胶体的含量较少，色度、浊度较低，但可能存在较多的 Fe^{2+}、Mn^{2+} 和硅酸化合物等。地下水预处理一般采用过滤。

① 当水中铁锰含量高（如 Fe＞0.3mg/L）时，应增加除铁除锰措施，例如通过曝气或氧化将 Fe^{2+} 和 Mn^{2+} 氧化成高价状态，然后通过混凝过滤除去。

② 当地下水受到污染而生物活性较高（例如地下水中细菌总数超过 $1.0×10^4$CFU/mL，CFU 表示菌落数）时，应增加杀菌措施。

③ 当水中 HCO_3^- 含量较多时，可通过曝气或加酸脱除 CO_2。

④ 当水中硅化合物含量超过 20mg/L 时，建议考虑去除措施或通过添加分散剂、调节 pH 值和温度等方法防止硅垢。

（2）地表水

与地下水相比，地表水（不包括海水）由于受工业废水、市政污水、农业排水、固体废弃物、大气污染物、农药和化肥污染，成分比较复杂，尤其是悬浮物、胶体物质、有机物和微生物等含量较多，对反渗透膜的危害也较大。地表水水质与其水系所处环境密切相关。地表水反渗透预处理一般采用混凝、沉淀去除悬浮物和胶体。

（3）海水

海水取水点离海边较近，潮汐和风浪对海岸的冲刷使海水挟带泥沙，陆地排水和养殖等会污染海水，因而所取海水一般含有较多的悬浮物、胶体、有机物、微生物（如藻类）和贝壳等，浊度和色度较大。周期性涨退潮是造成海水水质不稳定的主要原因之一，也直接影响预处理系统的正常运转。海水含盐量很高，具有很强的腐蚀性。为了减少潮汐、风浪等的影响，可采用打井取水的方法。

海水的预处理手段主要有：①加氯或加次氯酸钠杀菌灭藻；②用常规的混凝、澄清和过滤去除悬浮物及胶体；③加酸和加阻垢剂，防止碳酸盐和硫酸盐在膜表面结垢；④用活性炭吸附有机物和去除余氯；⑤加还原剂（如亚硫酸氢钠）去除余氯。

（4）废水

在我国，水的供求矛盾日益突出，实施水的重复使用是解决这一矛盾的根本出路之一，例如，用市政废水、中水、工业排水作为工业水源。

对于电厂，可用循环冷却水系统的排污水作为补给水的水源。循环冷却水与地表水、地下水的水质差别在于：

① 微生物多，微生物在冷却水的温度和营养环境下繁殖较快。

② 水质复杂，水中除含有原水中原有的杂质外，还含有为了防垢、防腐和杀生而加入的阻垢剂、缓蚀剂和杀菌剂。

③ 含盐量较高，原水补充到冷却水系统后，经过反复浓缩，含盐量明显升高。

④ 结垢倾向较大，循环水浓缩倍数高达 5 以上，水质几乎处于结垢与不结垢的临界状态，例如碳酸盐硬度接近极限值，pH 值位于微碱性区域。所以，冷却水在进入反渗透之前，应采用杀菌、软化除硬、混凝澄清除悬浮物，以及精密过滤的预处理。

中水加入絮凝剂和选择抗污染的反渗透膜，可大大降低反渗透装置的清洗频率。超滤装置为可反洗的中空纤维，运行时频繁短时、自动地进行冲洗（或反洗），以保持稳定的透水通量。据资料报道，同一超滤装置处理市政二级排水时，用与不用絮凝剂的清洗频率明显不同，不用则 3～5d 清洗一次，用则 30d 以上清洗一次。超滤膜材料应是亲水的，以避免它对有机物的吸附，提高抗污能力。超滤膜的孔径比微滤膜（常作保安过滤的滤芯）的更小，所以超滤器水质明显优于保安过滤器。反渗透膜多选用亲水、不带电、表面光滑的特殊膜，目的也在于增强膜的抗污染能力。

135 ▶ 反渗透装置需设置的仪表有哪些？

为了保证 RO 装置安全、经济运行，应装设必要的仪表和控制设备。

（1）温度表

淡水产量与温度有关，加之膜使用温度的限制，故进水应安装温度表，大型反渗透系统还要求能自动记录温度。为了防止水温过高损坏反渗透膜，对于有进水加热器的反渗透系统，应安装温度超温报警、超温水自动排放和自动停运反渗透装置的设备。

（2）压力表

反渗透装置淡水水质、水量和膜的压密化与运行压力有关，所以应安装进水压力表、各段出水压力表和排水压力表，用于监控运行压力和计算各段压降；保安过滤器进出口应安装压力开关或压差表，以便了解滤芯堵塞情况；高压泵出口应安装压力表，进口和出口应安装压力开关，以便进水压力偏低时报警停泵，或出口压力偏高且持续有一定时间仍不恢复正常时报警停泵。高压泵出口装设慢开门装置（控制阀门开启速度）和压力开关，以防止启动时膜组件受高压水的冲击，以及延时压力偏高报警和停泵，高压泵进口装压力开关，压力低时停泵。

温度和压力还是对淡水流量和脱盐率进行"标准化"换算的依据，以便对反渗透系统不同运行时间的性能进行比较和故障诊断。

（3）流量表

每段应安装淡水流量表，监督运行中淡水流量变化。流量表应单独安装，以便对 RO 性能数据进行"标准化"换算；应安装浓水排水流量表，运行中监督和控制浓水排放量，严防发生浓水断流的现象；淡水和浓水的流量表应具有指示、累计和记录功能。

根据各段淡水流量表和排水流量表，可以计算各段的进水流量、回收率和整个 RO 系统回收率。

应安装进水流量表，主要用于 RO 加药量的自动控制，除应具备指示和累计功能外，还应有信号输出以调节加药量。

（4）电导率表

应安装进水和淡水电导率表，且电导率表应具有指示、记录和报警功能。当电导率异常时，可以排放不合格淡水，保护下游设备。由进水和淡水电导率计算 RO 系统脱盐率。

（5）pH 表

当进水需加酸调 pH 值时，加酸后的进水管上需安装 pH 表。该 pH 表除应具有指示、记录和超限报警外，还应具有自动排放不合格进水和停运反渗透系统，以及与流量表配合时应能对加酸量进行调节。

（6）余氯表

使用 CA 膜时，进水中必须保持 $0.1\sim0.5mg/L$ 游离氯，但最大值不得超过 $1mg/L$。使用 PA 膜则不允许进水有游离氯。因此，进水管上必须安装余氯表，且应具有指示、记录和超限报警功能。

（7）氧化还原电位表

如果用氧化性杀菌剂控制微生物，则进水应安装具有指示、记录和超限报警功能的氧化还原电位表。

（8）硬度表

若预处理系统中有软化器，则应在其出口安装硬度在线仪表，以监督是否失效。

上述仪表至少三个月校准一次。

136 什么是 SDI？SDI 怎么测定？

污染指数（用 SDI 表示，以前的文献中也使用 FI 表示）是一种利用 $0.45\mu m$ 滤膜污堵时间来衡量进水中微粒数量的参数。在一定的压力下，水样通过滤膜时，随着膜微孔不断被堵塞，过滤速度会逐渐降低，过滤速度的衰减可以用来衡量水质污染性的大小。因此，SDI 可以用来判断水中的可过滤杂质（如颗粒杂质和胶体杂质）对反渗透膜的污染能力。

SDI 试验采用的 $0.45\mu m$ 滤膜的孔径比胶体微粒大得多，只是普通的过滤，所以 SDI 反映不出水中所有污染物的情况。但在过滤过程中，因为截留物质的堵塞或架桥作用而使滤孔逐渐缩小，实际的过滤精度远远大于滤膜的标称孔径。

图 2-74 是 SDI 测定仪的测定原理。测定装置主要包括进水调压阀、稳压阀、$0.45\mu m$ 过滤器等。$0.45\mu m$ 滤膜的直径为 47mm，过滤精度为 $0.45\mu m$，夹装在压膜器中。

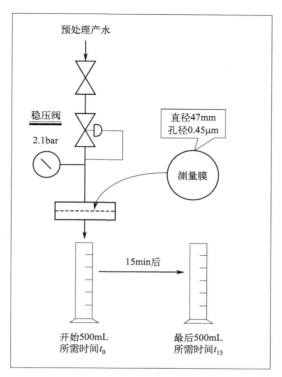

图 2-74　SDI 测定仪的测定原理
注：1bar=0.1MPa。

测定器材主要有 SDI 测定仪、微孔滤膜（直径 47mm、孔径为 $0.45\mu m$）、500mL 量筒、秒表和镊子。

测定步骤如下：

① 打开污染指数仪进水阀门，调整调节阀和减压稳压阀，使压膜器前进水压力稳定在 0.21MPa，并以恒定的水流冲洗取样管路。

② 将滤膜装入压膜器内，用水浸湿后，将紧固旋钮旋至半紧，排除滤膜底部的气泡后旋紧。

③ 调整调节阀、稳压阀，在压力为 0.21MPa 的条件下，记录初始过滤 500mL 水样所需的时间 t_0。

④ 在保持进水压力 0.21MPa 的条件下，连续过滤 15min；然后，再次测量过滤 500mL 水样所需的时间 t_1。

⑤ 将测定的 t_0、t_1 代入下式计算。

$$SDI = (1 - t_0/t_1) \times 100/15 \tag{2-82}$$

式中，t_0 为过滤开始时滤出 500mL 水样所需的时间，s；t_1 为连续过滤 15min 后，再滤出 500mL 水样所需的时间，s。

137 ▷ 造成膜污染的原因有哪些?

预处理效果不好的系统,膜容易发生污染。当水中污染物在膜组件的水流通道沉积后,水流阻力增加、产水量下降、压降上升。污染物还会堵塞膜孔,偶尔可见短暂的脱盐率上升现象,之后在压力推动下透过膜而进入淡水中,引起淡水质量下降。反渗透装置的污染物主要有以下几种:水垢胶体、金属氧化物、微生物、有机物、药剂不兼容物(如阻垢剂与絮凝剂反应的胶状物)。上述污染物中,水垢一般发生在最后一段的最后根膜元件上,其他污染一般发生在第一段。

138 ▷ 反渗透污垢有什么特征与诊断解决办法?

(1)反渗透污垢特征

① 结垢会引起尾部膜元件压降的增加。

② 生物污堵通常引起膜系统前端压降的显著增加,生物膜一般为胶状,且十分黏稠,会对进水水流产生极高的阻力。

③ 当聚合有机阻垢剂与多价阳离子(如铝或残留聚合阳离子)凝絮剂相遇时,将会形成胶状沉淀,严重污染前端的膜元件,这类污堵很难清洗,有时需要重复地使用碱性ED-TA溶液进行清洗。

(2)反渗透故障排除

在多数情况下,产水量、脱盐率和压降的变化是与某些特定故障原因相关联的症状,虽然实际系统中不同的故障原因会有相同的症状,但在很多特定的情况下,个别症状却可能起主导作用,表2-20汇总了这些症状、可能的原因及纠正措施。

表 2-20 反渗透故障症状、原因和纠正措施

故障症状			直接原因	间接原因	解决方法
产水流量	盐透过率	压差			
↑	⇑	→	氧化破坏	余氯、臭氧、$KMnO_4$ 等	更换膜元件
↑	⇑	→	膜片渗漏	产水背压 膜片损坏	更换膜元件 改进保安过滤器过滤效果
↑	⇑	→	O形圈泄漏	安装不正确	更换O形圈
↑	⇑	→	产水管泄漏	装元件时损坏	更换膜元件
⇓	↑	↑	结垢	结垢控制不当	清洗,控制结垢
⇓	↑	↑	胶体污染	预处理不当	清洗,改进预处理
↓	→	⇑	生物污染	原水含有微生物 预处理不当	清洗、消毒 改进预处理
⇓	↓	→	有机物污染	油、阳离子聚电解质	清洗,改进预处理
⇓	↓	→	压密化	水锤作用	更换膜元件或增加膜元件

注:↑为增加;↓为降低;→为不变;⇑⇓为主要症状。

139 ▷ 反渗透膜什么时候需要化学清洗? 如何计算标准化产水量?

根据经验,如果反渗透装置每隔3个月或者更长时间清洗1次,则表明预处理和反渗透

系统设计、运行是合理的。如果是 1~3 个月清洗 1 次，则需要改进运行工况，提高预处理效果。如果不到 1 个月就清洗 1 次，则需要增加预处理设备。

即使在正常运行情况下，反渗透膜也会逐渐被浓水中的无机物、微生物、金属氢氧化物、胶体和不溶有机物等所污染；当膜表面沉积物积累到一定程度后，产水量和脱盐率就会下降到某限值。一般当反渗透装置出现下列情况之一时，则需要考虑对反渗透装置进行清洗，以恢复正常工作能力。

① 标准化的淡水产量下降了 10% 以上。

② 标准化的透盐率增加了 10% 以上。

③ 为了维持正常的淡水流量，经温度校正后给水与浓水间的压差增加了 10% 以上。

④ 已证实装置内部有严重污染物或结垢物。

⑤ RO 装置长期停用前。

⑥ RO 装置的例行维护。

判断是否对反渗透系统实施清洗前，还应综合考虑以下一些可能产生上述现象的其他原因：

① 操作压力下降，如压力控制装置失灵和高压泵出现异常等引起压力下降；

② 进水温度降低，如加热器故障、寒潮或季节变化引起水温降低；

③ 进水含盐量升高，如海水倒灌等引起含盐量升高；

④ 预处理异常；

⑤ 膜损伤、串联膜元件中心管不对中、压力容器 O 形密封圈密封不严等原因导致浓水进入淡水。

因为反渗透装置的产水流量和透盐率与水温、压力、含盐量、回收率和膜的使用时间等条件有关，所以只有将不同时期的产水流量和透盐率换算到相同基准条件下，才能正确判断膜的性能变化趋势。

标准化的基准点既可以是设计的启动条件，又可以是新膜投运后 50~100h 之后的实际条件，一般以新膜投产正常后的 2~48h 之内的温度和压力作为以后产水量和透盐率换算的标准条件或基准条件。按下式计算标准化产水量：

$$Q_{pn} = \frac{(p_{f0} - \Delta p_0/2 - p_{p0} - \pi_{f0})}{(p_f - \Delta p/2 - p_p - \pi_f)} \times \frac{T_{cf0}}{T_{cf}} \times Q_p \qquad (2\text{-}83)$$

式中，Q_{pn}、Q_p 分别为标准化产水量和实际产水量；p_{f0}、Δp_0、p_{p0}、π_{f0}、T_{cf0} 依次为投运初期的进水压力、浓水侧进出水压力差、淡水压力、浓水平均渗透压和温度校正因子；p_f、Δp、p_p、π_f、T_{cf} 依次为反渗透装置运行一段时间后的进水压力、浓水侧进出水压力差、淡水压力、浓水平均渗透压和温度校正因子。

浓水渗透压根据以下经验公式计算：

$$\pi = 2.04 \times 10^{-7} \times (t + 320) \times \text{TDS} \qquad (\text{TDS} < 20000\text{mg/L})$$
$$\pi = 2.04 \times 10^{-5} \times (t + 320) \times (0.0117 \times \text{TDS} - 34) \qquad (\text{TDS} > 20000\text{mg/L}) \quad (2\text{-}84)$$

式中，TDS 为总溶解性固形物含量，mg/L；t 为水温，℃。

计算浓缩平均渗透压，式中的 TDS 用浓水的平均值 $\overline{\text{TDS}}$ 代替，$\overline{\text{TDS}}$ 计算如下：

$$\overline{\text{TDS}} = \frac{\ln\left(\dfrac{1}{1-Y}\right)}{Y} \times \text{TDS}_f \qquad (2\text{-}85)$$

式中，TDS_f、$\overline{\text{TDS}}$ 分别为进水和浓水平均总溶解性固形物含量，mg/L；Y 为水的回收率。

140 ▷ 反渗透膜常见污垢化学清洗剂类型和使用条件是什么？

反渗透膜常见污垢化学清洗剂的种类和使用条件如表 2-21 所示。

表 2-21　反渗透膜常见污垢化学清洗剂种类和使用条件

污染物	0.1%(W)NaOH 或 0.1%(W)Na$_4$EDTA[pH 12/30℃(最大值)]	0.1%(W)NaOH 或 0.025%(W)Na-SDS[pH 12/30℃(最大值)]	0.2%(W)HCl	1.0%(W)Na$_2$S$_2$O$_4$	0.5%(W)H$_3$PO$_4$	1.0%(W)NH$_2$SO$_3$H	2.0%(W)柠檬酸
无机盐垢（如 CaCO$_3$）	—	—	最好	可以	可以	—	可以
硫酸盐垢（CaSO$_4$、BaSO$_4$）	最好	可以	—	—	—	—	—
金属氧化物（如铁）	—	—	—	最好	可以	可以	可以
无机胶体（淤泥）	—	最好	—	—	—	—	—
硅	可以	最好	—	—	—	—	—
微生物膜	可以	最好	—	—	—	—	—
有机物	作第一步清洗可以	作第一步清洗最好	作第二步清洗最好	—	—	—	—

注：1.（W）表示有效成分的重量百分含量。

2. 按顺序污染物化学式符号为：CaCO$_3$ 表示碳酸钙；CaSO$_4$ 表示硫酸钙；BaSO$_4$ 表示硫酸钡。

3. 按顺序清洗化学品符号为：NaOH 表示氢氧化钠；Na$_4$EDTA 表示乙二胺四乙酸四钠；Na-SDS 表示十二烷基硫酸钠盐，又名月桂酸钠；HCl 表示盐酸；Na$_2$S$_2$O$_4$ 表示连二亚硫酸钠；H$_3$PO$_4$ 表示磷酸；NH$_2$SO$_3$H 表示亚硫酸氢胺。

4. 为了有效地清洗硫酸盐垢，必须尽早地发现和处理，由于硫酸盐垢的溶解度随清洗液含盐量的增加而增加，可以在 NaOH 和 Na$_4$EDTA 的清洗液中添加 NaCl，当结垢一周以上时，硫酸盐垢的清洗成功性值得怀疑。柠檬酸是无机盐垢的可选清洗剂。

141 ▷ 反渗透化学清洗系统如何配置？

反渗透系统设计时应考虑设计一套专用清洗系统。清洗系统一般由清洗泵、药剂配制箱、5～20μm 保安过滤器、加热器、相关管道阀门和控制仪表等组成，如图 2-75 所示。

（1）清洗剂配制箱

材料可用聚丙烯、玻璃纤维增强塑料、聚氯乙烯和钢罐内衬橡胶等。配制箱应设温度计和可移动箱盖。提高清洗温度可以增加清洗效果，一般温度不低于 15℃，由于反渗透膜耐热性的限制，清洗温度也不宜高于 40℃。在特别寒冷或特别炎热地区，可考虑加热或冷却措施。

箱体容积应考虑反渗透装置、保安过滤器和有关管道的水容积，近似为每次需要清洗的压力容器空壳容积、相关的保安过滤器空壳容积和有关管道的水容积之和。

（2）清洗泵

可用玻璃钢泵或不锈钢等耐腐蚀泵，扬程应能克服保安过滤器、反渗透装置和管道等的阻力，一般为 0.2～0.5MPa（20.4～51.0mH$_2$O）。

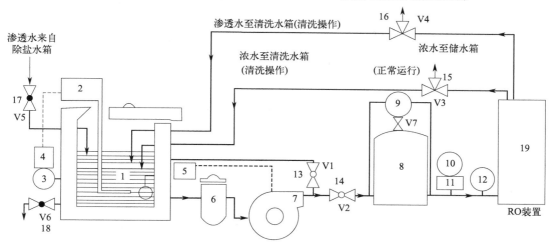

图 2-75 反渗透清洗系统

1—药剂配制箱；2—加热器；3—温度指示器；4—温度控制器；5—低液位停泵开关；6—保安过滤器；
7—低压泵；8—精密过滤器；9—差压计；10—流量表；11—流量传送器；12—压力表；
13—泵循环阀门；14—流量控制阀门；15—浓水阀门；16—淡水阀门；
17—淡水进水阀门；18—排空阀门；19—反渗透装置

142 ▶ 反渗透膜元件的保护要点有哪些？

（1）长期保护

当反渗透装置长期（如大于 15～30d）停运时，应将保护油充满反渗透装置，抑制微生物生长。操作步骤如下：

① 用进水或淡水冲洗反渗透系统。

② 用淡水配制杀菌液（又称保护液），并用杀菌液冲洗反渗透系统。

③ 当杀菌液充满反渗透系统后，关严相关阀门，确认不漏。

④ 如果水温较低（如低于 25℃），应每隔大约 30d 更换一次保护液；反之，则应每隔大约 15d 更换一次保护液。

⑤ 在反渗透系统重新投入使用前，用进水低压冲洗系统冲洗 1h，然后用进水高压冲洗系统冲洗 5～10min。无论是低压冲洗或高压冲洗，淡水排放阀都应打开。如果淡水中含有杀菌剂，则应延长冲洗时间。当膜已经存在污染时，应先清洗后杀菌，例如冲洗后先碱洗或酸洗，然后杀菌。

（2）储存

某些元件出厂时将膜元件密封在塑料袋中，袋中含有保护液。膜元件储存温度以 5～10℃为宜，当温度低于 0℃有冻结可能时应采取防冻结措施，一般储存温度不应超过 45℃。膜元件应避免阳光直射，不要接触氧化性气体。

（3）保护液

储存膜元件时，为了防止微生物侵蚀，可用加有杀菌剂的溶液浸泡保护。这种用于保护膜元件的杀菌液又称保护液。对于运行中的反渗透膜元件的微生物污染，也可用杀菌剂进行消毒。使用杀菌剂之前，应首先弄清楚膜材料，了解它对某些化学药品的限制。含有游离氯的杀菌剂只能用于醋酸纤维素膜，不可用于复合膜。如果水中含有 H_2S 或溶解性铁离子和锰离子，则不宜使用氧化性杀菌剂。常用于膜元件的杀菌剂有如下几种。

① 氯的氧化物　它只能用于醋酸纤维素膜。当连续使用时，游离氯浓度般为 $0.1\sim1.0mg/L$，当冲击使用时，游离氯浓度可以高达 $50mg/L$，接触时间不超过 1h。如果水中含有腐蚀产物，则游离氯会引起膜的降解，这种情况可以用氯胺代替游离氯，其最高浓度不超过 $10mg/L$。

② 甲醛　它适用于醋酸纤维素膜、复合膜和聚烯烃膜，使用浓度一般为 $0.19\%\sim1.0\%$。

③ 异噻唑啉酮　它适用于醋酸纤维素膜、复合膜和聚烯烃膜，使用浓度一般为 $15\sim20mg/L$。商品名为 Kathon，市售溶液有两种规格：a. 浓溶液，有效活性组分为 13.9%，密度为 $1.32g/mL$；b. 稀溶液，有效活性组分为 1.5%，密度为 $1.02g/mL$。

④ 亚硫酸氢钠　它可用于复合膜和聚烯烃膜。短期保护时，使用浓度一般为 $500\sim1000mg/L$，长期保护时，使用浓度一般为 1%。

143 ▷ 如何进行反渗透脱盐系统的设计计算？

膜系统的设计步骤包括：

第 1 步：考虑进水水源、水质，进水和产水流量以及所需的产水水质

膜系统的设计取决于将要处理的原水和处理后产水用途，因此必须首先详细收集系统设计资料及原水分析报告。

第 2 步：选择系统排列和级数

常规的水处理系统排列结构为进水一次通过式，而在较小的系统中常采用浓水循环排列结构，例如多数的商用水处理系统；所需元件数量较少的有一定规模的系统，采用进水一次通过式难以达到足够的系统回收率时，也采用浓水循环排列结构；在特殊应用领域如工艺物料浓缩和废水处理，通常采用浓水循环排列系统。

RO 系统通常采用连续运行方式，系统中的每一支膜元件的运行条件不随时间变化，但在某些应用情况下，如废水处理或工艺物料的浓缩或当供水量较小且供水不连续时，选用分批处理操作系统，此时，进水收集在原水箱中，然后进行循环处理，部分批处理操作是分批处理操作的改良，在操作运行过程期间，不断向原水箱注入原水。

多级处理（两级）系统是两个传统 RO 系统的组合工艺，第一级的产水作为第二级的进水，每一级既可以是单段式也可以是多段式，既可以是原水一次通过式也可以是浓水再循环式。制药和医药用水的生产常选用产水多级处理工艺。若想取代第二级膜系统，可以考虑采用离子交换工艺。

第 3 步：膜元件的选择

根据进水含盐量、进水污染可能、所需系统脱盐率、产水量和能耗要求来选择膜元件，当系统产水量大于 $2.3m^3/h(10gpm)$ 时，选用直径为 8in、长度为 40in(1in=2.54cm) 的膜元件，当系统较小时则选用小型元件。

第 4 步：膜平均通量的确定

平均通量设计值 $f[L/(m^2 \cdot h)]$ 的选择可以基于现场试验数据、以往的经验或参照设计导则所推荐的典型设计通量值选取。8in FILMTEC™ 元件在水处理应用中的设计导则如表2-22所示。

表2-22　8in FILMTEC™ 元件在水处理应用中的设计导则

给水类型	反渗透产水作进水	井水	地表水		废水(过滤后的市政污水)		海水	
					微滤/超滤	传统过滤	沉井/微滤/超滤	表面取水
给水SDI	<1	<3	<3	<5	<3	<5	<3	<5
平均通量 /[L/(m²·h)]	36~43	27~34	22~29	20~27	17~24	14~20	13~20	11~17
原件最大回收率/%	30	19	17	15	14	12	15	13

第5步：计算所需的元件数量

将产水量设计值 Q_P 除以设计通量 f，再除以所选元件的膜面积 S_E，就可以得出元件数量 N_E：

$$N_E = \frac{Q_P}{fS_E} \tag{2-86}$$

第6步：计算所需的压力容器数

将膜元件数量 N_E 除以每支压力容器可安装的元件数量 N_{EpV}，就可以得出圆整到整数的压力容器的数量 N_V。对于大型系统，常常选用6~7芯装的压力容器，目前世界上最长的压力容器为8芯装，对于小型或紧凑型的系统，选择较短的压力容器：

$$N_V = \frac{N_E}{N_{EpV}} \tag{2-87}$$

虽然以下部分所描述的方法适用于所有的系统，但最适合于以一定方式排列，使用较多8in膜元件和压力容器的场合。仅含有一支或几支元件的小型系统，大多设计成串联排列和部分浓水回流，以确保膜元件进水与盐水流道有最低的流速。

第7步：段数的确定

由多少支压力容器串联在一起就决定了段数，而每一段都由一定数量的压力容器并联组成，段的数量是系统设计回收率、每一支压力容器所含元件数量和进水水质的函数。系统回收率越高，进水水质越差，系统就应该越长，即串联的元件就应该越多。例如，第一段使用4支6元件外壳，第二段使用2支6元件外壳的系统，就有12支元件相串联；一个三段系统，每段采用4元件的压力外壳，以4:3:2排列的话，也是12支元件串联在一起。苦咸水淡化膜系统的串联元件数量与系统回收率和段数关系如表2-23所示。

表2-23　苦咸水淡化膜系统的段数

系统回收率/%	串联元件的数量	含6元件压力容器的段数
40~60	6	1
70~80	12	2
85~90	18	3

如果采用浓水循环方式，单段式系统也可以设计成较高的回收率。

在设计海水淡化系统时，其回收率应该比苦咸水系统的回收率低，膜系统的段数取决于系统回收率，如表 2-24 所示。

表 2-24　海水淡化膜系统的段数

系统回收率/%	串联元件的数量	压力容器的段数		
		6 芯	7 芯	8 芯
35～40	6	1	1	—
45	7～12	2	1	1
50	8～12	2	2	1
55～60	12～14	2	2	—

第 8 步：确定排列比

相邻段压力容器的数量之比称为排列比，例如第一段为 4 支压力容器，第二段为 2 支压力容器所组成的系统，排列比为 2∶1，而一个三段式的系统，第一段、第二段和第三段分别为 4 支、3 支和 2 支压力容器时，其排列比为 4∶3∶2。当采用常规 6 元件外壳时，相邻两段之间的排列比通常接近 2∶1，如果采用较短的压力容器时，应该减低排列比。另一个确定压力容器排列的重要因素是第一段的进水流量和最后一段每支压力容器的浓水流量，根据产水量和回收率确定进水和浓水流量，第一段配置的压力容器数量必须保证为每支 8in 元件的压力容器提供 $8\sim12m^3/h$ 的进水量，同样，最后一段压力容器的数量必须使得每一支 8in 元件压力容器的最小浓水流量大于 $3.6m^3/h$。

三、

循环冷却水结垢控制技术 ➡

（一）水垢类型与判别方法

144 ▶ 循环冷却水系统的沉积物主要分为哪几类？

循环冷却水系统在运行的过程中，会有各种物质沉积在换热器的传热管表面，这些物质统称为沉积物。这些沉积物的成分主要有以下几种：水垢、淤泥、腐蚀产物以及生物沉积物。淤泥、腐蚀产物和生物沉积物这三种可以统称为污垢。

(a) 水垢　　　　　　　　　　　　(b) 腐蚀产物

图 3-1　循环水沉积物

145 ▶ 循环冷却水系统中水垢的类型和危害有哪些？

天然水中溶解有碳酸氢盐，如 $Ca(HCO_3)_2$、$Mg(HCO_3)_2$，其化学性质很不稳定，容易分解生成碳酸盐。因此，如果使用碳酸氢盐含量较多的水作为冷却水，当它通过换热器传热表面时，会受热分解生成碳酸盐，附着在换热器的传热管表面形成坚硬的水垢。冷却水通过冷却塔，相当于一个曝气过程，溶解在水中的 CO_2 就会逸出。因此，水的 pH 值升高。此时，碳酸氢盐与 OH^- 作用，也会发生如下反应：

$$Ca(HCO_3)_2 + 2OH^- \Longrightarrow CaCO_3 \downarrow + 2H_2O + CO_3^{2-}$$

另外，碳酸钙、磷酸钙等盐并不是完全不溶，而只是溶解度比较低。它们的溶解度与一般的盐类不同，不是随着温度的升高而升高，而是随着温度的升高而降低。因此，在换热器的传热表面上，这些微溶性盐很容易达到过饱和状态，从水中结晶析出。当水流速率比较小或传热面比较粗糙时，这些结晶沉淀物就容易沉积在传热管的传热表面上。

冷却系统的管道中产生污垢后，将使冷却水传热受阻，影响冷却效果；同时，产生腐蚀，影响使用寿命。

① 冷却水传热受阻　由于污垢的热阻较大，一般为黄铜的 100～200 倍，因此，冷却管一旦结垢，传热过程受到很大阻碍，热交换率显著降低，影响生产。污垢和一些传热物质的导热系数如表 3-1 所示。

表 3-1　污垢和一些传热物质的导热系数

物质	导热系数/[W/(m·K)]	物质	导热系数/[W/(m·K)]
碳钢	34.9～52.3	氧化铁垢	0.12～0.23
铸铁	29.1～58.2	生物黏泥	0.23～0.47
紫铜	302.4～395.4	硫酸钙垢	0.58～2.91
黄铜	87.2～116.3	碳酸盐垢	0.58～0.70
铅	35	硅酸盐垢	0.058～0.233
铝	204	水	0.6
不锈钢	17	空气	0.02

② 加速金属腐蚀，降低设备使用寿命　供水管中污垢的危害主要是加速基体金属的腐蚀和冷却管中污垢的沉积。污垢加速冷却管的腐蚀，一是由于传热受阻，温度升高，金属腐蚀速率加快；二是污垢诱发垢下局部腐蚀，垢下腐蚀介质局部蒸发浓缩，导致危害性严重的点蚀和坑蚀，加速腐蚀穿孔。

因此，定期清除冷却管中的污垢，使内表面保持干净，可提高冷却效果，延长设备使用寿命。

146 ▷ 冷却水系统沉积结垢的主要影响因素有哪些？

污垢的形成过程是在动量、能量和质量传递同时存在的多相流动过程中进行的，因而它的影响因素非常多，主要将这些参数分为运行参数、换热器参数和流体性质参数。

（1）运行参数

运行参数主要包括流体速率和换热面温度、流体温度、流体-污垢界面温度等。

① 流体速率　流体速率对污垢的影响是由对污垢沉积（输运、附着）的影响和对污垢剥蚀的影响构成的。大多数研究表明，对各类污垢，污垢增长率随流体速率增大而减小。这可解释为，虽然流速增大可以增加污垢沉积率，但与此同时，流速增大，流体表面剪切力所引起的剥蚀率的增大更为显著，因而造成总的增长率减小。

② 温度　对于化学反应污垢和析晶污垢，表面温度对化学反应速率和反向溶解度盐的晶体化有着重要作用。一般说来，表面温度升高会导致污垢沉积物强度增加，流体温度的增加一般都会导致污垢增长率的增加。

（2）换热器参数

换热器的一些参数对污垢的形成有着明显影响，这些参数有：换热面材料、换热面状态、换热面的形式以及几何尺寸。

（3）流体性质参数

流体性质对污垢的影响，实际上包括流体本身的性质和不溶于流体或被流体挟带的各种物质的特性对污垢的影响。实验研究表明，这两者都对换热面上的污垢特性及其形成过程有明显的影响。在换热设备的水侧，水质特性对污垢沉积是一个关键因素，这里，水质特性一般包括 pH 值、各种盐成分（如钙、镁、硫、碳酸盐、碱度等）和浓度等。

目前，还缺乏这些成分对污垢影响的足够数据。不过，可以肯定的是水质特性对水垢组成及水垢强度有着直接影响。

147 ▶ 什么是换热设备的污垢热阻值？应满足什么要求？

污垢热阻值（fouling resistance）是表示换热设备传热面上因沉积物而导致传热效率下降程度的数值，单位为 $m^2 \cdot K/W$。

换热设备的循环冷却水侧管壁的污垢热阻值应按生产工艺要求确定，当工艺无要求时，宜符合下列规定。

① 敞开式系统的污垢热阻值宜为 $1.72 \times 10^{-4} \sim 3.44 \times 10^{-4} \, m^2 \cdot K/W$。

② 密闭式系统的污垢热阻度宜小于 $0.86 \times 10^{-4} \, m^2 \cdot K/W$。

148 ▶ 循环冷却水水质稳定性的判断方法有哪些？

（1）Langelier 饱和指数（SI）法

实际应用中把冷却水的实测 pH 值与饱和 pHs 之差称为饱和指数（SI）或 Langelier 指数，即 SI＝pH－pHs。

根据饱和指数来判断冷却水的结垢或腐蚀倾向，即当 SI＞0 时，水中 $CaCO_3$ 过饱和，有结垢倾向。溶液 pH 值越高，$CaCO_3$ 越容易析出；当 SI＜0 时，水中 $CaCO_3$ 未饱和，有过量的 CO_2 存在，将会溶解原有水垢，该系统存在腐蚀倾向；当 SI＝0 时，水中 $CaCO_3$ 刚好达到饱和，此时系统既不结垢，也不腐蚀，水质是稳定的。

用饱和指数来判断 $CaCO_3$ 结晶或溶解倾向是一种经典方法。但在使用时发现按饱和指数控制偏于保守。有时出现与实际情况不符的情况，可能出现判断应当结垢，实际上没有结垢，甚至出现腐蚀的现象。造成这种差异的原因主要有以下几个方面。

① 饱和指数没有考虑系统中各处的温度差异。冷却水流经换热器进口和出口水温是不同的，对于低温端是稳定的水，在高温端可能有结垢；相反在高温端是稳定的水，在低温端可能是腐蚀型的。只按某一点温度计算其 pHs 作为控制指标是不全面的。

② 饱和指数只是判断 Ca^{2+} 和 CO_3^{2-} 达到平衡时的浓度关系，没有考虑结晶过程，所以它不能判断达到或超过饱和浓度时系统是否一定结垢，因为结晶过程还受晶核形成条件、晶粒分散度、杂质干扰以及动力学的影响。一般晶粒越小，溶解能力越大。对于大颗粒晶体已经饱和的溶液，对于细小晶体而言可能是未饱和的。碳酸钙发生沉淀析出时的 pH 值称为临界 pH 值。实验表明，临界 pH 值比 pHs 高 1.7～2.0 个单位。

③ 当水中加入阻垢剂时，成垢离子被阻垢剂螯合、分散或吸附而发生晶格畸变，增加了 $CaCO_3$ 的溶解能力，尽管 SI＞0，也不一定结垢。因为做水质分析时，测定的总 Ca^{2+} 浓度包括游离 Ca^{2+} 和螯合 Ca^{2+}，而只有游离 Ca^{2+} 才能成垢。

④ 饱和指数只是以单一碳酸钙的溶解平衡作为判断依据，没有考虑水中有机胶体的影

响，因为水中有机胶体物质不仅可以阻止碳酸钙结晶体的增加和聚集，而且可以防止已经结晶的碳酸盐晶体在金属表面形成水垢。

在实际应用上，有人建议，SI 控制在 0.75～1.0 的范围内，或者＋0.5 的饱和指数是合适的。在采用磷系缓蚀剂碱法运行的循环冷却水系统中，＋2.5 的饱和指数仍能控制 $CaCO_3$ 结垢。

饱和 pHs 计算方法有以下 3 种：

① 由电导率、总碱度、钙硬等系数计算。电导率反映水中含盐量的大小，水越纯净，其电导率越小。电导率值除与离子浓度有关外，还与离子的电荷数以及离子的运动速度有关。如在生产现场有电导仪能测出来的电导率，则 pHs 也可用下式计算：

$$pHs = C_1 + C_2 + C_3 \tag{3-1}$$

式中，C_1 为水的总碱度系数；C_2 为水的钙硬度系数；C_3 为水的电导率系数。

C_1，C_2，C_3 可分别由表 3-2 查出。

表 3-2　用于计算 pHs 的常数表

总碱度/([H⁺]mmol/L)	C_1	钙硬度/德国度①	C_2	电导率/(μS/cm)	C_3
0.0	1.0	5.0	3.06	300	1.68
0.1	3.8	5.6	3.01	320	169
0.2	3.7	6.8	2.94	400	1.70
0.3	3.6	7.8	2.87	520	1.71
0.4	3.4	9.0	2.80	600	1.72
0.5	3.33	10.0	2.76	800	1.73
0.6	3.23	11.2	2.70	900	1.74
0.7	3.15	12.0	2.67	1000	1.75
0.8	3.10	13.4	2.63	1200	1.76
0.9	3.06	14.4	2.60	—	—
1.0	3.00	15.6	2.56	—	—
1.2	2.91	16.6	2.52	—	—
1.4	2.85	18.0	2.49	—	—
1.6	2.80	20.0	2.46	—	—
1.8	2.74	22.0	2.38	—	—

① 1 德国度＝10mg/L(CaO)＝0.356mmol/L(H^+)＝0.178mmol/L($CaCO_3$)＝17.8mg/L($CaCO_3$)。

② 经验公式。

$$pHs = 9.5954 + \lg\left(\frac{0.4TDS^{0.10108}}{C_A T_A}\right) + 1.84\exp(0.547 - 0.00637t + 3.58 \times 10^{-6} t^2) \tag{3-2}$$

式中，TDS 为总溶解固体量，mg/L；C_A 为 Ca^{2+} 的含量，mg/L；T_A 为碳酸盐碱度，以 $CaCO_3$ 计，mg/L；t 为水的温度，℉，$t(℉) = 32 + T(℃) \times 1.8$。

③ 碱度计算 pHs。

$$pHs = p[Ca^{2+}] + pM_{碱度} + (pK_2 - pK_{sp}) \tag{3-3}$$

Powell 等根据式(3-3)绘制了计算 pHs 的曲线图（见图 3-2）。

查图方法见下例：水温为 20℃，Ca^{2+} 浓度（以 $CaCO_3$ 计）为 100mg/L，$M_{碱度}$（以 $CaCO_3$ 计）为 200mg/L，总溶解固体为 1200mg/L，计算该水质的 pHs 值。查图 3-2，在 Ca^{2+} 浓度坐标上找到 40mg/L 点，垂直向上与 $p[Ca^{2+}]$ 线相交，由交点水平向左得纵坐标 p[Ca^{2+}]＝3.0；同法由碱度坐标上找到 2mmol/L 点，得对应的 $pM_{碱度}$＝2.54。在图上方的横坐标上找到总溶解固体浓度 1200mg/L 点，垂直向下与 20℃ 等温线相交，由交点水平向

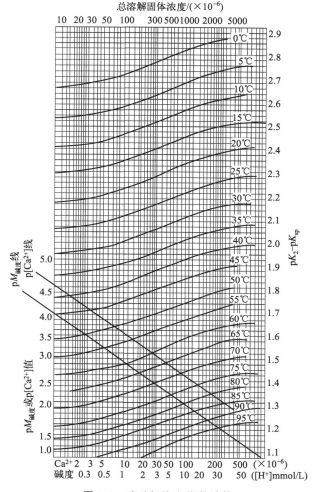

图 3-2　碳酸钙饱和指数计算

右得（$pK_2 - pK_{sp}$）$= 2.34$。故 $pHs = 3.0 + 2.54 + 2.34 = 7.88$。

（2）Ryznar 稳定指数（I_R）法

针对饱和指数判断法的不足，Ryznar 根据冷却水的实际运行资料提出了稳定指数 I_R，即

$$I_R = 2pHs - pH \tag{3-4}$$

利用 I_R，可根据表 3-3 对水的特性进行判断。

表 3-3　稳定指数与水的特性的关系

I_R	4.5～5.0	5.0～6.0	6.0～7.0	7.0～7.5	7.5～9.0	9.0 以上
水的倾向	严重结垢	轻度结垢	基本稳定	轻微腐蚀	较严重腐蚀	严重腐蚀

由表 3-3 可看出，当 $I_R < 6$ 时，形成水垢，I_R 越小，结垢倾向越严重；$I_R > 7.0$ 时，出现腐蚀，I_R 越大，腐蚀倾向越严重。当冷却水采用聚磷酸盐处理时，$I_R < 4$，系统结垢；$I_R = 4.5～5$，水质基本稳定。

稳定指数是一个经验指数，在定量上与长期实践结果相一致，因而比碳酸钙饱和指数

准，但也有它的局限性。

① 它只反映了化学作用，没有涉及电化学过程和严密的物理结晶过程；

② 没有考虑水中表面活性物质或络合离子的影响；

③ 忽略了其他阳离子的平衡关系。

因此，稳定指数也不能作为表示水的结垢或腐蚀的绝对指标，在使用中还要考虑其他因素给予修正。如果将两种指数协同使用，有助于较正确地判断水的结垢或腐蚀倾向。

1979 年帕科拉兹（Fuckorius）认为水的总碱度比水的实际测定 pH 值更能正确地反映冷却水的腐蚀与结垢倾向。他研究了几百个冷却水系统后，认为将稳定指数公式中水的实际测定 pH 值改为平衡 pH（即 pH_{eq}），而判别式不变，能更切合实际生产。pH_{eq} 与总碱度 $M_{碱度}$ 可按下列关系式计算：

$$pH_{eq} = 1.465 \lg M_{碱度} + 4.54 \tag{3-5}$$

式中，$M_{碱度}$ 为系统中水的总碱度（以 $CaCO_3$ 计），mg/L。

（3）极限碳酸盐硬度法

极限碳酸盐硬度是指循环冷却水在一定的水质、水温条件下，保持不结垢时水中碳酸盐硬度的最高限值，也就是当水中游离 CO_2 很少时，循环冷却水中可能维持的 HCO_3^- 的最高限量。

由于影响水中碳酸钙析出过程的因素很多，有些因素的影响程度又难以估计，如水中有机物会干扰碳酸钙析出，但有机物种类繁多，难以区分它们的影响程度，不同的水质、水温条件下影响程度均不相同，难以理论推导计算，一般宜用半经验法来解决。循环水的极限碳酸盐硬度 H_n，是根据相似条件下的小型模拟实验，或借鉴与其条件类似的运行经验确定的。

实验时，一般每隔 2～4h 取水样分析一次，测定水温、pH 值、碳酸盐硬度和氯离子浓度等。试验装置的总容积为 300～500L，见图 3-3。当达到水的碳酸盐硬度保持稳定不变时，实验即可结束，通常一组实验需 2～3 天。实验过程中，实验水温（水在换热器内加热温度须和实际运行温度相同，喷头喷淋前、后的水温）、实验水质（pH 值，悬浮固体含量，有机胶体物质含量，Ca^{2+}、Cl^- 等含量）、水流条件指标（换热器中水流雷诺数等）都应与生产实际相同。

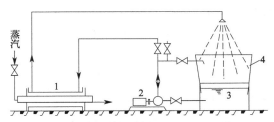

图 3-3 小型循环水实验装置示意图

1—热交换器；2—水泵；3—水箱；4—围挡物

试验结果以运行时间对水的碳酸盐硬度作图。当循环水碳酸盐硬度不再变化时，即为所求 H_n 值。

如无试验条件，对补充水耗氧量 $COD_{Mn} \leqslant 25mg/L$，循环水最高水温为 30～65℃的循环冷却水系统，极限碳酸盐硬度值也可按下述经验公式估算：

$$H_n = \frac{1}{2.8}\left[8 + \frac{COD_{Mn}}{3} - \frac{t-40}{5.5 - \frac{COD_{Mn}}{7}} - \frac{2.8H_y}{6 - \frac{COD_{Mn}}{7} + \left(\frac{t-40}{7}\right)^3}\right] \tag{3-6}$$

式中，H_n 为循环水的极限碳酸盐硬度，[H^+] mmol/L；H_y 为补充水的非碳酸盐硬度，[H^+] mmol/L；t 为冷却水温度，℃，如 $t<40$℃，仍按 40℃计算；COD_{Mn} 为补充水的耗氧量，mg/L。

可按下列条件判别碳酸钙是否沉淀：

$$\Phi H_B > H_n，结垢 \tag{3-7}$$

$$\Phi H_B < H_n，稳定，不结垢 \tag{3-8}$$

式中，H_B 为补充水的碳酸盐硬度，[H^+] mmol/L；Φ 为循环水浓缩倍数。

式(3-7)反映了水中有机物对 $CaCO_3$ 结垢的干扰作用。但根据这个公式计算出来的 H_n 值一般都在 2.9[H^+]mmol/L 左右。由判别式可知，为防止结垢只能采用很低的浓缩倍数 Φ，这与目前观点是不符合的。

149 ▶ 碳酸盐水垢的性状和组成是什么？

碳酸盐水垢外观为白色或灰白色，如图 3-4 所示。如果设备有腐蚀时，会染上腐蚀产物的颜色。氧气丰富时，腐蚀产物以三氧化二铁为主，垢呈粉红色或红色；氧气供应不足时，腐蚀产物以四氧化三铁为主，垢呈灰白色或灰褐色。碳酸盐水垢质硬而脆，附着坚牢，难以剥离刮除。自然界中碳酸盐有多种形式和成分，碳酸盐水垢也与之相对应。水垢类似于大理石，其断口呈颗粒状，较厚而且夹杂有腐蚀产物或其他杂质时，由断口处可观察到呈层状沉积的特点。

图 3-4 碳酸盐水垢

碳酸盐水垢产生在设备受热和工质水有浓缩的部位，哪里受热程度最强烈，哪里结垢就最严重。

碳酸盐水垢中含 80% 以上碳酸钙，如果水中硅酸盐及硫酸盐含量低且设备不存在腐蚀时，碳酸钙的含量可达 95% 左右。碳酸盐水垢中常含有少量镁盐，它以氢氧化镁形式存在。呈灰白色或粉红色的碳酸盐水垢中常含有少量二氧化硅和氧化铁。进行化学成分分析时，所测得垢中的金属氧化物及杂质含量的总量不超过 60%，其原因是碳酸盐水垢含有碳酸酐（二氧化碳）和水，它们在用酸分解垢样时分别进入空气和溶液（水）中，不便用化学方法测量。通常在做水垢成分分析时，把无机碳（碳酸酐）和有机碳（有机物黏泥中可燃部分）都计入灼烧减量中，化合水分和羟基也进入灼烧减量中。如果要测量碳酸酐含量，可采取酸碱滴定法或管式炉灼烧吸收法。典型的碳酸盐水垢灼烧减量约为 41.59%，氧化钙约为 52.22%。

150 ▷ 如何鉴别碳酸盐水垢？

判断碳酸盐水垢主要有根据化学成分分析和物理化学性状判断两种方法。

进行化学成分分析可以确认垢种，但是费时较长，费用较高，因此通常根据垢的基本性状并对照各种垢的特点来鉴别垢种。

物理性状判断可根据碳酸盐水垢的基本性状进行观察判断。化学性状判断方法主要有以下两种。

① 碳酸盐水垢是各种水垢中最易溶于稀酸的，常见的无机酸与有机酸均可将其溶解。在用酸溶解碳酸盐水垢时，将产生大量二氧化碳气泡，这是其主要特征。在常温的 5% 以下稀盐酸中，碳酸盐水垢可全部溶解。100g 碳酸盐水垢溶于酸中时，可放出 20 余升二氧化碳气体。

② 碳酸盐水垢的另一特点是，在 850～900℃ 下灼烧时，水垢质量损失近 40%，这是由于二氧化碳与化合水分分解的缘故。由于二氧化碳的消失，水垢变得松散，并可溶于水中，使水溶液呈碱性。碳酸钙灼烧变成氧化钙的反应如下：

$$CaCO_3 \stackrel{\triangle}{=\!=\!=} CaO + CO_2 \uparrow \tag{3-9}$$

同时，观察水垢溶解后的少量残渣及注意水垢灼烧时的气味，可了解垢中所含杂质。溶解之后的少量残渣如果为白色是硅酸盐，如果呈黑褐色是腐蚀产物。灼烧时如果嗅到焦煳气味是有机碳（碳水化合物），如果嗅到腥臭味是微生物污泥。

151 ▷ 磷酸盐水垢的性状和组成是什么？

（1）磷酸盐水垢的来源

循环冷却水采取磷酸盐阻垢处理或采用磷酸盐系列水质稳定剂时，常会产生磷酸盐水垢。磷酸盐水垢往往是和碳酸盐水垢共存的。对于循环冷却水系统来说，浓缩倍率偏高，磷（膦）系列水质稳定剂剂量不足、药龄过久或药效不理想均可产生磷酸盐水垢。

通常把碳酸盐含量（灼烧减量加氧化钙）不足 50% 而磷酸盐含量超过 10% 的垢种称作磷酸盐水垢。

（2）磷酸盐水垢的基本性状

磷酸盐水垢外观为灰白色，质地较为疏松。仅有碳酸盐和磷酸盐的水垢呈灰白色，就是由于磷灰石是灰色。如果有腐蚀产物则呈灰红色或红褐色，锅炉中或给水中加有除氧剂时，垢的颜色多呈灰黑色。磷酸盐水垢的附着能力差，容易用捅刷刮磨等方法除去。不受热部分的磷酸盐垢松软，呈堆积状。磷酸盐垢随受热面的热流强度和金属温度升高而结垢严重，垢质也变得坚硬难除。

（3）磷酸盐水垢的组成

热交换器的磷酸盐水垢中常含有 15%～20% 的磷酸盐和大致等量的碳酸盐。除了与磷酸酐、碳酸酐对应的碱土金属氧化物之外，垢中常含有一定量的腐蚀产物和硅酸盐。

152 ▷ 磷酸盐水垢的判断方法是什么？

磷酸盐水垢的鉴别方法主要为性状判断，也可通过 X 射线衍射（XRD）和扫描电子显微镜（SEM）等物相对垢化学成分分析判别。

磷酸盐水垢与碳酸盐水垢物理性状近似，而且其中常含一定量的碳酸盐水垢。两者的区别在于磷酸盐水垢在常温下不能在 5% 以下稀酸中全部溶解，需要加热助溶，或者用 10% 以上的酸而且在温热条件下使之全溶。在用酸溶解磷酸盐水垢时，由产生气泡情况可以了解其中碳酸盐水垢所占比例大小。如果基本不冒气泡，则是单纯的磷酸盐水垢。

另外，由水处理工艺也可以判别磷酸盐水垢。天然水中基本不含磷酸盐，除非人工投加磷（膦）酸盐，否则在受热面和传热表面上不会产生磷酸盐水垢。

153 ▷ 硅酸盐/硫酸盐水垢的性状和组成是什么？

硅酸盐水垢与硫酸盐水垢的外观均呈白色，有杂质时为灰白或粉红色。但是它们都不溶于酸，据此可以将它们区别于碳酸盐水垢和磷酸盐水垢。

硅酸盐水垢产生于原水二氧化硅含量高的锅炉或循环冷却水系统中，有的水处理工艺使用水玻璃作为助凝剂或分散剂、缓蚀剂，更容易结硅酸盐水垢。

在天然水的强酸阴离子中，硫酸根的含量最高，通常为 100mg/L 以上，有的达 300mg/L 以上。这种水作为锅炉补充水的原水进行软化处理时，或作为循环冷却水的补充水进行高浓缩倍率处理时，难免要结硫酸盐水垢。

（1）硅酸盐水垢和硫酸盐水垢的基本性状

硅酸盐水垢和硫酸盐水垢往往不是单独出现的，它们与其他水垢种共存。但是，由于它们难以溶解除去，对受热面和传热表面的热阻影响较大，因此，当它们各自的含量在垢中达 20% 时，就可分别认为这种垢是硅酸盐水垢或硫酸盐水垢。这两种水垢均呈白色或灰白色，有时呈粉红色，在受热面或传热表面上结成硬质薄层，附着牢固，质硬而脆，敲击或铲刮时能呈小片状剥离，难以用常规的机械方法清除，也不能用酸清洗除去。

（2）硅酸盐和硫酸盐水垢的组成

硅酸盐水垢、硫酸盐水垢都可和碳酸盐水垢或磷酸盐水垢共存；但是其含量较高时，会使垢层难以清除。因此，不再称作碳酸盐水垢或磷酸盐水垢，而是根据水垢中有 20% 或更高含量的难溶成分定名。这类垢的组成和碳酸盐水垢或磷酸盐水垢相近似，只是水垢中硅酸盐或硫酸根（硫酸酐）含量偏高。

154 ▷ 如何鉴别硅酸盐水垢和硫酸盐水垢？

设备无腐蚀现象时，硅酸盐水垢和硫酸盐水垢的外观与碳酸盐水垢或磷酸盐水垢接近，但是比它们更为坚硬，附着更为牢固。当设备有腐蚀现象时，尤其是产生附着物下的局部腐蚀时，该处的硅酸盐水垢或硫酸盐水垢可被染成灰黑、红褐或赤红色。

如果将垢置于 5% 的稀盐酸中，不加热即迅速溶解，且伴随有大量气泡产生，则是碳酸盐水垢；如果溶解速率较慢，产生气泡较少，但是加热时溶解迅速，尤其是在10％含量以上、70℃以上的盐酸中快速溶解者，是磷酸盐水垢。将盐酸含量提高到20％以上并加热，如果仍有一定量的白色水垢不能溶解，则可认为剩余物是硅酸盐水垢或硫酸盐水垢。将不溶物用滤纸滤出并清洗，直到滤液中加入1％酸性硝酸银不出现浑浊时，将滤纸连同不溶物置于烧杯中，加入150mL去离子水并搅拌，当以硫酸盐水垢为主时，不溶物将减少。向其中加入1％氯化钡溶液，如果有大量白色沉淀产生，表明硫酸盐含量较高；如果不溶物无溶解减少现象，而且加入氯化钡溶液也不出现浑浊和沉淀，则表明垢中含硅酸盐。

（二）水垢控制技术

155 ▸ 循环冷却水浊度变化的主要因素有哪些？

当循环冷却水的浊度是处于动态平衡状态时，其瞬时浊度的变化可以认为是以下各项变化的总和。

① 循环冷却水浊度瞬时增减量。

② 补充水瞬时引入的浊度量。

③ 空气中灰尘瞬时引入的浊度量。空气进入冷却塔，其带入的灰尘一部分被洗入冷却水中，使冷却水的浊度增加，其增加量与时间成正比关系。

④ 循环冷却水自身瞬时产生的浊度量。由于水质处理不够理想，形成的结垢产物、腐蚀产物和菌藻滋生的产物如沉积不下来，则必然会使循环水的浊度变大，由此可见其增长规律是随条件而异的。

⑤ 循环冷却水浊度沉降瞬时析出量。循环冷却水中悬浮固体的颗粒增长至一定程度或水流速率降低时，都会遵循斯托克斯定律而沉降析出，沉积在换热器传热管表面、管道中或水池中，由此使循环冷却水的浊度降低。

⑥ 排污水瞬时排出的悬浮固体量。

156 ▸ 控制污垢的方法有哪些？

污垢主要是由尘土、杂物碎屑、菌藻尸体及其分泌物和细微水垢、腐蚀产物等构成。因此，欲控制污垢，必须做到以下几点。

（1）降低补充水浊度

天然水中尤其是地面水中总夹杂着许多泥沙、腐殖质以及各种悬浮物和胶体物，它们构成了水的浊度。作为循环水系统的补充水，其浊度越低，带入系统中可形成污垢的杂质就越少。干净的循环水不易形成污垢。当补充水浊度低于5mg/L以下，如城镇自来水、井水等，可以不作预处理直接进入系统。当补充水浊度高时，必须进行预处理，使其浊度降低。为此《工业循环冷却水处理设计规范》（GB/T 50050—2017）中规定循环冷却水中浊度不宜大于20NTU，当换热器的形式为板式、翅片管式和螺旋板式时不宜大于10NTU。

（2）做好循环冷却水水质处理

冷却水在循环使用过程中，如不进行水质处理，必然会产生水垢或腐蚀设备，生成腐蚀产物，同时必然会有大量菌藻滋生，从而形成污垢。如果循环水进行了水质处理，但处理得不太好时，就会使原来形成的水垢因阻垢剂的加入而变得松软，再加上腐蚀产物和菌藻繁殖分泌的黏性物，它们就会黏合在一起，形成污垢。因此，做好水质处理，是减少系统产生污垢的好方法。

（3）投加分散剂

在进行阻垢、防腐和杀生水质处理时，投加一定量的分散剂，也是控制污垢的好方法。分散剂能将黏合在一起的泥团杂质等分散成微段悬浮于水中，随着水流流动而不沉积在传热表面上，从而减少污垢对传热的影响，同时部分悬浮物还可随排污水排出循环水系统。

（4）增加旁滤设备

即使在水质处理较好、补充水浊度也较低的情况下，循环水系统中的浊度仍会不断升高，从而加重污垢的形成。循环冷却水系统在稳定操作情况下浊度会升高的原因是冷却水经过冷却塔与空气接触时，空气中的灰尘会被洗入水中，特别是工厂所在地理环境干燥、灰尘飞扬时更是明显。

157 ▶ 稳定碳酸氢盐的方法有哪些？

稳定碳酸氢盐可通过加酸、通 CO_2 或投加阻垢剂的方法进行。

（1）加酸

通常是加硫酸。因为加盐酸会带入 Cl^-，增加水的腐蚀性。加硝酸则会带入硝酸根，有利于反硝化细菌的繁殖。

加酸法目前仍有使用，由于硫酸加入后，循环水 pH 值会下降，如不注意控制而加酸过多，则会加速设备的腐蚀。在操作中如果依靠人工分析循环水 pH 值来控制加酸量，则有取样点是否有代表性以及调节 pH 值滞后等问题。因此，如果采用加酸法，最好配有自动加酸、调节 pH 值的设备和仪表。

（2）通 CO_2

在生产过程中常有多余的 CO_2，如果将 CO_2 通入水中，可以稳定碳酸氢盐。但此法常导致冷却水通过冷却塔时 CO_2 从水中逸出，因而在冷却塔中析出碳酸钙，堵塞冷却塔中填料之间的孔隙，这种现象称钙垢转移。根据近年来实践的经验，只要在原水塔中适当注意补充一些 CO_2，并控制好冷却水的 pH 值，就可减少或消除钙垢转移的危害，故此法对某些化肥厂或化工厂、电厂等仍有推广使用的价值。

（3）投加阻垢剂

使用药剂破坏其水垢晶体的结晶增长，就可达到控制水垢形成的目的。目前使用的各种阻垢剂有聚磷酸盐、有机多元焦酸、有机磷酸酯、聚丙烯酸酯等。

158 ▶ 如何清除供水管和冷却管中的污垢？

供水管由于管径粗，容量大，清洗时必须全部机组停产，因而供水管的清洗难度较大。

一般选择在机组大修时进行清洗，并适当延长清洗周期。

清洗工艺：剥离生物黏泥→排污→水冲洗→酸洗→水洗中和→预膜。

供水管中微生物黏泥较多，必须使用高效杀菌剂并辅以渗透剂将其清除彻底，至出水清澈透明为止，否则酸洗阶段对锈垢难以清除干净，达不到应用的效果。由于供水管多为碳钢管，且容量较大，可采用无机盐酸进行清洗，酸洗和预膜阶段均需加入铜缓蚀剂，保护相关的闸阀。

冷却管清洗工艺：杀菌剥离生物黏泥→水冲洗→酸洗→水洗中和→预膜。

冷却管一般为紫铜管和黄铜管，盐酸对其腐蚀性较大。特别是运行年限较长（8 年以上），盐酸很易引起危害性很大的脱锌腐蚀。因此，冷却管宜采用有机酸清洗，并适当提高铜缓蚀剂浓度。由于清洗后铜管内表面处于活性状态，易产生二次锈蚀，因此清洗后的预膜非常重要，一般采用硫酸亚铁成膜法或自然氧化成膜法。

清洗剂、缓蚀剂的选择和用量必须通过小型试验进行确定。先对污垢进行定性分析，有条件的可进行定量分析，根据污垢的种类选择清洗剂，然后选择型号和材质相同、使用年限相当的带垢冷却铜管进行小型试验，观察污垢的溶解情况，测定铜管的腐蚀速率，筛选合适的缓蚀剂，估算清洗剂用量。

根据污垢的沉积情况，定期清除水轮机冷却管中的污垢，并使内表面形成良好的钝化保护膜，可减缓污垢的沉积速率，提高生产效率，延长使用寿命。

159 ▷ 什么是胶球法除垢？

在所有的冷却水应用场合，黏泥、淤泥、砂土等都可能在换热管内表面沉积形成污垢，甚至水流速率达 2m/s 时也能够形成壁面污染。这些沉积物一般是软性的，只需一般标准型的胶球，以每根换热管每小时 8～12 次清洗频率连续运行即可将其轻松除去。

在使用冷却塔的循环冷却水系统或其他开放循环冷却水系统中，冷却水因蒸发浓缩，导致碳酸盐硬度增高，当超过极限碳酸盐硬度时，热管表面会有结晶析出，形成硬而致密的水垢。环形涂层金刚砂胶球可用于清除硬质污垢，一般投运数星期，待管内壁硬质结垢有所好转后，捡出保存，以备后用，再投入一般标准型的胶球连续运行，可防止管内壁生成结晶硬垢。

铜基合金在海水中具有一定耐腐蚀性，用硫酸亚铁进行人工镀膜，可在铜管壁面生成一层含铁化合物的保护膜，提高铜管的耐腐蚀性能。每次投加硫酸亚铁溶液之前，建议先用一般标准型的胶球清洗铜管 1h，这样可以生成致密的暗棕色保护膜，获得铜管最佳的传热与防腐综合性能。

160 ▷ 自动胶球清洗除污装置的运行和维护方法有哪些？

自动胶球清洗除污装置的离心水泵将胶球从开球器连水运球一起送至冷凝器渗水端前，胶球随制冷循环水进到冷凝器轴承端盖内，胶球任意进到冷凝器换热管内，在制冷循环水的促进下，胶球在换热管内挪动，清洗换热管内腔，胶球出换热管后，随制冷循环水出冷凝器轴承端盖进入安装在出水管道上的收球器，收球器内的拦网球网将胶球拦住，水从网眼排出，胶球从收球器网再收到开球器，进行一次清洗整个过程。根据全智能管理程序设定清洗频率和频次，做到全自动线上清洗。

自动胶球清洗除污装置基本维护方法如下：

① 设备运行中，应设专人进行管理，并做好运行记录。

② 管理人员应熟悉冷凝器胶球清洗装置原理、性能、使用条件，并掌握运行参数的调整和设备维修方法。

③ 定期对设备上需润滑部位补充润滑油。

④ 定期检查各法兰面情况，如发现漏水，应及时更换密封圈。

⑤ 胶球为易损件，使用者应定期检查胶球的工作情况并根据胶球的损坏程度考虑及时更换。

⑥ 根据冷凝器前后端差，定期检查胶球清洗设备的运行是否正常。

⑦ 冷凝器胶球清洗装置长期停机时，必须把胶球取出，不然胶球长期失水变硬，会堵塞换热管或粘连在收球网上。

（三）循环冷却水阻垢剂

161 ▷什么是阻垢剂？其阻垢机理有哪些？

在循环冷却水处理中，将防止水垢和污垢产生或抑制其沉积生长的化学药剂统称为阻垢剂，阻垢剂常用的形式主要有阻垢缓蚀剂和阻垢分散剂两种。目前，对于阻垢剂作用机理的看法尚不统一，归纳起来主要有以下几种观点。

（1）晶格畸变理论

晶格畸变理论认为，阻垢剂干扰了成垢物质的结晶过程，抑制了水垢的形成。以成垢物质 $CaCO_3$ 为例说明，当 $CaCO_3$ 在溶液中形成微晶时，表面会吸取水中阻垢剂，吸取动力主要是阻垢剂与 Ca^{2+} 之间的螯合反应。这样，因微晶的表面状态有所改变，$CaCO_3$ 不再增长，而是稳定在溶液中。微晶吸取阻垢剂的反应主要发生在其成长的活性点上。只要这些活性点被覆盖，结晶过程便被抑制，所以阻垢剂的加药量不需很多。当溶液中 $CaCO_3$ 的过饱和度很大时，由于结晶的倾向加大，微晶可以在那些没有吸取阻垢剂的慢发育表面上成长，从而把活性点上的阻垢剂分子覆盖起来，于是晶体又会增长。但此时生成的晶体受阻垢剂的干扰，会发生空位、错位或镶嵌构造等畸变。

膦酸类化合物在水中能离解出 H^+，本身呈带负电荷的阴离子，如：

$$-\overset{\displaystyle|}{\underset{\displaystyle|}{C}}-\overset{\displaystyle\overset{O}{\|}}{\underset{\displaystyle OH}{P}}-OH \Longrightarrow -\overset{\displaystyle|}{\underset{\displaystyle|}{C}}-\overset{\displaystyle\overset{O}{\|}}{\underset{\displaystyle O^-}{P}}-O^- + 2H^+$$

这些负离子能与 Ca^{2+}、Mg^{2+} 等金属离子形成稳定络合物，从而提高 $CaCO_3$ 晶粒析出时的过饱和度，也就是增加了 $CaCO_3$ 在水中的溶解度。有人通过实验测出，水中加入 1～2mg/L 的羧基亚乙基二膦酸（HEDP）后，可使 $CaCO_3$ 析出的临界 pH 提高 1.1 左右。另外，由于膦酸类化合物能吸附在 $CaCO_3$ 晶粒活性增长点上，使其畸变，即相对于不加药剂的水平来说，形成的晶粒要细小很多。从颗粒分散度对溶解度影响角度看，晶粒细小也就意味着 $CaCO_3$ 溶解度变大，因此提高了 $CaCO_3$ 析出时的过饱和度。

（2）分散理论

有些阻垢剂在水中会电离，吸附在某些小晶体的表面形成双电层，使小晶体稳定地分散在水体中，这种阻垢剂可称为分散剂。

例如，聚羧酸在水中电离成阴离子后有强烈的吸附性，它会吸附到悬浮在水中的一些泥沙、粉尘等杂质的粒子上，使其表面带有相同的负电荷，因而使粒子间相互排斥，呈分散状态悬浮于水中，如图 3-5 所示。

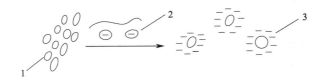

图 3-5　阴离子型分散剂分散作用示意图
1—泥沙粉尘等杂质；2—阴离子型分散剂；3—被分散在水中的泥沙、粉尘等杂质

分散剂不仅能吸附于颗粒上，而且也能吸附于凝汽器的壁面上，阻止了颗粒在壁面上沉积；即使发生了沉积现象，沉积物与接触面也不能紧密相粘，只能形成疏松的沉积层。

有些阻垢剂为链状高分子物质，它们与水中胶体或其他污物形成絮凝。絮凝的密度较小，易被水流带走，阻止了它们在冷却水系统中沉积。用作絮凝剂的高分子一般为分子量 $10^6 \sim 10^7$ 的链状聚合物，长链上有许多具有吸附能力的基团。

（3）络合理论

有些阻垢剂如膦酸类化合物在水中电离出 H^+，本身成为带负电荷的阴离子。这种阴离子能与水中的金属阳离子 Ca^{2+}、Mg^{2+} 等形成稳定的络合物，使它们不能结垢。

（4）再生-自然脱膜假说

Herbert 等认为聚丙烯酸类阻垢剂能在金属传热面上形成一种与无机晶体颗粒共同沉淀的膜，当这种膜增加到一定厚度时，会在传热面上破裂并脱离传热面。由于这种膜的不断形成和破裂，使垢层生长受到限制，此即"再生-自然脱膜假说"。此假说在实质上反映了阻垢剂的"消垢"机制。然而，关于这一假说尚有异议。

162 ▷ 常用的阻垢剂有哪些？

常用的阻垢剂主要有阻垢缓蚀剂和阻垢分散剂两种，见表 3-4。

阻垢缓蚀剂主要有无机聚合磷酸盐、多元膦酸类化合物、葡萄糖酸和单宁酸等。目前，循环水处理多采用磷系配方，应用最多的是多元膦酸类化合物。

阻垢分散剂是中、低分子量的水溶性聚合物，包括均聚物和共聚物两大类，其中均聚物有聚丙烯酸及其钠盐、水解聚马来酸酐等，共聚物的品种较多，以丙烯酸系和马来酸系的两元或三元共聚物为主。

表 3-4　部分常用阻垢缓蚀剂和阻垢分散剂

类别	名称	工业产品含量/%
聚合磷酸盐	三聚磷酸钠（NaTPP）	固体含三聚磷酸钠 85%
	六偏磷酸钠[（NaPO₃）₆]	—
膦酸盐	氨基三亚甲基膦酸（ATMP）	固体 85%～90%，液体 50%
	羧基亚乙基二膦酸（HEDP）	液体≥50%
	乙二胺四亚甲基膦酸（EDTMP）	液体 18%～20%
	膦羧酸（PBTCA）	液体≥40%
水溶性有机聚合物	聚丙烯酸（PAA）	液体 20%～25%
	聚丙烯酸钠（PAAS）	液体 25%～30%
	聚马来酸（PMA）	液体 50%
	水解聚马来酸酐（HPMA）	液体 50%
	马来酸-丙烯酸类共聚物（MA-AA）	液体 48%
	丙烯酸-丙烯酸酯共聚物（AA-AE）	液体≥25%
	丙烯酸-丙烯酸羟丙酯共聚物（AA-HPA）	液体 30%
	聚环氧琥珀酸（PESA）	液体
	聚天冬氨酸（PASP）	液体
	2-丙烯酰胺-2-甲基丙基磺酸（AMPS）	液体

163 ▶ 聚磷酸盐阻垢剂的性质和阻垢机理是什么？

在冷却水处理中，常用的聚磷酸盐有长链阴离子的三聚磷酸钠和六偏磷酸钠。三聚磷酸钠分子式 $Na_5P_3O_{10}$，其结构如下：

$$Na-O-\underset{\underset{Na}{|}}{\overset{\overset{O}{\parallel}}{P}}-O-\underset{\underset{Na}{|}}{\overset{\overset{O}{\parallel}}{P}}-O-\underset{\underset{Na}{|}}{\overset{\overset{O}{\parallel}}{P}}-O-Na$$

六偏磷酸钠其链较长，约含 20～100 个 PO_3^- 单位，其结构通式如下：

$$Na-O-\underset{\underset{Na}{|}}{\overset{\overset{O}{\parallel}}{P}}-O-\underset{\underset{Na}{|}}{\overset{\overset{O}{\parallel}}{P}}-O-\left[\underset{\underset{Na}{|}}{\overset{\overset{O}{\parallel}}{P}}-O-\right]_n Na$$

六偏磷酸钠没有固定的熔点，在水中溶解度很大，但不恒定。溶于水时，生成水解产物多为磷酸根阴离子聚结体。其水溶液有很大的黏度，pH 在 5.5～6.4 之间。

哈莱赫（Halinh）曾进行过如下的实验：在含有 600mg/L 的碳酸氢钙溶液中，投加不同量的六偏磷酸钠（指直链状，下同），并在 80℃ 时加热 1h，分析沉淀的碳酸钙量。结果发现，添加 2mg/L 六偏磷酸钠时，对防止碳酸钙析出有最好的效果，如增加用量，效果则不显著，如图 3-6 所示；另外如采用 2mg/L 的添加量，在 50℃ 及 80℃ 温度下分别进行 1h 的加热试验，则温度为 80℃ 时，六偏磷酸钠防止 $CaCO_3$ 析出的效果有所降低，如图 3-7 所示。

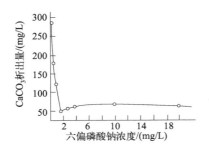

图 3-6　六偏磷酸钠防止
碳酸钙析出的结果

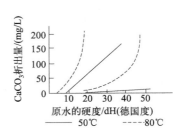

——50℃　----80℃

图 3-7　投加 2mg/L 六偏磷酸钠在不同
温度时防止碳酸钙析出的效果

从实验可知，几 mg/L 的聚磷酸盐就能防止几百 mg/L 的碳酸钙沉淀析出。其作用机理认为是聚磷酸盐在水中生成的长链阴离子吸附在微小的碳酸钙晶粒上，同时这种阴离子易于和 CO_3^{2-} 置换，这种置换发生在分散于水中的全部钙离子层上，从而防止了碳酸钙的析出。也有人认为，微量聚磷酸盐抑制和干扰了碳酸钙晶体的正常生长，使晶体在生长过程中被歪扭，从而使晶体长不大，不能沉积形成水垢而分散于水溶液中。比尤奇尔（Buchrer）和里蒂米吉尔（Reitemeier）对碳酸钙晶体结构所作的研究证明了上述机理，当溶液中没有聚磷酸盐时，碳酸钙晶体是正常的晶体，而当加有聚磷酸盐时，所形成的晶体不是正常的菱面体方解石，而是一种畸变的晶体。当聚磷酸浓度为 0.3～0.6mg/L 时，菱面体很多，晶体大都正常，少数畸变；当达到 0.9mg/L 时，只得到略变的晶团；达到 1.2mg/L 时，出现少量不变形的晶体；而在 1.2mg/L 以上时，就不再发生沉淀了。还有人认为，加入少量的聚磷酸盐之所以能有效地阻止碳酸钙等的沉淀，是由于有效地控制了晶核形成的速度。除此以外，聚磷酸盐还能螯合 Ca^{2+}、Mg^{2+} 等离子，形成单环螯合物或双环螯合物，其结构如下所示：

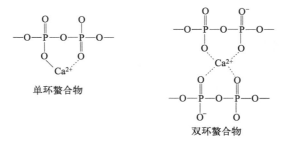

单环螯合物　　　　　　双环螯合物

金属离子和聚磷酸盐的螯合程度也随链长而迅速加强，大致在链长为 20～30 个 PO_3^- 单位以后，增长才不显著。聚磷酸盐还可以和附在管壁上的 Ca^{2+} 和 Fe^{2+} 等形成络合或螯合离子，然后再借布朗运动或水流作用，重新把管壁上的这些物质分散到水中。

总之，微量聚磷酸盐加入水中，破坏了碳酸钙等晶体的正常生长过程，从而阻止了碳酸钙水垢的形成。这种利用微量聚磷酸盐防止水垢析出的方法，称之为"临界值"或"阈值""槛值""低浓度"处理。它是早期城市配水系统或直流冷却水系统中防止水垢的一种常用方法。

聚磷酸盐在水中会发生水解，生成正磷酸盐。以三聚磷酸钠为例：

$$Na_5P_3O_{10} + H_2O \Longrightarrow Na_4P_2O_7 + NaH_2PO_4$$
$$Na_4P_2O_7 + H_2O \Longrightarrow 2Na_2HPO_4$$

$$3Na_2HPO_4 \Longrightarrow 2Na_3PO_4 + H_3PO_4$$

其水解速率随着浓度和温度的升高而加快，如当水温由 0℃增加到 100℃时，水解速率可加快 10 万～100 万倍。

同时，pH 值大于 7.5 或小于 6.5 时，水解速率也会加快。此外，循环冷却水系统中微生物分泌的磷酸酶也会促使聚磷酸盐迅速水解。

水解生成的正磷酸盐容易和水中的钙离子生成磷酸钙水垢。同时，正磷酸盐又是菌藻的营养物，通常 PO_4^{3-} 浓度达 0.02mg/L，对菌藻即有营养作用。因此，长期使用聚磷酸盐，对杀菌灭藻又不采取有效措施的话，则必然会促进系统中菌藻的繁殖。此时，硬垢虽解决了，软垢又会发生。因此，单纯用聚磷酸盐作阻垢剂已逐渐被淘汰，取而代之的是复合磷酸盐配方。

164 ▶ 常用膦酸类化合物有哪些种类？其优点是什么？

膦酸类化合物的种类很多，但在它们的分子结构中都含有与碳原子直接相连的膦酸基团，并且分子中还可能含有—OH、—CH₂ 或—COOH 等基团。

$$-\underset{|}{\overset{|}{C}}-\underset{|}{\overset{O}{\underset{OH}{\overset{\|}{P}}}}-OH$$

因此，按分子中含膦酸基团的数目，膦酸类化合物可分为二膦酸、三膦酸、四膦酸、五膦酸等；如按分子结构的类型，膦酸类化合物又可分为甲叉膦酸型、同碳二膦酸型、羧酸膦酸型和含其他原子膦酸型。

膦酸类化合物是国外在 20 世纪 60 年代后期才开发的新产品，但在 70 年代就在循环冷却水处理中得到广泛应用。这是由于它有以下一些优点：

① 它们分子结构中都有 C—P 键，而这种键比聚磷酸盐中的 P—O—P 键要牢固得多，因此它的化学稳定性好，不易水解，并且耐高温，在使用中不会因水解产生正磷酸而导致菌藻过度繁殖。

② 它与聚磷酸盐一样也有临界值效应（threshold effect），就是只需用几 mg/L 的膦酸类化合物就可以阻止几百 mg/L 的碳酸钙发生沉淀。同时，它的阻垢性能比聚磷酸盐好。在钙硬度为 1375mg/L 的水中，投加 5mg/L 的膦酸类化合物，在 90℃温度下经过 120h，钙硬度中的 50%～80%不会沉淀；而在同样条件下投加 5mg/L 聚磷酸盐，则几乎无效。

③ 它还有与其他药剂共用时的良好协同效应，即在总剂量不变的情况下，药剂各自单独使用，其效果不如二者混合在一起使用的效果好。人们在实际使用中发现，膦酸类化合物与聚磷酸盐混合使用的效果比单用任何一种都好。除了与聚磷酸盐外，它还与多种药剂有良好的协同效应。因此，在实际使用中人们常择其有最佳协同效应的复合配方使用。

除上述优点外，膦酸类化合物在高剂量下还具有良好的缓蚀性能，并且属于无毒或极低毒的药剂，因此在使用中可以不必担心环境污染的问题。

165 ▶ 循环冷却水中常用的膦酸类化合物药剂有哪些?

膦酸类化合物品种很多,但在循环冷却水中常用的药剂主要有以下几种。

(1) ATMP

化学名称为氨基三亚甲基膦酸,ATMP 是其英文名称 aminotrim ethylene phosphonic acid 的缩写。其分子结构式为

$$(HO)_2OP—CH_2—N \begin{matrix} CH_2—PO(OH)_2 \\ \\ CH_2—PO(OH)_2 \end{matrix}$$

ATMP 是以氯化铵、甲醛和三氯化磷为原料一步合成的。

ATMP 具有稳定的 C—P 键,是膦酸类化合物中最常用的药剂之一。试验表明,在含 95mg/L 钙硬度的水溶液中,投加 1mg/L 的 ATMP,在 85℃ 温度下,可保持 24h 不沉淀。 ATMP 是亚甲基磷酸型中对 $CaCO_3$ 阻垢效果最好的几种药剂之一,因此 ATMP 对抑制碳酸钙垢特别有效。有人用 ATMP 做鱼毒实验,证明其对刺鱼的 TL_m^{50} 值为 100mg/L,对胖头鱼的 TL_m^{50} 值也为 100m/L,基本上属于无毒药品。

(2) EDTMP

化学名称为乙二胺四亚甲基膦酸,EDTMP 是其英文名称 ethylene diamine tetra methylene phosphoric acid 的缩写。其分子结构式为

$$(HO)_2OP—H_2C \begin{matrix} \\ N—CH_2—CH_2—N \\ \\ \end{matrix} \begin{matrix} CH_2—PO(OH)_2 \\ \\ CH_2—PO(OH)_2 \end{matrix}$$
$$(HO)_2OP—H_2C \qquad\qquad\qquad\qquad\qquad$$

EDTMP 是由乙二胺、甲醛和三氯化磷一步合成的。它能与多价离子 Ca^{2+}、Mg^{2+}、 Fe^{2+}、Zn^{2+}、Al^{3+}、Fe^{3+} 等形成稳定的络合物,所形成的络合物常是多元环形。如 EDT-MP 与 Ca^{2+} 形成多元环螯合物:

这仅是从平面上表示它们与一个金属离子形成的螯合物,而实际上它可以和两个或多个金属离子螯合,形成立体结构的双环或多环螯合物。这些大分子络合物是疏松的,可以分散在水中或混入钙垢中,使硬垢变松软。

EDTMP 对抑制碳酸钙、水合氧化铁和硫酸钙等水垢都有效,而对稳定硫酸钙的过饱和溶液最为有效,并且在 200℃ 高温下也不分解,因此更适用于低压锅炉作炉内处理,国外还曾用 EDTMP 纯品作注射用药,作牙膏的添加剂,以阻止磷酸钙垢在牙齿上的沉淀。

(3) HEDP

HEDP 是同碳二膦酸型中的一种膦酸类化合物。它的分子结构中不含 N,其化学名称

为羟基亚乙基二膦酸。HEDP 是其英文名称 1-hydroxy ethylidene-1，1-diphosphonic acid 的缩写。其分子结构式为

$$(HO)_2 OP-\underset{\underset{CH_3}{\overset{\overset{OH}{|}}{|}}}{C}-PO(OH)_2$$

HEDP 是用醋酸和三氯化磷一步合成的。由于分子结构中只有 C—P 键而无 C—N 键，因此其抗氧化性比上述两种膦酸类化合物好。HEDP 也能与金属离子形成六元环螯合物，并且有临界值效应和协同效应，因此它对抑制碳酸钙、水合氧化铁等的析出或沉积有很好的效果，但对抑制硫酸钙垢的效果较差。纯的 HEDP 是无毒的，国外还曾用它作为酒的稳定剂。此外，纯品还用于无氰电镀。

（4）DTPMP

DTPMP 是国外 20 世纪 80 年代开发的一种膦酸类化合物，其化学名称为二亚乙基三胺五亚甲基膦酸。DTPMP 是其英文名称 dierhylene triamine penta methylene phosphonic acid 的缩写。其分子结构式为

$$\begin{array}{c}(HO)_2 OPH_2C\\(HO)_2 OPH_2C\end{array} N-CH_2-CH_2-N-CH_2-CH_2-N\begin{array}{c}CH_2PO(OH)_2\\CH_2PO(OH)_2\end{array}$$
$$CH_2PO(OH)_2$$

它的特点是与 Mn^{2+} 复合，对碳钢和铜合金均有很好的缓蚀能力。由于 Mn^{2+} 不在环境法规限制范围之内，因此，这种药剂的配方在国际上已引起较大的兴趣。DTPMP 与上述膦酸类化合物一样，也可以和多个金属离子螯合，形成两个或多个立体大分子环状络合物，松散地分散于水中，破坏了碳酸钙晶体的生长，从而起到阻垢的作用。

166 ▷ 膦羧酸类阻垢剂有哪些优点？

膦羧酸分子中同时含有磷酸基—$PO(OH)_2$ 和—COOH 两种基团，根据它们在化合物中的位置和数目的不同，可以有很多品种。但目前在实际应用中，使用较多的是 PBTCA（2-磷酸基-1,2,4-三羧酸丁烷），它的化学名称为 2-膦酸基丁烷-1,2,4-三羧酸，PBTCA 的分子式为：

$$(HO)_2 OP-\underset{\underset{CH_2-COOH}{\overset{\overset{CH_2-COOH}{|}}{|}}}{C}-COOH$$

由于 PBTCA 分子结构中同时含有磷酸基和羧基两种基团，在这两种基团的共同作用下，PBTCA 能在高温、高硬度和高 pH 值的水质条件下，具有比常用膦酸类化合物更好的阻垢性能。与膦酸类化合物相比，PBTCA 不易形成难溶的膦酸类化合物钙。同时，它还具有缓蚀作用，特别是在高剂量使用时，它还是一种高效缓蚀剂。PBTCA 与锌盐和聚磷酸盐复配可产生良好的协同效应。

167 ▸ 有机磷酸酯的结构特征及其阻垢性能如何？

有机磷酸酯的种类很多，但其分子结构中均有下列基团：

$$-\overset{|}{\underset{|}{C}}-O-PO(OH)_2$$

有机磷酸酯由醇与磷酸或五氧化二磷或五氯化磷反应制得。采用不同配比可制得磷酸一酯、磷酸二酯等，如用多元醇与磷酸或五氯化磷反应，即可得到多元醇磷酸酯。它们的分子结构式分别为：

磷酸一酯　　　　　　　　　　　$R-O-PO(OH)_2$

磷酸二酯

$$\begin{matrix} R-O \\ \qquad\qquad POOH \\ R-O \end{matrix}$$

多元醇磷酸酯

$$\begin{matrix} H \\ H-C-O-PO(OH)_2 \\ H-C-O-PO(OH)_2 \\ H-C-O-PO(OH)_2 \\ H-C-O-PO(OH)_2 \\ H-C-O-PO(OH)_2 \\ H-C-O-PO(OH)_2 \\ H \end{matrix}$$

有机磷酸酯抑制硫酸钙垢的效果较好，但抑制碳酸钙垢的效果较差。有机磷酸酯分子结构中有 C—O—P 键，它虽比聚磷酸盐难水解，但比膦酸类化合物容易水解生成正磷酸。有人在其

$-\overset{|}{\underset{|}{C}}-O-$ 键中接入几个氧乙烯基，如聚氧乙烯基磷酸酯 $R-[O-CH_2-CH_2]_n\!O-PO(OH)_2$，

可提高有机磷酸酯的阻垢和缓蚀性能。它们对炼油厂含油污冷却水的水质控制能保持良好的缓蚀、阻垢作用，有着特殊的效果。

由于有机磷酸酯对水生动物的毒性很低，且会缓慢水解，水解后的产物还可以生物降解，因此对环境没有什么影响。

有机磷酸酯一般与其他药剂（如聚磷酸盐、锌盐、木质素和苯并三氮唑等）复合使用。

168 ▸ 常用的聚羧酸阻垢剂有哪些？

聚羧酸作为阻垢剂和分散剂，使用最多的是丙烯酸的均聚物和共聚物，以及以马来酸为主的均聚物和共聚物。

常用的聚羧酸阻垢剂有聚丙烯酸（PAA）、聚甲基丙烯酸（PMAA）、丙烯酸与丙烯酸羟丙酯共聚物、丙烯酸与丙烯酸酯共聚物、水解聚马来酸酐、马来酸酐-丙烯酸共聚物、苯乙烯磺酸-马来酸（酐）共聚物。

（1）聚丙烯酸（PAA）

PAA 分子链上含有亲水基团羧酸基，具有较强的水溶性。当分子量比较低时（例如，

小于 2000），能与水中的 Ca^{2+}、Mg^{2+} 螯合生成溶于水的络合物，主要作用是阻垢，当分子量比较高时（例如，4000~2000），主要作用是分散，使已经沉淀出的致垢盐类不黏附于容器或管道壁上。为了同时发挥阻垢和分散作用，可将这两种分子量的 PAA 掺和着使用。此外，PAA 还能对非晶状的泥土、粉尘和腐蚀产物以及生物碎屑等起分散作用，但对正磷酸钙的沉积抑制作用较差。对于一般水质情况，PAA 的用量为 1~15mg/L。最佳投量取决于产品的分子量和水质条件，需要通过实验确定。另外，PAA 可与其他含磷药剂、锌盐、芳族噻唑类复配使用。

图 3-8 为在含 6400mg/L 总硬度的给水水质下 PAA 浓度与阻垢率的关系。可见 4mg/L 是最合适的投加浓度，可达到较高的阻垢率，耗费的药剂量相对来说又比较低。

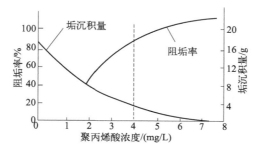

图 3-8　在一定水质条件下聚丙烯酸浓度与阻垢率的关系

（2）聚甲基丙烯酸（PMAA）

聚甲基丙烯酸的生产工艺与 PAA 相似，引发剂的含量约为 0.1%~0.2%。其阻垢性能与 PAA 也基本相似，但价格较贵。在螯合能力方面，PMAA 优于 PAA；在晶格歪曲作用方面，PAA 优于 PMAA。分子量为 500~2000 时，阻垢率较高。因 PMAA 结构中有甲基存在，增加了空间位阻效应，耐温性优于 PAA，所以除能用于循环冷却水的阻垢之外，也可用于低压锅炉水阻垢。

（3）丙烯酸与丙烯酸羟丙酯共聚物

丙烯酸与丙烯酸羟丙酯的共聚物是 20 世纪 80 年代初由日本栗田公司引进，代号为 T-225。它是由丙烯酸与丙烯酸羟丙酯共聚而成。其分子结构式为

$$\left[CH_2-CH \right]_m \left[CH_2-CH \right]$$
$$\qquad COOH \qquad COOH_2-CH-CH_3$$
$$\qquad\qquad\qquad\qquad\qquad OH$$

它抑制碳酸钙结垢的性能较差，效果不如膦酸类化合物和上述几种聚合物，但对磷酸钙、磷酸锌以及氢氧化锌、水合氧化铁等有非常好的抑制和分散作用，其效果超过上述各种阻垢剂。因此，用 T-225 替代聚丙烯酸，与聚磷酸盐等复配往往可以收到显著的缓蚀和阻垢效果。目前，该共聚物已在国内得到较为广泛的使用。

（4）丙烯酸与丙烯酸酯共聚物

丙烯酸与丙烯酸酯共聚物是由该两种单体共聚而成。其分子结构式为

$$\left[CH_2-CH \right]_m \left[CH_2-CH \right]_n$$
$$\qquad COOH \qquad\qquad COOR$$

美国 Nalco 公司的 N-7319 就是这种产品。它对磷酸钙和氢氧化锌有良好的抑制和分散作用，常与聚磷酸盐、磷酸酯和锌盐等药剂复配使用。

除了上述一些丙烯酸类聚合物外，低分子量的聚丙烯酰胺及聚丙烯酰胺与丙烯酸等的共聚物也有较好的阻垢性能。

（5）水解聚马来酸酐

聚马来酸酐作为水处理剂，起始于多级闪蒸法淡化海水装置中的应用，具有如下特点：

① 由于分子结构中羧基数比聚丙烯酸多，聚合链上每一个碳原子都有一个羟基，而阻垢性能与羟基数目成一定比例，故阻垢性能比聚丙烯酸好，且有分散磷酸钙垢的效能，可用于高硬、高 pH 值水质；

② 生成的垢是比较疏松的软垢，容易被水流冲走；

③ 热稳定性好，在 170℃ 左右的高温下也能保持良好的阻垢性能；

④ 可与锌盐配合使用，具有协同效应；

⑤ 无毒。

（6）马来酸酐-丙烯酸共聚物

为降低水解聚马来酸酐的价格，又保持其较高的耐温性，人们又开发了一种以马来酸酐和丙烯酸两种单体在过氧化二苯甲酰引发剂作用下共聚成水解聚马来酸酐和丙烯酸的共聚物，其分子结构式为

$$\left[\begin{array}{cc} CH-CH \\ | \quad | \\ COOH \ COOH \end{array}\right]_{m'}\left[\begin{array}{cc} CH-CH \\ | \quad | \\ C \quad C \\ \| \quad \| \\ O \quad O \end{array}\right]_{m''}\left[\begin{array}{c} CH_2-CH \\ | \\ COOH \end{array}\right]_n$$

它的阻垢性能与水解聚马来酸酐相似，但价格要低些。因此，生产实际中，常以马来酸酐-丙烯酸共聚物替代水解聚马来酸酐，可获得同样效果。

（7）苯乙烯磺酸-马来酸（酐）共聚物

国外已开发出相当多品种的带磺酸基团的共聚物。这类共聚物具有良好的阻垢性能，特别是对抑制磷酸钙垢效果显著。除此之外，还兼有良好的分散性能，适应 pH 值范围宽，对"钙容忍度"高，是一种应用前途广泛的新品种。

苯乙烯磺酸-马来酸（酐）共聚物在国外是最早开发并商品化的带磺酸基团的共聚物，其分子结构式为

$$\left[\begin{array}{c} CH_2-CH \\ | \\ \bigcirc \\ | \\ SO_3H \end{array}\right]_m\left[\begin{array}{cc} CH-CH \\ | \quad | \\ COOH \ COOH \end{array}\right]_n$$

由于苯乙烯磺酸-马来酸共聚物中引入了苯环，使其热稳定性有所提高，又由于分子结构中引入了磺酸基团，使该共聚物的分散作用也得到了加强。苯乙烯磺酸-马来酸共聚物常用于冷却水系统、低压锅炉水，用来控制磷酸钙、碳酸钙、硅酸盐、铁的氧化物以及污泥等的沉积，效果显著。

此外，美国 Calgon 公司还以 2-丙烯酰胺-2-甲基丙磺酸（AMPS）为单体，分别与丙烯酸、丙烯酸乙酯、甲基丙烯酸、丙烯酰胺等共聚形成不同的带磺酸基团的共聚物。其中，又以 AMPS 和甲基丙烯酸共聚物使用最广泛。国内在开发这类化合物方面也做了不少工作，

已有商品化产品，但应用方面尚有待推广。

169 什么是阻垢剂的协同效应？

阻垢剂的协同效应是指当两种以上的阻垢剂复合使用时，在总药剂量保持不变的情况下，复合药剂的阻垢能力高于任何单一药剂的阻垢能力。例如，加入 1.5mg/L 的聚丙烯酸时，阻垢率为 26.1%；当加入 0.5mg/L 的 ATMP 和 1.0mg/L 的聚丙烯酸的复合药剂时，阻垢率上升到 54.1%。

在生产中，为了发挥每一种阻垢剂的阻垢能力，减少药剂费用，经常根据冷却水的水质和冷却水系统的工艺要求，利用阻垢剂的这种协同效应，对各种药剂方案进行筛选实验。

170 循环冷却水阻垢剂阻垢性能评价方法有哪些？

循环冷却水水质稳定剂阻垢性能评价方法有碳酸钙沉积法、鼓泡法、极限碳酸盐硬度法、浊度法和电导率法 5 种。

（1）碳酸钙沉积法

参照《水处理剂阻垢性能的测定　碳酸钙沉积法》（GB/T 16632—2019）。

（2）鼓泡法

参照《水处理剂阻垢性能的测定方法　鼓泡法》（HG/T 2024—2009）。

（3）极限碳酸盐硬度法

分别取 250mL 水样于 n 个 500mL 烧杯中，其中 1 个烧杯中不加药剂，其余 $n-1$ 个烧杯中按设计加药量分别加入 $n-1$ 种水质稳定剂。将烧杯放入 (50 ± 1)℃ 的恒温水浴锅中进行蒸发浓缩，加热过程中需及时向水浴锅中补充水，以保持水浴锅中液面高于烧杯内溶液液面。每隔一定时间测定水样中的 Ca^{2+}、Cl^- 浓度，监测水样的浓缩倍率，根据公式（3-10）测定当 $\Delta A=0.2$ 时水质稳定剂的极限浓缩倍率。

$$\Delta A = \frac{\rho(Cl^-_{循})}{\rho(Cl^-_{补})} - \frac{\rho(Ca^{2+}_{循})}{\rho(Ca^{2+}_{补})} \leqslant 0.2 \qquad (3\text{-}10)$$

式中，$\rho(Cl^-_{补})$、$\rho(Ca^{2+}_{补})$ 为循环水初始状态下 Cl^-、Ca^{2+} 质量浓度，mg/L；$\rho(Cl^-_{循})$、$\rho(Ca^{2+}_{循})$ 为循环水浓缩过程中 Cl^-、Ca^{2+} 质量浓度，mg/L。

（4）浊度法

分别取 100mL 水样于 n 个 250mL 烧杯中，其中 1 个烧杯中不加药剂，其余 $n-1$ 个烧杯中按设计加药量分别加入 $n-1$ 种水质稳定剂。缓慢向烧杯中滴加 0.1mol/L 的 NaOH 溶液并不断搅拌，每滴加 0.1mL 测定一次溶液浊度。溶液浊度越小，说明沉淀量越少，溶液中成垢离子的保有率越高，水质稳定剂的阻垢性能越好。通过多次试验，确定以滴加 NaOH 溶液至 0.9mL 时溶液的浊度作为药剂阻垢性能的评价指标。

（5）电导率法

分别取 100mL 水样于 n 个 250mL 烧杯中，其中 1 个烧杯中不加药剂，其余 $n-1$ 个烧杯中按设计加药量分别加入 $n-1$ 种水质稳定剂。将其置于磁力搅拌器上不断搅拌，并缓慢向烧杯中滴加 0.1mol/L 的 Na_2CO_3 溶液，监测溶液电导率的变化，当电导率不再上升并开

始降低时停止滴加 Na_2CO_3 溶液。计算水质稳定剂存在条件下的相对过饱和度，相对过饱和度越大，药剂的阻垢性能越好。

鼓泡法和碳酸钙沉积法作为我国主要推广的两项稳定剂评定技术，具有操作简便以及仪器需求简单等特点，但在实际应用中却没有对阻垢性能评定中的吸附分散作用以及晶格畸变进行充分的考虑。这种特点的存在，就使其较为适合应用在水质稳定剂数量、种类较多的初步筛选工作之中。而在两种方式的相互对比方面，鼓泡法测定所需时间更长，且在试验装置方面也更为复杂。

极限碳酸盐硬度法有着测定结果准确以及重现性高等优点，且在试验中能够较好地对循环水处理的现场运行状况进行模拟。所存在的缺点就是工作量相对较大，非常适合应用在初步筛选之后、对稳定剂阻垢性能的最终评价工作中。

而对于浊度法、电导率法来说，则具有着仪器设备操作简便以及试验速度快、效率高等优点，在实际应用中较适合应用在区分阻垢性能差异非常明显的水质稳定剂情况下。

171 ▶阻垢剂如何使用和保存？

（1）阻垢剂的使用方法

循环水药剂有自动加药和手动加药两种。自动加药采用自动加药装置，加配计量水泵，加药量与循环水补充水量连锁控制，循环水单位加药量宜根据循环水动态模拟实验确定。循环水阻垢剂加药位置一般选择循环水进入循环水泵前的管道入口，并避免靠近排污口，以免药剂未进入系统就被排出。

（2）阻垢剂保存方法

阻垢剂采用塑料桶包装，每桶 25kg 或根据用户需要确定，储于室内阴凉处，缓蚀阻垢剂为弱酸性，操作时注意劳动保护，应避免与皮肤、眼睛等接触，接触后用大量清水冲洗。

四、

循环冷却水腐蚀控制技术

（一）金属腐蚀的机理和影响因素

172 ▶ 金属腐蚀的原理是什么？

以碳钢为例。由于种种原因，碳钢的金属表面并不是均匀的。当它与冷却水接触时，会形成许多微小的腐蚀电池（微电池）。其中，活泼的部位成为阳极，腐蚀学上把它称为阳极区；而不活泼的部位则成为阴极，腐蚀学上把它称为阴极区。

在阳极区，碳钢氧化生成亚铁离子进入水中，并在碳钢的金属基体上留下两个电子。与此同时，水中的溶解氧则在阴极区接受从阳极区流过来的两个电子，还原为 OH^-。这两个电极反应可以表示为：

在阳极区：$$Fe \longrightarrow Fe^{2+} + 2e$$
在阴极区：$$0.5O_2 + H_2O + 2e \longrightarrow 2OH^-$$

当亚铁离子和氢氧根离子在水中相遇时，就会生成 $Fe(OH)_2$ 沉淀。

$$Fe^{2+} + 2OH^- \longrightarrow Fe(OH)_2$$

如果水中的溶解氧比较充足，则 $Fe(OH)_2$ 会进一步氧化，生成黄色的锈 $FeOOH$ 或 $Fe_2O_3 \cdot H_2O$，而不是 $Fe(OH)_3$。如果水中的氧不充足，则 $Fe(OH)_2$ 进一步氧化为绿色的水合 Fe_3O_4 或黑色的无水 Fe_3O_4。

由以上的金属腐蚀机理可知，造成金属腐蚀的是金属的阳极溶解反应。因此，金属的腐蚀破坏仅出现在腐蚀电池中的阳极区，而腐蚀电池的阴极区是不腐蚀的。

冷却水与金属设备、管道接触时，使金属遭到腐蚀，是由于具备了以下三个条件。

① 有导电介质　水是导电物质，即使纯水也有极少量电离。而冷却水中都含有相当量的溶解盐类，其电离和导电性能均是很好的。

② 有阴阳极存在　阴阳极之间有电位差，电位差是腐蚀电池的推动力，它的大小反映腐蚀倾向的大小。而冷却水系统具备了产生阴阳极的各种因素。

③ 有传递电子的载体　金属本体在阴阳极之间起导线作用，能够通畅地传递电子。

173 金属腐蚀主要有哪些类型?

（1）按照腐蚀原理分类

① 化学腐蚀　金属表面与介质（如气体或非电解质液体等）因发生化学作用而引起的腐蚀，称为化学腐蚀。化学腐蚀作用进行时无电流产生。

② 电化学腐蚀　金属表面与介质（如潮湿空气或电解质溶液等）因形成微电池，金属作为阳极发生氧化而使金属发生腐蚀，这种由于电化学作用引起的腐蚀称为电化学腐蚀。两种电化学势能差很大的金属相互接触过程中可能产生这种腐蚀。如果水汽把这两种金属连接起来，就产生一个电流回路，合成电流将显著地增加容易产生化学反应的金属的腐蚀速率。任何两种不锈钢之间的势能差都不足以引起这种腐蚀，只是有些影响，而不会成倍地增加腐蚀。但碳钢和大面积的不锈钢结合到一起，碳钢就会迅速腐蚀，因此不同金属连接在一起的地方要避免水汽集聚。若不能避开水汽，这两种金属之间要彼此电绝缘。

（2）按照氧化还原反应分类

① 吸氧腐蚀　金属在酸性很弱或中性的溶液里，空气里的氧气溶解于金属表面水膜中而发生的电化学腐蚀，叫吸氧腐蚀。例如钢铁在接近中性的潮湿空气中腐蚀属于吸氧腐蚀。

② 析氢腐蚀　在酸性较强的溶液中发生电化学腐蚀时放出氢气，这种腐蚀叫作析氢腐蚀。在钢铁制品中一般都含有碳。在潮湿空气中，钢铁表面会吸附水汽而形成一层薄薄的水膜。水膜中溶有二氧化碳后就变成一种电解质溶液，使水里的 H^+ 增多，这就构成了无数个以铁为负极、碳为正极、酸性水膜为电解质溶液的微小原电池。

这些原电池里发生的氧化还原反应如下。

负极（铁）：铁被氧化　$Fe-2e \longrightarrow Fe^{2+}$；

正极（碳）：溶液中的 H^+ 被还原　$2H^+ + 2e \longrightarrow H_2 \uparrow$

氢气在碳的表面放出，铁被腐蚀，所以叫析氢腐蚀。

（3）按照腐蚀形态分类

① 锈蚀　锈蚀是一个专用术语，专指表面十分均匀地失去光泽，也可能是表面形成了一层干涉膜。通常有轻微的颜色变化和一定程度的光亮度损失，特别是细小的脏东西进入了表面膜。通过清洗表面可得到一定程度的改善。在任何情况下，在外观形态方面的所有努力收效甚微，特别是从远距离来观看更是如此。

② 点蚀　点蚀是明显腐蚀的通常形式。一般以针状腐蚀开始，由于腐蚀的产生，受腐蚀部位变黑色或变成深褐色。大多数严重腐蚀环境中，点蚀的数量和深度增加，使表面呈现受腐蚀的外观。在弱腐蚀条件下，点蚀本身不可能从表面上明显减少，但是在表面上可能出现腐蚀，产生一层薄膜，当锈斑渗出就可能使周围失去光泽。

③ 缝隙腐蚀　缝隙腐蚀是在氧气不足的情况下产生的。既可以由金属清洗剂产生，也可以由非金属清洗剂产生，由雨水或冷凝水形成的含水电解液也可导致缝隙腐蚀的产生。低合金钢更容易出现这种腐蚀，特别在裂缝非常小、氧气很难渗进的地方常出现缝隙腐蚀。设计中对尽可能减少缝隙腐蚀要给予特别的注意。在特别容易碰到水汽的地方，要努力避免缝隙的产生。如果缝隙不可能避免，就应该考虑使用更耐腐蚀、更高合金含量的钢种。

④ 应力腐蚀开裂　有两种情况可能出现应力腐蚀开裂。不锈钢处于氯化物水溶液环境

中时可能产生氯离子应力腐蚀开裂。例如海雾环境，钢又处于很高的拉应力作用下，而且气温又超过正常的环境温度（通常超过60℃），在建筑上使用不可能不存在影响，除非所使用的钢经过了敏化处理。在较低温度下，或在恶劣环境中，或受有机化学剂影响，也能产生应力腐蚀开裂，而这些条件在大多数情况下又是不可避免的。

应力腐蚀开裂、点腐蚀、晶间腐蚀、腐蚀疲劳以及缝隙腐蚀等都属于局部腐蚀。

174 ▶ 什么是全面腐蚀和局部腐蚀？

全面腐蚀是用来描述在整个合金表面上以比较均匀的方式所发生的腐蚀现象的术语。当发生全面腐蚀时，材料由于腐蚀而逐渐变薄，甚至材料腐蚀失效。不锈钢在强酸和强碱中可能呈现全面腐蚀。全面腐蚀所引起的失效问题并不怎么令人担心，因为这种腐蚀通常可以通过简单的浸泡试验或查阅腐蚀方面的文献资料而预测。

局部腐蚀，亦即应力腐蚀开裂、点腐蚀、晶间腐蚀、腐蚀疲劳以及缝隙腐蚀。这些局部腐蚀所导致的失效事例几乎占失效事例的一半以上。

175 ▶ 什么是磨损腐蚀、腐蚀疲劳和氢脆？

（1）磨损腐蚀

由磨损和腐蚀联合作用而产生的材料破坏过程叫磨损腐蚀。磨损腐蚀可发生在高速流动的流体管道及载有悬浮摩擦颗粒流体的泵、管道等处。有的过流部件，如高压减压阀中的阀瓣（头）和阀座、离心泵的叶轮、风机中的叶片等，在这些部位腐蚀介质的相对流动速率很高，使钝化型耐蚀金属材料表面的钝化膜因受到过分的机械冲刷作用而不易恢复，腐蚀率会明显加剧，如果腐蚀介质中存在着固相颗粒，会大大加剧磨损腐蚀。

（2）腐蚀疲劳

腐蚀疲劳是在腐蚀介质与循环应力的联合作用下产生的，这种由于腐蚀介质而引起的抗腐蚀疲劳性能的降低称为腐蚀疲劳。疲劳破坏的应力值低于屈服点，在一定的临界循环应力值（疲劳极限或称疲劳寿命）以上时才会发生疲劳破坏。而腐蚀疲劳却可能在很低的应力条件下就发生破断，因而它是很危险的。

影响材料腐蚀疲劳的因素主要有应力交变速率、介质温度、介质成分、材料尺寸、加工和热处理等。增加载荷循环速率、降低介质的pH值或升高介质的温度，都会使腐蚀疲劳强度下降。材料表面的损伤或较低的粗糙度所产生的应力集中会使疲劳极限下降，从而也会降低疲劳强度。

（3）氢脆

金属材料特别是钛材一旦吸氢，就会析出脆性氢化物，使机械强度劣化。在腐蚀介质中，金属因腐蚀反应析出的氢及制造过程中吸收的氢是金属中氢的主要来源。金属的表面状态对吸氢有明显的影响。研究表明，钛材的研磨表面吸氢量最多，其次为原始表面，而真空退火和酸洗表面最难吸氢。钛材在大气中氧化处理能有效地防止吸氢。

176 ▷ 什么是点蚀？其危害有哪些？

由于金属材料中存在缺陷、杂质和溶质等的不均一性，当介质中含有某些活性阴离子（如 Cl^-）时，这些活性阴离子首先被吸附在金属表面某些点上，从而使金属表面钝化膜发生破坏。一旦这层钝化膜被破坏，又缺乏自钝化能力时，金属表面就发生腐蚀。这是因为在金属表面缺陷处易漏出基体金属，使其呈活化状态，而钝化膜处仍为钝态，这样就形成了活性-钝性腐蚀电池，由于阳极面积比阴极面积小得多（大阴极小阳极），阳极电流密度很大，所以腐蚀往深处发展，金属表面很快就被腐蚀成小孔。这种现象称为点蚀。

点蚀的主要特征是在金属表面上产生某些呈点状或小孔状的局部腐蚀。蚀孔有大有小，多数情况下为小孔。一般来说，点蚀表面直径等于或小于它的深度，只有几十微米。分散或密集分布在金属表面上。孔口多数为腐蚀产物所覆盖，少数呈开放式。有的为碟形成孔，有的是小而深的孔，也有的孔甚至使金属板穿透。图 4-1 为点蚀的几种形貌示意图。

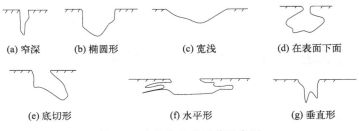

(a) 窄深   (b) 椭圆形   (c) 宽浅   (d) 在表面下面

(e) 底切形   (f) 水平形   (g) 垂直形

图 4-1   点蚀的几种形貌示意图

点蚀是冷却水系统中破坏性和隐患最大的腐蚀形态之一。它使设备穿孔损坏，而这时的蚀孔仅占整个结构很小的百分数。检查和发现蚀孔常常是很困难的，因为蚀孔既小，通常又被腐蚀产物或沉积物所覆盖（见图 4-1）。点蚀危害特别严重，因为它是一种局部的、剧烈的腐蚀形态。点蚀严重的设备会在突然之间发生穿孔导致泄漏，使人措手不及。

由于氧的阴极腐蚀反应是发生在蚀孔周围的表面，使周围金属得到了阴极保护，因而抑制了蚀孔周围的全面腐蚀。孔越小，阴、阳极面积比越大，穿孔越快。

冷却水中大多数的点蚀与水中的卤素离子有关，尤以氯离子、溴离子的影响为甚。用作工业冷却水的淡水或半咸水中都不同程度地含有卤素离子，又加之有溶解氧的存在，使金属在冷却水系统中极易发生点蚀。此外，温度对点蚀的影响较大，升高温度会使钝化膜的保护性能下降，还可能导致应力腐蚀开裂。不同的金属和合金状态对抗点蚀的效果也不相同，普通碳钢比不锈钢的耐点蚀能力要高一些。

177 ▷ 防止点蚀的方法有哪些？

防止冷却水系统中点蚀的方法有以下几种。

① 控制循环冷却水中氯离子的浓度。不同材质耐受的氯离子浓度可参考《发电厂凝汽器及辅机冷却器管选材导则》（DL/T 712—2021）。

② 选用耐蚀的金属或合金（如钛合金），或在金属材料中加入部分钼、镍、钒、硅等元

素以提高金属材料的耐点蚀性能。如在 18-8 不锈钢（304 型）中加入 2％的钼制成 18-8 钼不锈钢（316 型），其耐点蚀性能大大提高。

③ 向冷却水中加入缓蚀剂。加铬酸盐、聚磷酸盐、锌盐、硅酸盐等缓蚀剂可以防止或减轻水中金属的点蚀。

④ 对冷凝器和凝汽器进行阴极保护。

178 ▶ 什么是缝隙腐蚀？其控制方法有哪些？

在电解液中，金属与金属或金属与非金属表面之间构成狭窄的缝隙，缝隙内有关物质的移动受到了阻滞，形成浓差电池，从而产生局部腐蚀，这种腐蚀称为缝隙腐蚀。缝隙腐蚀常发生在设备中法兰的连接处，垫圈、衬板、缠绕与金属重叠处，它可以在不同的金属和不同的腐蚀介质中出现，从而给生产设备的正常运行造成严重障碍，甚至发生破坏事故。对钛及钛合金来说，缝隙腐蚀是最应关注的腐蚀现象。介质中，氧气浓度增加，缝隙腐蚀量增加；pH 值减小，阳极溶解速率增加，缝隙腐蚀量也增加；活性阴离子的浓度增加，缝隙腐蚀敏感性升高。但是，某些含氧阴离子的增加会减小缝隙腐蚀量。

凡耐蚀性依靠氧化膜或钝化膜的金属或合金，例如不锈钢和碳钢，在高 Cl^- 浓度和高 H^+ 浓度的情况下，缝隙内钝态易遭到破坏，因此更容易发生缝隙腐蚀。

防止冷却水系统中发生缝隙腐蚀的措施很多，往往需要根据具体情况而定。

① 防止和除去金属水冷设备表面的沉积物。如在冷却水中加入酸类或阻垢剂和分散剂。以防止产生污垢和沉积物；定期进行物理清洗和化学清洗。

② 降低冷却水中的氯离子浓度。

③ 合理设计，尽量避免缝隙。焊接比铆接或螺钉连接好，对焊优于搭焊，搭焊时焊缝要连续。如在换热器管板之间的连接宜用焊接而不宜用胀接，以消除缝隙。

④ 酌情采用耐蚀材料、阴极保护等相应措施。

179 ▶ 什么是晶间腐蚀？其控制方法有哪些？

晶间腐蚀是金属材料在特定的腐蚀介质中，材料的晶粒间分界面受到腐蚀，使晶粒之间丧失结合力的一种局部腐蚀破坏现象。受这种腐蚀的设备或零件有时从外表看仍是完好光亮，但由于晶粒之间的结合力被破坏，材料几乎丧失了强度，严重者会失去金属声音，轻轻敲击便成为粉末。据统计，在石油、化工设备腐蚀失效事故中，晶间腐蚀约占 4％～9％，主要发生在用轧材焊接的容器及热交换器上。一般认为，晶界合金元素的贫化是产生晶间腐蚀的主要原因。

关于晶间腐蚀的机理，对不同的金属材料其机理也不尽相同。

一般认为，奥氏体不锈钢以及铁素体不锈钢产生腐蚀的原因是处理过程中晶界附近产生贫铬区，贫铬区呈阳极而迅速被侵蚀；对于低碳或超低碳不锈钢来说，在加热或热处理时，由于 σ 相（如 FeCr 金属间化合物）在晶界析出沉淀而产生晶间腐蚀敏感性，σ 相自身选择性溶解；而常用的高强度铝合金如 Al-Cu、Al-Cu-Mg、Al-Zn-Mg 合金以及含镁量较高的 Al-Mg 合金，则是由于晶界析出强化相导致晶界某种元素的贫乏化或形成某种新的阳极相，导致晶间腐蚀。

以下几种方法常用于控制和减轻奥氏体不锈钢的晶间腐蚀。

① 降低不锈钢中的含碳量，采用超低碳钢或足够稳定化的不锈钢。

② 对奥氏体不锈钢采用固溶处理。

③ 在奥氏体不锈钢中加入容易生成碳化物的元素，如铌和钛。

180 ▶ 什么是应力腐蚀？其控制方法有哪些？

材料在特定的腐蚀介质中和在静拉伸应力（包括外加载荷、热应力、冷加工、热加工、焊接等所引起的残余应力以及裂缝锈蚀产物的楔入应力等）下，所出现的低于强度极限的脆性开裂现象，称为应力腐蚀开裂。

应力腐蚀开裂是先在金属的腐蚀敏感部位形成微小凹坑，产生细长的裂缝，且裂缝扩展很快，能在短时间内发生严重的破坏。应力腐蚀开裂在石油、化工腐蚀失效类型中所占比例最高，可达 50%。

应力腐蚀的产生有两个基本条件：一是材料对介质具有一定的应力腐蚀开裂敏感性；二是存在足够高的拉应力。导致应力腐蚀开裂的应力可以来自工作应力，也可以来自制造过程中产生的残余应力。据统计，在应力腐蚀开裂事故中，由残余应力所引起的占 80% 以上，而由工作应力引起的则不足 20%。

应力腐蚀过程一般可分为三个阶段：第一阶段为孕育期，在这一阶段内，因腐蚀过程局部化和拉应力作用的结果，使裂纹生核；第二阶段为腐蚀裂纹发展时期，当裂纹生核后，在腐蚀介质和金属中拉应力的共同作用下，裂纹扩展；第三阶段中，由于拉应力的局部集中，裂纹急剧生长，导致零件损坏。

在发生应力腐蚀破裂时，并不发生明显的均匀腐蚀，甚至腐蚀产物极少，有时肉眼也难以发现，因此，应力腐蚀是一种非常危险的破坏。

一般来说，介质中氯化物浓度增加，会缩短应力腐蚀开裂所需的时间。不同氯化物的腐蚀作用是按 Mg^{2+}、Fe^{3+}、Ca^{2+}、Na^+、Li^+ 等离子的顺序递减的。发生应力腐蚀的温度一般在 $50\sim300℃$ 之间。

防止冷却水系统中应力腐蚀的方法有以下几种。

① 降低或消除应力 改进结构设计，避免局部应力集中；用热处理退火、机械法等手段消除残余应力；用加厚部件或减少载荷等方法，将应力降到临界应力以下。

② 控制环境 控制环境温度、降低氧含量、升高 pH 值、除去氯离子等；加入缓蚀剂抑制和减缓应力腐蚀；使用对环境不敏感的金属或有机材料为涂层，使材料表面与环境隔离；在敏感的电位区间进行外加电流或牺牲阳极的阴极保护。

③ 改善材质 正确选材，开发耐应力腐蚀的新材料。如用海水或半咸水冷却的换热器常用普通碳钢制造，因为碳钢比不锈钢更耐应力腐蚀破裂。

181 ▶ 什么是微生物腐蚀？危害有哪些？

微生物腐蚀是一种特殊类型的局部腐蚀，它是由于微生物直接或间接地参加了腐蚀过程所引起的金属毁坏作用。微生物腐蚀一般不单独存在，往往是和电化学腐蚀同时发生的。引起腐蚀的微生物一般为细菌及真菌，也有藻类及原生动物，一般是多种微生物共同作用的结果。微生物腐蚀主要是通过电极电位和浓差电池发生变化而直接或间接地参与腐蚀作用。其主要方式有以下几种。

① 由于细菌繁殖、分泌、代谢等方式形成的黏泥沉积在金属表面，破坏保护膜，构成局部电池导致垢下腐蚀。

② 由于细菌的代谢作用使金属的化学环境发生变化，引起氧和其他化合物的消耗，形成浓差电池，促进了垢下腐蚀。

微生物腐蚀是一种有点蚀迹象的局部腐蚀，其危害相当严重。国内某厂仅运行数月的换热器就因发生微生物腐蚀产生点蚀泄漏而停产检修。

182 什么是敏化作用？

钢中的碳（通常含 0.08%）与铬结合，在热处理过程中或焊接过程在晶界析出，形成的碳化物使晶界出现贫铬，并在晶界形成抗腐蚀薄膜同时发生局部的晶界腐蚀，降低了材料的耐应力腐蚀性。这一现象称为敏化作用。

在制造过程中避免敏化环境，需在钢做最终热处理时进行快速冷却，防止碳化铬质点的沉淀。在焊接过程中，薄断面的不锈钢通常冷却速率相当快，足以得到阻止碳化铬质点沉淀的相同效果。在厚断面的不锈钢焊接中，通过使用低碳不锈钢（如 304L 或 316L）也可避免敏化问题。换言之，可以把稳定化的不锈钢（如 321 或 347）纳入规范。稳定化的不锈钢中不是含钛就是含铌，这些稳定化元素在加热过程中与碳结合，从而阻止了碳与铬元素的化合。

183 什么是极化作用和去极化作用？

无论是对水的电解，或是其他物质的电解，它们的分解电压总是大于计算得到的可逆电动势。这是因为，当电流通过电极时，每个电极的平衡都受到破坏，使得电极电位偏离平衡电位值。这种在电流通过电极时电极电位偏离平衡值的现象称为电极的极化。

当电流通过电极时，为什么会发生阳极电势升高、阴极电势降低的电极极化现象呢？这是因为，当有电流通过电极时，发生一系列的反应过程，并以一定的速率进行，而每一步都或多或少地存在着阻力，要克服这些阻力相应地各需要一定的推动力，表现在电极电势上就出现这样那样的偏离。

为了使电极的极化减小，必须供给电极以适当的反应物质，由于这种物质比较容易在电极上反应，可以使电极上的极化减少或限制在一定程度内，这种作用称为去极化作用。这种外加的物质则为去极化剂。

184 金属腐蚀速度的表示方法及控制指标有哪些？

腐蚀速度又称为腐蚀率。文献中有各种表示腐蚀速度的方法和单位。

（1）质量变化表示法

用单位时间单位面积上腐蚀前后试样质量的变化来表示腐蚀速度，也称失重法。

$$v_重 = \frac{\Delta m}{st} \tag{4-1}$$

式中，$v_重$ 为腐蚀速度，$g/(m^2 \cdot h)$；Δm 为腐蚀前后试样的质量差，当腐蚀后式样质量减少时称为失重，当腐蚀后试样质量增加称为超重，g；s 为试样表面积，m^2；t 为试验时间，h。

常用的腐蚀速度的单位是 $mg/(dm^2 \cdot d)$，简写 mdd；有时也有 $g/(m^2 \cdot h)$ 或 $g/(m^2 \cdot d)$。

（2）深度法

用单位时间内的腐蚀深度来表示腐蚀速度。在工程上，腐蚀深度或构件腐蚀变薄的寿命直接影响该部件的寿命，更具有实际意义。在衡量不同密度的金属的腐蚀程度时，更适合用这种方法。

将金属失重腐蚀速度换算为腐蚀深度的公式为：

$$v_深 = 8.76 v_重 / \rho \tag{4-2}$$

式中，$v_深$ 为以腐蚀深度表示的腐蚀速度，mm/a；$v_重$ 为失重腐蚀速度，$g/(m^2 \cdot h)$；ρ 为金属的密度，g/cm^3；8.76 为单位换算系数。

在欧美，也常用密耳/年（mpy）即毫英寸/年为单位。1mil（密耳）$= 10^{-3}$ in（英寸），1mpy $= 0.0254$ mm/a。

（3）机械强度表示法

适用于表示某些特殊类型的腐蚀，用前两种表示法都不能确切地反应其腐蚀速度，如应力腐蚀开裂、气蚀等。这类腐蚀往往伴随着机械强度的降低，因而可测试腐蚀前后强度的变化，如张力、压力、弯曲或冲击等极限值的降低率来表示。

（4）腐蚀电流表示法

采用腐蚀电流密度表示腐蚀速度是电化学测试方法的具体应用。电化学腐蚀中，阳极溶解导致金属腐蚀。根据法拉第定律，阳极每溶解 1mol 金属，通过的电量为 $1F$，即 96500C，则阳极溶解的金属量 Δm 应为：

$$\Delta m = \frac{AIt}{nF} \tag{4-3}$$

式中，A 为金属的原子量，g/mol；I 为电流强度，C/s；t 为通电时间，s；n 为价数，即金属阳极反应方程式中的电子数；F 为法拉第常数，$F = 96500$ C/mol 电子。

对于均匀腐蚀来说，整个金属表面积可看成阳极面积（S），故腐蚀电流密度为 I/S。因此可求出腐蚀速度 $v_重$ 与腐蚀电流密度 i_{corr} 之间的关系：

$$v_重 = \frac{\Delta m}{\Delta t} = \frac{A}{nF} i_{corr} \tag{4-4}$$

可见，腐蚀速度与腐蚀电流密度成正比。因此，可用腐蚀电流密度 i_{corr} 表示金属的电化学腐蚀速度。

以腐蚀深度表示的腐蚀速度与腐蚀电流密度的关系为：

$$v_深 = \frac{\Delta m}{\rho st} = \frac{A}{nF\rho} i_{corr} \tag{4-5}$$

若 i_{corr} 的单位为 $\mu A/cm^2$，ρ 的单位为 g/cm^3，则

$$v_{深} = 3.27 \times 10^3 \times \frac{A}{n\rho} i_{corr} (mm/a) \tag{4-6}$$

对于一些常用的工程金属材料，$A/n\rho$ 的数值约为 $3.29 \sim 5.32 cm^3/mol$，在近似估计时，可取平均值 $3.5 cm^3/mol$ 代入式(6-6)，取 i_{corr} 的单位为 A/cm^2 时，则有

$$v_{深} = 1.1 i_{corr} \tag{4-7}$$

可见，对于常用的金属材料，当平均腐蚀电流以国际单位 A/cm^2 表示时，数值上几乎与以 mm/a 单位表示的腐蚀速度相等。

上述四种方法中，现场一般采用前两种方法，后两种较少使用。局部腐蚀速度及其耐蚀性的评价比较复杂，一般不能用上述方法表示腐蚀速度。

《工业循环冷却水处理设计规范》（GB/T 50050—2017）中规定：碳钢换热器管壁的腐蚀速率应小于 0.075mm/a(5mpy)；铜、铜合金和不锈钢换热器管壁的腐蚀速率应小于 0.005mm/a(0.2mpy)，其中对碳钢的腐蚀速率控制指标与目前国际上公认的要求相同。

185 ▶ 循环冷却水水质对换热器腐蚀具有哪些影响？

金属受腐蚀的情况与水质密切相关。各种工业冷却水的化学组成差别很大。如人们常常用海水作为滨海工厂的直流冷却水，用淡水作为敞开式循环冷却水的补充水，用高纯水作为密闭式循环冷却水。各种水中所含的阴阳离子、溶解气体、沉积物、悬浮固体都不相同，pH 值、硬度、电导率也有很大的差别。

（1）pH 值

一般的，天然淡水的 pH 值为 6.0~8.4，海水的 pH 值为 7.0~8.4，敞开式循环冷却水的正常运行 pH 值为 6.5~9.0。多数试验资料表明，当 pH 值在 4.3~9.0 的范围内时，其腐蚀速率无明显变化，产生腐蚀的原因主要是氧的去极化作用，故 pH 值的影响不大。

当用强酸调节冷却水的 pH 值，加酸系统失去控制或在冷却水系统进行酸清洗时，pH 值可能降到 5 以下。在这种情况下，冷却水中将会有较多的氢离子存在，氢离子在阴极的还原反应速度增大，而金属在阳极溶解（腐蚀）速度也直线上升，此现象称为酸性腐蚀。若水的 pH 值大于 9.5，水中的 OH⁻增加，则会在金属表面形成钝化膜，增加了金属的抗腐蚀性能，降低了腐蚀速率。

pH 值对某一种金属腐蚀速率的影响，往往取决于该金属的氧化物在不同 pH 值下的溶解度。如果该金属的氧化物溶于酸性水溶液，而不溶于碱性水溶液，如镍、镁、铁等，则该金属在低 pH 值下就腐蚀得快些。有些两性金属，如铝、锌、铅、锡，它们的氧化物既溶于酸性的水溶液，又溶于碱性的水溶液，则这些金属在中间的 pH 值范围内具有较低的腐蚀速率。

（2）硬度

冷却水中含有一定浓度的钙、镁离子是有益的。因为钙、镁离子与酸根离子形成致密坚硬的水垢，可起保护作用而减缓碳钢的腐蚀，故软水的腐蚀性比硬水严重。如南京长江水，在浓缩 3 倍运转时，对碳钢的腐蚀率约为 26mpy，但是当投入有效的阻垢剂使传热管壁不形成垢层，腐蚀率却增加到 40mpy 以上。

水中的钙、镁离子浓度过高时，则会与水中多种酸根离子（如碳酸根、磷酸根和硅酸根）作用，生成多种垢，若沉积在金属表面不均匀，则易引起垢下腐蚀。

（3）离子

① 金属离子　冷却水中的碱金属离子，例如钠离子和钾离子，对金属和合金的腐蚀速率没有明显或直接的影响。

铜、银、铅等重金属的离子在冷却水中对钢、铝、镁、锌这几种常用金属有害。由于这些重金属的标准电极电位高于钢、铝、镁、锌等金属，故这些重金属离子通过置换作用，以小阴极的形式析出在这些活泼金属表面，形成微电池而引起腐蚀。这种腐蚀称为析出腐蚀，是电偶腐蚀的一种特殊形式。

在中性溶液中，Fe^{2+}对于凝汽器中的铜合金管有保护作用，而Fe^{3+}在酸性溶液中却是一种阴极反应加速剂而促进腐蚀反应。

Zn^{2+}对钢有缓蚀作用，故锌盐广泛用作冷却水缓蚀剂。

② 阴离子　冷却水中的阴离子种类与金属的腐蚀速率有很密切的关系。一般来说，在增加金属腐蚀速率方面有如下顺序：

$$ClO_4^- > Cl^- > SO_4^{2-} > CH_3COOH^- > NO_3^-$$

冷却水中的卤素离子，如Cl^-、Br^-、I^-均属于侵蚀性离子，它们浓度高时，能穿透金属表面的保护膜，增加其腐蚀的阳极反应速率，导致局部腐蚀。如氯离子易对不锈钢产生点蚀；若金属材料中的残余应力未消除或有较高的温度时，很低浓度的氯离子也可能造成应力腐蚀开裂。在循环冷却水中的硫酸根离子只在硫酸盐还原菌严重生长时会加速腐蚀，一般情况下不会对金属造成太大的腐蚀影响。

若冷却水中溶有氧化性的铬酸根、钨酸根、钼酸根、硅酸根、磷酸根以及亚硝酸根等阴离子时，可以起到抑制腐蚀的作用。其中铬酸盐和亚硝酸本身就是氧化性缓蚀剂，可以使钢钝化；而磷酸盐和硅酸盐需要在有溶解氧存在的情况下使钢钝化。

（4）络合剂

络合剂又称配体，例如NH_3、CN^-、EDTA、ATMP、EDTMP等。它们能与水中的金属离子（如Cu^{2+}、Fe^{2+}等）生成可溶性的络离子，降低水中金属离子的浓度，使金属的电极电位降低，从而加速金属的腐蚀反应。例如，冷却水中有氨存在时，会与铜离子生成稳定的铜氨络合离子$[Cu(NH_3)_4^{2+}]$而使铜加速溶解。

（5）溶解性气体

① 氧　在冷却水系统中通常含有较丰富的溶解氧，在一般情况下，水中含氧约为6～10mL/L。氧对钢铁的腐蚀有两个相反的作用：a. 参加阴极反应，加速腐蚀；b. 在金属表面形成氧化物膜，抑制腐蚀。

一般情况下，溶解在水中的氧，在低浓度时起去极化作用，加速腐蚀，这是水对碳钢产生腐蚀的主要原因。随着氧浓度的增加，腐蚀速率也增加。但当氧的浓度达到一定值后，腐蚀速率开始下降，这时的溶解氧浓度称为临界点值。氧浓度在临界点值以后腐蚀速率减小的原因是氧使碳钢表面生成氧化膜。

水中溶解氧的浓度（含量）取决于温度和水中盐的含量，溶解氧的饱和浓度随盐浓度的增加和水温的升高而降低。循环冷却水的温度在30℃左右，溶解氧浓度约为8～9mL/L，一般不会超过临界值点，所以溶解氧常是加速腐蚀的主要因素。在热交换器中，当水不能充满整个热交换器时，在水线附近特别容易发生水线腐蚀，这是因为在热交换器中，水温升高，溶解氧逸到上部空间，在水线附近产生氧的去极化作用，导致并加速这种局部腐蚀。

溶解氧对金属腐蚀性的影响随金属的不同而不同。对于钢铁，溶解氧的浓度是控制因素。在一般情况下，腐蚀速率随氧含量的增加而增加；对于铜和铜合金，在很软的水中，当氧和二氧化碳的含量高时，能使铜的腐蚀速率增加；对于铝材，由于铝的表面在水中有生成氧化膜的倾向，甚至在没有溶解氧的情况下也是如此，因而在铝的腐蚀过程中，水中的氧并不是一种腐蚀促进剂，然而从水中除去氧可以阻止铝的点蚀。

② 二氧化碳　水中游离 CO_2 的含量直接影响碳酸盐在水中的化学平衡反应。当 CO_2 含量增加时，不易析出碳酸钙沉淀。如果从致密的碳酸钙水垢对碳钢有保护作用来看，则 CO_2 含量高，碳钢表面易受水的腐蚀。CO_2 溶解于冷却水中生成碳酸或碳酸氢盐，使水的 pH 值降低，增加了水的酸性，有利于氢的去极化和金属表面保护膜的溶解破坏。但与溶解氧相比，二氧化碳对腐蚀的影响是较轻微的。

③ 氨　氨主要来自工艺生产过程中的泄漏，其次是由于空气中的氨进入冷却塔中所形成的氨氮化合物。例如化肥厂、合成氨厂附近的空气中含氨气较多，当冷却水中存在氧化剂时，氨就会对铜合金设备产生选择性腐蚀，生成可溶性的铜氨络合物，其反应如下：

$$NH_3 + H_2O \longrightarrow NH_4OH$$
$$4NH_4OH + Cu^{2+} \longrightarrow [Cu(NH_3)_4]^{2+} + 4H_2O$$

因此，在有铜管冷却器的工厂应限制氨的浓度。

④ 硫化氢　硫化氢是能够进入冷却水系统的最有害的气体之一。硫化氢主要是因为炼油化工生产过程中的泄漏以及大气污染、有机体污染而带入冷却水系统中的，其次是循环水中的硫酸根离子被硫酸盐还原菌还原所生成的。

硫化氢会加速铜、钢和合金钢的腐蚀，尤其是加速凝汽器铜合金管的点蚀。用被硫化氢污染的海水作冷却水的铜合金管凝汽器的腐蚀速率，比用洁净海水冷却的铜合金管要高数十倍。

硫化氢能促进金属铁活化区的腐蚀作用。在冷却水中有可能生成 Fe_2S_3 沉淀，Fe_2S_3 对金属铁来说成为阴极，金属铁为阳极，导致电偶腐蚀。

⑤ 二氧化硫　喷淋式冷却塔在运行过程中，冷却水与逆流鼓入的空气相遇，会吸收大气中的二氧化硫气体。二氧化硫溶于水形成亚硫酸，会降低循环冷却水的 pH 值，因而增加了它对金属的腐蚀性。

⑥ 氯气　除周围环境有氯气污染外，氯气常以杀菌剂的形式进入水中。氯气溶于水，生成盐酸和次氯酸，盐酸和次氯酸都会降低水的 pH 值，增加水的腐蚀性。同时，生成的氯离子会造成碳钢、不锈钢、铝等金属或合金的局部腐蚀。氯离子还会对某些氧化性保护膜的形成起阻滞，甚至破坏作用。

（6）酸、碱、盐

多数金属在非氧化性酸（如盐酸）中，随着酸浓度的增加，腐蚀加剧；而在氧化性酸（如浓硫酸、硝酸）中，则随着酸浓度的增加，腐蚀速率有一个最高值时，当浓度达到一定数值时，金属会钝化，在表面生成保护膜。

稀碱溶液中的金属（例如 Cu、Ni、Mg）一般会生成不易溶解的金属氢氧化物，对金属有保护作用。但如果碱的浓度增加或温度升高，某些金属（如 Fe、Al）的氢氧化物将会溶解，导致腐蚀速率加大。

盐的浓度亦对腐蚀速率有较大的影响。含盐量多，则电导率大，产生电化学腐蚀时，电子从阳极到阴极的传递速度快，因而腐蚀加快。在不具有氧化性和缓蚀作用的中性盐溶液中，腐蚀失重取决于盐的浓度，如图 4-2 所示。

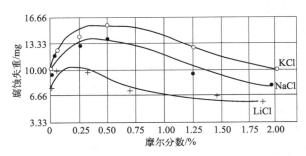

图 4-2　盐类摩尔分数对碳钢（0.06％）腐蚀的影响

由图 4-2 可知，在低浓度范围内，腐蚀量随浓度而增加，但超过某个浓度后，腐蚀量反而减少。腐蚀失重虽然因盐的种类不同而有所差别，但都有这种倾向。这可以从腐蚀现象的电化学反应方面来理解。当低浓度时，腐蚀量随浓度的增加是由于溶液导电性的增加所致。而高浓度时，是由于溶解氧的溶解度减小的缘故。图 4-3 列出了溶解氧与食盐浓度的依存关系。当 NaCl 浓度在 10g/L 以下，溶解氧几乎没有什么变化，但当 NaCl 浓度大于 10g/L 时，溶解氧急剧减少。

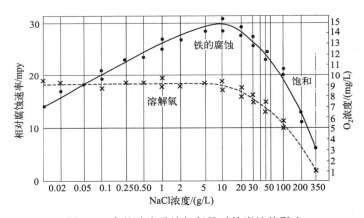

图 4-3　食盐浓度及溶解氧量对铁腐蚀的影响

（7）悬浮物和沉积物

冷却水系统中往往存在由多种不溶性物质组成的悬浮物，如泥土、灰尘、砂粒、腐蚀产物、生物黏泥、水垢、沉淀的盐类物质等。这些悬浮物质可能是从空气中进入的，由补充水带入的，或者是在运行中生成的。

这些悬浮物在系统中，特别是在低流速部位，容易形成不均匀、疏松多孔的沉积层。沉积层下部的金属容易和周围的金属形成浓差电池，造成垢下腐蚀。当冷却水的流速过高时，这些固体物质颗粒又容易对硬度较低的合金或合金管产生磨损腐蚀。因此，应适当控制冷却水的悬浮物浓度。

186 ▶ 运行条件对腐蚀有何影响？

运行条件包括循环水流速、温度和热负荷，对系统腐蚀过程的影响如下。

（1）流速

碳钢在冷却水中被腐蚀的主要原因是氧的去极化作用，而腐蚀速率又与氧的扩散速率有关。流速的增加将使金属壁和介质接触面的层流层变薄而有利于溶解氧扩散到金属表面。同时，流速较大时，可冲去沉积在金属表面的腐蚀、结垢等生成物，使溶解氧更易向金属表面扩散，导致腐蚀加速，所以碳钢的腐蚀速率随着水流速率的升高而加大。随着流速进一步升高，腐蚀速率会降低，这是因流速过大，向金属表面提供的氧量足以使金属表面形成氧化膜，起到缓蚀的作用。如果水流速率继续增加，则会破坏氧化膜，使腐蚀速率再次增大，如图 4-4 所示。当流速很高时（大于 20m/s），腐蚀类型将转变为以机械破坏为主的冲蚀。

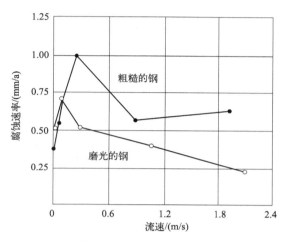

图 4-4　淡水流速对碳钢腐蚀速率的影响

一般来说，流速在 0.6～1m/s 时，腐蚀速率最小。当然，流速的选择不能只从腐蚀角度出发，还要考虑到传热的要求。流速过低会使传热效率降低且出现沉积，故水走管程的换热器的冷却水流速不宜小于 0.9m/s。水走壳程时，流速无法达到上述要求，故应尽量避免采用壳程换热器。如工艺必须采用壳程时，流速不应小于 0.3m/s。当受条件限制不能达到上述流速时，应采取防腐涂层、反向冲洗等措施。

以上是淡水中的情况，但对于氯离子浓度很高的海水，随着流速的增加，腐蚀速率总是加快的。因为在海水的任何流速下，金属的钝化都不会发生，而且在超高速的流体设备中，例如海水冷却水用的离心泵的叶轮，还会引起空泡腐蚀。

（2）温度

一般来说，金属的腐蚀随温度的升高而加重。温度升高，冷却水中物质的扩散系数增大，而电极反应的过电位和溶液的黏度减小。尽管水中溶解氧的浓度随温度的升高而降低，但由于扩散速率快，导致氧的去极化作用更易发生。而过电位的降低，又使金属的阳极溶解过程加速。这些都使金属的腐蚀速率增加。

在敞开式循环冷却水系统中，当温度较低时，金属的腐蚀速率随温度的升高而增加。此时，氧的扩散速率的增加占主导作用，因而温度的升高加大了扩散系数，使到达金属表面的氧的通量增加。当温度增加到大于 77～80℃ 时，金属的腐蚀速率随温度的升高而下降，氧的溶解度的降低占主导作用，抑制了腐蚀的进一步加剧，如图 4-5 所示。

从图 4-5 可以看出，在密闭式循环水系统中，金属的腐蚀速率随温度的升高呈现一直增加的趋势。这是由于在密闭系统中，氧在有压力的状态下溶解于水中不能逸出，温度升高，

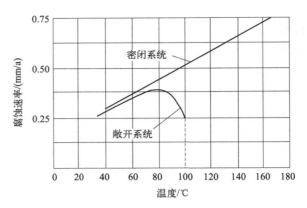

图 4-5 含溶解氧的淡水水温对铁腐蚀速率的影响

扩散系数增大，氧扩散到金属表面的通量增大所致。

金属受热后，由于其内部热传导不均匀而产生一种活化腐蚀。这种情况常发生在已经结垢的换热器中。如在同一种金属材质或合金上存在温度差，则温度高的那一部分将会成为腐蚀电池的阳极而遭到腐蚀，温度较低的那一部分则成为腐蚀电池的阴极而产生沉积。

在温度升高的过程中，某些金属或合金之间的相对电位甚至会发生明显的电位极性逆转。例如，当循环冷却水的温度升高到 65℃ 左右时，镀锌钢板上的镀锌层将由阳极变成阴极。此时，镀锌层对钢板就不再有保护作用了。

（3）热负荷

热交换器中热负荷（或传热量）大，金属会产生热应力，易破坏形成的保护膜。热负荷大，冷却水的温度就高，如在密闭系统中，溶解氧也易于析出，在某种条件下有利于腐蚀的发生。热负荷高还能够降低某些金属（如铁）的电极电位，从而使这些金属易受腐蚀。当然，冷却水的热负荷较大时，也有利于冷却水中缓蚀剂的扩散。但总体来说，热负荷大会促进金属的腐蚀。

187 > 不锈钢的耐腐蚀性能和哪些因素有关？

铬元素是所有不锈钢钢种耐腐蚀性能的关键因素，铬含量低意味着耐腐蚀性能差。

（1）耐点蚀性能

点蚀是通常情况下由于钢材同水、氯化物接触，阻碍了不锈钢自我钝化过程而导致的一种局部腐蚀。降低铬含量对奥氏体钢种的耐点蚀性能的下降影响很明显。某些低劣的铬锰钢中硫含量很高，其中的硫是引起点蚀的源头。化学成分的微小变化，尤其是铬含量的变化，显然会对不锈钢的使用性能产生较大影响。耐点蚀性能和硫、铬含量直接关联，铬含量越高，耐腐蚀性能越强，而硫却正好相反。

（2）耐缝隙腐蚀性能

"缝隙腐蚀"是由于液体长期滞留在钢材表面，导致材料缝隙中缺氧而产生，紧固件和机械连接件尤其易发生这种现象。沉积物是这种腐蚀的另外一种起因。这些情况下，易形成局部酸化的液体更容易导致腐蚀，这种腐蚀扩散得非常快，比点蚀更加难以预测。在低 pH 值下，耐缝隙腐蚀性与镍含量高低相关。

（3）耐晶间腐蚀性能

"晶间腐蚀"可以在高碳钢种或厚规格低镍钢种的焊堆区域形成裂化。焊接完成后的冷却过程中会有碳化铬沉淀出来，从周围的金属中"偷走"铬，造成材料易于腐蚀。焊后热处理（PWHT）或许会减轻这个问题，但会增加制造成本。

188 ▷ 腐蚀产物（铁铜的氧化物）的基本性状、组成是什么？

当水垢中铁和铜的氧化物含量超过50％时，尽管其中还有钙、镁等碱土金属氧化物和碳酸酐、磷酸酐等成垢物质，也将其作为腐蚀产物看待。事实上，在腐蚀坑中采集的附着物是以设备腐蚀产物为主，在一般受热面上采集的试样则兼有设备腐蚀产生的和外来沉积的两部分。

（1）腐蚀产物的基本性状

腐蚀产物可产生于任何受热面和传热表面，但是，在介质温度较低的设备上它仅作为垢中夹杂物存在。随着介质温度升高，设备腐蚀加重，腐蚀产物在垢中含量显著增加。腐蚀产物以黑褐色为主，当水中含有丰富的氧时多呈红色；在一般的锅炉和热交换器中氧的供应不足，多呈黑色。如果腐蚀产物中含铜较多，铜可由于电化学作用而以金属形态存在，腐蚀产物呈紫红色，并能看到金属光泽。附着物层常呈贝状，边缘薄而中间厚。

（2）腐蚀产物（铁铜垢）的组成

腐蚀产物与系统、设备的材质有关，常见的成分是铁、铜的氧化物（铜含量高时可游离存在）和其他 Ca^{2+}、Mg^{2+} 盐类。表 4-1 和表 4-2 分别是以铁氧化物和铜氧化物为主的垢的成分。垢和腐蚀产物分析方法可参考《火力发电厂垢和腐蚀产物分析方法》（DL/T 1151）。

表 4-1　氧化铁垢成分

组成	水分	灼烧增量	氧化铁	氧化铜	氧化硅	氧化钙	氧化镁	硫酸酐
质量分数/％	0.1	3.7	92.4	11.3	1.6	4.48	0.15	2.47

表 4-2　铜垢成分

组成	灼烧增量	氧化铁	氧化铜	氧化硅	氧化钙	氧化镁	硫酸酐	磷酸酐
质量分数/％	17.2	20.8	89.2	0.28	1.4	1.2	0.2	0.74

189 ▷ 腐蚀产物的判断方法是什么？

铁铜垢的外观与钙镁垢明显不同，容易鉴别。由颜色偏红或偏黑可以得知是以高价铁为主还是以低价铁为主。如果见到有紫红色金属光泽，则其含铜量可达50％以上。

水垢灼烧时质量减少，铁、铜垢灼烧时质量则常增加。这时灼烧时垢中铜氧化为氧化铜，氧化亚铁氧化为氧化铁，另外磁性氧化铁可看作氧化铁与氧化亚铁的复合物，它在灼烧时质量也有所增加。铜氧化为氧化铜时质量增加25.14％；氧化亚铜氧化为氧化铜时质量增加11.18％；氧化亚铁氧化为氧化铁时质量增加11.15％；磁性氧化铁氧化为氧化铁时质量增加3.44％。铁、铜的存在形式可由其含量与灼烧增量按上述关系估算。

铁铜的腐蚀产物较硅酸盐垢和硫酸盐垢易溶，但是比碳酸盐垢和磷酸盐垢难溶得多，它甚至难溶于常温的浓盐酸中。加热到接近沸腾温度时，它可溶于20％以上的盐酸中，但是需时较长。在盐酸中加入少量硝酸并加热可使之溶解，这是由于在溶解过程中亚铁离子和亚铜离子被氧化为高价，破坏了溶解平衡之故。

铁铜垢溶解后的溶液带有一定颜色。如果以铁为主时，溶液呈淡黄色；如果以铜为主时，溶液呈淡绿色。

用氨水中和铁铜垢的酸溶液可辅助鉴别。铁在中和至 pH≥6 时，可产生棕红色絮状氢氧化铁沉淀；pH 值再高，铜可产生浅蓝色氢氧化铜沉淀；如果含铜量较高，在过量的氨水中可产生深蓝色的铜氨络离子。

（二）冷却水系统金属腐蚀的控制

190 ▷ 金属腐蚀的控制方法主要有哪些？

冷却水系统中控制金属腐蚀的主要方法有：①添加缓蚀剂；②提高冷却水的 pH 值；③用防腐阻垢涂料涂覆换热器；④使用耐蚀金属材料换热器；⑤进行阴极保护；⑥采用渗铝防腐；⑦使用塑料换热器；⑧控制有害细菌的生长。

191 ▷ 常用的耐蚀材料有哪些？

常用的耐蚀材料及其适用介质见表 4-3。

表 4-3 常用耐蚀材料及其适用介质

序号	牌号	代号	适用介质
1	1Cr18Ni9（Ti）	304,18-8,B	有机酸、低温低浓度各种酸碱盐
2	00Cr18Ni9	04L	有机酸、低温低浓度各种酸碱盐,抗晶间腐蚀
3	0Cr18Ni12Mo2（Ti）	316,M	稀硫酸、磷酸、有机酸、耐蚀性比 304 好
4	00Cr18Ni12Mo2Ti	316L	稀硫酸、磷酸、有机酸、耐蚀性比 304 好，抗晶间腐蚀
5	0Cr20Ni25Mo5Cu2	904	有机酸（醋酸、甲酸等）、磷酸、低温稀硫酸和盐酸
6	00Cr20Ni25Mo5Cu2	904L	有机酸（醋酸、甲酸等）、磷酸、低温稀硫酸和盐酸,抗晶间腐蚀
7	0Cr30Ni42Mo3Cu2	804（因可合金）	高温高浓度烧碱和盐及高温 40%～50%硫酸
8	0Cr20Ni42Mo3Cu2	824（因可合金）	高温高浓度烧碱和盐及高温 40%～50%硫酸
9	0Cr24Ni20Mo2Cu3	K 合金	≤60℃各种浓度硫酸
10	0Cr26Ni5Mo2Cu3	CD-4MCu	稀硫酸、磷酸（可时效硬化,耐磨）
11	00Cr25Ni6Mo2	MM-4	硝酸磷肥专用钢
12	0Cr18Ni5Mo5	NH55	海水
13	0Cr21Ni32Mo2Cu3	20 号合金	稀硫酸（≤130℃,浓度 40%左右）
14	00Cr10Ni20Mo1.5Si6Cu	SS920	浓硫酸（≤130℃,浓度 93%～98%左右）
15	00Cr12Ni25Mo3Cu3Si2Ni	941	全浓度常温硫酸,特别适用 100℃ 以下中等浓度（50%左右）硫酸
16	0Cr30Ni6Mo2Mn1.5	PD 合金	稀硫酸（<80℃,浓度 1%～1.5%）

序号	牌号	代号	适用介质
17	0Cr27Ni31Mo4.5Cu2	28 号合金（ZS28）	盐酸料泵
18	0Cr13Ni7Si4	S-05 钢	中浓度中温硫酸
19	0Cr17Ni17Si5	S-05 钢（日本）	高浓度高温硫酸
20	00Cr14Ni14Si4	C4	全浓度硝酸，特别适用于浓硝酸
21	00Ni65Cu28Fe2.5Mn1.5	蒙耐尔合金	非氧化性介质，氢氟酸，氢氧化钠溶液，高温高碱等
22	0Ni60Mo22Fe20	哈氏合金 A	硫酸、盐酸、磷酸、醋酸、甲酸等
23	0Ni65Mo28Fe5V	哈氏合金 B	硫酸、盐酸、磷酸、醋酸、甲酸等
24	0Ni60Mo18Fe8Cr17Cu2.5Mn	哈氏合金 C	冷硝酸、次氯酸、氢氟酸等
25	STNiCr202	镍铸铁	高温高浓度烧碱
26	STSi15	高硅耐蚀铸铁（G）	硝酸、铬酸、硫酸等（不含 HCl）
27	ZGCr28	高铬铸铁（E）	浓硝酸
28	TA2	工业纯钛	氧化性腐蚀介质
29	TiAl6V4	TC4	氧化性腐蚀介质
30	TiMo32	钛 32 钼合金	氧化性及还原性腐蚀介质等
31	TiPd0.2	钛钯合金	氧化性腐蚀介质，抗缝隙腐蚀能力强，对还原性酸有一定的耐蚀能力
32	TiMo0.3Ni0.8	钛钼镍合金	与 TiPd0.2 相近，价格较 TiPd0.2 低
33	TiTa5	钛钽合金	热浓硝酸及合成树脂等强腐蚀介质

192 ▶ 何为碱性冷却水处理？如何提高冷却水的 pH 值？

将循环冷却水的运行 pH 值控制在 7.0 以上的冷却水处理，称为碱性冷却水处理。碱性冷却水处理包括两大类，即不加酸调 pH 值和加酸调 pH 值。前者是指在循环冷却水运行过程中不向冷却水加酸，而是让它在冷却塔内曝气过程中或提高浓缩倍数后达到其自然平衡 pH 值（8.0～9.5）；后者是指在循环冷却水运行过程中，向冷却水中加酸（主要是浓硫酸）来控制其 pH 值，使之保持在 7.0～8.0。狭义的碱性冷却水处理即是指不加酸的处理。通常提高 pH 值并不是在循环水系统中加碱，而是尽量在自然 pH 值下运行，不加酸或是少加酸。

通过曝气提高 pH 值的碱性冷却水处理有以下优点：

① 不需要向冷却水系统中添加药剂或增加设备，大大简化了操作手续，节约了药剂费用；

② 可以降低冷却水的腐蚀性，从而降低冷却水系统腐蚀控制的难度，节约缓蚀剂用量；

③ 无须人工去控制冷却水的 pH 值，而是通过化学平衡去控制，故循环冷却水的 pH 值能较稳定地保持在 8.0～9.5 的区域内。

加酸的碱性冷却水处理通常将 pH 值控制在 7.0～8.0，而不加酸的碱性冷却水处理的 pH 值通常是在 8.0～9.5 之间，也存在一些问题：

① 碱性冷却水处理时，水的实际 pH 值比加酸的冷却水处理大约提高了 2 个 pH 单位。这就使水的 Langelier 指数增大，Ryznar 指数减小，故冷却水中 $CaCO_3$ 的沉积结垢倾向大大增加，容易引起结垢和垢下腐蚀。

② 当循环冷却水的 pH 值控制在 8.0～9.5 之间运行时，碳钢的腐蚀速率虽然有所下

降，但仍然偏高，不一定能达到设计规范的要求。因此，除了进行结垢控制和微生物生长控制外，还需进行腐蚀控制。

③ 给两种常用的冷却水缓蚀剂——聚磷酸盐和锌盐的使用带来困难。冷却水的 pH 值升高使聚磷酸盐水解生成磷酸钙垢的倾向增大，也使锌离子易于生成氢氧化锌而析出。

193 ▶ 新型耐蚀换热器有哪些？有何优缺点？

冷却水系统中使用的耐蚀金属材料换热器有：钛及钛合金换热器、（高级）不锈钢换热器、5454 铝合金换热器等。

近年来，钛及钛合金换热器已经在许多国家用海水作冷却水的滨海电厂、炼油厂和石油化工厂的冷却水系统中得到广泛的应用。普遍认为，钛是一种很有发展前景的耐蚀金属材料。钛的耐蚀性有以下 3 个特点：

① 致钝电位低，特别易于钝化；

② 阳极极化曲线上的钝化区很宽，说明钛的钝态极稳定，不易过钝化；

③ 水中有氯离子存在时，钝态也不会破坏，故钛具有耐氯化物腐蚀和海水腐蚀的特性。

在海水和氯化物溶液等腐蚀性介质中具有很高的耐蚀性，是钛和钛钯合金耐蚀性中一个最重要的特点。因此，近几年来一些用海水作冷却水的滨海电厂和炼油厂正在逐步把一些换热器和凝汽器中的铜合金管束改成钛或钛钯合金管束，或将这些换热器和凝汽器改成全钛换热器和全钛凝汽器。

钛在次氯酸钠溶液（约 100℃）、氯水、湿氯气（约 75℃）中耐蚀。这为冷却水系统采用加氯或加次氯酸钠控制冷却水中的微生物或海洋生物提供了方便。

194 ▶ 防腐涂料如何起防腐作用？常见的防腐涂料有哪些？

防腐涂料的主要成分有树脂基料、防腐颜料、溶剂、杀生剂和填料。其防腐作用机理有屏蔽作用、缓蚀作用、阴极保护作用和 pH 缓冲作用。

常用的 CH-784 涂料底漆和面漆所使用的树脂基料是环氧树脂和丁醇醚化三聚氰胺甲醛树脂。此外底漆中还含有云母氧化铁或铁红、水合磷酸锌、四碱式铬酸锌、滑石粉、铝粉、氧化锌以及混合溶剂。而面漆中还含有云母氧化铁或铁红、三氧化二铬、偏硼酸钡、硅油以及混合溶剂。

河北省某化肥厂曾对无防腐涂层和有 CH-784 防腐涂层时的换热器进行了 2 年的现场对比试验。结果表明：无防腐阻垢涂料层时，入口气与出口气的温差 1 年后由 108.5℃降低到 102.0℃，换热器的冷却效果（以入口气与出口气的温差表示）下降了 6.5℃；有防腐涂层时，入口气与出口气的温差由 110.0℃降到 108.0℃，换热器的冷却效果（以入口气与出口气的温差表示）仅下降了 2℃。由此可见，有防腐阻垢涂层时换热器的冷却效果有明显改善。

除了 CH-784 涂料外，人们还开发了环氧酚醛防腐阻垢涂料、环氧糠酮树脂改性防腐阻垢涂料和环氧漆酚钛防腐阻垢涂料等。

195 ▶ 什么是阴极保护和牺牲阳极防腐法？

（1）阴极保护

阴极保护是一种用于防止金属在电解质（海水、淡水及土壤等介质）中腐蚀的电化学保护技术。该技术的基本原理是使金属构件作为阴极，对其施加一定的直流电流，使其产生阴极极化，当金属的电位低于某一电位值时，该金属表面的电化学不均匀性得到消除，腐蚀的阴极溶解过程得到有效抑制，达到保护的目的。

在金属表面上的阳极反应和阴极反应都有自己的平衡点，为了达到完全的阴极保护，必须使整个金属的电位降低到最活泼点的平衡电位。设金属表面阳极电位和阴极电位分别为 E_a 和 E_c，如果进行阴极极化，电位将向更负的方向移动，如果使金属阴极极化到更负的电位，例如达到 E_a，这时由于金属表面各个区域的电位都等于 E_a，腐蚀电流为零，金属达到了完全保护，此时外加电流 I 即为完全保护所需电流。

根据提供阴极极化电流的方式不同，阴极保护又分为牺牲阳极阴极保护法和外加电流阴极保护法两种。现在，阴极保护在海水或入海口的河水作冷却介质的冷却水系统中得到了广泛的应用，在淡水冷却水中的应用性开发也在不断取得进展。

在冷却水系统中，阴极保护主要用于：

① 减轻由铁质水室、铜合金管板和铜合金管三者或由铁质水室、铜合金管板或碳钢管板和钛管或不锈钢管三者组装而成的换热器或凝汽器中的电偶腐蚀；

② 减轻或消除冷却水对换热器或凝汽器中铜合金管端的冲击腐蚀和孔蚀；

③ 减轻或消除用海水的冷却水系统中输送海水的大口径输水管内壁的腐蚀，入口处节流闸和出口处断流闸的腐蚀，转动筛或带筛的腐蚀以及泵、管道、辅助冷却器和粗滤器等设备的腐蚀。

（2）牺牲阳极法

阳极保护是在金属表面上通入足够的阳极电流，使金属电位往正的方向移动，到达并保持在钝化区内，从而防止金属的腐蚀。阳极保护方法可用于能够形成并保持保护膜的介质中。

196 ▶ 什么是渗铝防腐法？

粉末法渗铝能在钢的表面生成一种真正的冶金学上的合金。渗铝碳钢表面铝扩散层的厚度可达 0.1～0.3mm，表面层中铝含量的质量分数最高可达 60%。一些接触高温腐蚀性物质的换热器、反应器或处理高温腐蚀性物质的炉子的钢质管道或管线，常常进行渗铝。

渗铝剂由三部分组成：

① 铝粉或铝铁合金粉，用于提供铝的来源；

② 氧化铝粉，用作防粘剂；

③ 催渗剂，常用氯化铵，用于保护渗铝箱内不存在氧化性气体，防止渗件和渗铝剂的氧化。

197 ▶ 什么是发黑工艺？

钢制件的表面发黑处理，也有称之为发蓝的。

采用碱性氧化法或酸性氧化法，使金属表面形成一层氧化膜，以防止金属表面被腐蚀，此处理过程称为"发黑"。

黑色金属表面经发黑处理后所形成的氧化膜，其外层主要是四氧化三铁，内层为氧化亚铁。

发黑处理现在常用的方法有传统的碱性加温发黑和出现较晚的常温发黑两种。但常温发黑工艺对于低碳钢的效果不太好。A3 钢用碱性发黑好一些。碱性发黑细分起来，又有一次发黑和两次发黑的区别。发黑液的主要成分是氢氧化钠和亚硝酸钠。发黑时所需温度的宽容度较大，在 135～155℃ 之间都可以得到不错的表面，只是所需时间长短不同而已。

实际操作中，需要注意的是工件发黑前除锈和除油的质量以及发黑后的钝化浸油。发黑质量的好坏往往因这些工序而变化。

198 ▶ 常用的发黑药液有哪些？

常用的发黑药液有以下两种。

（1）碱性氧化法发黑药液

① 配方　硝酸钠 50～100g，氢氧化钠 600～700g，亚硝酸钠 100～200g，水 1000g。

② 制法　按配方计量后，在搅拌条件下，依次把各料加入其中，溶解，混合均匀即可。

③ 说明

a. 金属表面务必洗净和干燥以后，才能进行发黑处理。

b. 金属器件进行发黑处理的条件与金属中的含碳量有关。

c. 每隔一星期左右按期分析溶液中硝酸钠、亚硝酸钠和氢氧化钠的含量，以便及时补充有关成分。一般使用半年后就应更换全部溶液。

d. 金属发黑处理后，最好用热肥皂水漂洗数分钟，再用冷水冲洗。然后，又用热水冲洗，吹干。

（2）酸性氧化法发黑药液

① 配方　磷酸 3～10g，硝酸钙 80～100g，过氧化锰 10～15g，水 1000g。

② 制法　按配方计量后，在不断搅拌条件下，依次把磷酸、过氧化锰和硝酸钙加入其中，溶解，混合均匀即可。

③ 说明

a. 金属器件先经洗净和干燥后才能进行发黑处理。

b. 此法所得保护膜呈黑色，其主要成分是由磷酸钙和铁的氧化物所组成，其耐腐能力和机械强度均超过碱性氧化法所得的保护膜。

c. 发黑工作温度为 100℃，处理时间为 40～45min。在处理碳素钢时，药液中磷酸含量控制在 3～5g/L；处理合金钢或铸钢时，磷酸含量控制在 5～10g/L。应注意定期分析药液磷酸的含量。

d. 发黑处理后金属器件的清洗方法同上。

199 ▶ 冷却水系统防腐涂料的作用机理是什么？

在通常的环境中，钢结构必须采取防护措施，最常用的方法就是采用涂层防护。一般是选用防腐、防锈类涂料。该类涂料有以下两方面的防护作用原理。

（1）隔离环境的作用

在钢基体表面，涂料形成完整的有机膜层，将环境介质（氧、水、酸、碱、盐等）与钢基体隔离开来，从而消除"腐蚀电池"形成的条件，达到保护钢基体不受腐蚀的目的。这是一种物理作用，其可靠度有一定限度。主要是有机膜层不是能够完全隔离环境，总还是有介质（氧、水等）能够渗透到钢表面，渗透能力取决于膜体材料、施工工艺等。另一方面，随着时间推移，膜层隔离环境的作用会减弱。因此，单靠物理隔离作用往往不能有效地保护钢基体。

（2）加入防腐蚀成分（缓蚀材料）

这是防腐蚀、防锈类涂料的独有特点。当在成膜物质内加入一定量的称作"缓蚀剂"的物质时，即使有机膜层不能够完全隔离环境乃至已经有"腐蚀电池"形成，"缓蚀剂"可以有效地阻止、减缓钢基体腐蚀的发生与发展，以达到更好的防护目的。

阳极型金属层（锌、镁、铝等）具有牺牲保护作用（阴极保护），阴极型金属层（镍、铬）等主要是隔离环境的作用，一旦保护层破坏或不完整，会加速钢体的腐蚀。

200 ▶ 如何选择防腐涂料？

防护涂料的品种很多，性能各异，被保护的对象多种多样，使用条件各不相同。没有"万能涂料"可以适应各种用途。因此，选择涂料是十分重要的。一种优异的防腐蚀涂料必须具备以下特征：

（1）耐腐蚀性能好

所谓涂料的耐腐蚀性是指其固化涂层对它所接触的腐蚀介质（如水、酸、碱、盐、各种化学药品、废液、化工气体等），在物理性质和化学性质方面都是稳定的，既不被腐蚀介质溶胀、溶解，也不被腐蚀介质所破坏、分解，不和腐蚀介质发生有害的化学反应。

（2）透气性和渗水性要小

涂层一般都有一定的透气性和渗水性。为此，必须选用透气性小的成膜物质和屏蔽作用大的涂料。

（3）要有良好的附着力和一定的机械强度

涂膜能否牢固地附着在金属基体上，是其能否发挥防腐作用的关键因素之一。除此之外，固化涂膜还应具有一定的物理机械强度，以承受在工作条件下的应力。

（4）涂料成本和涂装费用低

在一般情况下，涂装的保护费用要低于其他的保护方法。所以施工费用高于涂料本身的费用。

实际中往往会出现这样的情况，某一涂料品种耐腐蚀性能很好，但因对基材附着力和力学性能不佳而无法使用。为了解决耐腐蚀性能和力学性能之间的矛盾，常常采用几种涂料复配的方法。

201 > 防腐涂料如何进行涂装设计？

在防护涂装的设计中，往往是根据成膜物质的性能特长派以不同的用场。例如，采用具有化学活性的成膜物质作为底漆，如环氧树脂类；面漆则采用化学惰性的高聚物，如丙烯酸酯类、脂肪族聚氨酯类以及含氯含氟乙烯类树脂；通过反应性树脂的配合或使用催化剂，使具有化学活性的成膜物质在涂装后的干燥过程中官能团之间进行化学反应，生成网状立体结构，也能达到兼顾附着力和耐候性的目的。总之，在大多数情况下涂装设计时，涂层体系由底漆、中层漆和面漆构成。底漆对底材和面漆有较高的附着力和黏结力，并有缓蚀防锈作用；中层漆是过渡层，起抗渗作用；面漆则起抵抗腐蚀介质和外部应力的作用。三者构成的涂层发挥总体效果。

202 > 什么是防腐涂料"人工老化"试验？

一些非金属、有机涂层、橡胶、塑料等，在大气中可能会逐渐氧化；而在阳光（紫外线）作用下，其分子结构或连接键也会发生变异，通常称作"老化"。"人工老化"的意思是，制作一个"老化箱"，内有紫外线发射装置和充足的氧气，在此"人工环境"中加速试件的老化过程。

具体做法是将试件放入老化箱内，按一定制度（不同时间的紫外线照射等）进行试验，经过一定时间（试验周期）后，检查评定试件（材料）的老化程度（有不同制度与标准）。

"人工老化"试验现在已经成为通用的试验、检验方法之一。对于腐蚀防护而言，各类有机涂层的耐老化性能对于它们的使用寿命是重要的技术指标。因此，该方法也是涂层耐久性选择的重要评价方法之一。

203 > 防腐涂料的涂装作业要注意什么？

在前面各工序完成并检验合格后，就可以进行涂装作业。随着涂装技术的进步，目前已有十余种涂装方法，例如刷涂、浸涂、淋涂、辊涂、空气喷涂、高压无气喷涂、静电喷涂、电泳涂装、自泳涂装、粉末流化床涂装等。每种方法各有特点和一定的适用范围，应根据涂装对象、技术要求、涂装设备条件和工艺环境等正确选用合适的涂装方法，才能收到涂装质量好、效率高、成本低的效果。

涂料被涂覆在物体表面上，由湿膜或干粉堆积膜转化为连续的固体涂膜的过程需要干燥或固化。一般干燥的方式有 3 种：自然干燥、加热干燥和高能辐射干燥。

① 自然干燥对环境要求比较严格，尤其是温度和湿度。一般情况下，涂装的温度应控制在 15～30℃，湿度在 65% 以下为宜，并尽可能避免阴雨天施工。在室内施工时，应注意通风、排污、防火。

② 对于加热干燥，无论从涂层性能质量上还是从经济方面衡量，都是一种有效益的干燥方法。同一种涂料，烘干漆膜的耐腐性大多数优于自干漆。烘干温度在 100℃ 以下为低温

烘干；100～150℃为中温烘干；150℃以上为高温烘干。

③ 高能辐射干燥技术，当前主要指用紫外线照射和电子束辐射固化有机涂层的技术，是比较新的涂装干燥技术。它们的特点是固化速率极快，干燥过程在几秒至几分钟之内即可完成，能量利用率和干燥效率非常高，涂装成本低，基本不污染环境。

虽然涂装有许多新技术，但目前为止防腐涂装仍以自然干燥和加热干燥为主。

204 防腐涂料的发展方向是什么？

根据中国涂料行业"十四五"规划，工业防腐涂料的市场将进一步增大，工业防腐产品结构上将继续以高性能的防腐类型如环氧、聚氨酯为主，高固体分涂料产品将作为下一阶段工业防腐的发展主力，这主要是因其拥有较成熟的性能和相对较低的 VOCs 含量。水性涂料产品方面，用于轻防腐的水性丙烯酸、水性醇酸等涂料产品产量将快速增大，但竞争也可能会比较激烈；应用于中高腐蚀环境的水性环氧、水性聚氨酯、水性环氧富锌、水性无机富锌等涂料产品也将逐步扩大应用。同时，无溶剂防腐涂料、粉末涂料等产品也将在工业防腐的领域逐步扩大应用。

"十四五"工业防腐涂料需要开发绿色环境友好型低 VOCs 产品，包括以下三类：

① 高性能水性防护涂料　开发具有更高性能、更宽施工窗口的水性防腐涂料产品。

② 高固体分涂料　发展的重点则是高固低黏，兼顾性能和成本综合效应。对于耐候性面漆、聚天门冬氨酸酯涂料以及聚硅氧烷涂料，均属于高固体分涂料品种，应加以关注。

③ 无溶剂涂料　无溶剂防腐涂料的应用将进一步增大，要开发可常规单组分泵喷涂，有合适适用期的无溶剂防腐涂料产品，扩大无溶剂涂料在其他防腐领域的应用。

"十四五"工业防腐涂料功能化产品开发，包括以下四类：

① 保温层下防腐蚀涂层　既需要良好的耐腐蚀性、优秀的耐高温性，同时还需要有经受冷热冲击和高低温后的防腐性能，要求较高。开发相应保温层下防腐蚀涂料产品和体系具有重要意义。

② 管道储罐衬里防腐　由于储罐介质和环境的多样性，对储罐衬里涂料的要求也比较苛刻和复杂。开发耐受不同介质、不同温度的衬里涂料产品，建立衬里涂料耐受性能数据库，具有重要意义。

③ 管道储罐衬里防腐　由于储罐介质和环境的多样性，对储罐衬里涂料的要求也比较苛刻和复杂。开发耐受不同介质、不同温度的衬里涂料产品，建立衬里涂料耐受性能数据库，具有重要意义。

④ 其他　随着对产品质量要求的提高或应用环境的特殊要求，不少业主要求防腐类产品在满足基础防腐及耐候性能的基础上，同时具有其他功能性要求，如防霉、防菌、低反射、自清洁等。

205 不同材质的凝汽器铜管适应的水质范围是什么？允许流速是多少？

不同材质的凝汽器铜管适应的水质和允许流速如表 4-4 所示。

表 4-4　不同材质的凝汽器铜管适应的水质和允许流速

管材	水质			允许流速/(m/s)	
	溶解固体/(mg/L)	氯离子浓度③/(mg/L)	悬浮物和含沙量/(mg/L)	最低	最高
H68A	＜300,短期②＜500	＜50,短期＜100	＜100	1.0	2.0
HSn70-1	＜1000,短期＜2500	＜400,短期＜800	＜300	1.0	2.2
HSn70-1B	＜3500,短期＜4500	＜400,短期＜800	＜300	1.0	2.2
HSn70-1AB	＜4500,短期＜5000	＜1000,短期＜2000	＜500	1.0	2.2
BFe10-1-1	＜5000,短期＜8000	＜600,短期＜1000	＜100	1.4	3.0
HA177-2①	＜35000,短期＜40000	＜20000,短期＜25000	＜50	1.0	2.0
BFe30-1-1	＜35000,短期＜40000	＜20000,短期＜25000	＜1000	1.4	3.0

① HA177-2 只适合于水质稳定的清洁海水；

② 短期是指一年中累计允许不超过 2 个月；

③ 表中的氯离子浓度仅供参考。

206 ▶ 不锈钢管选择的原则是什么？如何确定其点蚀电位？

不锈钢管选择的原则，应以不锈钢管在冷却水中不发生点蚀为主要依据来选择不同牌号的不锈钢管，并应通过试验验证。

在具有代表性的冷却水或在设计时选取的冷却水工况条件下，测定不锈钢的点蚀电位 E_b 与（析）氧平衡电位（φ）。如果点蚀电位不小于氧平衡电位（$E_b \geqslant \varphi$），则认为该型号的不锈钢管在该冷却水中不会发生点蚀，可以选用。不锈钢点蚀电位测定试验方法如下。

（1）试验溶液

取实际冷却水的补充水或实际冷却水测定其 Cl^- 浓度、SO_4^{2-} 浓度和水处理药剂浓度，加入适量的 NaCl 和 Na_2SO_4 以及水处理药剂使之达到设计最差水质。

（2）试样及试验设备

试样、试验仪器和设备应符合《金属和合金的腐蚀　不锈钢在氯化钠溶液中点蚀电位的动电位测量方法》（GB/T 17899—2023）。

（3）试验条件和步骤

① 将试验溶液注入电解槽或烧杯中，溶液的体积与试样面积之比不小于 $200mL/cm^2$。自然敞口体系。

② 将试验溶液加热至试验温度并在恒温槽保温，试验温度按最高的冷却水设计温度。

③ 把经过粒度为 W28-01 的砂纸（600 号水砂纸或 01 号金相砂纸）最终打磨的不锈钢试样浸于溶液中，放置约 10min 后，从自然电位开始，以 20mV/min 的扫描速度进行阳极极化，直到阳极电流达到 $500\sim1000\mu A/cm^2$ 为止。

④ 重复试验次数不少于 3 次。

⑤ 每次试验都应使用新的试样和新鲜的试验溶液。

（4）点蚀电位的确定

试验后，除去电极表面的绝缘物，用 10 倍放大镜检查有无缝隙腐蚀，若发生缝隙腐蚀，则舍去此测量值。以阳极极化曲线上电流密度为 $5\sim15\mu A/cm^2$ 且电流密度急剧连续上升时的最正电位值来表示点蚀电位，标为 E_b。若该点不明显，则以阳极极化曲线上电流密度为 $10\mu A/cm^2$ 时的最正电位值来表示点蚀电位，标为 E_{b10}。

207 ▶ 不同材质的不锈钢管适用的氯离子浓度是多少?

不锈钢管使用时，应根据不同材质选择适用的氯离子浓度范围，见表4-5。

表4-5　不同材质的不锈钢管适用的氯离子浓度

GB/T 20878		ASTM A959	Cl⁻（mg/L）
统一数字代码	牌号		
S30408	06Cr19Ni10	S30400,304	<200
S30403	022Cr19Ni10	S30403,304L	
S32168	06Cr18Ni11Ti	S32100,321	
S31608	06Cr17Ni12Mo2	S31600,316	<1000
S31603	022Cr17Ni12Mo2	S31603,316L	
S31708	06Cr19Ni13Mo3	S31700,317	<2000①
S31703	022Cr19Ni13Mo3	S31703,317L	
S31708	06Cr19Ni13Mo3	S31700,317	<5000②
S31703	022Cr19Ni13Mo3	S31703,317L	
—	—	S44660（Sea-Cure） S44735（AL29-4C） SN08366（AL-6X） SN08367（AL-6XN） S 31254（254SMo）	海水③

① 可用于再生水。

② 适用于无污染的咸水。

③ 用于海水的不锈钢管仅做选用参考。

注：1. 未列入表中的不锈钢管如能通过试验验证，也可以选用。

2. 冷却水 Cl⁻ 浓度小于 100mg/L，且不加水处理药剂时可以直接选用 S30403、S30408 或对应牌号的不锈钢管。

3. 表内同一栏中，排在下面的不锈钢的耐点蚀性能明显优于排在上面的不锈钢，但对耐蚀性能较低的管板的电偶腐蚀也更强。

208 ▶ 间冷开式系统循环冷却水换热设备的腐蚀速率控制值是多少?

腐蚀速率是反应水的腐蚀所造成的间接影响，腐蚀速率表示金属的腐蚀速度，单位为 mm/a。其物理意义是如果金属表面各处的腐蚀是均匀的，则金属表面每年的腐蚀深度以 mm 表示，即为腐蚀速率。腐蚀速率可用失重法测定。

根据《工业循环冷却水处理设计规范》（GB/T 50050—2017）可知，间冷开式系统循环冷却水换热系统，碳钢设备传热面水侧腐蚀速率应小于 0.075mm/a，铜合金和不锈钢设备传热面水侧腐蚀速率应小于 0.005mm/a。

（三）循环冷却水缓蚀剂及其应用

209 循环冷却水缓蚀剂应具备哪些条件？

冷却水缓蚀剂应具备的条件如下：
① 所用缓蚀剂经济性较好；
② 它的飞溅、泄漏和排放，在环保上是允许的；
③ 与冷却水中的各种物质（添加的阻垢剂、分散剂和杀生剂）能彼此相容；
④ 对水中各种金属的缓蚀效果都可以接受；
⑤ 在所需运行（pH 值、温度、热通量）等条件下，能有效地工作。

210 常用缓蚀剂的类型有哪些？

（1）按药剂的化学成分分类

一般可分为无机缓蚀剂和有机缓蚀剂两大类。

① 无机缓蚀剂　例如亚硝酸盐、铬酸盐、硅酸盐、硼酸盐、聚磷酸盐和亚砷酸盐等。这类缓蚀剂往往与金属表面发生反应，促使钝化膜或金属盐膜的形成，以阻止阳极溶解过程。

② 有机缓蚀剂　这类缓蚀剂品种远比无机缓蚀剂多，包括含 O、N、S、P 的有机化合物、氨基化合物、醛类、杂环和咪唑类化合物等。有机缓蚀剂往往在金属表面上发生物理或化学吸附，从而阻止腐蚀性物质接近金属表面，或者阻滞阴、阳极过程。

（2）按电化学作用机理分类

根据缓蚀剂对腐蚀电极过程的主要影响，可把缓蚀剂分为阳极型、阴极型和混合型缓蚀剂三种。缓蚀剂的用量很少，显然添加与否不会改变介质的腐蚀倾向，而只能减缓金属的腐蚀速率。由于金属腐蚀是由一对共轭反应——阳极反应和阴极反应所组成，添加缓蚀剂可能抑制其中某个反应或多个反应。如果该缓蚀剂抑制了共轭反应中的阳极反应，使阳极极化曲线斜率增大，金属的腐蚀电位 E_F 向正的方向移动，那么它就是阳极型缓蚀剂[图 4-6（a）]；如果该缓蚀剂抑制了共轭反应中的阴极反应，使极化图中阴极极化曲线的斜率增加，那么它就是阴极型缓蚀剂[图 4-6（b）]，此时金属的腐蚀电位 E_F 向负的方向移动；而如果该缓蚀剂同时抑制了共轭反应中的阴极和阳极反应，使极化图中的阳极极化曲线和阴极极化曲线斜率同时增大，那么它便是混合型缓蚀剂，此时腐蚀电位 E_F 没有明显的变化，但腐蚀电流显著降低[图 4-6（c）]。

阳极型缓蚀剂多为无机类的氧化剂，如铬酸盐、亚硝酸盐、硅酸盐、钼酸盐等，它们的加入主要是使金属钝化，形成 $\gamma\text{-}Fe_2O_3$ 的氧化膜，从而减小腐蚀电流。如果加入量不够，不足以使金属全部钝化，则腐蚀会集中在未钝化完全的部位进行，从而引起点蚀。因此，阳极型缓蚀剂又称为危险型缓蚀剂，这类缓蚀剂的用量往往较多。对于磷酸盐类的阳极型缓蚀剂，使用时还要特别注意，水中必须有溶解氧才能产生缓蚀作用。

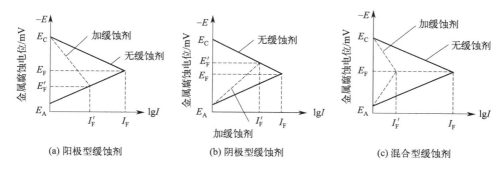

图 4-6   不同类型缓蚀剂的极化图

阴极型缓蚀剂（如聚磷酸盐）是使阴极过程变慢或减少阴极面积，从而减缓腐蚀。这类缓蚀剂的添加量不够时，不会加速腐蚀，因此比较安全，但其缓蚀效果一般不如阳极型缓蚀剂好。

（3）按缓蚀剂形成的保护膜特征分类

可分为氧化膜型、沉淀膜型和吸附膜型三类。

① 氧化膜型缓蚀剂　氧化膜缓蚀剂又称为钝化膜型缓蚀剂。它能使金属表面氧化，形成一层致密耐腐蚀的钝化膜，其膜厚约几纳米，从而防止腐蚀。如铬酸盐在水溶液中，能使碳钢表面上生成一层 $\gamma\text{-}Fe_2O_3$ 膜，这种膜就是氧化膜，它紧密地、牢固地粘在金属表面上，改变了金属的腐蚀电势，并通过钝化现象降低腐蚀反应的速率。因此，氧化膜型缓蚀剂的防腐作用是很好的。

氧化膜型缓蚀剂加入水中后，能在金属表面上夺取电子，使自身被还原。因此，在成膜过程中会被消耗掉，故在投加缓蚀剂的初期，需加入较高的浓度，待成膜后就可以减少用量，加入的药剂只是用来修补破坏的氧化膜。氯离子、高温及较高的水流速度都会破坏氧化膜，故在应用时要考虑适当提高其使用浓度。此外，铬酸盐毒性强，其排放受到严格限制，而亚硝酸盐在实际使用中也存在问题，且容易被亚硝酸菌氧化，变成没有缓蚀效果的硝酸盐。

② 沉淀膜型缓蚀剂　这类缓蚀剂本身无氧化性，但是它能够与水中的某些离子（如 Ca^{2+}）或腐蚀下来的金属离子（如 Fe^{2+}、Fe^{3+}）形成一层难溶的沉淀物或表面络合物，能够有效地修补金属氧化膜的破损处，从而阻止金属的继续腐蚀。例如，中性水溶液中常用的缓蚀剂硅酸钠（水解产生 SiO_2 胶凝物）、锌盐［与 OH^- 反应生成 $Zn(OH)_2$ 沉淀膜］、磷酸盐类［与 Ca^{2+} 反应生成 $Ca_3(PO_4)_2$ 膜］以及苯甲酸盐（产生不溶性的羟基苯甲酸铁盐）。沉淀膜型缓蚀剂所形成的沉淀膜没有和金属表面直接结合，膜厚 $0.1\mu m$，多孔，对金属的附着性不好。因此，从缓蚀效果来看，这种缓蚀剂稍差于氧化膜缓蚀剂。为形成完整的沉淀膜，一般要求水中某特定离子的浓度不能低于某一范围。如聚磷酸盐作沉淀膜型缓蚀剂使用时，$Ca:(NaPO_3)_n$ 的值应大于 0.2，否则将导致缓蚀效果不理想。

沉淀膜型缓蚀剂又分为水中离子型和金属离子型。前者与水中离子结合形成沉淀，后者不和水中的离子作用，而是和缓蚀对象的金属离子作用形成不溶盐。金属离子型缓蚀剂所形成的沉淀膜比水中离子型所形成的膜致密且较薄。水中离子型缓蚀剂若投量过多，则有可能因保护膜过厚产生水垢。防止措施包括控制药剂投量和合用阻垢剂，使阻垢剂吸附在保护膜上抑制结晶生长。

③ 吸附膜型缓蚀剂　这类缓蚀剂大多是含有 O、N、S、P 的极性基团或不饱和键的有机化合物。如铜换热器中常用的缓蚀剂苯并三氮唑及其衍生物等。吸附膜型缓蚀剂之所以能起作用是因为在它的分子结构中具有可吸附在金属表面的亲水基团和遮蔽金属表面的疏水基团。亲水基团定向地吸附在金属表面，而疏水基团则阻碍水及溶解氧向金属扩散，从而达到缓蚀的作用。当金属表面呈活性，且表面清洁时，吸附膜型缓蚀剂形成致密的吸附膜，表现出很好的防蚀效果。但如果在金属表面有腐蚀产物覆盖或有污垢、沉积物，就不能提供适宜的条件以形成吸附膜。所以这类缓蚀剂在使用时，可以加入润湿剂，以帮助缓蚀剂向铁锈覆盖的金属表面渗透，提高缓蚀效果。

胺类缓蚀剂形成的吸附膜是单分子膜，过剩的胺经常存在于水中，用于修补膜，因此投药量小。

(4) 其他的分类方法

按用途的不同，可以把缓蚀剂分为冷却水缓蚀剂、油气井缓蚀剂、酸洗缓蚀剂。锅炉水缓蚀剂、工序间防锈缓蚀剂等。

按使用时的相态，可分为气相缓蚀剂、液相缓蚀剂和固相缓蚀剂。

按被保护金属的种类，可分为钢铁缓蚀剂、铜及铜合金缓蚀剂、铝及铝合金缓蚀剂等。

按使用的腐蚀介质的 pH 值，可以把缓蚀剂分为酸性介质用缓蚀剂、中性介质用缓蚀剂和碱性介质用缓蚀剂。冷却水系统运行的 pH 值通常在 6.0～9.5 之间。所用缓蚀剂基本上属于中性介质用缓蚀剂。

实际上，对于具体的缓蚀剂，其作用方式是相当复杂的，很难简单地归之于某一类型。例如，氧化型缓蚀剂又是阳极极化剂；沉淀膜型缓蚀剂往往是阴极极化剂；而吸附膜型缓蚀剂很可能是混合型的。

211 ▶ 铬酸盐缓蚀剂的缓蚀机理是什么？有哪些优缺点？

铬酸盐曾经是密闭式和敞开式循环冷却水系统中最常用、最有效的缓蚀剂。常用其钠盐，即重铬酸钠（$Na_2Cr_2O_7 \cdot 2H_2O$）或铬酸钠（$Na_2CrO_4 \cdot 10H_2O$），也可以用其钾盐，重铬酸钾（$K_2Cr_2O_7 \cdot 2H_2O$）或铬酸钾（K_2CrO_4）。

铬酸盐是一种阳离子型、氧化膜型缓蚀剂，起缓蚀作用的是其阴离子。在水中发生以下反应：

$$Cr_2O_7^{2-} + H_2O \longrightarrow 2H^+ + 2CrO_4^{2-}$$
$$CrO_4^{2-} + 3Fe(OH)_2 + 4H_2O \longrightarrow Cr(OH)_3 + 3Fe(OH)_3 + OH^-$$

所生成的两种水合氧化物随后脱水变为 Cr_2O_3 和 Fe_2O_3 的混合物，在阳极上形成连续而致密的钝化膜，阻滞了阳极的氧化进程，从而保护金属免于腐蚀。铬酸盐的缓蚀过程可能是这样的：CrO_4^{2-} 首先吸附在铁表面上局部电池的阳极处，并形成吸附层；从阳极处溶解下来的 Fe^{2+} 被 CrO_4^{2-} 和溶解氧氧化成为 $\gamma\text{-}Fe_2O_3$，CrO_4^{2-} 则被还原成为 Cr_2O_3，然后在铁的表面上形成了 $\gamma\text{-}Fe_2O_3$ 和 Cr_2O_3 的氧化物混合层，在这层上面还可以进一步形成几个分子层厚度的 CrO_4^{2-} 吸附层。这时铁的开路电位上升到钝化范围，使腐蚀速率大大降低。

铬酸盐氧化金属铁获得的膜非常薄，约 1～10nm。用电子扫描显微镜和 X 衍射仪分析这层膜的成分，其主要成分为 $\gamma\text{-}Fe_2O_3$，Cr_2O_3 的含量约在 5%～20% 之间。

铬酸盐是阳极型缓蚀剂，因此铬酸盐有一个临界使用浓度。当冷却水中铬酸盐的使用浓度高于其临界浓度时，则碳钢的腐蚀速率降到很低，因而得到保护；当铬酸盐的使用浓度低于其临界浓度时，则碳钢会发生明显的腐蚀，主要表现为点蚀。

铬酸盐的临界浓度约为 16～160mg/L，温度升高，临界浓度也升高。氯离子会影响钝化的完成，破坏已形成的膜和使钝化后的腐蚀电流增大。硫酸根离子也起类似作用。因此，一方面应限制 Cl^- 和 SO_4^{2-} 存在，另一方面当存在较多 Cl^- 和 SO_4^{2-} 时，应适当增加钝化剂铬酸盐的浓度，并应考虑到间隙深处和垢下等处铬酸盐的实际浓度。在含 100mg/L NaCl 的水溶液中单独使用重铬酸钾对 SS-41 型碳钢的缓蚀效果如表 4-6 所示。

表 4-6 　重铬酸钾的缓蚀效果

添加量/(mg/L)	腐蚀速率/[mg/(dm²·d)]	缓蚀率/%
0	10.00	—
50	15.10	−12.5
100	44.50	−11.2
150	9.15	77.2
200	7.91	79.9
300	6.93	82.6
500	4.21	89.3

由表 4-6 可以看出，铬酸盐含量低于 150mg/L 时反而促进腐蚀。不同 pH 值条件下，碳钢腐蚀速率与铬酸盐浓度的关系见图 4-7。在有空气存在的蒸馏水中，碳钢的腐蚀速率与铬酸盐和其他缓蚀剂浓度的关系如图 4-8 所示。

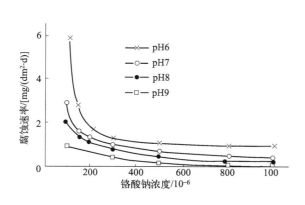

图 4-7　碳钢腐蚀速率与铬酸钠浓度和 pH 的关系　　　图 4-8　在有空气存在的蒸馏水中碳钢腐蚀速率与各种缓蚀剂浓度的关系（25℃）

铬酸盐的临界浓度 $[Na_2CrO_4]_{Crit}$ 随水中氯离子浓度 $[Cl^-]$ 和硫酸根浓度 $[SO_4^{2-}]$ 的增加而增加。以铬酸钠为例，在 25℃ 的充气水中，它们之间的关系可以表示为（浓度均以 mol/L 计）：

$$\lg[Na_2CrO_4]_{Crit} = 1.40 + \lg[Cl^-] \tag{4-8}$$

$$\lg[Na_2CrO_4]_{Crit} = 1.38 + \lg[SO_4^{2-}] \tag{4-9}$$

在循环冷却水系统中单独使用铬酸盐时，其起始浓度为 500～1000mg/L，随后可逐步降低到维持浓度 200～250mg/L。但是铬酸盐这样高的使用浓度，无论是从经济上还是环境保护上考虑，往往是不能接受的。因此，在实际应用时，铬酸盐通常是以较低的剂量与其他缓蚀剂（如锌盐、聚磷酸盐、硅酸盐、磷酸盐）配合成复合缓蚀剂使用。

铬酸盐冷却水缓蚀剂的优点是：

① 它不仅对钢铁，而且对铜、锌、铝及其合金都能给予良好的保护；

② 适用的 pH 值范围和温度范围较宽（pH 值为 6～11，温度为 38～66℃），在碱性水中成膜效果最好；

③ 成膜迅速牢固，缓蚀效果特别好，可以使碳钢的腐蚀速率降低到 0.025mm/a 以下；

④ 对水中离子宽容度大，即对不同水质的适应性强；

⑤ 能够抑制微生物的生长；

⑥ 价格便宜。

其缺点是：

① 使用铬酸盐最主要的问题是污染环境，铬离子和其他重金属离子一样，对许多水生物和人体有毒，因此，六价铬排放标准很高，排污水必须加以处理后才能排放，也正因为此，铬酸盐已经被禁止使用；

② 铬酸盐容易被还原而失效，故不宜用于有还原性物质（例如硫化氢）泄漏的炼油厂的冷却水系统中。

212 ▷ 亚硝酸盐缓蚀剂的缓蚀机理是什么？ 有哪些优缺点？

亚硝酸盐是一种氧化型缓蚀剂。作为缓蚀剂常用的亚硝酸盐是亚硝酸钠和亚硝酸铵，它们都是具有潮解性的结晶体。

亚硝酸盐之所以能保护碳钢免于腐蚀是由于它能氧化钢铁表面形成一层钝化膜。钝化膜的主要成分为 $\gamma\text{-Fe}_2\text{O}_3$，其中还含有少量的氨。其钝化过程的总反应可表示为：

$$4Fe + 3NO_2^- + 3H^+ \longrightarrow 2\gamma\text{-Fe}_2O_3 + NH_3 + N_2$$

亚硝酸盐也是一种阳极型的缓蚀剂。因此，在使用亚硝酸盐保护钢铁时，也存在一个临界浓度的问题。亚硝酸盐的添加量通常为 300～500mg/L，其临界浓度与溶液中侵蚀性离子（氯离子、硫酸根离子等）的浓度大小有关。因为细菌能分解亚硝酸盐，再加上它有毒，故在直流冷却水系统和敞开式循环冷却水中很少使用亚硝酸盐作缓蚀剂，多用于闭式系统。在淡水中亚硝酸钠的投加量为 25～75mg/L 时，可以获得较好的防腐效果，而在含氯离子高的海水中，却会失去缓蚀的作用。因此，在冷却水中采用氯气杀菌时，不适宜用亚硝酸钠作缓蚀剂。使用亚硝酸盐的适宜 pH 值一般为 9～10。在酸性水中，亚硝酸钠不能形成氧化膜，此时最好和苛性钠同时使用。

亚硝酸盐是硝化细菌的营养物质。因此，长期使用会使硝化细菌大量繁殖而导致微生物腐蚀。亚硝酸盐被硝化细菌氧化成硝酸盐后失去缓蚀作用。目前，已证实亚硝酸盐是强烈的致癌物质，对人类和哺乳动物有较大毒性。因此，从健康角度和环境保护的角度出发，不宜采用此类缓蚀剂。

213 ▷ 聚磷酸盐缓蚀剂的缓蚀机理是什么？ 有哪些优缺点？

聚磷酸盐是传统的、最经济的缓蚀剂，是目前我国敞开式循环冷却水系统中应用最广泛的缓蚀剂。除具有良好的缓蚀性能外，还有优良的阻垢性能。它的价格低廉，来源广泛。

聚磷酸盐由磷酸、硫酸和碱等混合加热、脱水和聚合而制得。聚磷酸盐的分子结构有链状和环状两种，用于工业冷却水缓蚀的主要是三聚磷酸钠和六偏磷酸钠，前者为链状结构，化学式为 $Na_5P_3O_{10}$，后者是环状聚磷酸盐，化学式为 $Na_6P_6O_{18}$，以六偏磷酸钠的缓蚀效果最好。

长期以来，聚磷酸盐被认为是一种阴极型的、沉淀膜型的缓蚀剂。聚磷酸盐中产生缓蚀作用的是聚磷酸根。聚磷酸根是带负电的离子，当水中有钙离子（或其他两价金属离子）存在时，聚磷酸根阴离子与钙离子络合，变成一种带正电荷的络合离子，并以胶溶状态存在。当钢铁在冷却水中腐蚀时，聚磷酸钙络合离子向腐蚀微电池的阴极区移动，同时与腐蚀产生的铁离子络合，形成以聚磷酸钙铁为主要成分的络合离子，沉积在阴极区表面，生成一种无定形、能自我修复的保护膜，阻挡水中溶解氧在阴极的还原，抑制了腐蚀的阴极过程，从而抑制腐蚀。

聚磷酸盐的优点是：

① 缓蚀效果好，用量较少；

② 同时兼有缓蚀作用和阻垢作用；

③ 冷却水中存在的还原性物质（如 H_2S）不会影响其缓蚀效果；

④ 无毒，经济。

它的缺点是：

① 易于水解，水解生成的磷酸根易与水中的钙离子生成磷酸钙垢，可能产生垢下腐蚀；

② 使用聚磷酸盐的冷却水系统中必须有溶解氧和足够的钙离子，才能起到缓蚀效果，从缓蚀角度考虑，Ca^{2+} 浓度不宜小于 30mg/L，从阻垢角度考虑，Ca^{2+} 浓度不宜大于 20mg/L；

③ 磷酸盐容易促进藻类生长，任意排放可能会引起水体的富营养化；

④ 对铜和铜合金有侵蚀性。

214 ▶ 硅酸盐缓蚀剂的缓蚀机理是什么？有哪些优缺点？

作为冷却水缓蚀剂的硅酸盐，主要是硅酸钠，即市场上出售的水玻璃，又名泡花碱。它是由纯碱和石英熔融而生成的一种无定形玻璃体，无色、青绿色或浅棕色，可溶于水。其分子式为 $Na_2O \cdot mSiO_2$，通常将 m 称为水玻璃的模数，即分子式中 Na_2O 和 SiO_2 的摩尔数之比。一般认为，单硅酸盐，即 $m=1$ 的硅酸钠是没有什么缓蚀作用的，只有那些玻璃态无定形的聚硅酸盐才有缓蚀作用。缓蚀效果较好的水玻璃的模数范围为 $2.5 \sim 3.5$。

硅酸盐是一种阳极型缓蚀剂。硅酸钠在水中呈一种带负电荷的胶体粒子（$mSiO_2 \cdot nH_2O \cdot pSiO_3)^{-2p}$，在腐蚀电池的阳极区与溶解下来的 Fe^{2+} 结合形成硅酸等凝胶，沉淀覆盖在金属表面起到缓蚀作用，故硅酸盐也是沉淀膜型的缓蚀剂。虽然这层膜是多孔的，不能完全阻止氧的扩散，但因硅酸钠具有抑制阳极反应的作用，所以这种膜仍有缓蚀作用。溶液中的 Fe^{2+} 是形成沉淀膜必不可少的条件，因此，在沉膜过程中，必须是先腐蚀后成膜，一旦膜形成，腐蚀亦减缓。

硅酸盐和金属离子反应建立保护膜的过程是缓慢的，一般需要 $3 \sim 4$ 周。和所有阳极型缓蚀剂一样，硅酸钠也有一个临界添加浓度。在循环冷却水中，其使用浓度为 40～60mg/L（以 SiO_2 计），最低为 25mg/L。

用硅酸盐作缓蚀剂，冷却水中必须有 Fe^{2+} 和溶解氧，没有这两个条件，就不能形成保护膜；硅酸盐控制腐蚀的最佳 pH 值范围是 8.0～9.5。在 pH 值过高或硬度过高的水中，不宜使用硅酸盐；冷却水中的离子强度高时，硅酸盐可能是无效的，因为此时硅酸盐胶体系统不稳定。冷却水中含盐量浓度约≤500mg/L 时，硅酸盐较有效；硅酸盐控制钢铁等金属的腐蚀，还要求 Ca^{2+}、Mg^{2+} 浓度较低，否则容易生成硅酸钙或硅酸镁水垢。

在硅酸盐缓蚀剂中，添加锌盐或聚磷酸盐，可提高其缓蚀效果。一般是先采用高剂量硅酸盐进行预处理，提高成膜效果，然后降低剂量，转入正常运行。一般认为，预处理的硅酸钠浓度是 140～250mg/L（以 SiO_2 计），正常生产时的用量为 60～75mg/L，可以取得较理想的缓蚀效果。

使用硅酸盐缓蚀剂的优点是：

① 操作容易，无危险；

② 在正常操作使用浓度下无毒，所以不会产生排水的污染问题；

③ 药剂来源丰富，价格低廉；

④ 对冷却水中几种常用金属（碳钢、铜、铝及其合金）都有一定的保护作用。

其缺点是：

① 建立保护膜的时间太长，一般需要 3～4 周；

② 缓蚀效果不理想，它对碳钢的缓蚀效果远不如聚磷酸盐，更不及铬酸盐；

③ 在硬度高的水中容易生成硅酸钙或硅酸镁水垢，一旦水垢生成即很难消除，故硅系水质稳定剂目前只在少数厂使用，还没有应用在浓缩倍数高或换热器热流密度大的装置上。

215 ▶ 钼酸盐缓蚀剂的缓蚀机理是什么？有哪些优缺点？

钼系水质稳定剂采用钼酸钠（$Na_2MoO_4 \cdot 2H_2O$）等钼酸盐为缓蚀剂。与铬酸盐不同，钼酸盐是一种低毒的缓蚀剂。由于 Mo 和 Cr 都属于 ⅥB 族（铬族）元素，人们自然想到开发钼酸盐去取代铬酸盐作为冷却水缓蚀剂。

与铬酸盐相反，在冷却水中钼酸盐是一种弱氧化性缓蚀剂，但它同样是阳极型缓蚀剂。因此，它需要有合适的氧化剂去帮助它在金属表面产生一层保护膜。在敞开式循环冷却水中，现成而又丰富的氧化剂是水中的溶解氧；在密闭式循环冷却水中，则需要有诸如亚硝酸钠一类的氧化性盐类。在有氧化剂存在的条件下，它能在金属腐蚀的阳极部位产生一种具有保护膜作用的亚铁-高铁-钼络合氧化物的钝化膜，这种膜的缓蚀效果接近高浓度铬酸盐或亚硝酸盐所形成的钝化膜，但是在成膜的过程中，又与聚磷酸盐相似。

钼酸盐单独使用时需要投加较高的剂量才能获得满意的效果。实验结果表明，为使碳钢的腐蚀速率达到设计规范的低于 0.075mm/a 的要求，钼酸盐的投加浓度应为 400～500mg/L。显然，这个浓度比其他几种常用缓蚀剂的使用浓度要高得多。故为了减少钼酸盐的投加浓度、降低处理费用和提高缓蚀效果，可用钼酸盐和其他药剂（如聚磷酸盐、葡萄糖酸盐、锌盐等）复合使用，起到好的缓蚀性能。

钼酸盐缓蚀剂的主要优点是：

① 缓蚀效果较好，尤其是和其他药剂共用可大大抑制点蚀的发生；

② 热稳定性高，可用于热流密度高及局部过热的系统；

③ 不会与水中的钙离子生成钼酸钙沉淀，有效地避免了垢下腐蚀；

④ 对碳钢、紫铜、黄铜和铝等金属及合金均有较好的缓蚀作用；

⑤ 毒性较低，不像铬、锌等类别的缓蚀剂对环境有严重的污染，也不像磷类和硝酸盐类缓蚀剂对水体有富营养化作用。

钼系缓蚀剂目前存在的问题有：

① 缓蚀性能不如铬酸盐和聚磷酸盐；

② 投加剂量过大，因此成本较高。如能进一步降低投加剂量和处理费用，则钼系可能是最具有前途的缓蚀剂。

216 ▶ 钨酸盐缓蚀剂的缓蚀机理是什么？有哪些优缺点？

钨酸盐是我国首先研发的非铬非磷型缓蚀阻垢剂。常用的是钨酸钠（$Na_2WO_3 \cdot 2H_2O$）。我国钨矿储量占世界总储量的 55% 以上，具有丰富的钨化合物资源。

钨酸盐的缓蚀机理与钼酸盐相似，也是阳极型钝化膜型缓蚀剂。钨酸盐的氧化能力很弱，在中性水中对 Fe^{2+} 的氧化速度较慢。钨酸盐对碳钢表面的钝化机理为：金属浸入溶液前由于空气中氧的作用已导致金属表面有部分氧化物覆盖，进入溶液后由于溶解氧的氧化使覆盖率继续增大，导致阳极面积很小，阳极电流密度大，而 WO_4^{2-} 可在高电流密度下极快地放电。此时，钨酸根离子的氧化能力极强，可将 Fe^{2+} 氧化成 Fe^{3+}，促进了金属氧化膜的形成。所以，钨酸盐对金属钝化膜的形成并不起主要作用，它仅起着膜的维持和修补作用。Auger 能谱、XPS 及电位扫描曲线法研究的结果表明，该钝化膜最外层是三价铁和二价铁的混合物［包括 $Fe_2(WO_4)_3$、$FeWO_4$、Fe_2O_3 和 FeO］。膜的中间层主要是二价铁，而靠近本体的一层主要是零价铁。证明钝化膜主要是在空气中和溶解氧作用下生成的 Fe_2O_3，但这种氧化物膜存在缺陷和孔隙，由于钨含量很低，不可能均匀地覆盖于金属表面，其作用只能是填充孔隙和修补缺陷，以减少腐蚀的活性点，最终与氧化膜一起形成三维立体膜，从而具有缓蚀作用。

钨酸盐缓蚀剂的优点是：

① 无公害，缓蚀性能优于钼系及磷系；

② 操作方便，可在碱性条件下运行而无需调节 pH 值，耐高浓缩倍数；

③ 对碳钢、紫铜、铜合金、铝、锌等金属和合金均有较好的缓蚀作用；

④ 耐氯腐蚀，尤其是对防止氯离子对碳钢及不锈钢的应力腐蚀均有很好的作用。

钨酸盐缓蚀剂的缺点是：具有低氧化性，单独使用时加药量较大，约需 WO_4^{2-} 200mg/L 以上，费用较高而且缓蚀率不高，故钨系缓蚀剂推广应用的关键是降低加药量，开发优良的钨系复合配方，现已有不少性能优良的复合配方试验成功并用于生产。

由于钨酸盐的低氧化性，其单独使用时的缓蚀率不高，但它有强氧化性缓蚀剂不具备的优势，即可与有机缓蚀剂或其他水处理剂复配使用。复配缓蚀剂的使用不仅可以提高缓蚀效率，还可以解决钨酸盐单独使用浓度高的缺点，降低钨系水处理剂的价格和处理成本。

217 ▶ 锌盐缓蚀剂的缓蚀机理是什么？有哪些优缺点？

在冷却水处理中常用作缓蚀剂的锌盐是硫酸锌（$ZnSO_4 \cdot H_2O$ 和 $ZnSO_4 \cdot 7H_2O$）和氯化锌。一般认为锌盐是一种阴极型缓蚀剂，常与其他缓蚀剂复配使用。

Zn^{2+} 在水中能以 $Zn(OH)^+$、$Zn(OH)_2$、$Zn(OH)_4^{2-}$ 等多种溶解性形式存在。当介质的 pH 值≥8 时，锌盐大多形成 $Zn(OH)_2$ 沉淀，如图 4-9 所示。

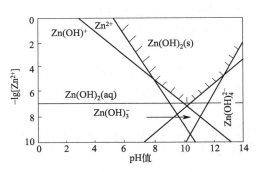

图 4-9 锌氢氧化物调节平衡图

由于金属表面腐蚀微电池中阴极区，附近溶液中局部 pH 值升高，当 Zn^{2+} 接近金属表面时，便与 OH^- 快速形成氢氧化锌沉淀物，抑制阴极反应。氢氧化锌使紧靠金属的环境呈碱性，进一步减少金属的腐蚀。但是这种氢氧化锌沉淀膜不耐久，因此，锌盐单独使用时不能完全抑制金属的腐蚀。

当锌盐与其他缓蚀剂，如铬酸盐、聚磷酸盐、磷酸酯、硅酸盐、钼酸盐、多元膦酸盐等联合使用时，其缓蚀增效作用特别明显。

一般先由锌盐迅速建立保护膜，抑制发展的初期腐蚀，然后由其他缓蚀剂再在第一层保护膜上形成另一层耐久的膜，进一步改善缓蚀性能。

锌盐在碱性水中会生成絮状氢氧化锌沉淀而失效，甚至黏附在传热面上成为垢。因此，在水质 pH 值较高时，或者水中浑浊度较大时不宜单独使用锌盐。

锌盐作为冷却水缓蚀剂的优点是：

① 成膜迅速；

② 成本低，原料易得，加工方便；

③ 与其他缓蚀剂联合使用时可保持两种缓蚀剂的优越性，缓蚀效果好。

缺点是：

① 单一使用锌盐时，缓蚀作用差；

② 锌对水生生物有毒性，排放标准为 5mg/L，所以在冷却水中投加过多，将会受到排放标准的限制；

③ 锌盐在循环冷却水中易生成氢氧化锌沉淀而被消耗，其消耗程度随 pH 值的增大而增加。

由于锌盐在碱性条件下易沉积，因此，近年来人们正在开发一些抑制冷却水中锌沉积的药剂——锌盐稳定剂。目前，开发的稳定剂主要是以共聚物为主，例如磺酸/丙烯酸共聚物（SA/AA）。先将聚合物与锌盐混合配制，再投加到水中，这样能把锌离子有效地稳定在水中，使锌盐能在较高 pH 值的条件下使用。

218 ▶ 多元膦酸类化合物的缓蚀机理是什么？有哪些优缺点？

多元膦酸类化合物是指分子中有两个或两个以上的膦酸基团中的磷原子直接与碳原子相

连的化合物。其中，最常用的有 ATMP（氨基三亚甲基膦酸）、HEDP（羟基亚乙基二膦酸）、EDTMP（乙二胺四亚甲基膦酸）及其盐类等，它们都是具有阻垢作用的缓蚀剂。

多元膦酸类化合物及其盐类与聚磷酸盐在许多方面是相近的。它们都有阻垢作用，能使钙、镁离子稳定在冷却水中而不析出；它们对钢铁都有缓蚀作用，且作用机理相似；它们对铜和铜合金都有腐蚀性。但是多元膦酸类化合物并不像聚磷酸盐那样易于水解成正磷酸盐，它的化学稳定性好。

在保护钢铁时，多元膦酸类化合物是一种混合型缓蚀剂。常与铬酸盐、锌盐或聚磷酸盐等缓蚀剂复配使用。单独作缓蚀剂使用时，使用浓度通常为 $15 \sim 20 \mathrm{mg/L}$，作复合缓蚀剂使用时，使用浓度可降低。

多元膦酸类化合物的缓蚀机理目前尚未十分清楚。有人认为在低浓度情况下（低于 $50 \mathrm{mg/L}$），HEDP 五个羟基上的氧原子都可以用未共用电子对与铁金属表面上的铁离子或带有部分正电荷的铁原子发生化学吸附，形成配位键，最后产生一种螯合膜。这种螯合膜覆盖在铁金属表面，有利于防止溶解氧向金属表面扩散。当 HEDP 的浓度大于 $50 \mathrm{mg/L}$ 时，分子中两个羟基上的氧原子和一个铁离子或钙离子发生络合，形成六元环。一般情况下，这种双六元环是相当稳定的；同时，HEDP 分子中另外的羟基中的氧原子与铁金属表面上的带部分正电荷的铁原子发生化学吸附，形成配位键，最后产生另一种螯合膜。实际过程中，这两种螯合膜可能同时存在。

多元膦酸类化合物的缓蚀性能与其结构的关系可归纳为如下两点：

① 缓蚀率随氮原子上亚甲基膦酸基团数的增加而增大，按缓蚀作用的大小顺序排列为：$\mathrm{N[CH_2PO(OH)_2]} > \mathrm{HN[CH_2O(OH)_2]_2} > \mathrm{H_2NCH_2PO(OH)_2}$

② 缓蚀作用随着两个氨基亚甲基磷酸基团之间亚甲基数目的增加而增强。其缓蚀作用强弱顺序为：$\mathrm{[(OH)_2OPCH_2]_2N-(CH_2)_6-N[CH_2POOH]_2]_2} > \mathrm{[(OH)_2OPCH_2]_2N-(CH_2)_2-N[CH_2PO(OH)_2]_2}$

多元膦酸类化合物的分子结构中 C—P 键比无机聚磷酸盐和磷酸酯分子结构中的 P—O—P 键和 C—O—P 键牢固。因而，它们不易被酸碱破坏，不易水解，能够耐较高的温度，对一些氧化剂也有一定程度的耐氧化能力。

多元膦酸类化合物作为冷却水缓蚀剂的优点是：

① 同时具有缓蚀作用和阻垢作用；

② 在冷却水中不易水解，特别适用于高碱度、高 pH 值和高温下运行的冷却水系统；

③ 能够与其他水处理剂复合使用，表现出理想的协同效应，尤其是可以使锌盐稳定在冷却水中。

它的缺点是：

① 对铜和铜合金具有侵蚀性；

② 价格较高。

219 ▶ 有哪些常用的芳香族唑类铜缓蚀剂？

冷却水系统有铜和铜合金设备时，存在一种特殊的腐蚀问题，被腐蚀而产生的铜离子很容易和较活泼的金属（如铁和铝等）发生如下反应：

$$Fe + Cu^{2+} \longrightarrow Fe^{2+} + Cu$$
$$2Al + 3Cu^{2+} \longrightarrow 2Al^{3+} + 3Cu$$

铜离子经还原而生成的金属铜便沉积在活泼金属上面，铜作为阴极，活泼金属为阳极，构成腐蚀电流。由于铜的电位较低（$E^{\ominus} = 0.337V$），腐蚀电池的电动势很大，会使活泼金属受到严重的、穿透速度很快的腐蚀。

铜和铜合金产生的铜离子，还会被水带到很远的地方沉积下来而引起腐蚀。此外，冷却塔中的木构件如用铜盐处理过，或在水中使用铜盐灭藻，都可能引起完全相同的腐蚀。

将水中铜离子浓度控制在 0.1mg/L 以下，可以防止这种腐蚀。冷却水系统所使用的缓蚀剂，大多数都能抑制铜腐蚀，但将水中的铜离子浓度控制在 0.1mg/L 以下，要在中性和碱性水中才能实现。因此，使用有铜和铜合金材料的冷却水的 pH 值必须控制在 6.5 以上。

常用的芳香族唑类化合物［如巯基苯并噻唑（MBT）、苯并三唑（BTA）及甲基苯并三唑（MBTA 或 TTA）］都是有效的铜缓蚀剂。

（1）β-巯基苯并噻唑（MBT）

对于铜和铜合金，MBT 是一种特别有效的缓蚀剂，它在浓度很低时就能将铜的腐蚀率降低到难以观察的程度，MBT 能在水中游离出 H^+，其负离子能与铜离子结合形成十分稳定的络合物保护膜。但是实际使用的 MBT 浓度仅为 2mg/L 或更低，从溶解度方面看，这样低浓度的 MBT 和铜离子不足以在铜表面形成完整的沉淀保护膜。铜金属表面通常覆盖着氧化亚铜保护膜，低浓度 MBT 可以通过化学吸附修补这层自然保护膜上的缺陷。

MBT 还能有效防止已经存在于水中的溶解铜在钢铁或铝表面沉积而引起电偶腐蚀。因此，如果冷却塔的木构件用铜盐处理过，在开工清洗或开工初期加少量 MBT 可控制铜离子沉积引起的腐蚀。在某些配方中，MBT 也可防止聚丙烯酸钠对铜的腐蚀。

在开始进行防腐处理时，MBT 的浓度以 2mg/L 或稍高为宜，特别是当水的 pH 值低于 7 时不应低于 2mg/L，否则防腐作用不够理想。建立保护膜之后，只要维持 1mg/L 以上，就可修补可能损坏的保护膜而维持对腐蚀的控制。

MBT 可以在冷却水的任何 pH 值下使用。因此，在复配使用时只要考虑其他缓蚀剂的使用范围即可。

MBT 易被氧化而失效，所以应避免和氧化型的缓蚀剂一起使用，加氧和其他氧化性杀菌剂处理时也要注意。加氯处理前，如 MBT 已建立了对铜的保护，由于 MBT 吸附在铜上并且取向排列将易氧化的—SH 基隐藏起来，可以减少氯对它的影响而维持对铜腐蚀的控制。实际处理中可以先加 MBT 建立保护膜，过一段时间后再加氧，当水中余氯降到最低时再一次加 MBT 维持日常控制。

MBT 会降低聚磷酸盐对钢铁的缓蚀功能，但加锌或其他二价阳离子能消除这种干扰。

（2）苯并三唑（BTA）和甲基苯并三唑（MBTA 或 TTA）

苯三唑及其衍生物能用作缓蚀剂的品种也较多。其中最主要的是苯并三唑（BTA）和甲基苯并三唑（MBTA 或 TTA）。

苯并三唑也是种很有效的铜和铜合金的缓蚀剂。它不但能抑制铜或铜合金中的铜溶解进入水中，而且还能使已进入水中的溶解铜钝化，阻止铜在钢、铝、锌及镀锌铁等金属上的沉积。此外，它还能防止多金属系统中的电偶腐蚀和黄铜的脱锌。

BTA 在 pH＝5.5～10.5 范围内缓蚀作用都很好，但在低 pH 值的介质中，由于 BTA

的离解受到了抑制，所以在低浓度时，缓蚀作用明显降低。

BTA 在淡水中很稳定，常温下 2mg/L BTA 经过 4d 以后，水中浓度基本没有变化，即使在光照的条件下，分解率也小于 10%。但把水温升高到 60℃，即使在暗室中，经过 4d 的试验，约有 30% 的 BTA 分解。BTA 有很强的抗活性氯、二氧化氯等氧化性杀菌剂的能力，如在 40℃ 的水中，8mg/L 的活性氯作用 96h，也只有 6.17% 的 BTA 分解。虽然冷却水中有游离氧存在时，它的缓蚀性能被破坏，但在余氯消耗完后，它的缓蚀作用又会恢复。溴类杀生剂对 BTA 的攻击性很强，如淡水中加入等摩尔的 Br_2，1h 后就有 50% BTA 分解。升高水的碱度，能降低溴对 BTA 的分解；增大水的硬度，加快溴对 BTA 的分解。

BTA 能以共价键和配位键与铜原子结合，相互交替形成链状聚合物，在金属铜的表面形成不溶性的 Cu-BTA 保护膜，从而抑制铜及其合金的腐蚀。成膜过程始于化学吸附，然后生成晶核，再生成络合膜。膜的生成速度取决于它对铜离子的吸附能力大小，膜的质量与成膜时间有关。在足够的 BTA 浓度下，浸泡时间愈长，对铜的缓蚀效果愈好。

BTA 也广泛用于防止海水对铜的腐蚀，但介质中大量存在的 Cl^- 使表面膜变成了含有氯的复杂相。实验表明，投加 50mg/L BTA 对海水中铜的缓蚀率大于 80%，要使缓蚀率更高（>90%），需要投加 200mg/L BTA。同样条件下，投加 150mg/L 钼酸钠，铜的缓蚀率只有 60% 左右，投加 400mg/L 三聚磷酸钠，铜的缓蚀率仅为 70%。如将这三种药剂复配投加，则有十分显著的协同缓蚀效应。当总投加量为 9mg/L，且 BTA：钼酸钠：三聚磷酸钠 = 3：2：4 时，铜的缓蚀率达 80%；经过 BTA：钼酸钠：三聚磷酸钠 = 3：2：4 三种药剂预处理 12h，再用低浓度运行，缓蚀率可达 95% 以上。

带有甲基的苯并三唑的缓蚀能力比苯并三唑更好。这是因为它对铜和铜合金的缓蚀机理与苯并三唑相似，但其苯环上多了一个甲基，相当于多增加了一个疏水基中的碳链长度，因而疏水性增加，也使溶解氧向金属表面扩散的能垒增大了。另外，甲基可使氮原子上的电子云增加，从而使 TTA 与铜原子的配位能力增强。TTA 的缓蚀性能在中性溶液中与 BTA 大致相同，而在酸性溶液中和有活性氯存在时，略优于 BTA，TTA 的价格比 BTA 低。

TTA 的一大特点是能与 BTA、MBT、钼酸盐、硅酸盐、有机胺等配合使用，具有明显的增效作用。TTA 与 MBT 复配使用时，可因 MBT 成膜快，TTA 成膜慢，两者相辅相成使成膜保持持久性，两者协同效应提高了对水中游离氯的阻抗能力，而降低了氯对铜的腐蚀作用。同时利用 MBT 可与水中铜离子络合成不溶物，从而解决了 TTA 因能与水中铜离子络合形成溶解物，增加 TTA 投量的缺陷。

220 ▶ 常用的复用缓蚀剂有哪些类型？

常用的复用缓蚀剂有以下几种。

（1）聚磷酸盐-锌盐

锌盐加入到聚磷酸盐中基本上不改变聚磷酸盐的一般性质。该复合缓蚀剂对冷却水中电解质浓度的变化不敏感，对碳酸钙垢和硫酸钙垢有低浓度阻垢作用，对被保护金属表面具有清洗作用。由于这两种药剂都属于阴极型缓蚀剂，因此复合缓蚀剂在阴极部位产生较强的极化作用。锌离子除了有增效作用外，还能够加速保护膜的形成，代替 Fe^{2+} 形成锌的磷酸盐保护膜。在有锌盐参与下所形成的膜具有膜薄、耐久、致密且保护性强的特点。

锌盐和聚磷酸盐复合使用时，锌的含量大约占 10%～20%。当其含量＞20% 时，增效作用增加得不明显。

为了保护冷却水系统的铜和铜合金，在聚磷酸盐-锌复合缓蚀剂中又添加了芳香族唑类化合物，该复合缓蚀剂同时还能防止金属产生点蚀。常用的芳烃唑类化合物有 MBT 和 BTA 等。一般掺加 1～2mg/L 即可获得显著的协同作用。

聚磷酸盐-锌盐-芳香族唑类复合缓蚀剂不仅对铜和铜合金有保护作用，而且对氯离子含量高的冷却水亦有较好的缓蚀效果。

（2）铬酸盐-锌盐

铬酸盐-锌盐复合缓蚀剂是敞开式循环冷却水中较有效的复合缓蚀剂之一。对钢铁进行保护时，铬酸根或锌的质量分数在 5% 时，就有明显的增效作用，当任一组分的比值为 20%～80% 时增效作用较佳。铬酸盐和锌盐以适当的比例组成复合缓蚀剂后，碳钢的腐蚀速率可以大大低于 0.075mm/a 这一碳钢管壁腐蚀速率容许值的上限。

这种复合缓蚀剂除了能保护钢铁以外，还能保护铜合金、铝合金和镀锌钢材，它可以降低多金属系统的均匀腐蚀和电偶腐蚀。在敞开式循环冷却水中，铬酸盐和锌盐的正常使用浓度为大约各 10mg/L。铬酸盐-锌盐复合缓蚀剂对温度在正常范围内的变化及水的腐蚀性变化并不敏感。使用这种复合缓蚀剂时，冷却水系统的 pH 值范围为 5.5～7.5。即使 pH 值有大的变动，它仍能迅速修复金属表面的保护膜。

铬酸盐-锌盐复合缓蚀剂也存在不少缺点。如它对碳酸钙和硫酸钙垢没有低浓度阻垢作用，对与冷却水接触的金属表面没有清洗作用，当 pH＞7.5 时，复合缓蚀剂中的锌离子将转化成不溶性的锌盐沉淀，铬酸盐和锌盐的排放给环境造成污染等。前三个缺点可以通过在铬酸盐-锌盐复合缓蚀剂中添加多元膦酸盐，例如 ATMF 或 PAM 来克服。多元膦酸盐的加入，能抑制循环冷却水中碳酸钙和硫酸钙的生长，能提高锌离子的稳定性，从而使冷却水运行的 pH 值范围扩展到 9，它还具有清洗作用，使循环冷却水中的金属表面保持清洁。

（3）锌盐-膦酸盐

与单独使用膦酸盐相比，锌盐和膦酸盐复配后可以提高膦酸盐对碳钢的缓蚀作用。当复合缓蚀剂中锌的含量在 20%～70% 范围内变化时，碳钢的腐蚀可以得到良好的控制，当锌的含量为 30%～60% 时，增效作用最佳。

锌离子能与膦酸盐生成稳定的可溶于水的螯合物。因此，二者复配以后，具有如下优点：

① 适用的 pH 值范围更广，能适用的范围为 6.5～9.0；

② 对循环冷却水中电解质的浓度和温度变化的适应性增强，水温的上限可达 70～77℃；

③ 可用于通氯的冷却水中，锌离子能使生成的螯合物稳定，阻止膦酸根中 C—P 键在氧化性条件下被破坏；

④ 能应用于含铜合金的冷却水系统，而单独用膦酸盐会导致铜合金的腐蚀。

（4）膦系复合缓蚀剂

膦系复合缓蚀剂是由聚磷酸盐、膦羧酸、聚丙烯酸和膦酸盐组成的。这种复合缓蚀剂应用得较为广泛，尤其在大多数石油化工厂的循环冷却水处理中。该类型复合缓蚀剂的主要优点是：缓蚀、阻垢效率高，适用于较高 pH 值条件下运行，排水污染较小。属于这一类型的复合缓蚀剂主要有如下几种：

① 六偏磷酸钠-聚丙烯酸钠-羟基亚乙基二膦酸（HEDP）；

② 六偏磷酸钠-聚丙烯酸钠-羟基亚乙基二膦酸（HEDP)-巯基苯并噻唑（MBT）；

③ 六偏磷酸钠-聚丙烯酸钠-羟基亚乙基二膦酸（HEDP)-巯基苯并噻唑（MBT)-锌盐；

④ 三聚磷酸钠-聚丙烯酸钠-乙二胺四亚甲基膦酸（EDTMP)-巯基苯并噻唑（MBT）；

⑤ 氨基二亚甲基膦酸盐（ATMP)-羟基亚乙基二膦酸（HEDP）。

在这些复合缓蚀剂配方中，聚磷酸盐的用量为 2～10mg/L，聚丙烯酸钠为 2～16mg/L，羟基亚乙基二膦酸（HEDP）为 0.8～5.0mg/L，巯基苯并噻唑（MBT）为 0.4～1.0mg/L，锌盐（以 Zn^{2+} 计）为 2～4mg/L。而使用乙二胺四亚甲基膦酸的配比量为 2mg/L。各种药剂在复合缓蚀剂中的配比和实际投加量，随实际水质特性和生产运行情况不同而有所差异，具体各组分的配比和投加量应根据试验和实际运行效果确定。

这些复合缓蚀剂中含有磷，为菌藻类微生物的生长提供了营养物质。因此，在使用此类复合缓蚀剂时，应根据生长的菌藻类属和繁殖数量，选择各种有效的杀生剂。

（5）天然有机物复合缓蚀剂

丹宁和经过加工的木质素用在冷却水水质处理中，主要作用是控制结垢，它们与锌共用时则具有有机复合缓蚀剂的缓蚀阻垢作用，常用的有锌盐-木质素和锌盐-丹宁复合缓蚀剂，这两种复合缓蚀剂一般用量较大，在水温高的情况下易分解，因而其缓蚀阻垢效果均不够理想，所以在出现人工合成的高分子缓蚀剂后，木质素和丹宁就逐渐被人工合成的高分子水处理剂所代替。

221 ▶ 什么是冷却水复合缓蚀剂的协同增效作用？

在一种腐蚀介质中同时加入两种或两种以上的缓蚀剂，其缓蚀效果比单独加入同样浓度的任何一种缓蚀剂的效果更好，这种作用称之为"协同作用"。早在 20 世纪 30 年代中期，Speller 发现磷酸盐和铬酸盐共同使用时，其形成的保护膜中含有磷和铬的成分，而且这种膜的缓蚀作用远较其中一种成分所形成的保护膜优越，1949 年 Palmer 提出了双阳极缓蚀剂（聚磷酸盐和铬酸盐复合），到了 20 世纪 50 年代以后，复合缓蚀剂的应用更为普遍。

通常在复合缓蚀剂中，有一种缓蚀剂是起主要作用的，称为主缓蚀剂。而其他的药剂可以是缓蚀剂，也可以不是缓蚀剂，但是其复合缓蚀剂的效果比单独一种主缓蚀剂更好。例如，在碱性冷却水处理时，用锌盐作主缓蚀剂，同时加入高聚物（如磺酸/丙烯酸共聚物）作锌盐的稳定剂，可以使锌离子稳定在冷却水中不析出，从而提高了锌盐的缓蚀效果，这种作用称为"增效作用"，这样复配而成的缓蚀剂称为增效复合缓蚀剂。

增效作用实际上也是广义的协同作用，在某些冷却水处理文献中，增效和协同往往是等同的概念。

222 ▶ 缓蚀剂的筛选依据有哪些？

缓蚀剂的筛选依据如下。

（1）换热器材质和水质特性

一般需根据换热器材质和水质特性，通过模拟试验筛选出适宜的缓蚀剂，在实际生产运行过程中，视其效果再调整其投加量和配比。在无试验条件的情况下，可参考类似工厂的运行数据，但不宜直接套用其配方。表 4-7 列出了根据冷却水系统中冷却设备的材质、冷却水的水质和工艺介质选择缓蚀剂的方法。

表 4-7　按金属材质和冷却水水质选择缓蚀剂

缓蚀剂	对金属的缓蚀效果			适用范围			还原性条件	
	钢	铜	铝	钙离子浓度/(mg/L)	pH 值	总溶解固体浓度/(mg/L)	H_2S	SO_2、烃类
铬酸盐	很好	很好	很好	0~1200	5.5~10.0	0~20000	不可用	不可用
聚磷酸盐	很好	腐蚀	腐蚀	100~600	5.5~7.5	0~20000	可用	可用
锌盐	好	无	无	0~1200	6.5~7.0	0~5000	不可用	可用
聚硅酸盐	好	很好	很好	0~1200	7.5~10.0	0~5000	可用	可用
钼酸盐	好	中等	中等	0~1200	7.5~10.0	0~5000	不可用	可用
铜缓蚀剂	中等	很好	好	0~1200	6.5~10.0	0~20000	可用	可用

（2）根据 Ryznar 指数和要求的腐蚀速率

冷却水缓蚀剂的品种很多，表 4-8 列出了 10 种常用的缓蚀剂在不同的 Ryznar 指数的条件下的添加浓度和添加后碳钢的腐蚀速率，据此可以根据冷却水的 Ryznar 指数和要求的腐蚀速率，来选择合适的缓蚀剂。

表 4-8　各种冷却水缓蚀剂的缓蚀性能

冷却水缓蚀剂	药剂加药量/(mg/L)	活性物质浓度/(mg/L)	腐蚀速率/(mm/a)	
			Ryznar 指数＝9	Ryznar 指数＝5
铬酸盐	500	500	0.011	0.033
铬酸盐-锌盐	30	25	0.018	0.054
亚硝酸盐	500	500	0.017	0.022
锌盐-聚磷酸盐	30	30	0.138	0.161
锌盐-膦酸盐	100	13	0.027	0.324
锌盐-膦羧酸	100	12.5	0.012	0.064
锌盐-聚马来酸酐	100	15	0.137	0.051
聚磷酸盐-膦酸盐	60	17	0.135	0.064
聚磷酸盐-膦羧酸	100	18	0.023	0.036
膦酸盐-亚硝酸盐	100	11	0.008	0.025
空白	—	—	0.888	0.394

图 4-10 是冷却水处理剂选择图。使用该图时，首先要根据冷却水的水质分析数据计算 Ryznar 指数，然后根据 Rynar 指数，选用合适的缓蚀剂或水处理剂。如果没有水质分析的数据，无法计算 Ryznar 指数时，也可以根据纵坐标所示的冷却水系统中可能出现的问题，按图查找对应的方框进行选择。

（3）冷却水的类型

循环冷却水系统可分为密闭式和敞开式两种。密闭式循环冷却水系统的水质较好，补水量很少或趋于零。因此，密闭式冷却水系统一般是在高 pH 值和高缓蚀剂浓度的条件下运行的。由于 pH 值的限制，可用于密闭式循环冷却水系统的缓蚀剂种类不是很多。常用的缓蚀剂有：铬酸盐、硼酸盐-亚硝酸盐复合缓蚀剂、钼酸盐系复合缓蚀剂、全有机系复合缓蚀剂。

敞开式循环冷却水系统的水质、运行条件和换热器的材质变化较大，腐蚀的问题较多。因此，在敞开式循环冷却水中，大多使用以聚磷酸盐、锌盐、磷酸盐为主缓蚀剂的各种有增

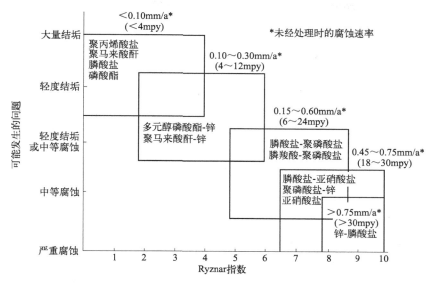

图 4-10　冷却水水处理剂选择图

效或协同作用的复合缓蚀剂。例如：聚磷酸盐-锌盐、聚磷酸盐-磷酸盐、聚磷酸盐-磷酸盐-唑类、聚磷酸盐-正磷酸盐、硅酸盐聚合物、HEDP-PMA、多元醇磷酸酯-丙烯酸系列等。

（4）其他条件

在选择缓蚀剂时，还应考虑：运行费用和客观的经济条件；各种缓蚀阻垢剂的供应来源；操作管理的方便；当地环保部门的规定和缓蚀剂对周围环境的污染；工艺生产发生事故时可能泄漏的物料对缓蚀剂作用的干扰；缓蚀剂与杀生剂的相容性以及工厂使用的热交换器的结构、材质以及预膜、涂料等处理情况等。

223 ▷ 如何用失重法评价缓蚀效果？

各种缓蚀剂加入冷却水中可以减缓金属腐蚀，延长设备使用寿命。为了筛选缓蚀剂，需要有腐蚀评定方法。通常采用的腐蚀评定方法有电化学测定法、电阻法、失重法和容量法等。

失重法是评定金属腐蚀速率的一种经典方法。根据金属腐蚀的原理可知，金属被腐蚀的过程就是金属阳极溶解的过程。因此，金属被腐蚀的结果是金属失去质量，当然金属表面的腐蚀产物必须清除干净，否则不是失重而是增重。把金属在单位面积上和单位时间内失去的质量作为评定金属腐蚀速率的一个指标，此法即称为失重法，其腐蚀速率可按下式进行计算：

$$K_w = \frac{W_1 - W_2}{Ft} \tag{4-10}$$

式中，K_w 为以失重表示的腐蚀速率，g/（m^2·h）；W_1 为试片未腐蚀前的质量，g；W_2 为试片经过腐蚀并除去表面腐蚀产物后的质量，g；F 为试片暴露在冷却水中的表面积，m^2；t 为试片被腐蚀的时间，h。

一些化工设备在设计时，常考虑增加一些腐蚀裕量。因此，对于均匀腐蚀而言，上述表示方法又可以每年腐蚀深度来表示，其换算关系如下：

$$K_L = \frac{24 \times 365}{1000} \cdot \frac{K_w}{\rho} \tag{4-11}$$

式中，K_L 为以腐蚀深度表示的腐蚀速率，mm/a；ρ 为金属的密度，g/cm^3，碳钢 $\rho = 7.85$g/cm^3，不锈钢 $\rho = 7.93$g/cm^3，铜 $\rho = 8.91$g/cm^3。

在水处理剂评定中，以往习惯的用法是以 mil/a 的单位来表示。1 密耳（mil）＝0.001 英寸（in），所以 K_L 可换算成 K_{mil}，其换算关系如下：

$$K_{mil} = \frac{K_L}{0.025} = \frac{24 \times 365}{1000 \times 0.025} \cdot \frac{K_w}{\rho} (mil/a) \tag{4-12}$$

失重法的具体操作包括以下两种。

（1）静态挂片失重法

该法是将金属试片悬挂在静止的水溶液中，称取腐蚀后的金属试片失去的质量，然后根据前述的计算方法求出金属试片的腐蚀速率。

① 试片的材料、尺寸和数目　试片材料要与测定的换热器传热管的材料相同，对于其形状和尺寸，一般要求试片的表面积与质量之比要大，试片四周面积对表面积的比要小，圆形或长方形均可达到此目的。现国内已制定标准，其规格尺寸如图 4-11 所示。试片上钻有小孔以便于悬挂试片，每组试验一般不少于两片。

② 试片前处理　试片浸入水溶液之前，需要先用粗砂纸，再用细砂纸磨光，使试片表面平整、光滑，并无明显的划痕、裂缝和斑点（如试片是已加工好的标准试片，就不需要用砂纸打磨），精确测量尺寸，准确至 0.1mm，然后用去污粉擦洗，用水冲净，再用酒精或丙酮擦洗，以除去油脂。处理好的试片用滤纸包好，放入干燥器 24h 后，精确称重，准确至 0.1mg。必须注意的是试片清洗、脱脂、干燥后，不能再用手接触，或用毛巾、纱布等去擦拭，以免再沾上油污，造成误差。

③ 试片悬挂方法　悬挂试片的容器，可用烧杯或三角瓶或平底烧瓶。试片用尼龙丝或塑胶线穿好悬挂在瓶中，如图 4-12 所示。如需保持一定的水温，可将瓶子移入恒温水浴中，用继电器和水银导电表控制水浴中的温度，瓶内水溶液液面高度应有标记，当液面因蒸发而下降时，需定时用蒸馏水补入，以恢复到原标记处。瓶内水溶液应保持足够的体积，以避免因腐蚀产物的积累而显著影响试验结果，一般以 1cm^2 的腐蚀面积加入 40mL 的水溶液为宜。浸挂时间一般以 15～30d 为宜。时间越长，试验结果越可靠。水溶液的成分根据冷却水水质而定，采用原水、循环水或配制水。

④ 试片上腐蚀产物的清除　从试片上除去腐蚀产物是整个试验中的重要一环，如清除不当，容易导致错误的结果。清除的原则是要求试片上的腐蚀产物能全部清除掉，而基体金属则不能损失。常用的方法是配制加有缓蚀剂的酸溶液进行化学清洗，对碳钢试片通常用 10％盐酸＋0.5％乌洛托品，对不锈钢则用 10％的硝酸，对铜及其合金用 5％～10％的硫酸。

被腐蚀的试片从腐蚀液中取出后，即浸入配制好的酸溶液中，并用塑料镊子夹住，用棉球进行擦洗，待试片露出金属光泽时，即取出用水冲洗，并用 0.2％的 NaOH 溶液中和，再用水冲洗，然后迅速用酒精或丙酮擦洗，吹干并称重。

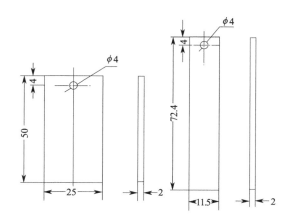

图 4-11　标准挂片尺寸（单位：mm）

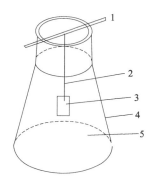

图 4-12　试片悬挂示意图
1—玻璃棒；2—尼龙丝；3—试片；4—三角瓶；5—溶液

⑤ 试验结果　将测得的各项数据代入前述公式进行计算，所得即为静态挂片的腐蚀速率。此法由于试片是静止悬挂在水中的，因此与生产实际中水是流动的情况有较大的出入，由前面的讨论可知，水的流速对腐蚀速率影响较大，而对某些缓蚀剂如聚磷酸盐来说，在静态时的防腐蚀效果远不如动态时好。因此，用这种试验结果来评定缓蚀剂，在某些情况下会得出错误的判断。

（2）旋转挂片失重法

碳钢在冷却水中的腐蚀主要是溶解 O_2 的去极化作用。而整个氧去极化的腐蚀过程又受到氧扩散过程的控制。当试片静止悬挂在水中时，氧要扩散到金属表面上的阴极，首先要通过一定厚度的液层，再通过紧贴金属表面上一层静止的液层才能到达，其扩散过程如图 4-13 所示。

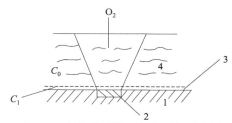

图 4-13　氧扩散到微阴极表面的示意图
1—金属；2—阴极；3—静止层；4—溶液

紧贴金属表面的这一静止层的厚度虽不大，但由于它是相对静止的，所以氧通过它比较困难，氧扩散到阴极表面上的量与这一静止层的厚度成反比，即

$$m = \frac{K_d(C_0 - C_1)}{\delta} \tag{4-13}$$

式中，m 为氧扩散至阴极表面的摩尔数，$mol/(m^2 \cdot s)$；C_0 为溶液中氧的浓度，$mmol/L$；C_1 为阴极表面上氧的浓度，$mmol/L$；δ 为静止层的厚度，m；K_d 为扩散系数，m^2/s。

因此，静止层愈薄，氧通过的量愈多，腐蚀速率也就愈大。对于没有搅动的静止水溶液来说，静止层的厚度可达 1mm 或更厚些；而有搅动时，静止层的厚度就小多了，只有 0.002～0.1mm。所以，水溶液在搅动状态下腐蚀变得严重，试片在水中呈运动状态时的腐蚀速率要比静止状态时大，就是这个道理。为了使腐蚀试验接近生产实际情况，改静态挂片试验为旋转挂片试验是适宜的。

旋转挂片法就是将试片固定在试验架上，然后用马达带动试验架在水中作旋转运动，使挂片与水保持一定的相对运动速度，一般控制试片在水中的旋转速度为 0.3～0.5m/s，也可选择与生产实际相近的水流速度作试验依据。图 4-14 为旋转挂片安装示意图。

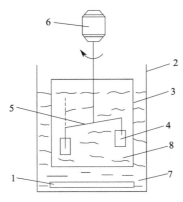

图 4-14　旋转挂片安装示意图

1—加热器；2—恒温槽；3—烧杯；4—试片；5—旋转架；6—伺服马达；7—热水；8—试验用水溶液

挂片在水中旋转的速度可由下式计算出：

$$S = \frac{2\pi rn}{60} \tag{4-14}$$

式中，S 为挂片旋转时的线速度，m/s；r 为试架的臂长，m；n 为马达的转速，r/min。

调整马达的转速或试架的臂长，挂片即可获得不同的线速度。

224 ► 循环冷却水缓蚀剂的发展趋势是什么？

循环冷却水缓蚀剂的发展趋势是高效、稳定、低毒或无毒药剂的开发或复配方案。

（1）开发复合缓蚀剂

单一冷却水缓蚀剂的缓蚀效果往往不够理想。为此，需要针对不同水质、不同工艺条件、不同金属材质和不同的防腐耐蚀要求，开发各种复合缓蚀剂。

（2）开发缓蚀剂的稳定剂

目前，两种常用的冷却水缓蚀剂是聚磷酸盐和锌盐，它们在冷却水中不够稳定。为此，需要开发各种能使聚磷酸盐和锌盐在冷却水中稳定的水质稳定剂。

（3）开发性能更稳定的冷却水缓蚀剂

氯是控制冷却水中微生物生长最有效而又最价廉的杀生剂，而有些有机缓蚀剂，如氨基三亚甲基膦酸、巯基苯并噻唑等，不能耐受游离氯的氧化作用。为此，需要开发性能更稳定，尤其是耐氯氧化的冷却水缓蚀剂。

（4）开发高效、低毒或无毒的冷却水缓蚀剂

虽然铬酸盐及其复合缓蚀剂的缓蚀性能好，且成本低，但它的毒性太大，而且回收和后续处理投资很大。因此，必须开发其替代品，如钼系缓蚀剂等。开发高效、低毒、价廉的缓蚀剂已成为发展方向。

五、

循环冷却水微生物控制技术

（一）循环冷却水系统的微生物

225 循环冷却水中的微生物主要有哪些？

微生物是低等生物的统称，其个体小，但是裂殖繁衍快，可形成很大的群体。在工业冷却水中常见的是病毒、细菌、真菌、藻类和原生动物。但是有时也把水生生物中较小的个体归入其中，这是由于它们同样造成污塞，同样可被杀菌灭藻剂杀灭。

（1）病毒

病毒能通过过滤细菌的滤器、滤膜和滤层，其尺寸约为 $50\sim500nm$，大型病毒能用光学显微镜观察到，小型病毒只能用电子显微镜观察。病毒由蛋白质与核酸组成，它没有完整的细胞结构，并在活的细胞内繁殖。病毒对人体有害，但对循环冷却系统的污塞传热无显著影响。

（2）细菌

细菌是单细胞生物，其尺寸为 $0.5\sim10\mu m$，亦即最小的细菌个体与最大的病毒相当。细菌多呈球形和杆形，也有细菌呈弧形和螺旋状。

细菌外层为细胞壁和细胞膜，内含营养丰富的细胞质与代谢产物，核心部分是细胞核。细胞核的主要成分是脱氧核糖核酸和蛋白质。

细菌以分裂的形式繁殖，以 2^n 的速率增长。细菌的分裂周期称世代时间，一般为 $20\sim30min$。细菌在生长繁殖过程中，从循环冷却水中吸收营养，本身产生新陈代谢的产物。细菌繁殖的群体，其代谢产物和已死亡的细菌都是在传热表面积污的主要来源。

226 什么是硝化细菌和产黏泥细菌？

（1）硝化细菌与反硝化细菌

硝化作用是在好氧条件下硝化细菌使氨氧化为硝酸。此过程经由两个阶段，首先是由亚硝化细菌将氨氧化为亚硝酸，再由硝化细菌将亚硝酸氧化为硝酸。

反硝化作用是经由厌氧菌将硝酸还原为亚硝酸，再将亚硝酸还原为氨（胺）。这个过程中起作用的厌氧菌分别称为硝酸盐还原细菌和亚硝酸盐还原细菌。

水中有机物蛋白质如氨基酸可被氨化细菌分解为氨，使水有氨味。

硝化细菌、反硝化细菌及氨化细菌的活动使水质被污染，其分解产物黏附于传热面上形成污垢，并对设备产生腐蚀。

（2）产黏泥细菌

产黏泥细菌是循环水中数量最多的一类有害细菌，主要有假单胞菌属、气单胞菌属、微球菌属、芽孢杆菌属、不动杆菌属、葡萄球菌属等。这类细菌在冷却水中产生一种胶状的、黏性的或黏泥状沉积物，覆盖在金属的表面，降低冷却水的冷却效果。

227 什么是铁细菌？

铁细菌除造成冷却水系统污塞之外，还引起设备腐蚀。铁细菌有锈铁菌与盖氏铁菌等类别。锈铁菌可在冷却水系统和冷却管中附着，它可形成菌丝，聚集成菌苔，使钢铁设备腐蚀，使管道堵塞。河北某电厂循环水管道腐蚀穿透，经对腐蚀产物进行细菌培养，检出大量锈铁菌；北京某热电厂锅炉补充水处理系统堵塞严重，经培养与镜检，有大量呈丝状纠结的盖氏铁细菌和杆菌组成的细菌膜。铁细菌在铁被腐蚀时得到营养，也可与水中亚铁离子起作用。亚铁离子在铁细菌的原生质中被氧化而提供营养与热量，氧化反应产物储存在铁细菌的黏性鞘膜的胶质物中，在细菌呼吸时以铁锈形式排出，铁细菌本身也呈铁锈色。

228 什么是硫氧化细菌？

硫氧化细菌依靠水中有机质的硫分存活，可以把蛋白质中含硫氨基酸分解为硫化氢，也可由反硫化细菌把硫化氢经次亚硫酸、亚硫酸而转化为硫酸。硫化细菌使水具有难闻的臭味，反硫化细菌可引起设备腐蚀。这些细菌在生存繁殖过程中都可使冷却水系统污塞。

229 硫酸盐还原菌有什么特性和危害？

硫酸盐还原菌（sulfate-reducing bacteria，简称SRB）是一种厌氧微生物，广泛存在于土壤、海水、河水、地下管道以及油气井等缺氧环境中。研究表明，在无氧或极少氧的情况下，SRB能利用金属表面的有机物作为碳源，并利用细菌生物膜内产生的氢，将硫酸盐还原成硫化氢，从氧化还原反应中获得生存的能量。

SRB可加速无氧环境下钢铁的腐蚀。在无氧的中性环境中，不利于去极化，钢铁的腐蚀是很微弱的，但由于SRB可起到阴极去极化的作用，加速钢铁腐蚀过程。SRB腐蚀主要还是由于氢化酶的作用，有些细菌中的氢化酶可以把氢直接氧化成水，而SRB的氢化酶可在金属表面上的阴极部位把硫酸根生物催化成硫离子和初生态氧，初生态氧在阴极使吸附于阴极表面的氢去极化而生成水。

根据SRB的生长繁殖条件、腐蚀活动机制和作用对象等因素，SRB腐蚀的防治可以分为物理方法、化学方法、阴极保护方法、微生物保护方法和防腐材料保护方法等几种。随着人们环保意识日益加强，研制和开发高效环保型防治方法显得尤为重要，防止SRB腐蚀已是腐蚀科学和微生物学共同关注的课题。

230 ▶ 什么是真菌？其生长条件及对冷却水系统的危害有哪些？

真菌有细胞核，结构比细菌复杂，形态与细菌也有很大差异，有单细胞和多细胞两种形式。它不含叶绿素，不能进行光合作用；系腐生或寄生生物，属于异养菌。菌丝是真菌吸收营养的器官，有数微米大小，没有真正分枝，整个菌丝构成一个细胞。真菌以生成孢子进行繁殖，孢子可随空气或水流散播，当温度、水分、营养等条件适宜时，便萌发出菌丝。真菌最适宜的生长温度为 $25\sim30℃$，pH 值在 6.0 左右。

真菌的种类繁多。冷却水中常见的有半知菌类（丝状菌）、子囊菌类（酵母菌）和担子菌类等，见表 5-1。

表 5-1　冷却水系统中常见的真菌及其危害

真菌类型	特性	生长条件	危害
丝状菌	黑、蓝、黄、绿、白、灰、棕、黄褐等色	$0\sim38℃$ pH=2～8,5.6 最适宜	木材表面腐烂,产生细菌状黏泥
酵母菌	革质或橡胶一般带有色素	$0\sim38℃$ pH=2～8,5.6 最适宜	产生细菌状黏泥使水和木材变色
担子菌	白或棕色	$0\sim38℃$ pH=2～8,5.6 最适宜	木材内部腐烂

真菌大量繁殖将发生黏泥危害，如地霉和水霉的菌落，好像棉花状，很容易挂在任何粗糙面上，黏聚泥沙，影响输水，降低传热效率，甚至引起管道堵塞。有些真菌利用木材的纤维素作为碳源，将其转变为葡萄糖和纤维二糖，从而破坏冷却塔中的木结构。真菌还可能参与氨化、硝化和反硝化作用，引起电化学和化学腐蚀。

231 ▶ 影响微生物黏泥产量的主要因素有哪些？

影响微生物黏泥产量的主要因素如下。

① 营养源　微生物需要维持其生长、繁殖的各种营养源，其中最重要的元素是碳、氮、磷。另外，微生物依其种类不同而摄取能源和营养源的方法也不同。

营养源进入冷却水系统的途径主要有三种：补充水、大气和设备泄漏。

判定这些营养物质含量的一个指标是化学耗氧量（COD）。一般认为，循环水中的 COD 值如在 10mg/L 以上就容易发生黏泥引起的故障。

② 水温　影响微生物生长和繁殖的水温因微生物的种类而异。在各种各样的微生物中，都有一个最佳的增殖温度。

③ pH 值　一般来说，细菌宜在中性或碱性环境中繁殖，丝状菌（霉菌类）宜在酸性环境中繁殖。通常冷却水的 pH 值宜控制在 6.5～9.0 的范围内，该范围正处在微生物增殖的最佳 pH 范围。

④ 溶解氧　好氧细菌和丝状菌（霉菌类）利用溶解氧氧化分解有机物，吸收细菌繁殖所需的能量。在敞开式循环冷却水系统中，水在冷却塔里的喷淋吸气过程为微生物的生长提供了充分的溶解氧，具备了微生物繁殖的最佳条件。

⑤ 光能　冷却水系统中的微生物繁殖需要光能。

⑥ 细菌数　从黏泥故障发生频率和冷却水中细菌数的关系分析可知，细菌数在 10^3 个/mL 以下时发生故障少，细菌数在 10^4 个/mL 以上时黏泥故障容易发生。

⑦ 悬浮物　黏泥的形成与冷却水中的悬浮物密切相关。设计规范要求循环冷却水的悬浮物浓度不宜大于 20mg/L。当换热器为板式、翅片式或螺旋板式时，悬浮物的浓度则不宜大于 10mg/L。

232 ▶ 什么是藻类？其生长条件及对冷却水系统的危害有哪些？

藻类是低等植物，细胞内含有叶绿素，能进行光合作用。它吸收太阳的光能，将二氧化碳和水等合成葡萄糖及所需营养物，并释放氧气，是光能自养微生物。藻类有单细胞的、群体的和多细胞的，结构简单，无根、茎、叶的分化。冷却水中的藻类主要有蓝藻、绿藻和硅藻。它们以细胞分裂或产生孢子的方式繁殖。藻类生长需要空气、水、阳光和营养物，尤以光的影响最为重要。因而，只能生长在能照到阳光的地方或能反射到一些阳光的地方，如冷却塔顶、水池和进出水总管口等处。冷却塔里面直接晒不到阳光的地方也会生存一些藻类，是因为有些反射光能照到。

藻类能适应多种生存环境。蓝藻的最适温度约为 30～35℃，但也有一些蓝藻可在 60～85℃的高温下生长。藻类对 pH 值的要求不高，能在很宽范围内生长，最适 pH 值为 6～8。藻类对营养条件也不苛刻，只要水中含有适量的磷酸盐，就能迅速地繁殖。一般认为最适宜藻类生长的氮磷比为 30：1，也有报道为 (15～18)：1。当水中硅酸含量＞0.5mg/L 时，易繁殖硅藻。

许多藻类外面是黏多糖成分的果胶。因此，藻类大量繁殖之后就形成黏泥。藻类不断繁殖又不断脱落，脱落的藻类又成为冷却水系统的悬浮物和沉积物，堵塞管道，影响输水，降低传热能力。藻类死亡腐化后使水质变坏，产生臭味，又为细菌等微生物提供养料。一般认为，藻类本身并不直接引起腐蚀，但它们生成的沉积物所覆盖的金属表面则由于形成差异腐蚀电池而常会发生沉积物下腐蚀。

冷却水系统中常见的藻类及其危害见表 5-2。

表 5-2　冷却水系统中常见的藻类及其危害

种类	举例	生长条件		危害
		温度/℃	pH 值	
绿藻	丝藻、水绵、毛枝藻、小球藻、栅列藻、绿球藻	30～35	5.5～8.9	常在冷却塔内蔓延滋生或附着在塔壁上，或浮在水中，引起配水装置和滤网堵塞，减少通风，成为污泥等。
蓝藻	颤藻、席藻、微鞘藻	32～40	6.0～8.9	在冷却塔壁上形成厚的覆盖物，由于细胞中产生恶的油类和硫醇类，死亡后释放而使水恶臭，引起配水装置和滤网堵塞，减少通风，成为污泥等。
硅藻	尖针杆藻、华丽针杆藻、细美舟形藻、细长菱形藻	18～36	3.5～8.9	形成水花（含棕色颜料），成为污垢
裸藻	静棵藻、小眼虫、尖尾裸藻、附生柄棵藻	—	—	出现裸藻，说明循环水中含氮量增加，作指示生物

233 ▶ 微生物黏泥是如何产生的？其组成与危害是什么？

微生物黏泥是指由于水中溶解的营养源而引起的细菌、真菌、藻类等微生物群的繁殖，并以这些为主体，混有泥沙、无机物和尘土等，形成附着的或堆积的软泥性沉积物。冷却水系统中的微生物黏泥不仅会降低换热器和冷却塔的冷却效果，而且还会引起冷却水系统中设备的腐蚀和降低水质稳定剂的缓蚀、阻垢和杀生作用。通过对换热器上的黏泥和淤泥的化学成分分析发现，微生物黏泥的组成成分包含氧化钙、氧化镁、氧化铁、氧化铝、硫酸盐等。

微生物黏泥在冷却水中可引起以下故障。

① 附着在换热（冷却）部位的金属表面上，降低冷却水的冷却效果。

② 大量的黏泥将堵塞换热器中冷却水的通道，从而使冷却水无法工作。少量的黏泥则减少冷却水通道的冷却截面积，从而降低冷却水的流量和冷却效果，增加泵压。

③ 黏泥积聚在冷却塔填料的表面或填料间，阻塞了冷却水的通过，降低了冷却塔的冷却效果。

④ 黏泥覆盖在换热器内的金属表面，阻止缓蚀剂与阻垢剂到达金属表面发挥其缓蚀与阻垢作用。

⑤ 黏泥覆盖在金属表面，形成差异腐蚀电池，引起这些金属设备的腐蚀。

⑥ 大量的黏泥，尤其是藻类，存在于冷却水系统中的设备上，影响了冷却水系统的外观。

（二）循环冷却水系统微生物的监测控制

234 ▶ 检测水中的微生物有哪些基本方法？

（1）计数器测定法

即用细胞计数器进行计数。取一定体积的样品细胞悬液置于血细胞计数器的计数室内，用显微镜观察计数。由于计数室的容积是一定的（0.1mL），因而根据计数器刻度内的细菌数可计算样品中的含菌数。本法简便易行，可立即得出结果。

本法不仅适于细菌计数，也适用于酵母菌及霉菌孢子计数。

（2）电子计数器计数法

电子计数器的工作原理是测定小孔中液体的电阻变化，小孔仅能通过一个细胞，当一个细胞通过这个小孔时，电阻明显增加，形成一个脉冲，自动记录在电子记录装置上。

该法测定结果较准确，但它只识别颗粒大小，而不能区分是否为细菌，因此要求菌悬液中不含任何碎片。

235 ▶ 如何判断冷却水中的微生物有无形成危害？

一般是利用检测冷却水中的细菌数和黏泥含量来判断是否存在微生物的危害。当每毫升循环水中异养菌数高于 10^5 个时，就有产生黏泥的危害或产生危害的可能性。当循环水中的黏泥含量超过原水的黏泥含量 $4mL/m^3$ 时，便存在黏泥的危害。此外，经常注意冷却水系统构筑物有无黏泥附着，或观察水色、臭味以及手感等方法，也可判断冷却水中微生物有无形成危害。

236 ▷ 如何控制有害细菌的生长？

冷却水系统中有害的细菌主要有产黏泥细菌、铁细菌、硫酸盐还原菌和产酸细菌。

（1）产黏泥细菌

产黏泥细菌在冷却水系统中产生一种胶状的、黏性的或黏泥状的、附着力很强的沉积物覆盖在金属的表面上，阻止冷却水中的缓蚀剂到达金属表面，使金属发生沉积物下腐蚀。产黏泥细菌本身并不直接引起金属的腐蚀。

（2）铁细菌

铁细菌是一种好氧菌，在含铁的水中生长。通常被包裹在铁的化合物中，生成体积很大的红棕色的黏性沉积物。这是由于铁细菌能把可溶于水的亚铁离子转变为不溶于水的三氧化二铁的水合物，作为其代谢作用的一部分。铁细菌的锈瘤遮盖了金属的表面，使冷却水中的缓蚀剂难以到达金属的表面去生成保护膜。冷却水中的铁细菌很容易用加氯或加季铵盐来控制。

（3）硫酸盐还原菌

硫酸盐还原菌是一种厌氧菌，它能把水中的硫酸盐还原为硫化氢，故被称为硫酸盐还原菌。硫酸盐还原菌产生的硫化氢对一些金属有腐蚀性，这些金属主要是碳钢，但也包括不锈钢、铜合金和镍合金等。在循环冷却水中硫酸盐还原菌引起的腐蚀速率相当惊人，可达到 $24mm/a$。只用加氯方案难以控制硫酸盐还原菌的生长。这是因为硫酸盐还原菌通常为黏泥所覆盖，水中的氯气不容易到达黏泥的深处；硫酸盐还原菌周围硫化氢的还原性环境使氯还原，从而失去了杀菌能力。长链的脂肪酸铵盐和二硫氰基甲烷可有效控制硫酸盐还原菌。

（4）产酸细菌

硝化细菌是一种产酸细菌，它能把冷却水中的氨转变为硝酸

$$2NH_3 + 4O_2 \Longrightarrow 2HNO_3 + 2H_2O \tag{5-1}$$

当硝化细菌存在于含氨的冷却水系统中时，冷却水的 pH 值将发生意外的变化。在正常情况下，氨进入冷却水中后会使水的 pH 值升高。然而，当冷却水中存在硝化细菌时，由于它们能使氨生成硝酸，故冷却水的 pH 值反而会下降，从而使一些在低 pH 值条件下易被侵蚀的金属（如钢、铜和铝）遭到腐蚀。

氯以及某些非氧化性杀生剂可有效控制硝化细菌繁殖。

237 ▷ 菌藻检测的方法有哪些？

检测循环冷却水或污垢中的菌藻种类及数量的方法相同，水样中的菌藻数以个/mL 表示，污垢需先用生理盐水稀释到一定稀释度，测出水样中菌藻数之后，再折合为每克（g）

湿污垢的菌藻个数。有以下 3 种基本的检测方法。

（1）镜检法

用血球计数板在生物显微镜上直接计数或判别属种。血球计数板是一种载玻片，上有 0.1mm 的空间，面积为 1mm²，刻有 400 小格便于计数。将水样置入后可根据小格内的菌藻数和水样稀释度计算出每毫升水样中菌藻的个数，此法多用于藻类属种判别及计算，也可用于测细菌总数，但因其误差大，多不用此法。

（2）标准平皿计数法

又称平板法，即将不同稀释度的水样接种到无菌培养皿中，加入培养基，在培养箱中培养，这种培养基中加有凝固剂，冷却后为固体，使菌种不移动，每个菌种经培养后增殖成肉眼可见的菌落，易于计算。由于不同菌藻所要求的培养基成分和 pH 值不同，所以一种培养基不可能检出水中总细菌量，只能用某种特定培养基检测某一特定菌藻，如异养菌、真菌、氨化菌及藻类。

（3）液体稀释法

将不同稀释度的水样加入试管，用某种特定液体培养基培养，使细菌在生命活动中产生一定化学物质，根据有无这种物质，判断有无这种细菌。由于采用稀释绝迹法，水样是按一系列的 10 倍稀释的。如低稀释度的试管生长细菌，高稀释度的试管不生长细菌，则可根据稀释法测数统计表得到每毫升水样中的菌数。

为判定不同细菌不仅培养基的成分和 pH 不同，而且往往要加入不同的指示剂。

238 ▶ 如何测定总细菌数？

细菌总数是指 1mL 水样在肉膏蛋白胨琼脂培养基上，于 37℃经 24h 培养后所生长的细菌菌落的总数。由于肉膏蛋白胨培养基适合腐生细菌生长，所以用此法测出的细菌总数代表 37℃下的腐生细菌数。

总细菌数的培养与测定使用平板法。

（1）所需仪器及材料

包括：37℃恒温培养箱；55℃电热恒温水浴；酒精灯、无菌的培养皿、吸管、试管等；肉膏蛋白胨琼脂培养基；1.5%硫代硫酸钠溶液。

（2）菌落计数方法

先用肉眼观察，查数菌落数，然后再用放大 5～10 倍的放大镜检查，以防遗漏。记下各表面皿的菌落数后，求出同一稀释度各表面皿生长的平均菌落数。若表面皿中有连成片状的菌落或花点样菌落蔓延生长时，该表面皿不宜计数。

若片状菌落不到表面皿的一半，而其余一半中菌落分布又很均匀时，则可将此半个表面皿菌落计数后乘以 2，以代表全皿菌落数。

239 ▶ 黏泥附着量是如何测定的？

黏泥附着量是另一种生物黏泥的测定方法，并不测定水中所含黏泥的数量，而是测定黏泥附在物体上的好氧异养菌数来判断黏泥的附着程度，即载玻片法。

将数片载玻片插入采样器，采样器置于冷却塔水池中，当水流经载玻片时，细菌与黏泥会一起不同程度地附着在载玻片上，放置一定时间后取下载玻片，测定附着的好氧异养菌数。根据所附着的好氧异养菌数判断黏泥的附着程度，即黏泥附着量。

每次取下运行时间相同的载玻片两片。一片用无菌水将附着的黏泥洗下，用平皿计数法测好氧异养菌数，另一片用染色剂做微生物染色，染色剂可用复红、品红、快绿、桃红等。经多次重复后，将阴干的染色片与好气异养菌数进行对照，可得到不同好气异养菌数的相应色谱。待积累数据完成本装置的色谱之后，以后取出的载玻片只需经风干、染色，与色谱对照比较就可得到好氧异养菌数，也就可以反映黏泥附着的程度。

240 ▶ 通过化学分析如何了解循环冷却水系统中微生物的生长情况？

循环冷却水中微生物的生长状况可以通过化学分析项目进行评价。

① 余氯（游离余氯） 加氯杀菌时要注意余氯出现的时间和余氯量，如余氯出现的时间较正常时间长得多，或余氯量达不到规定的指标，这时就要密切注意循环冷却水中微生物的动向，因为微生物繁殖严重时就会使循环冷却水中耗氯量大大地增加。

② 氨 循环冷却水中一般不含氨，但由于工艺介质泄漏或吸入空气中的氨时也会使水中出现氨，这时不能掉以轻心，除积极寻找氨的泄漏点外，还要注意水中是否含有亚硝酸根。水中的氨含量最好控制在 10mg/L 以下。

③ NO_2^- 当水中出现氨和亚硝酸根时，说是水中已有亚硝酸菌将氨转化为亚硝酸根，这时循环冷却水系统加氯将变得十分困难，耗氯量增加，余氯难以达到指标。水中 NO_2^- 含量最好控制在 1mg/L 以下。

④ 化学需氧量 水中微生物繁殖严重时会使 COD 增加，因为细菌分泌的黏液增加了水中有机物含量，故通过化学需氧量的分析，可以观察到水中微生物变化的动向。正常情况下水中 COD 最好小于 5mg/L（$KMnO_4$ 法）。

241 ▶ 如何通过物理观测了解循环冷却水系统中微生物的生长情况？

可以通过物理观测了解循环冷却水系统中微生物的生长状况。

① 色 循环冷却水中的微生物如能控制在正常指标以下时，一般水色比较透明、清澈，如微生物大量增加时则水色变暗、变黑，色度较大。

② 嗅 在正常情况下循环冷却水不会有异味，当发现循环冷却水发臭或带有一种腥味时，则水中的微生物已开始大量繁殖了。

③ 观察冷却塔黏泥 冷却塔上的配水池和配水槽是水中黏泥和菌胶团最易沉积的地方，正常情况下可以清楚地看见各个出水孔，有危害时这些部位会出现黏泥或菌胶团，严重时配水池和配水槽上会有一层厚厚的黏泥，甚至堵塞出水孔，这说明水中的微生物繁殖已很严重了。

④ 观察藻类 冷却塔顶部配水装置和塔的内壁、支撑构件上是藻类最易生长的地方，对这些部位应经常观察是否出现藻类，因为藻类用肉眼是可以观察到的。

⑤ 观察挂片 如果循环冷却水系统中的腐蚀挂片是装在透明的有机玻璃管里，则通过观察挂片也可以了解水中微生物的动向。正常情况挂片上不会出现黑色的黏泥或菌胶团，但当微生物大量增加时，挂片上也会布满黏泥或菌胶团。

⑥ 测定循环水中的黏泥量 这是一个行之有效的办法，它对于观测、判断水中微生物的动向起了主要的作用。

242 ▶ 循环冷却水中微生物的物理控制方法有哪些?

目前，对于循环冷却水系统中生物黏泥的控制方法很多，按性质可分为物理控制法、生物控制法和化学控制法。化学控制法，也就是向冷却水系统中投加杀生剂。物理控制法主要有旁流过滤、纳滤和物理场控制法三种。

（1）旁流过滤

工业循环冷却水系统由于用水量很大，冷却水的过滤通常采用旁流式。旁流过滤是一种有效控制微生物生长的措施，通过过滤可以去除水中的悬浮颗粒。一般所用的滤料为石英砂、无烟煤等。但实验表明，采用纤维球滤料能够获得比石英砂过滤更好的效果。二者相比，采用纤维球滤料过滤时，滤速大、周期长、稳定性强，周期产水量是石英砂的 3～4 倍，且纤维球对异养菌的去除效果显著，异养菌的去除率可达 62%。

（2）纳滤

纳滤是介于反渗透和超滤之间的一种膜分离技术。纳滤的特点是具有离子选择性，具有一价阴离子的盐可以大量地渗过膜，然而膜对于具有多价阴离子的盐的截留率则高得多。因此，盐的渗透性主要由阴离子的价态决定。

对于阴离子来说，截留率按以下顺序上升：NO_3^-，Cl^-，OH^-，SO_4^{2-}，CO_3^{2-}。对于阳离子来说，截留率按以下顺序上升：H^+，Na^+，K^+，Mg^{2+}，Cu^{2+}。采用纳滤膜处理循环水，淡水回收率可达 80%，可有效减少补充水量和污水排放。

（3）物理场控制法

物理场控制法又可分为电子场法、磁处理法和高压静电法。

① 电子场法 电子场法就是直接向水中通以微电流以达到处理的目的。目前，已研制成功的新型电子水处理器可以通过电化学作用使水分子结构发生变化。当水流经水处理器时，水体中的微生物也受到水处理器中电场和电流的作用，同时水分子结构的变化也会对微生物细胞结构产生影响。实验表明，新型电子水处理器在 24V 条件下，1h 杀菌率达 57%，5h 即可达 97%，12h 几乎可将藻类全部杀死。

② 磁处理法 目前已研制出"超强套筒式内磁处理器"，使用该处理器处理冷却水可达到除垢、防垢、杀菌、灭藻的功效。经过磁处理的水，除了清除腐蚀的铁表面外，还可以使暴露在水中的金属长时间不发生腐蚀。

③ 高压静电法 该法最早由美国的几位工程师提出，关于其机理比较流行的有定向排列说、电极化说、释氧成膜说、活性氧说（超氧自由基）等。研究认为静电处理水可起到除垢、防垢、杀菌、灭藻和缓蚀的作用。有研究表明，静电场具有先刺激细菌生长，后使其死

亡的作用。

243 > 循环冷却水中微生物的生物控制方法有哪些?

（1）生物酶处理法

生物酶处理法是根据环保的要求应运而生的一种生物处理法。常规的工业循环冷却水处理系统是投加杀生剂，杀生剂一般为化学药剂，难免会造成二次污染。而生物酶本身是一种特殊的蛋白质，在处理过程中不会对环境产生污染，且能够有效地控制循环冷却水中的生物黏泥。因此，可以说利用生物酶处理循环冷却水中的生物黏泥是一种绿色、环保的方式。

（2）噬菌体法

噬菌体是一种能够吃掉细菌的微生物，也将其称为细菌病毒。噬菌体的作用过程可分为吸附、侵入、复制、聚集和释放。噬菌体有毒性噬菌体和温和噬菌体两种类型。侵入宿主细胞后，随即引起宿主细胞裂解的噬菌体称作毒性噬菌体；侵入宿主细胞后，其核酸附着并整合在宿主染色体上，和宿主的核酸同步复制，宿主细胞不裂解而继续生长的噬菌体称为温和噬菌体。噬菌体繁殖速率快，一个噬菌体溶菌后能放出数百个噬菌体。因此，只要加入少量的噬菌体就可以获得很好的效果。

另外，由于没有加化学药剂，不会污染环境，有动态模拟试验表明噬菌体的杀菌率可达83.3%，且概念设计表明采用噬菌体法的生物控制法的费用仅为加氯法费用的 1/5 左右。

（三）循环冷却水杀生剂

244 > 循环冷却水杀生剂应具备哪些条件?

控制冷却水系统中微生物生长最有效和最常用的方法之一是向冷却水中投加杀生剂。微生物的毒物有很多，适用于冷却水系统的优良的杀生剂应具备以下条件。

① 广谱高效 能够有效地控制和杀死范围很广的微生物，包括细菌、真菌和藻类，特别是形成黏泥的微生物。使用后，杀菌灭藻率一般应在 90% 以上，药效应维持 24h 以上。

② 适用范围宽 在不同的冷却水质和操作条件下，在宽的 pH 值和温度范围内有效而不分解。在游离活性氯存在时，具有抗氧化性，保持其杀生效率不受损失，而且能抗氨/胺污染、抗有机污染。

③ 与冷却水的缓蚀剂、阻垢剂能彼此相容，不互相干扰 要求选用杀生剂时考虑其配伍性。

④ 具有剥离黏泥和藻层的能力 因为许多微生物是在黏泥的内部或藻层的下面繁殖生长，而一般的杀生剂只能到达黏泥或藻层表面而不易到达其内部，即一般的杀生剂易于杀灭黏泥或藻层表面的微生物，但不易杀灭其内部的微生物。一旦条件变得对微生物生长有利时，这些没有被杀灭的微生物又可繁衍生长。只有把黏泥和藻层连同其中的微生物一起从冷却水系统设备上剥离下来排走，杀生作用才算干净彻底。

⑤ 不污染环境　好的杀生剂应该是不在环境中残留，一旦在冷却水系统中完成了杀生任务并被排入环境后，本身就能被水解或生物降解，其残留物和反应产物的半致死量（LD_{50}）高。

⑥ 性价比高，使用方便　有时将两种或两种以上的杀生剂复合使用，其中的一种价格贵，但杀生效率高，用量较小；另一种则较便宜，这样的复合使用能起到广谱杀生的作用，价格也较为合理。

245 ▶ 常用冷却水用杀生剂有哪些?

杀生剂品种很多，根据其杀生机制可分为氧化型杀生剂和非氧化型杀生剂两大类。常用的氧化型杀生剂有氯、次氯酸钠、溴和溴化物、氯化异氰尿酸、二氧化氯、臭氧和过氧乙酸等。常用的非氧化型杀生剂有季铵盐、氯酚类化合物、有机硫化物、有机锡化物、有机溴化物、异噻唑啉酮、戊二醛和季磷盐等。

根据杀生剂的化学成分可分为无机杀生剂和有机杀生剂两大类。氯、次氯酸钠、二氧化氯、溴化物、臭氧和过氧化氢等属于无机杀生剂；季铵盐、氯酚、二硫氰基甲烷、过氧乙酸、异噻唑啉酮、戊二醛和季磷盐等则属于有机杀生剂。

还可以根据其杀灭微生物的程度分为杀生剂和抑制剂两类。前者能在短时间内真正杀灭微生物，而后者不能大量杀灭微生物，只能抑制微生物的繁殖。

国内外常用的杀生剂见表5-3。

表 5-3　国内外常用的杀生剂

类型	品种	主要化学成分	国内外商品名
氧化性	氯系	氯气 次氯酸盐 氯化异氰尿酸及其盐	THS-802（氯锭），消防散，优氯净，强氯精，ACl-70，ACl-60，ACl-85
	溴系	溴 次溴酸及其盐 氯化溴 活性溴 二溴二甲基海因 溴氯二甲基海因 溴氯甲乙基海因	Nalccs Acutibrom 1338c，JS-913，DBDMH，Dibromaltiw，BCDMH，Helogene，Cream SS1203，Bcmeh，Dantobrom RW
	二氧化氯	ClO_2（含稳定剂）	BC-98，SPC-983
	臭氧	O_3	—
	过氧化氢	H_2O_2	双氧水，Perone
	过氧乙酸	过氧乙酸（含稳定剂）	NA2131，Proxitane4002
非氧化型	氯酚类	双氯酚 五氯酚钠	G4，NL-4，曲霉净，Dowicide G，Napclor-G
	季铵盐	十二烷基二甲基苄基氯化铵 十二烷基二甲基苄基溴化铵 十四烷基二甲基苄基氯化铵 十二烷基三甲基氯化铵	1227，洁尔灭，Catinal CB-50，新洁尔灭，Barquat MX-50，1231，Aliquat 4
	有机硫	二硫氰基甲烷 二甲基二硫代氨基甲酸钠 乙基硫代亚磺酸乙酯	7012，N2732，C30，C38，C15，SQ-8，福美钠，Amerstat 272，抗生素401

类型	品种	主要化学成分	国内外商品名
非氧化型	有机锡	双三丁基氧化锡 三丁基氯化锡 三丁基氢氧化锡 三丁基氟化锡	TBTO，N-7324，J-12，LS 3394，TBTC，TBTHO，Bioment 204
	有机溴	2,2-二溴-3-次氨基丙烯酸 β-溴-β-硝基苯乙烯	N-7320，D-244，X-7287L，BNS，Caswell NO. 116B
	异噻唑啉酮	2-甲基-4-异噻唑啉-3-酮 5-氯-2-甲基-4-异噻唑啉-3-酮 4-异噻唑啉酮	BC-653-W，BL-653-G，Kathon CG，Kathon WT，TS-809，XF-990，RH-886，克菌强-Tim，Naclo 7330，SM103
	戊二醛	戊二醛水溶液	A515，A545，A530，250
	季磷盐	四甲基氯化磷 四羟甲基硫酸磷 四羟甲基氯化磷 十四烷基三丁基氯化磷	B350，RP-71，THPS，THPC

246 什么是余氯?

余氯是水经加氯消毒接触一定时间后余留在水中的氯，其作用是保持持续的杀菌能力。从水进入管网到用水点之前，必须维持水中消毒剂的作用，以防止可能出现的病原体危害和再增殖。这就要求向水中投加的消毒剂，其投加量不仅能满足杀灭水中病原体的需要，而且还要保留一定的剩余量，防止在水的输送过程中出现病原体的再增殖。如果使用氯消毒，那么超出当时消毒需要的这部分消毒剂就是余氯。从概念上看，余氯是针对氯气及氯系列消毒剂而言的，当使用二氧化氯等其他非氯类消毒剂时，就应该将余氯理解为接触一定时间后留在水中的剩余消毒剂。

余氯有游离性余氯（Cl_2、$HClO$ 和 OCl^-）和化合性余氯（NH_2Cl、$NHCl_2$ 和 NCl_3）两种形式，这两种形式能同时存在于同一水样中，两者之和称为总余氯。游离性余氯杀菌能力强，但容易分解，化合性余氯杀菌能力较弱，但在水中持续的时间较长。一般水中没有氨或铵存在时，余氯为游离性余氯；而水中含有氨或铵时，余氯通常只含有化合性余氯，有时是游离性余氯和化合性余氯共存。余氯量必须适当，过低起不到防治病原体的作用，过高则不仅造成消毒成本的增加，而且在人体接触时可能造成对人体的伤害。

247 氯气杀生剂有什么特点?

氯气杀生剂有以下主要特点。

① 要求水有较低的 pH 值。随着水处理配方逐渐向碱性水处理方案的过渡，氯气在高 pH 值（>8.5）的条件下杀生活性差的缺点也显现出来。以 Cl_2 为主的微生物控制方案的 pH 值范围以 6.5～7.5 为最佳。pH<6.5 时，冷却水系统中的金属腐蚀将增大。

② 用 Cl_2 作杀生剂时，起作用的主要是 HClO，HClO 能很快扩散到带负电的细菌表面，并通过细胞壁到细菌体内，发挥其氧化作用，使细菌的酶系统遭到破坏而死亡。一般来说，只要在循环冷却水中维持 0.5～1.0mg/L 的余氯，水中的微生物就可以得到有效控制。

③ 会氧化破坏冷却水中的有机缓蚀阻垢剂。在循环冷却水水质稳定处理中，杀菌灭藻与阻垢、缓蚀是紧密联系的一个整体，杀生剂与阻垢缓蚀剂应相互协同。但 Cl_2 是一种强氧化剂，它能不同程度地氧化（破坏）冷却水中的某些有机阻垢剂、缓蚀剂。

248 ▶ 二氧化氯（ClO_2）杀生剂有何特点？

二氧化氯在 pH 值为 6～10 的范围内具有有效的杀生作用。对水中的有机化合物不像氯那样会产生氯化作用而生成潜在的致癌物质，是一种较好的循环冷却水系统的杀生剂。ClO_2 对微生物的杀灭机理为：ClO_2 对细胞壁有较好的吸附和透过性能，可有效地氧化细胞内含硫基的酶，从而可快速地控制微生物蛋白质的合成。因此，ClO_2 除对一般的细菌有杀灭作用外，还对芽孢、病毒、藻类、铁细菌、硫酸盐还原菌和真菌等均具有很好的杀灭作用。ClO_2 杀菌作用与温度有关，温度越高，其杀灭力越强，这一特点弥补了它因温度升高溶解度下降的缺点。

二氧化氯的杀生能力较氯强，约为氯的 2.5 倍，特别适合应用于合成氨厂替代氯进行杀菌灭藻处理。国外于 20 世纪 70 年代中期开始将其应用于循环冷却水。但由于二氧化氯产品不稳定，运输时容易发生爆炸事故，限制了其广泛应用。针对这种情况，人们采取现场发生 ClO_2、开发稳定性 ClO_2 等措施，克服了这一难题。目前，国内采用的现场发生装置主要有电解法 ClO_2 发生装置和化学法 ClO_2 发生装置两类。20 世纪 70 年代美国百合兴国际化学有限公司开发出稳定性二氧化氯（BC-98），我国也于 80 年代后期开发出这一产品。

249 ▶ 二氧化氯发生器的原理是什么？

化学法二氧化氯发生器由供料系统、反应系统、安全系统、自动控制系统和吸收投加系统组成。

一类为高纯二氧化氯消毒剂发生器，生成物为二氧化氯，反应原理为：

$$5NaClO_2 + 4HCl =\!=\!= 4ClO_2 + 5NaCl + 2H_2O \tag{5-2}$$

$$2NaClO_3 + H_2O_2 + H_2SO_4 =\!=\!= 2ClO_2 + Na_2SO_4 + O_2\uparrow + 2H_2O \tag{5-3}$$

$$2NaClO_2 + NaClO + 2HCl =\!=\!= 2ClO_2 + 3NaCl + H_2O \tag{5-4}$$

另一类为二氧化氯复合消毒剂发生器，生成二氧化氯和氯气等混合溶液，反应原理为：

$$NaClO_3 + 2HCl =\!=\!= ClO_2 + 0.5Cl_2 + NaCl + H_2O \tag{5-5}$$

高纯硫酸法反应原理为：

$$2NaClO_3 + H_2O_2 + H_2SO_4 \longrightarrow 2ClO_2 + Na_2SO_4 + O_2 + 2H_2O \tag{5-6}$$

250 ▶ 氯气和二氧化氯对 pH 有怎样的适应能力？

氯气杀生剂和次氯酸盐作为微生物的杀生剂，在水中起作用的主要是次氯酸和次氯酸根。次氯酸（HClO）的杀生效率比次氯酸根（ClO^-）要高 20 倍。次氯酸（HClO）生成量越多，杀生效果越好。

次氯酸的生成量是由环境介质 pH 值决定的。当 pH＝5 时，次氯酸的电离度很小，杀生效果好。当 pH＝7.5 时，次氯酸和次氯酸根几乎相等。当 pH＝9.5 时，次氯酸几乎全部电离为次氯酸根，杀生效果差。一般而言，次氯酸钠作为杀生剂使用，pH 值应控制在 6.5～7.5，因为 pH＜6.5 时，冷却水系统中碳钢设备的腐蚀速率将增加。即使是冷却水 pH＝6.5～7.5 的情况下，大约仍有 25％的次氯酸根（ClO^-）未能转化为次氯酸（HClO），杀生能力未能全部发挥出来。

二氧化氯的性质有所不同，它在冷却水 pH＝6～10 的范围内均能有效杀灭绝大多数微生物。它不仅适用于酸性水处理（pH≤7），也适用于碱性水处理（pH＞8）。这就是说二氧化氯的杀生效率在水处理中几乎不受冷却水 pH 值的影响。在同等剂量的情况下，二氧化氯的杀生效率比次氯酸钠高。

251 ▷ 次氯酸钠和二氧化氯对氨有怎样的适应能力？

次氯酸钠能与冷却水中的氨反应，生成的 NH_2Cl、$NHCl_2$ 和 NCl_3 虽然亦有杀生作用，但杀生能力远不如次氯酸钠本身，即

$$NH_3 + HClO \longrightarrow NH_2Cl + H_2O \tag{5-7}$$

$$NH_2Cl + HClO \longrightarrow NHCl_2 + H_2O \tag{5-8}$$

$$NHCl_2 + HClO \longrightarrow NCl_3 + H_2O \tag{5-9}$$

在某些工厂，冷却水中往往溶解较多的氨，这样就会削弱次氯酸钠的杀生能力。而二氧化氯不与冷却水中的氨或大多数有机胺起反应，杀生能力不受环境介质影响。

252 ▷ 什么是过氧化物杀生剂和溴类杀生剂？

（1）过氧化物杀生剂

近年来，过氧化氢作为工业水处理的杀菌剂引起人们注意。使用过氧化氢的一个优点是它不会形成有害的分解产物。但它存在着在低温和低浓度下活性消失，且可被过氧化氢酶和过氧化物酶分解的缺点。过氧乙酸克服了过氧化氢的缺点。过氧乙酸以前只用于美国的食品工业。由于其具有快速、广谱、高效的杀菌性，分解产物无毒，对环境友好等特点，展现出良好的应用前景。试验表明，过氧乙酸与冷却水中一些常用的阻垢缓蚀剂具有很好的相容性。

（2）溴类杀菌剂

目前在杀生剂市场出现以溴代氯的趋势。出现这一现象并不是偶然的。试验室的评估结果表明，溴在 pH＝8.0 以上时较氯有更高的杀生活性；在一些存在有工艺污染（如有机物或氨污染）的系统中，溴的杀生活性高于氯；游离溴和溴化物衰变速率快，对环境的污染小。目前，人们常用的溴类杀生剂主要有以下几种。

① 卤化海因 主要有溴氯二甲基海因（BCDMH）、二溴二甲基海因（DBDMH）、溴氯甲乙基海因（BCMEH）等。有报道表明，BCMEH 效果最佳，0.45kg BCMEH 相当于3.18kg Cl_2。

② 活性溴化物 由 NaBr 经氯源（HClO）活化制得的液体或固体产物。特点是可大幅度降低氯的用量，并相应降低总余氯量。

③ 氯化溴　一种高度活泼的液体，需由加料系统加到水中，因其危险性较大，限制了其推广应用。

253 ▶ 什么是臭氧杀生剂？有何特点？

臭氧是一种强氧化剂。20世纪80年代末，臭氧作为一种杀生剂应用于冷却水系统受到人们的广泛关注。臭氧对微生物有强烈的杀灭作用，其作用机理主要是其对细胞壁有较强的吸附和穿透能力，能通过细胞壁，破坏细胞膜，直接破坏RNA和DNA，使细胞死亡，并且可以抑制蛋白质的合成。冷却水系统使用臭氧作杀生剂后，循环水中的COD和AOX（有机氯化合物）的数量控制在很低的水平，从而得到优良的水质，改善了传热器的传热效率，清除掉冷却塔上生长的藻类，并改善冷却水的目视透明度。

臭氧所具有的一些优越性是传统的化学药剂所无法比拟的。目前，国外已将臭氧广泛应用于冷却水处理中。使用结果表明，采用臭氧处理的系统可在高浓缩倍数下，甚至在零排污下运行，处理成本低于传统的化学处理法。

254 ▶ 非氧化型杀生剂的杀菌机理是什么？有哪些类别？

非氧化型杀生剂不是以氧化作用杀死微生物，而是以致毒剂作用于微生物的特殊部位，因而不受水中还原性物质的影响，一般对pH值变化不敏感。由于以上特点，非氧化型杀生剂可以弥补氧化型杀生剂的某些不足。当某些情况下单纯使用氧化型杀生剂效果不理想时，辅助使用非氧化型杀生剂可起到良好效果。

非氧化型杀生剂基本上都是有机物，按其化学成分有氯酚类、有机硫类、胺类、季铵盐类、醌类、烯类、醛类等。按某些特殊用途，还可以分为某些特殊类别。例如：

① 黏泥剥离剂　主要作用是剥离附着于设备上的污泥，虽具有一定的杀生能力，但杀生力并不强，毒性也不高。通常是两性表面活性剂，即在分子内同时具有酸碱性质不同的两种亲水基团，例如十二烷基乙基甘氨酸。

② 硫酸盐还原菌抑制剂　显然主要用于控制硫酸盐还原菌。目前，研制的有卤化吡啶类、氯代硝基酚类、N-烷基噁唑烷化合物、丙氨基乙醇等。

③ 杀藻剂　针对杀藻，国内已筛选出较多品种，如氯化二丙基[2-(对氯苯甲酰基)乙基]铵、2-硝基-4-氯苯酚等。

非氧化型杀生剂的使用方法与氧化型杀生剂有所不同，定期或不定期投加，间隔时间较长，往往从1周到1个月不等。考虑微生物的抗药等因素，常常将两种或多种杀生剂交替使用。非氧化型杀生剂多有一定毒性，虽然微生物对杀生剂也有生物降解作用，能使其毒性降低，但在循环水系统中使用后，仍有一定余毒，可能对环境有一定污染。

255 ▶ 氯酚类杀生剂对细菌的杀灭效果如何？

氯酚类化合物是一类应用较早的杀生剂，主要有一氯酚、二氯酚、双氯酚、三氯酚、五氯酚及其钠盐等。

氯酚类杀生剂能够吸附在微生物的细胞壁上，然后扩散到细胞结构中，在细胞质内生成一种胶态溶液，同时使蛋白质沉淀而破坏蛋白质，从而起到杀生作用。氯酚类杀生剂对抑制大多数细菌、藻类和真菌都是有效的。水中过量的有机物质对其杀生活性没有影响。孢子和某些细菌对其产生抗药性，但是生长受到抑制。氯酚类杀生剂与某些阴离子表面活性剂（如十二烷基硫酸钠）混合使用，可显著提高其杀生效果。这是由于表面活性剂降低了细胞壁的表面张力，增加了氯酚向细胞质中渗透的速度所致。常用的氯酚类杀生剂的杀生效果见表5-4。

表 5-4　常用的氯酚类杀生剂的杀生效果

杀生剂	投加浓度/(mg/L)	杀菌率/%		
		异养菌	铁细菌	硫酸盐还原菌
邻氯酚	100	50.0	98.3	56.0
	300	71.6	90.7	94.0
	500	74.5	99.1	99.8
对氯酚	50	70.4	94.0	99.9
	100	90.4	99.8	100
	300	99.9	100	100
2,4-二氯酚	50	70.4	94.0	99.9
	100	90.4	99.8	100
	300	99.9	100	100
2,4,5-三氯酚	30	89.8	96.9	99.9
	50	95.9	—	99.9
	100	99.3	—	99.9
双氯酚	15	72.4	78.9	99.9
	30	99.9	99.9	99.9
	60	99.9	99.9	100
五氯酚	50	84.8	99.2	98.3
	100	96.3	99.9	99.8
	500	99.9	99.99	99.99

双氯酚（2,2′-二羟基-5,5′二氯苯甲烷）是氯酚中杀生力最强的一种，我国于20世纪70年代开始生产并广泛应用在循环冷却水处理中。国内商品代号为NL4，其水溶液含双氯酚约30%，其中还含有对氯苯酚、乙二胺和氢氧化钠等组分。投药量一般约为100mg/L，相当于双氯酚30mg/L。双氯酚对各类细菌和藻类均有很强的杀灭和抑制作用，对真菌的杀生效果尤为显著。故在大检修时常用NL4对木结构冷却塔进行喷药处理，以杀灭真菌，防止其对木材的破坏。

双氯酚的毒性等级对哺乳动物为低毒，但对鱼类为高毒。使用后毒性可被微生物降解，但有余毒，故使用时一般停止排放，在系统内循环24h后再排污，也正因为有毒，应用逐渐减少。

256 ▶ 季铵盐杀生剂对细菌的杀灭效果如何？

季铵盐除具有广谱、高效的杀菌性能外，还有对菌藻污泥的剥离作用。早期的季铵盐以烷基二甲基苄基氯化铵为代表。目前，国内冷却水系统广泛使用的洁尔灭和新洁尔灭均属于此类产品。这类杀生剂的杀菌力和毒性随结构变化的一般规律是：同类季铵盐杀生剂含短烷基链的毒性要比长链的大；在烷基链长相同时，带苄基的毒性要比带甲基的小；单烷基的毒性要比双烷基的大。

季铵盐类杀生剂因其成本低、毒性小，在工业冷却水系统和油田注水系统中得到了广泛的应用，但使用中还存在如下问题：

① 季铵盐多易溶于水，造成水体的二次污染；

② 易起泡；

③ Cl^- 能加重金属特别是不锈钢的点蚀和应力腐蚀；

④ 长期使用细菌产生抗药性，使加药浓度上升，水处理费用增加；

⑤ 长时间使用后会使杀菌基团丧失杀菌活性，重复利用性差。

为了克服上述缺点，先后开发出双烷基季铵盐、双季铵盐、聚季铵盐等。双烷基季铵盐以双烷基二甲基氯化铵为代表，其中双烷基链长为 C8～C12 的产品，具有优良的抗菌性，该产品具有投药浓度低、药效持续时间长、灭菌效果好、泡沫少、合成工艺简单、成本低等优点。另外，据报道，双烷基季铵盐与烷基二甲苄基氯化铵复配，可大幅度提高它们的杀菌性能。

257 ▶ 季铵盐类中的洁尔灭和新洁尔灭杀生剂有何特点？

目前，国内常用的季铵盐类杀生剂主要有两种：一种是氯化十二烷基二甲基苄基铵（LDBC），其商品名为 1227 洁尔灭，1227 中 LDBC 的含量为 40%～45%，洁尔灭中 LDBC 的含量为 90%。另一种是溴化十二烷基二甲基苄基铵（LDBB），其商品名为新洁尔灭，含量为 85%～90%。

洁尔灭和新洁尔灭作为杀生剂的特点是：

① 杀生力强、使用方便、毒性小、成本低；

② 具有缓蚀作用、剥离黏泥的作用和除去水中臭味的功能；

③ 对异养菌的杀生效果较好，杀霉菌效果较差，使用浓度为 20～30mg/L 时，就可将硫酸盐还原菌杀死，灭藻效果比杀菌效果更好；

④ 适宜的 pH 值范围为 7～9，使用浓度通常为 50～100mg/L，如与次氯酸钠复配则可低至 2～10mg/L。但是长期使用后，微生物易产生抗药性，药效下降。使用剂量大，药剂持续时间短，且使用时泡沫多，不易清除。

258 ▶ 二硫氰酸甲酯对细菌的杀灭效果如何？

二硫氰酸甲酯又称二硫氰基甲烷，是一种使用广泛的有机硫杀生剂，为近黄色或近于无色的针状结晶。美国 Belz 公司的 C_{38}、C_{30}，Nalco 公司的 N_{273L} 都是属于这一类的化合物。它是一种广谱杀生剂，对细菌、真菌、藻类及原生动物都有较好的杀生效果，特别是对硫酸盐还原菌效果最佳。循环冷却水系统中，其投加量为 10～25mg/L，其毒性强，毒性等级对哺乳动物为中毒，对鱼类为中、高毒。

二硫氰酸甲酯的杀生作用与其分解生成的硫氰酸钾阻碍微生物呼吸系统中电子的转移有关。在正常的呼吸作用中，含铁细胞色素中的 Fe^{3+} 从初级细胞色素脱氢酶接受电子。硫氰

酸根与 Fe^{3+} 形成 $Fe(SCN)_3$ 盐，过量时形成红色络合离子 $Fe(SCN)_6^{3-}$，使 Fe^{3+} 失活，从而引起细胞死亡。因此，凡含有铁细胞色素的微生物均能被杀死。同时，二硫氰酸甲酯还能进入细胞内与酶发生作用而杀灭微生物。

二硫氰酸甲酯对循环冷却水中生长的异养菌、铁细菌和硫酸盐还原菌的杀生效果见表 5-5。

表 5-5　二硫氰酸甲酯的杀生效果

投加浓度/(mg/L)	异养菌		铁细菌		SRB	
	菌数/(个/mL)	杀菌率/%	菌数/(个/mL)	杀菌率/%	菌数/(个/mL)	杀菌率/%
50	1.8×10^5	97.9	9.5×10^4	78	1.1×10^2	99.9
100	1.5×10^5	99.9	1.5×10^4	96.7	0.8	99.9
200	1.2×10^5	100	1.0×10^2	100	0.8	100
对照	90.5×10^5	—	4.5×10^5	—	4.5×10^5	—

二硫氰酸甲酯对水的 pH 值很敏感，在水中的半衰期是 pH 值的函数，见表 5-6。

表 5-6　二硫氰酸甲酯半衰期与 pH 值的关系

pH 值	6	7	8	9	11
半衰期/h	120	19	5	1	数秒

由表 5-6 可见，二硫氰酸甲酯适宜的 pH 值范围为 6.0～7.0，不适合用于高碱度循环冷却水系统。二硫氰酸甲酯不溶于水，所以通常与一些特殊的分散剂和渗透剂共同使用，使药剂能有效分散，并增加药剂对藻类和细菌黏液层的穿透性，从而提高药剂的使用效果。

国内生产的二硫氰酸甲酯复合药剂水溶液的商品名有 SQ_8 及 S_{15}，都是应用广泛、经济、高效的杀生剂。SQ_8 约含 10% 二硫氰酸甲酯、20% LDBC 和 70% 其他组分，既保持了二硫氰酸甲酯的强杀生性能，又具备了 LDBC 的强剥离性能，二者复合起到了增效作用。S_{15} 约含 10% 二硫氰酸甲酯，90% 的溶剂和助剂。它们都适用于循环冷却水处理，常与氯交替使用，以充分发挥药剂和安全排放。

259 ▶ 异噻唑啉酮对细菌、真菌和藻类的抑制杀灭效果如何?

异噻唑啉酮是一类较新的广谱杀生剂。Rnhm and Hass 公司最先取得专利，该公司所开发的 4,5-二氯-2-N-辛烷-4-异噻唑啉-3-酮（DCOI）曾获"美国总统绿色化学挑战奖"。目前工业水处理中使用的异噻唑啉酮杀生剂是 2-甲基-4-异噻唑啉-3-酮和 5-氯-2-甲基-4-异噻唑啉-3-酮的混合物，通常两者的比例为 1:3，活性物总量大于 1.5%，水溶性好。异噻唑啉酮衍生物纯品的制备和分离工艺比较复杂。用于水处理的杀生剂不需分离纯品，而只需一步合成这两个异噻唑啉酮衍生物的混合物即可。它们的结构式分别是：

2-甲基-4-异噻唑啉-3-酮　　　　　5-氯-2-甲基-4-异噻唑啉-3-酮

异噻唑啉酮是一种长效、高效的杀生剂，对于工业循环水中常见的细菌、真菌、藻类等微生物，具有很强的抑制和杀灭作用，能有效地阻止黏泥的形成，杀灭黏泥中的微生物。它适应的 pH 值范围较宽，一般 pH 值在 5.5～9.5 均能适用，也可用在高 pH 值水中，特别适合目前常用的碱性处理方案。与膦系缓蚀剂、聚合物阻垢剂有较好的相容性，也可与大多数表面活性剂同时使用，不影响药效。表 5-7 列出了异噻唑啉酮的杀生处理效果。

表 5-7　使用异噻唑啉酮前后微生物生长情况

取水样处	微生物	加药前的微生物数/(个/mL)	加药后微生物的降低率/%		
			经过 3 星期 剂量 9mg/L	经过 5 星期 剂量 1mg/L	经过 5 星期 剂量 0.5mg/L
集水池	细菌	1.30×10^6	75	53	86
	真菌	2.80×10^2	94	93	91
	藻类	3.93×10^2	96	88	—
淋水装置	细菌	2.79×10^9	98	97	94
	真菌	1.64×10^5	99.5	94	99.2
	藻类	3.44×10^5	—	88	96
配水箱	细菌	4.58×10^{10}	99.9	97	95
	真菌	4.19×10^4	99.4	93	93
	藻类	2.06×10^7	>99.99	92	99.89

由表 5-7 可见，即使在很低的浓度下（0.5mg/L），它仍能有效地抑制各类微生物的生长，这是其他药剂无法相比的。

异噻唑啉酮对微生物的细胞膜具有很强的穿透力，能断开细胞中的蛋白质键，并迅速与之发生不可逆作用，从而抑制细胞呼吸和三磷酸腺苷（ATP）的合成，最终导致微生物细胞死亡。微生物在细胞死亡之前就不能再合成酶，或是分泌有黏附性的物质以及生物膜物质。纯异噻唑啉酮的毒性等级应为中或高毒，但因其杀生力极强，投药量很低，且降解后成为乙酸，所以实际上毒性很低。

260 ▶ 戊二醛杀生剂有何特点？

最初作为水处理杀生剂的醛类化合物主要是烯醛类化合物，如丙烯醛、水杨醛等。这类化合物刺激性较强，明显刺激眼睛，可引起皮肤严重烧伤，毒性较大，有的化合物极易燃。近年来，推出的戊二醛杀生剂克服了这些缺点，而且抗有机污染物能力较强。

戊二醛是高效、快速、广谱杀生剂，水溶性良好，能与水以任何比例互溶，加入水中无色、无味、无臭、无腐蚀性，适用的 pH 值范围较广，能耐较高温度，是杀硫酸盐还原菌的特效药剂，本身可以生物降解。

戊二醛纯品是无色或浅黄色的透明油状液体，具有特殊的刺激性臭味。在空气中不稳定，不易保存，水溶液密闭保存稳定，为了防止发生聚合，长期储存的水溶液含量不大于50%。商品纯度有 15% 和 45% 两种。商品纯度为 15% 时，使用浓度一般为 100mg/L。在碱性条件下或加入适当助剂，戊二醛的杀菌活性更突出，比甲醛还要优越，有人称它是消毒剂第三个里程碑，主要用在医院、剧场、宾馆及家庭，可用作高效消毒剂。其参考剂量为 2% 的戊二醛溶液，浸泡 30min。

戊二醛的杀生作用主要是对微生物细胞中蛋白质的交联作用。醛基与蛋白质上的氨基（—NH$_2$）、亚胺基（—NH）和巯基（—SH）等活性基团发生加成反应，使蛋白质受到破坏而杀死微生物。戊二醛能与微生物细胞壁中的肽聚糖（黏肽）发生作用，肽聚糖含量越高，戊二醛杀生作用越容易进行。戊二醛还能与细胞质组分及细胞膜相互作用，戊二醛作用于外层胞膜，大概是脂蛋白和球蛋白层。改变细胞的渗透性，破坏酶系统，抑制 DNA、RNA 和蛋白质的合成也是戊二醛杀生的作用方式。

戊二醛作为水处理杀生剂具有如下特点。

① 杀生能力强，药效持续时间长　戊二醛杀生剂对循环水中异养菌和铁细菌的杀生效果见表 5-8。

表 5-8　戊二醛杀菌剂对循环水中异养菌和铁细菌的杀生效果[①]

作用时间/h	杀生剂浓度/(mg/L)					
	25		50		100	
	杀菌率/%					
	异养菌	铁细菌	异养菌	铁细菌	异养菌	铁细菌
2	98.24	93.34	93.04	98.00	96.33	99.58
4	98.88	—	98.00	—	99.52	—
6	97.61	—	99.20	—	100	—
8	98.08	—	99.16	—	99.55	—
24	90.98	85.50	95.29	90.03	99.61	95.63
72	—	—	91.84	—	95.00	—

① 戊二醛的有效含量为 15%。

② pH 值对杀生效果影响显著　戊二醛的杀生作用随 pH 值升高而增加，在碱性条件下比酸性条件下杀生效果更好，这可能是由于碱性条件下戊二醛与蛋白质反应活性较高的缘故。pH 值对戊二醛杀生剂杀生效果的影响见表 5-9。

表 5-9　pH 值对戊二醛杀生剂杀生效果的影响[①]

| pH 值 | 7.22 | | 8.20 | | 9.20 | |
| 浓度/(mg/L) | 50 | 100 | 50 | 100 | 50 | 100 |
作用时间/h	异养菌杀菌率/%					
2	90.5	95.6	92.6	96.3	94.5	98.7
6	92.6	98.8	93.2	97.8	94.7	99.8
8	90.4	97.2	92.7	97.6	93.2	99.6
24	89.5	93.2	90.0	95.2	90.5	98.6

① 戊二醛的有效含量为 15%。

③ 无机阳离子对杀生能力有明显增强效果　阳离子浓度很低时，效果不明显。阳离子浓度达到 200mg/L 时，可以使杀菌率显著提高。二价和三价离子（如 Ca^{2+}、Mg^{2+}、Fe^{2+} 和 Fe^{3+} 等）比一价离子（如 Na^+ 等）效果更好。这主要是因为细菌的细胞壁带负电荷，溶液中阳离子的存在能起到中和电荷的作用，有利于戊二醛对细菌的作用。

④ 与其他水处理剂具有较好的相容性　在循环冷却水中，戊二醛杀生作用基本上不受其他水处理剂的影响。在使用条件下，戊二醛杀生剂与常用的磷系缓蚀剂、阻垢剂混合后不产生沉淀，对这些缓蚀、阻垢剂性能无显著不利影响，可以配合使用。

⑤ 与氨及胺类化合物发生反应而失去杀生能力　戊二醛与氨、铵盐及伯胺类化合物会发生化学反应，当循环冷却水中含有这些胺类化合物时，须预先处理掉。但含有少量的胺类化合物，一般不影响戊二醛的杀生效果。因此，戊二醛杀生剂不宜在生产合成氨的化肥厂使用。

⑥ 储存稳定性受温度与 pH 值影响　2% 碱性戊二醛只可以保存 2 周，在室温下储存 1 个月后活性降低一半。不加碱的 2% 戊二醛室温下可储存半年左右，在冰箱中可长期储存而不降低其活性。酸性戊二醛较稳定，45℃ 时可储存 1 个月不降低活性，储存 2 年仍有杀生活

性。因此，戊二醛最好在酸性（pH 值为 3～5）条件下储存，也可加入稳定剂。需要在碱性条件下使用时，最好在使用之前临时调节 pH 值，而且在任何情况下都不能使 pH 值高于 8.5。

使用戊二醛时，首先需了解用水量和水质，例如循环水的系统容积、循环水量、水的 pH 值、水的硬度等。这对正确使用戊二醛和最大限度地发挥其效力具有重要意义。美国纽约城某厂的一个冷却塔，水的容积为 114～380m³，应用戊二醛之前，可以见到藻类生长在器壁上，底部有咖啡色污垢物产生。应用戊二醛的初始浓度为 80mg/L，维持一周之后就有效果，藻类开始被冲洗出来。

261 ▶ 循环冷却水酰胺类杀生剂有哪些？效果如何？

部分酰胺类化合物（如水杨酸）对菌藻有很强的杀灭能力。将水杨酸在结构上改进为 [N-(2,2-二氯乙烯基)]水杨酰胺，既保留了水杨酸的强杀生力，又能降低对动物的毒性。国内外已用于循环冷却水系统的酰胺类化合物主要是 2,2-二溴-3-次氮基丙酰胺（DBNPA）。它是一种高效广谱的杀生剂，其特点是：容易水解，高 pH 值、加热、紫外照射均可加速降解；容易被还原剂脱溴变为无毒的氰乙酸胺而失去杀生活性；在碱性条件下不稳定，一般限用于 pH<7.5 的系统。国内已使用的此类药剂的有效成分含量为 18.3%，溶剂为聚乙二醇 200。

DBNPA 与氯的协同效应很强。据报道，DBNPA 2.5mg/L 及氯 0.5mg/L 合用效果好，甚至在高 pH 值（8～9）、高碱度时杀生速度和效果也能得到保障。这可能是 DBNPA 在水中脱溴所产生的 Br⁻ 与氯作用的结果。

262 ▶ 循环冷却水季鏻盐类杀生剂有哪些？效果如何？

季鏻盐是国外 20 世纪 80 年代后期推出的一种新型的高效广谱的水处理杀生剂，其分子结构与季铵盐相似，有一个长碳链烷基，有一个带正电荷的中心原子和相应的负离子（如氯离子等），只是鏻阳离子代替了氮阳离子。工业水处理中使用的季鏻盐有四甲基氯化鏻（TMPC）、四羟烷基硫酸（THPS）和四羟烷基氯化鏻（THPC）等。

TMPC 为无色结晶固体，沸点为 400℃（103kPa）。50% 水溶液下密度为 0.95g/cm³，沸点为 100～101℃，分解温度大于 300℃，pH 值为 7～8，溶于水。它毒性低，以家兔试验时，对皮肤和眼睛均有腐蚀性，鼠经口 LD_{50} 为 1000mg/kg，以虹鳟鱼和鲤鱼进行试验，96h 的毒性分别为 0.46mg/kg 和 0.18mg/kg。

季鏻盐是一种广谱的杀生剂，对革兰氏阴性菌、革兰氏阳性菌及霉菌和藻类等都有效。在工业水处理中，TMPC 对水中常见的危害菌的最低抑制浓度为 1～7mg/L。当向水中投加含量为 50% 的 TMPC 30mg/L 时，2h 后管内壁藻类部分脱落，4d 后冷却塔内藻类和黏泥被剥离干净。使用 THPS 50mg/L，在 6h 内能将硫酸盐还原菌从 $2.5×10^5$ 个/mL 杀灭到 $2.7×10^3$ 个/mL。

季鏻盐作为杀生剂时，可以和各种带负电荷的缓蚀剂、阻垢剂同时使用，不易产生沉淀，基本上不影响缓蚀剂或阻垢剂的使用效果和季鏻盐的杀生效果，还能与其他阴离子缓蚀剂发生协同效应，是一种具有缓蚀、阻垢和杀生的多功能药剂。

263 ▷ 冷却水用杀菌剂的发展方向是什么？

开发具有广谱、高效、低毒、性价比高、对环境友好的冷却水用杀菌剂是今后发展的必然趋势。正确解决环境安全与杀生效果之间的矛盾是杀生剂领域所面临的挑战。从目前国际杀菌剂市场的特点来看，是继续远离氯气和氯化产物，向比较安全的替代产品转移。在杀生剂市场中，对氯的管制正为其他氧化性杀生剂敞开大门，如溴、臭氧、二氧化氯和过氧化氢等。臭氧在替代氯气方面获得了一定市场，目前它的市场份额虽然远比其他杀生剂小，但增长很快。

① 以溴、活性溴化物、二氧化氯等代替氯　氯虽然杀生力强、价格低廉、来源方便、使用范围最广，但它与水中有机物反应生成有致癌性的有机氯化物，而且在高 pH 值的水中离解生成杀生力差的 OCl^-，因而限制了它的应用。而溴与水反应生成的次溴酸比氯与水形成的次氯酸对 pH 值变化敏感性小，相对稳定性高、效果好，且溴的杀生速度比氯快、腐蚀性小。活性溴化物一般选用溴盐（如 NaBr）配成水溶液，然后再与冷却水中氯和次氯酸反应，这种溴氯结合的方式不仅可减少氯的投加，降低排污水中的余氯含量，而且还可提高药剂对水中菌藻的杀灭效果，在工业冷却水碱性水处理条件下，其杀菌性能远高于氯。

② 开发应用与氯协同效果好的杀生剂　目前，循环冷却水系统大多仍然以氯作为主要的杀生剂，再辅以其他非氧化型杀生剂（作冲击式杀菌）。所以研发新的杀生剂时，总是希望它能与氯产生很好的协同效应，有效地弥补氯的不足之处。此类产品已有 Ciba Geigy 公司的 Belclene329（一种三嗪类化合物）杀生剂，与氯协同杀藻效果较好；Nalco 公司的 N7348 是氯的增效剂，配合氯使用可增加氯杀菌效果，减少氯的用量。

③ 开发多功能水处理剂　一种药剂多种效果是人们希望的，这可以通过多功能基来实现。新开发的季鏻盐，不仅有很好的杀菌能力，还能与其他阴离子缓蚀剂发生协同效应，是一种具有杀菌、缓蚀、阻垢的多功能药剂。

④ 开发复合配方的杀生剂　单一组分的杀生剂有投加量大，杀菌品种单一、杀伤效果差、易产生抗药性等缺点。而具有协同作用的复合配方，相对其中的单一组分都有增效作用，且可克服单一组分杀生剂的弱点，还能降低成本。尤其是非氧化型杀生剂之间的复合很有开发前途。

另外在剂型上也在开发固态杀生剂，与液体杀生剂相比，固态杀生剂具有有效成分含量高，包装、储存、运输方便，药力持久的优点，尤其在小容量的水系统中，采用分散投放点的办法，既效果可靠又管理简单省事。

冷却水系统中微生物种类的多样性决定了杀生剂种类的多样性。在这方面我国与国外差距明显，国际市场已有的一些杀菌剂种类，我国能生产的不多，即使那些能生产的如季铵盐、有机硫化合物等，品种也较单一。因此今后应加大这方面的投入，扩大我国的杀生剂品种。

264 ▷ 如何选择杀生剂？

选择杀生剂，除了必须考虑环境污染的因素以及经济因素外，还必须考虑以下几个因素。

① 系统排污速率。若排污速率高，系统总储水量小，那么药剂在系统中的停留时间很短，因此药剂的杀生作用要求很快达到，即要求选择有好的最低杀伤浓度（MKC）的药剂。反之，当排污速率低，系统总储水量大，药剂在系统中的停留时间较长，那么应选择有好的最低抑制浓度（MIC）的药剂。

② 杀生剂的稳定性。在冷却水系统中，由于加入了各种化学药剂以及由于系统泄漏带入的各种杂质和补充水含有的各种杂质，不可避免地会引起杀生剂的损耗。例如，各种阴离子药剂的加入，将降低季铵盐的浓度。

③ 固体物的吸附性。有些杀生剂能很容易地被各种悬浮物、沉淀物吸附，杀生剂一旦被吸附，则降低了它们的杀生效果。

④ 和其他投加的缓蚀剂、阻垢剂等的可共存性。这是一个很重要的选择条件，一旦杀生剂能和其他的投加药剂发生化学反应，那么既降低了缓蚀剂或阻垢剂的效果，又降低了杀生的效果，对水处理剂兼具缓蚀、阻垢、杀生多种效果的要求受到影响。

⑤ 对水生生物的毒性。杀生剂对水生生物的毒性是非常重要的选择标准，一般要求毒性越低越好，且排放限制并不过严。

⑥ 使用安全、方便，没有污染大气的危险性。

⑦ 其他因素，如低的起泡性、杀生的广谱性、生物的降解性等。

265 如何测试杀生剂的微生物杀灭效果?

在实验室中筛选杀生剂的杀生效果，通常以杀死细菌总数的百分率来表示。如果针对某种细菌，如铁细菌、硫酸盐还原菌等，则以杀死该菌种的百分率来表示，试验方法一般采用平皿计数法。即将试验水样不加杀生剂，测出其中细菌总数，同时在另几份试验水样中投加各种拟评定的杀生剂或不同剂量的同一杀生剂，然后再测出水样中尚存活的细菌总数，并按下式算出杀菌率：

$$杀菌率 = \frac{n_0 - n}{n_0} \times 100\% \tag{5-10}$$

式中，n_0 为未加杀生剂时水样中细菌总数，个/mL；n 为加杀生剂时水样中细菌总数，个/mL。

杀菌率愈高，杀生效果愈好，较好的杀生剂其杀菌率均在 90% 以上。

平皿计数法是用无菌操作方法，用灭菌管吸取 1mL 充分混匀的水样，注入无菌平皿中，再倒入约 15mL，温度为 45℃左右的专门配制的营养培养基，使其与水样充分混匀，待冷却凝固后，翻转平皿，使底面朝上，置于 37℃恒温箱内培养 24h 后，对平皿中菌落计数，此菌落数即为 1mL 水样中的细菌总数。如果水样中细菌总数很高，则按试验要求用无菌水进行稀释，再分别吸取不同稀释度的水样 1mL，按上述方法进行同样的操作，最后按菌落计数方法，数出不同稀释水样的菌落数，并按规定格式算出细菌总数。

266 如何评价杀生剂的毒性?

从保护水生动物和人类健康出发，杀生剂除要求其杀生效率高外，还希望该杀生剂是低毒的，最好是无毒的。在实验室中毒性通常采用鱼类毒性试验方法进行评定。

鱼类毒性试验是在实验室中配制试验水样，然后分别加入不同剂量的杀生剂，置于一定规格的玻璃器皿中。将经过驯养的鱼类如 $5 \sim 7$cm 长的白鳞、鲤鱼等放入试验水样中。一般每个器皿中的鱼数不少于 10 条，每条鱼至少用 1L 水。在温度为 $20 \sim 28$℃、溶解氧不低于 $4 \sim 5$mg/L 的条件下进行放养。每天换试验水一次，在放养期不断进行观察，并记录下 24h 和 48h 鱼的死亡数量。在半对数坐标纸上，用对数坐标标出试验的药剂浓度，在算术坐标上标出试验鱼成活率，分别作出 24h 和 48h 两条直线，并用内插法求出 24h 和 48h 试验鱼成活率为 50% 时所对应的药剂浓度，此浓度称为半忍受限，用 TL_m 表示。TL_m 愈低，则药剂毒性愈小，据此可判断药剂是属于低毒还是无毒的。并可用下式求出药剂的安全使用浓度，以对照排放到水中的杀生剂是否在允许排放的安全浓度内。

$$安全使用浓度 = \frac{48TL_m \times 0.3}{\left(\frac{24TL_m}{48TL_m}\right)^2}(mg/L) \tag{5-11}$$

式中，$48TL_m$ 为 48h 半忍受限，mg/L；$24TL_m$ 为 24h 半忍受限，mg/L；0.3 为安全系数。

循环冷却水旁流净化技术

（一）旁流过滤处理技术

267 为什么要进行旁流水处理？主要去除哪些污染组分？

循环冷却水处理设计中有下列情况之一时，应设置旁流水处理设施：

① 循环冷却水在循环过程中受到污染，不能满足循环冷却水水质标准的要求；

② 经过技术经济比较，需要采用旁流水处理以提高设计浓缩倍数。

循环冷却水在循环过程中由于受到污染（包括由空气带入灰尘、粉尘等悬浮固体以及由于热交换设备的物料渗漏而带入油及其他杂质等），将会使水质不断恶化；另外，由于循环冷却水的浓缩作用，也会引起水中某一项或几项成分超标。在此情况下，必须分流出部分循环冷却水进行处理，以控制循环冷却水水质指标在允许范围内。

旁流水的处理包括混凝、沉淀、除油、过滤等内容，可以降低对补充水的水质要求，减少补水量和排污量，因而对节约水源、减少环境污染也具有重要意义。

268 旁流水水质有何特点？

旁流水和循环水水质一样，具有高浊度、高碱度、高硬度，结垢倾向强的水质特点。典型的循环水水质如表 6-1 所示，不同水源的循环水水质相差大。

表 6-1 循环水水质

项目		地下水水源	地表水水源		中水水源	
		A 电厂	B 电厂	C 电厂	E 电厂	F 电厂
浓缩倍率	—	<5.2	~2.2	<4.0	2~3	—
pH	—	—	8.22	8.32	7.36	8.48
浊度	NTU	—	1.80	—	—	5.44
电导率	μs/cm	—	2610	2100	1476	3580
总碱度	mmol/L	4.40	7.96	3.70	0.39	5.97
钙硬	mmol/L	14.0	8.7	5.10	5.8	26.0
总硬度	mmol/L	20.0	16.9	10.9	7.4	36.8
氯根	mg/L	148	347	140	231	490

项目		地下水水源	地表水水源		中试水源	
		A 电厂	B 电厂	C 电厂	E 电厂	F 电厂
硫酸根	mg/L	544	648	353	397	1188.70
SiO$_2$	mg/L	32	—	140	1.80	—
COD	mg/L	20	22	75	29	27

269 ▶ 旁流处理水量如何计算？

旁流处理可分为旁流过滤和旁流软化两类。

（1）旁流过滤

旁流过滤水量一般为循环水量的 1%～5%。在开式循环冷却系统中，其旁滤处理量可按下式计算：

$$Q_s = \frac{Q_B C_B + K V_a C_a - (Q_P + Q_F)C_e}{C_e - C_s} \tag{6-1}$$

式中，Q_s 为旁滤水量，m^3/h；Q_B 为补充水量，m^3/h；Q_P 为排污水量，m^3/h；Q_F 为风吹损失量，m^3/h；C_e 为循环水悬浮物浓度，mg/L；C_s 为滤后水悬浮物浓度，mg/L；V_a 为冷却塔空气流量，m^3/h；C_a 为空气中含尘量，g/m^3；K 为悬浮物沉降系数，可通过试验确定，当无资料时可取 0.2；C_B 为补充水悬浮物浓度，mg/L。

（2）旁流软化

旁流软化处理量按下式计算：

$$q_s = \frac{(Q_Z + Q_F + Q_T)C_B - (Q_T + Q_F)C_X}{C_X - (0.02C_B' + 0.98C_s')} \tag{6-2}$$

式中，q_s 为旁流软化水量，m^3/h；Q_Z 为蒸发损失量，m^3/h；Q_T 为排污水量，m^3/h；C_B' 为补充水中某种化学成分的浓度，mg/L；C_s' 为旁流软化后水中某种化学成分的浓度，m^3/h；C_X 为循环水中某种化学成分的浓度，mg/L。

270 ▶ 循环冷却水中空气带入的尘土量如何计算？

循环冷却水中空气带入的尘土量有两种计算方法。

（1）直接计算法

通过空气中含尘量和冷却塔空气流量计算，计算公式如下：

$$Q = K V_a C_a \tag{6-3}$$

式中，Q 为循环冷却水中空气带入的尘土量，g/h；V_a、C_a、K 的意义如公式(6-1)。

（2）间接计算法

通过循环水补充水和循环水水质进行估算，计算公式如下：

$$Q = (Q_p + Q_w)C_x - Q_b C_b \tag{6-4}$$

式中，Q 为循环冷却水中空气带入的尘土量，g/h；Q_p 为循环水排污水水量，m^3/h；Q_w 为循环水风吹损失水量，m^3/h；Q_b 为循环水补充水水量，m^3/h；C_x 为循环水悬浮物浓度，g/m^3；C_b 为循环水补充水悬浮物浓度，g/m^3。

271 ▶ 旁流过滤一般用什么形式的过滤器？出水浊度控制多少？

过滤一般是指以石英砂、无烟煤等滤料层截留水中悬浮杂质，从而使水澄清的工艺过程。常用的滤料有石英砂、无烟煤、活性炭、磁铁矿、石榴石、多孔陶瓷、塑料球等。

间冷开式系统的旁流水过滤处理设施宜采用砂滤和多介质过滤器。

砂滤是以天然石英砂，通常还有锰砂和无烟煤作为滤料的水过滤处理工艺过程。砂粒粒径一般为 0.5～1.2mm，不均匀系数为 2。主要作用是截留水中的大分子固体颗粒和胶体，使水澄清，锰砂可以去除水中的铁离子。

多介质过滤器是利用一种或几种过滤介质，在一定的压力下，浊度较高的水通过一定厚度的粒状或非粒材料，从而有效地除去悬浮杂质使水澄清的过程。床的顶层由最轻和最粗品级的材料组成，而最重和最细级的材料放在床的底部，使水质达到粗过滤后的标准。

旁流过滤器出水浊度应小于 3.0NTU。

（二）循环冷却水磁化水处理技术

272 ▶ 什么是水的磁化处理？

利用磁场效应处理水，称为水的磁化处理。磁化处理的过程就是水在垂直于磁力线的方向通过磁铁后，即完成磁化处理的过程，如图 6-1 所示。导体在外力作用下做切割磁力线运动，导体中会产生电荷和使电荷产生运动的电动势，同时产生了电流、电位差等变化，于是生成了电能。磁场强度高，磁力线密集，导体运动速度快，导体的电阻率低，产生的电能就多，导体内的物理变化就越显著，这就是著名的法拉利电磁理论。当切割磁力线的导体是一

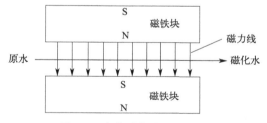

图 6-1　水的磁化处理示意图

束具有一定流速和一定导电性的水时，在水流中就会发生带电荷的现象，此时水就被磁化了。

在非绝对纯净的水中，不同程度地溶有盐、碱、酸等成分的杂质，同时也不同程度地存在悬浮不溶解的固体杂质和微量金属及非金属元素，所以水都可以不同程度地被磁化。此观点由英国物理学家提出，被称为 MHD 原理。

但是，水被磁化应具备一定的条件：

① 水应有一定的导电性；

② 水流动方向应与磁力线方向垂直正交；

③ 水流切割磁力线时应有一定的速率。

273 > 水的磁化阻垢机理是什么?

　　磁化防垢机理主要在于磁场能对水及水中的离子发生作用,改变成垢晶体的结晶速度、晶粒大小、晶体结构。一些研究者认为,磁处理有助于均相成核,加快结晶速度,生成的晶粒体积小、数量多,以克拉辛为代表的学者基本上持这种观点。他们认为,一般情况下,水中的 Ca^{2+}、CO_3^{2-} 等均以水合离子的形式存在,当水合离子流过磁场时,会受到洛仑兹力的作用做螺旋式圆周运动,且正、负离子旋转方向相反,这将破坏离子的物理水化层。在足够的磁场强度下,离子的化学水化层也将被破坏。这样,这些成垢离子就从水合状态中解脱出来,成为"裸露"离子。被解脱后 Ca^{2+} 和 CO_3^{2-} 间发生直接碰撞而结合成 $CaCO_3$ 分子的机会增加,从而形成大量的晶核和微晶。因为这些 $CaCO_3$ 微晶体主要在水中形成,并且颗粒细小分散,易被水流带走,从而大大减少了在管壁上结垢的机会。水经磁化后其渗透性增加,这使得水分子容易渗入器壁垢层的微细间隙中,并在温度较高处汽化膨胀,使垢层松散。在温度变化时,器壁与垢层之间产生应力作用,同时在水流的冲击下垢层破裂乃至脱落。

　　经过磁场处理后的水不结硬垢,而是形成松软的泥渣。基于此,有人提出了"磁致胶体效应"机理。该理论认为,循环水是具有相变趋势的物系,由于磁场的作用使物系内部的能量发生转变,引起电子激发,诱发物质相变,影响所析出沉淀的离子键,导致生成的新相分布弥散细小,强度低。磁场对于水溶液的作用有三个方面:使胶体颗粒形成的概率增加;使形成胶体的稳定性提高;使胶体颗粒形成亚稳定过渡态。根据自由能最低原理,储存着大量自由能的体系是一个不稳定的体系。对于胶体溶液来说,小粒子会自发聚结成大颗粒,使总表面自由能降低,结果使胶体溶液转变为悬浮体。磁场作用促使水垢形成胶体,使系统稳定性提高。当这些颗粒再附着管壁上时,已不是分子状态,而是由无数分子形成的颗粒,能量的释放也不同于原来的相变能,而是胶体小颗粒转变为大颗粒的界面能,因此水垢呈现出能被水流带走的松软的泥渣状态。

274 > 磁化处理对水质有何影响?

　　在电磁场的作用下,晶体的结构和水分子的物理性能都发生了变化。

　　(1) 晶体结构方面

　　形成的晶体结构类型可以通过晶格之间的能量来解释。由于在电磁场的作用下,晶体和换热器壁面之间的静电场力被破坏,这样也不利于污垢晶体的停留。

　　(2) 水的物理特性的变化

　　在电磁场的作用下,水分子原来缔结的链状大分子由于氢键的断裂而发生断裂,变成单个水分子,其物理活性增加,表现为:

　　① 在电磁场作用后,水的溶解性增加,起到了抗垢的作用;

　　② 渗透性、表面张力提高,水分子的偶极矩增加,pH值偏向碱性;

　　③ 水中溶解的正负离子被单个水分子包围,使之运动速率降低,有效碰撞次数减少,静电引力下降,破坏了离子之间互相黏附积聚的特性,而趋于分散,改变为微粒状态,从而

在受热面或管壁上无法结垢，并沉淀于设备底部，随排污孔排出，达到了防垢的目的；

④ 由于水的偶极矩增大，使其与盐的正负离子吸引能力增大，对垢分子有破坏作用，使受热面上或管壁上的积垢变得松散，逐渐龟裂，以致自行脱落，从而达到了除垢的功效。

被电磁场激活的水分子促使微生物细胞壁破裂，从而达到杀菌、灭藻的效果。

275 什么是电磁抗垢？

由于在工业上，大多数水垢的成分是以碳酸钙等难溶盐的形式存在，所以以碳酸钙为例解释电磁抗垢的原理。当然，对于其他的难溶盐，电磁方法仍然有效，且作用原理基本类同。

碳酸钙晶体主要分为两种结构：方解石和霰石。其中，方解石在室温下（＜30℃时）形成，呈六面体结构，而且结构松散，由于它与壁面的附着力比霰石要小得多，所以即使用弱酸就很容易将其清除掉。而霰石在较高温度下（＞30℃时）形成，呈正交晶状结构，结构致密，很难用酸去除。据分析，当温度大于30℃时，形成的碳酸钙晶体中80％为霰石，20％为方解石。

电磁抗垢的思想正是让硬水在进入换热设备之前促使碳酸钙形成方解石型晶体，由于方解石型晶体结构松散，不易结垢，只需要很小的流速就可以将其带走，这样就可以起到防垢的作用。

电磁抗垢示意图如图6-2所示，其具体机理有如下两种。

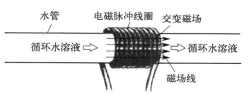

图6-2　电磁抗垢示意图

在交变电场的作用下，晶体的结构和水分子的物理性能都发生了变化。

首先，在晶体结构方面，对于未处理的溶液，在换热器表面由于温度的影响而形成霰石型晶体，该晶体结构致密，且附着力强，很难清除掉。而磁场处理过的溶液，则在换热表面形成方解石型晶体，这种晶体结构松散，对壁面的附着力小，很容易被具有一定流速的流体带走。另外，由于电磁场的作用，晶体和换热器壁面之间的静电场力被破坏，这样也不利于污垢晶体的停留。

其次，在电场的作用下，水分子原来缔结的链状大分子由于氢键的断裂而发生断裂，变成单个水分子，并且其偶极矩增强，极性增强，水合作用也得到增强，这样就使成垢的阴阳离子和晶粒被水紧密包围，难以凭借成垢离子之间的静电引力而结合成垢。

276 电磁防垢的应用范围是什么？

目前，电磁处理防垢主要应用于各种循环冷却水和热水锅炉系统，在蒸汽锅炉中也能应用。但由于温度大于100℃以后，溶液过饱和度大，产生的软泥较多，排污量大，能量浪费大，故电磁处理防垢比较适合90℃以下的体系。

从理论上讲，电磁处理防垢适用于所有体系，只是不同的体系有不同的最佳作用条件。目前，有些磁处理器应用失败，主要是由以下两方面的原因造成的。

① 设备参数和应用对象不合适 有些设备的参数（如磁场强度、频率、电压）未达到要求。特定的设备有最佳的适用体系，不能随意扩大其应用范围，否则效果不理想。

② 使用不当 把磁处理器当成软化器，在使用中没有定期排污；安装不当；铁锈引起磁场短路失效；被处理流体未全部循环作用；循环次数过高，引起浓缩倍数超标等。

277 ▶ 什么是水的高频电磁场处理技术？

高频电磁场处理技术是通过向水中施加高频电磁场而使水得到处理的方法。它可起到防垢、除垢、缓蚀、杀菌灭藻作用，其机理还未见报道。一般认为，高频电磁场可击破水中微生物的细胞壁，使原生质流出而导致其死亡。对其缓蚀功能，作者认为，既然都是电磁场对水的处理，其作用机理与磁法和静电法类似。高频电磁水处理仪由电子发生器和电子充电器组成，电子发生器产生的高频电磁信号通过电子充电器作用于水中而达到处理目的。电子充电器为一管状体。高频水处理仪要垂直安装，水由下端进、上端出，主副机可分可合。个别厂家有双型产品，即同时提供一条备用电路，工作电路一旦发生问题，备用电路继续使用。

278 ▶ 影响磁化处理效果的因素有哪些？

磁场强度、磁作用的方式、磁作用时间、流速、溶液的性质（电导、pH 值、碱度、离子的类型等）等都能影响磁处理防垢的效果。

① 磁场强度是决定磁处理效果的关键参数之一，磁场在流体中是呈梯度分布的，只有磁场强度达到足够大时才对通过的流体都有作用，但对通过的流体的作用是有差异的，在较低的磁场作用下（如 0.2T 左右），只对接近磁极附近的紊流流体起作用。磁场作用的这种不均匀性也决定了磁处理需要进行循环作用才能保证其作用的效果。

② 当磁场与流体的流动方向垂直时，磁作用最强，效果也最好，故通常采用正交式磁场。流体的流速、磁场作用时间也是决定磁处理效果的关键参数，通常认为在磁感应强度为 0.6～0.8T 时，最佳的流速为 2m/s 左右。对特定的流体，磁场强度与流速的乘积有一个最佳值，也有人认为是磁场强度、流速和磁作用时间的乘积存在一个最佳值，但由于文献报道中很少提到所使用磁体的长度，因此磁作用时间很难进行计算比较。

③ 溶液的酸度、碱度、硬度对磁作用的效果有明显的影响。通常认为 pH 值在 7～9、碱度大于硬度时磁处理防垢的效果才明显。溶液中离子的种类对磁处理效果有明显的影响，有研究表明，磁处理主要是通过阴离子起作用的，如用磁场分别作用于 $CaCl_2$ 和 Na_2CO_3 溶液，混合后加热形成过饱和溶液，实验发现单独用磁场作用于 $CaCl_2$ 溶液是没有效果的，而单独用磁场作用于 Na_2CO_3 溶液的效果与同时作用于两种溶液的效果一样。阴离子的种类不同，磁处理防垢的效果是不同的。通常对含 CO_3^{2-}（磁化率 -0.381cgsu）的体系的作用效果比含 SO_4^{2-}（磁化率 -36.4cgsu）的作用效果要好，这可能与离子的磁化率有关。阳离子对磁处理的效果也是有影响的。如 Fe^{2+} 能阻碍方解石晶体的增长，可防止硬垢的生成，但流体中只能有痕量的铁离子，否则容易引起磁场短路，使永磁式磁处理器失效。一般来说，大致 200mg/L 的总溶解固体最多允许的铁锰总的质量浓度为 1mg/L，否则就需进行除铁处理。

④ 水样的"磁记忆"现象。在磁场作用下，水溶液的许多性质会发生改变。例如，水分

子集聚程度、水分子的活化、化学键角度的改变、UV 和荧光光谱的改变、自由基的生成、水合离子半径的减少、势能 ζ 电位的改变、金属离子表面积的减少和水合作用能力的增加、气体在水溶液中的溶解等，这些性质的改变在磁场作用消除后，仍能持续一段时间，人们将这种现象称为水的"磁记忆"现象。根据磁场处理条件的不同，磁记忆的时间可从几小时到几天不等。

磁处理除了具有除垢、防垢、杀菌、灭藻功能外，还可使暴露于水中的金属长时间不发生腐蚀。经磁化处理的水，渗透压升高，对微生物的生长繁殖具有一定的抑制作用。磁处理水的杀菌率随 pH、水温和作用时间的增大而提高，当 pH 从 6.5 上升到 9.0，杀菌率从 87.5％提高到 98.2％；水温从 20℃上升到 45℃，杀菌率从 91.2％提高到 97.2％；磁作用时间从 1.0h 增加到 8.0h 时，杀菌率从 88.6％提高到 97％。

特别指出，应用磁化处理水时，应注意以下两点：第一，磁化处理只能起缓垢作用，不能代替冷却水处理的全部内容。因此，在应用磁化处理的同时，必须考虑如何解决其他处理问题。第二，磁化处理能否起缓垢作用，不能在使用前作出准确预测，需要通过实验确定其有效范围和合适的工艺条件。

279 ▷ 磁化水处理器是如何分类的？各种水处理器有何特点？

磁化水处理器的种类及特点见表 6-2。

表 6-2　磁化水处理器的种类及特点

种类	项目											
	对静止水处理	磁场方向与水流方向垂直	杀菌功能	不会自生水垢	无须管道工程	无须维修保养	没有腐蚀	没有化学药剂	环保产品	效果稳定	全温度处理	没有管材限制
Hydro-FLOW	●	●	●	●	●	●	●	●	●	●	●	●
软水处理器			●							●	●	●
永久磁铁磁化器（外夹式）					●			●	●			
永久磁铁磁化器（管内式）		●										●
电磁化器				●	●							●
电线缠绕				●								●

280 ▷ 磁化水处理器的主要功能有哪些？

磁化水处理器的功能主要表现在防垢、防腐、除垢和杀菌四个方面。

（1）防垢作用

具有一定流动速率的水经过磁力线的切割，产生一定的电荷和使电荷运动的电动势，成为磁化水。同时水中的杂质也带上电荷，产生电位，使其变成有极性的物质，改变了杂质原来的静电引力状态，从而阻止了水中钙、镁离子等杂质通过离子引力结合产生结晶类水垢，而是形成易于集聚和沉淀析出的松软结晶物，避免了受热面及管道的结垢，达到防垢的目的。

（2）除氧阻锈防腐作用

水流通过磁化器后，水中氧分子受单个水分子包容，使溶解氧变成惰性氧，切断了金属锈蚀所需氧的来源，起到除氧阻锈的作用。同时由于高频电磁波激起的悬垂复合调制频率的电磁场所产生的"集肤效应"，在受热面上聚集过剩的负电荷，不断吸引水中的铁离子，阻止金属壁分离铁离子溶于水中，使原有受热面上的 Fe_2O_3（红锈）还原或生成具有极强耐腐蚀力的黑锈外膜 Fe_3O_4。此外，水被磁化时会产生氢离子，在受热面上形成对其有良好保护作用的氢离子被膜，均可对金属容器及管道起到很好的防腐作用。

（3）除垢作用

由于水流吸收了大量被激励的电子，水的偶极矩增大，形成带有高电位的粒子，可有效地使金属受热面及管道上原有的水垢松软脱落，进而达到除垢的效果。

（4）杀菌灭藻作用

水经过磁化后破坏了生物细胞的离子通道，改变了水中微生物、生物的生长环境，使其丧失生存条件，从而起到杀菌灭藻的作用。

281 ▶ 磁化水处理器的运行受到哪些因素的限制？

大量的实践表明，虽然磁化水处理器具有很多优点，但是在实际应用中也受到以下一些因素的制约。

① 取暖系统回水的速率　速率越快，效果越好。但因回水速率有一定的应用范围，提高回水速率受到一定限制。

② 中心磁场强度　磁场强度越大，阻垢和防腐效果越明显。要想提高磁场强度，需要较复杂的装置，同时需要消耗大量的电能，因此也只能在一定范围内调整。

③ 产生水垢的钙、镁离子比例　一般认为在钙、镁离子比例为 7∶3 时，磁化水处理器的使用效果最好；当钙、镁离子比例为 5∶5 时，效果将减弱 30%；而当钙、镁离子比例达到 3∶7 时，几乎没有什么效果。

282 ▶ 循环冷却水磁化处理技术的发展趋势是什么？

电磁处理防垢技术经过几十年的发展，其应用和理论研究都已取得了一定的成绩，人们对该技术的认识也趋于理性化，既不否定其效果，也不夸大其作用。然而，磁处理防垢技术在许多方面还有待进一步研究与发展，主要表现在以下几方面。

① 基础理论的研究还滞后于应用研究，还没有真正认识磁处理防垢的机理，对磁处理作用的最佳条件、影响因素还没有完全了解，尤其是定量研究还较少。关于水溶液的成垢物质的饱和度、离子的种类与浓度、pH 值、磁场强度、作用时间、流速、温度等因素对防垢效率的定量影响及相互间的定量关系报道较少，因而在磁处理应用设计过程中缺乏定量的依据作指导，很多依赖于经验，影响了其应用。加强定量的基础理论研究是将来的重要发展方向。

② 相关的实验手段还有待进一步发展和完善。由于水的性质复杂，实验手段和分析方法的欠缺，导致实验结果的重复性差、误差大、可靠性低。

③ 磁处理防垢方法虽然有效，但也存在局限性，还必须利用其他方法来弥补其不足，

以提高其应用的成功性，扩大其应用范围。

由于磁场处理防垢技术是一种物理技术，在环境保护和降低生产成本等方面具有其他方法不可比拟的优势，已日益受到人们的重视。随着人们对磁处理防垢、除垢的作用条件和机理认识的深入，实验方法与分析手段的提高，以及磁性材料制备技术的提高和相关技术的发展，磁处理防垢技术发展前景很广阔。

（三）循环冷却水电化学处理技术

283 ▶ 电化学阻垢的机理是什么？

电化学水处理系统在直流电作用下，正负极板间的水溶液中的正、负离子向极性相反的极板迁移，发生电子得失（放电）反应。

在阴极极化过程中，有两段区域会产生 OH^-，分别是氧还原过程[式(6-5)]和析氢过程[式(6-6)]。实际工程中，电化学设备阴极上会有大量气泡产生，可认为式(6-6)析氢过程是产生 OH^- 的主反应。溶液主体中 Ca^{2+} 在传质及电场综合作用下向阴极表面区域迁移，式(6-7)生成的 CO_3^{2-} 即与到达阴极表面区的 Ca^{2+} 反应生成 $CaCO_3$ 沉淀[式(6-8)]，并沉积于阴极表面。

$$O_2+2H_2O+4e \longrightarrow 4OH^- \tag{6-5}$$

$$2H_2O+2e \longrightarrow H_2\uparrow+2OH^- \tag{6-6}$$

$$HCO_3^-+OH^- \longrightarrow CO_3^{2-}+H_2O \tag{6-7}$$

$$Ca^{2+}+CO_3^{2-} \longrightarrow CaCO_3\downarrow \tag{6-8}$$

284 ▶ 电化学缓蚀的机理是什么？

电化学水处理法通过电场的作用产生强氧化性的基团，将 Fe 氧化，最终生成 Fe_3O_4 的黑色沉淀，反应方程式如下：

$$Fe^{2+}+2OH^- \longrightarrow Fe(OH)_2 \tag{6-9}$$

$$2Fe(OH)_2+H_2O+\frac{1}{2}O_2 \longrightarrow 2Fe(OH)_3 \tag{6-10}$$

$$2Fe(OH)_3 \longrightarrow Fe_2O_3+3H_2O \tag{6-11}$$

$Fe_2O_3+3H_2O$ 可写成 $Fe_2O_3 \cdot nH_2O$，即红锈，对钢有腐蚀作用。在电场作用下，红锈与电子发生反应也将转化为 Fe_3O_4：

$$3Fe_2O_3 \cdot nH_2O+2e \longrightarrow 2Fe_3O_4+\frac{1}{2}O_2+3nH_2O \tag{6-12}$$

Fe_3O_4 称为磁性氧化铁，可阻止钢管壁和溶解氧的接触，起到防腐作用。

285 ▶ 电化学杀灭微生物的机理是什么？

电化学杀菌并不是一个简单的过程，其包括了物理、化学和生物等多种作用机制与反应历程，可以认为是多种因素共同作用完成的。其中主要涉及电解氯化、活性基团作用等。

在电场的作用下，水中的氯离子会被氧化成氯气、次氯酸、次氯酸根等自由氯组分，见式(6-13)、式(6-14)、式(6-15)。

一般认为，电解氯化作用主要通过次氯酸起作用。次氯酸为很小的中性分子，只有它才能扩散到带负电的细菌表面，并通过细菌的细胞壁穿透到细菌内部。当次氯酸到达细菌内部时，能起氧化作用破坏细菌的酶系统而使细菌死亡。在电催化反应中，通过电解水以及溶解在水中的氧气在电极表面生成一些短寿命的中间产物，即臭氧(6-16)、羟基自由基(6-17)、过氧化氢(6-18) 和氧自由基(6-19) 等。这些强氧化性的物质能使微生物细胞中的多种成分发生氧化，从而使微生物产生不可逆的变化而死亡。

$$2Cl^- - 2e \longrightarrow Cl_2 \tag{6-13}$$

$$Cl^- + H_2O - 2e \longrightarrow HClO + H^+ \tag{6-14}$$

$$Cl^- + 2OH^- - 2e \longrightarrow ClO^- + H_2O \tag{6-15}$$

$$O_2 + 2OH^- - 2e \longrightarrow O_3 + H_2O \tag{6-16}$$

$$OH^- - e \longrightarrow HO \cdot \tag{6-17}$$

$$2H_2O - 2e \longrightarrow H_2O_2 + 2H^+ \tag{6-18}$$

$$H_2O - 2e \longrightarrow O \cdot + 2H^+ \tag{6-19}$$

286 ▶ 电化学循环冷却水处理的工艺流程是什么?

当应用电化学水处理设备进行除垢时，一般是将电化学水处理设备作为一旁流管路装置增设在循环冷却水管道上，与循环冷却水管道并联运行。当循环冷却水流过电化学水处理设备时，水中部分碳酸钙沉积在阴极板上，只要定期清除这些沉积在阴极板上的碳酸钙沉淀物，即可有效降低旁流部分循环冷却水中的硬度和碱度。电解水处理设备安装在循环冷却水系统中的旁流管路示意图，如图 6-3 所示。

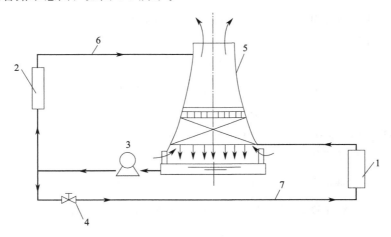

图 6-3　电化学水处理设备在循环冷却水系统中旁流管路示意图

1—电化学水处理设备；2—换热器；3—循环水泵；4—调节阀门；

5—冷却塔；6—原循环冷却水管路；7—电化学水旁流管路

在电化学水处理旁流管路中，电化学水处理装置相当于一个水质软化器，起到降低循环冷却水硬度和碱度的作用。为了达到降低循环冷却水硬度和碱度的目的，电化学水处理装置要尽可能多地除掉水中的致硬离子 Ca^{2+}、Mg^{2+}，降低水中的碱度 HCO_3^-。

287 ▶ 电化学循环冷却水处理装置的结构是什么？

电化学循环冷却水处理装置结构如图 6-4 所示。装置本身是一个碳钢制造的圆柱状的容器，由带 TiNiO 电极的反应室、电动马达气缸、刮刀、自控阀门和专用的控制电源系统组成。在直电流的作用下，反应室内壁的阴极处会形成一个 pH 值为 12～13 的碱性环境。在强碱性环境作用下，水体中钙和镁等离子通过结晶的方式析出。而在阳极位置，50% 以上的氯离子会因此转变成游离氯，同时还能生成羟基自由基、氧自由基、臭氧等强氧化性离子。通过这些广谱杀菌剂的作用，在反应室内部形成一个强有力的杀菌环境，从而消除或减少水系统内部的藻类和菌类。水处理器中的水垢预沉积过程，发生在反应室内壁附近，电动马达/气缸推动刮刀将反应室内预先沉积下来的水垢和其他沉积污染物从反应室内壁上刮下并排掉，从而彻底降低水中的硬度及碱度。

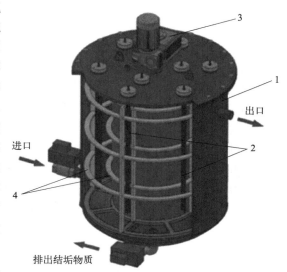

图 6-4　电化学循环冷却水处理装置结构
1—反应室；2—阳极；3—驱动装置；4—刮刀

288 ▶ 影响循环冷却水电化学处理效果的因素有哪些？

（1）水质

在工程现场，水质条件参数（包括水样硬度及硬度/碱度比）属于不可控条件，无法通过相应的技术手段来改变业主已经确定的水质条件，只能验证相应条件下电化学除垢反应的可行性。但是，水质条件参数对于循环冷却水系统选用电化学反应器台数有重要的指导意义。

① 硬度/碱度摩尔比　徐浩等研究了不同硬度/碱度比下的除垢效果，结果如表 6-3 所示。随着硬度/碱度比下降，硬度去除率随之升高。由此说明，碱度对于水垢去除过程的重要性。表 6-3 中所列水质参数除垢量均高于对应条件下的实际沉垢量。这一现象表明，水中减少的水垢并非完全沉积于反应器阴极上，还有一定数量的水垢微粒由于某些原因而无法沉积到反应器阴极上，进而随水流流出反应器而沉积于水池底部。

② 硬度　硬度对于除垢效果的影响如表 6-4 所示。在硬度为 200～500mg/L 的范围内，硬度去除率为 40.54%～58.82%，碱度去除率为 73.68%～82.76%。从数据来看，电化学反应器对于不同硬度条件的水质情况，均具有较好的去除率。实际沉垢量随着硬度的上升而

有所提高，表明硬度升高有利于水垢在阴极板上的沉积过程。

表 6-3　不同硬度/碱度摩尔比下除垢效果

硬度：碱度(摩尔比)	1：0.5	1：1	1：2
硬度去除率/%	28.95	40.54	48.64
碱度去除率/%	92.59	73.688	58.82
实际沉垢量/g	38.22	44.50	53.92
水质参数除垢量/g	45.60	57.00	68.40

注：反应条件为硬度 300mg/L、阴极电流密度 1.5mA/cm²，阳极材质为 Ir/Ru 氧化物电极，箱体及阴极板材质为铸铁。

表 6-4　不同硬度下除垢效果

硬度/(mg/L)	200	300	400	500
硬度去除率/%	58.82	40.54	50.00	51.52
碱度去除率/%	75.00	73.68	75.00	82.76
实际沉垢量/g	41.18	44.50	45.42	71.32

注：反应条件为硬度：碱度=1：1、阴极电流密度 1.5mA/cm²，阳极材质为 Ir/Ru 氧化物电极，箱体及阴极板材质为铸铁。

（2）阴极性质

① 阴极材料及结构　阴极反应主要是析氢反应，因此阴极材料需选择金属活性表中 H 之后的金属材料，同时电极材料需具有稳定的化学性能和良好的导电性。一般地，阴极为铜板时，水中成垢离子的去除率与电场强度成正比；阴极为钛网时，电解电压对水处理性能影响较小。

② 阴极面积　阴极面积对于沉垢速率有直接的影响，阴极面积越大，沉垢速率越高；阴极面积越大，可供水垢沉积的位点越多，沉垢量自然增加。此外，阴极面积大会使得电极接水电阻降低，进而使得反应器槽压降低。槽压降低将会使电化学反应能耗降低，有利于提高设备的效能。因此，在反应器的实际设计中，在保证除垢操作可行、除垢时间间隔合理的前提下，尽可能多地增加反应器内的阴极面积。

（3）操作参数

① 阴极电流密度　徐浩等对比了 4 种不同阴极电流密度（0.5mA/cm²、1.0mA/cm²、1.5mA/cm²、2.0mA/cm²）的除垢效果，结果见图 6-5。反应条件为硬度 300mg/L、硬度/碱度为 1：1。可知，随着电流密度提高，硬度去除率和碱度去除率随之升高。但是，电流密度从 0.5mA/cm² 升高到 1.5mA/cm² 后，再增加电流密度时，实际沉垢量反而出现下降。造成这一现象的原因在于，当阴极电流密度增大时，阴极区产碱反应增强，使得水垢沉积率增大。与此同时，阴极析氢反应也会加剧。氢气在阴极壁附近会聚集、上升，由此造成阴极壁附近区域处于紊乱状态。此种紊乱会造成 Ca^{2+} 向阴极区域的定向迁移过程以及阴极区水垢沉积过程被扰乱，造成前述水垢颗粒无法在阴极沉积的现象。综合考虑，阴极电流密度并非越大越好。

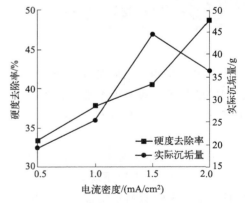

图 6-5　不同电流密度下除垢效果

② 停留时间（流速）　在反应器的体积确定的前提下，流速取决于进水流量的大小，流

六、循环冷却水旁流净化技术 ▶▶ **235**

速越小电化学反应进行得越充分，出水效果越好。随着流速的减小，硬度去除率逐渐升高，并且硬度去除率升高的趋势渐渐变缓。流速越小，反应器单位时间内处理的水量越少，反应进行得越充分，导致硬度去除率升高。相反，越高的流速，单位时间内反应器处理的水量就越多，硬度去除率降低。此外，停留时间过短对阴极水垢的结晶沉积有着不利影响。晶体的形成需要诱导期，晶核滞留、附着于阴极表面需要一定的时间，反应器中水流速过快，带走了尚未附着于阴极板的晶核，使其不能继续生长，形成更大晶体，导致硬度去除率降低。

王蛟平等通过试验建立了硬度去除率 η 随流速 v 的动力学模型：

$$\eta = \left[1 - \exp\left(\frac{C}{v^2} - \frac{D}{v}\right)\right] \times 100\% \tag{6-20}$$

其中，参数 $C = \dfrac{61k\alpha^2 J^2 h^2}{34L^2}$，$D = \dfrac{k\alpha J \lambda h C_0'}{L}$

式中，h 为反应器极板高度，m；L 为极板间距，m；J 为电流密度，A/m²；v 为循环冷却水流速，m/s；C_0' 为原水 HCO_3^- 浓度，g/L；k 为反应速率常数，s^{-1}；λ 为溶液中 HCO_3^- 浓度变化系数；α 为电化当量，C/g；其值为 1.76×10^{-4} C/g。

289 ▶ 电化学水处理装置处理能力如何核算？

（1）理论处理能力

反应过程中电子与 $CaCO_3$ 沉淀的物质的量比为 1:1。由此，可根据电化学过程中通过的电量来对 $CaCO_3$ 沉淀的理论生成量进行计算。

$$n_{碳酸钙} = \frac{3600It}{E_0 N_0} \tag{6-21}$$

$$m_{碳酸钙} = n_{碳酸钙} M_{碳酸钙} = 0.0037363It \tag{6-22}$$

式中，I 为输入电流，A；t 为处理时间，h；E_0 为电子电量，C，其值 1.602176×10^{-19} C；N_0 为阿伏伽德罗常数，其值 6.022×10^{23}；$n_{碳酸钙}$ 为碳酸钙物质的量，mol；$M_{碳酸钙}$ 为碳酸钙摩尔质量，g/mol，其值 100g/mol；m 为碳酸钙质量，kg。

当电化学过程使用脉冲电源时，需考虑所用脉冲占空比（$\eta_{占空比}$），最终生成 $CaCO_3$ 的质量应进行修正，如式（6-23）所示。

$$m_{碳酸钙} = 0.0037363It\eta_{占空比} \tag{6-23}$$

当上述 t 为 1h 时，所得数据为电化学设备的理论小时处理能力；当上述 t 为 24h 时，所得数据为电化学设备的理论日处理能力。

综上可知，对单台电化学除垢设备而言，决定其除垢能力的根本因素是处理过程中所通过的电量。但上述计算所得数值是在理想状态下，实际处理量由于受到各种限值因素的影响会小于理论计算值，需要进行修正。

（2）处理能力修正

循环水体系复杂，可能会有其他物质（离子或有机物）优先在阴极表面发生反应而消耗电子，使 OH^- 生成效率降低，进而影响后续 $CaCO_3$ 生成过程，此部分修正系数设为 η_1。在电化学水垢去除过程中，HCO_3^- 浓度代表碱度，当碱度超过硬度时，HCO_3^- 处于过量状态。但 HCO_3^- 存在的形态受到溶液 pH 影响。循环水 pH 一般为 7~9，根据碳酸化合态分布（见图 6-6），该范围内 HCO_3^- 占比为 $80\%\sim$ 100%，此部分修正系数设为 η_2。考虑实际情况下，循环水 pH 在 7.5 附近，可将 η_2 取为 90%。式（6-8）属于沉淀反应，反应彻底，其反应效率可视为 100%。但是，该沉淀反应的前提为 Ca^{2+} 与 CO_3^{2-} 之间存在接触碰撞，并以合适方式沉积在反应器阴极表面。因此，反应器内部传质条件对于此步骤影响巨大，此部分修正系数 η_3。

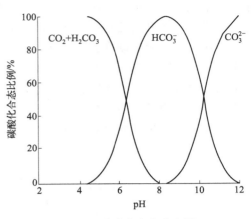

图 6-6　碳酸化合态分布图

由于 η_1、η_2、η_3 的不确定性，可以根据效率 100% 的情况计算得出理论 $CaCO_3$ 产量，然后结合实际情况下 $CaCO_3$ 产量，计算出经验修正系数 $\eta_{修正}$，该系数可将 η_1、η_2、η_3 三者都包含进去，即可修正为：

$$m_{碳酸钙}=0.0037363It\eta_1\eta_2\eta_3=0.0037363It\eta_{修正} \tag{6-24}$$

实际使用过程中，针对某种型号的电化学水垢去除设备，可以测量系列处理条件下 $CaCO_3$ 的实际产生量，形成系列条件下的 $\eta_{修正}$，以方便针对不同实际条件水样时进行估算及设备选型。

290 ▷ 超声波与电化学联用处理的优势有哪些？

采用电化学水垢去除装置对循环冷却水池内水体进行电化学处理，以去除水中成垢离子与杀灭水中菌藻；将超声波装置置于系统换热器、管道及弯头等部位，利用超声波进行阻垢处理；将胶球清洗装置置于换热器系统，利用胶球清洗作用去除换热管内沉积物。

相比于单个技术，该联用技术方案具有以下优势：

① 所用方法为物理或物化方法，运行过程中不会额外添加化学药剂，使得外排污水污染程度大大降低，可极大减轻业主的环保压力。

② 电化学水垢去除装置数量选择适当，既能保证起到较好的去除水垢、杀灭菌藻、提高浓缩倍数和节约水资源的效果，又不至于设备数量过多而造成投资过大，降低技术经济性。

③ 通过对电化学水垢去除装置数量的控制，使处理后水体呈现出弱结垢趋势，可保护系统换热器及管道内部保护膜，防止腐蚀现象发生，可减少甚至不使用缓蚀剂。

④ 对于经过电化学装置处理后的弱结垢趋势循环水，超声波装置可有效保证水体不在系统换热器及管道内部结垢，由此可避免超声波直接处理高硬度、高碱度循环水时力不从心的尴尬局面。此外，超声波技术可以有效防止硫酸钙垢及硅酸钙垢的沉积，而电化学技术对这两种类型水垢并无处理能力。

⑤ 胶球清洗装置在联合方案中起安全屏障作用。当系统运行较长时间需要清洗或出现某些极端情况危害系统安全时，开启胶球清洗装置可以保证系统安全稳定运行。如此可极大减少胶球清洗频次，避免频繁开启导致损坏系统换热器及管道内部的保护膜。

电化学水垢去除技术为核心的多技术联用方案见图 6-7，经过实际工程验证，该联用技术方案处理效果良好。

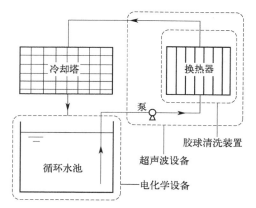

图 6-7　电化学水垢去除技术为核心的多技术联用方案

291 ▶ 循环冷却水电化学处理技术的应用前景如何？

相对于化学药剂法，物理法阻垢更为绿色环保。其中，电解阻垢作为一种高效无污染的新型阻垢技术，越来越被关注和重视。现有研究存在的主要问题和发展方向如下：

① 电化学除垢的机理缺乏深入的研究，没有建立有关电化学除垢系统的数学模型。

② 电化学除垢技术的处理效率有待提高，以后应向着智能化的方向发展，使处理效果更加稳定。

③ 缺乏新型的电极材料。电化学水处理技术的核心在于电极材料的选用。电极材料的活性以及电极寿命对于电化学除垢、杀菌的效率起关键作用。因此理想的电化学水处理阳极应该具有良好的电导性、强度和韧性；在大的工作电流密度下有高稳定性和长的使用寿命；易于加工和安装；经济、维护费用低等。新型电极应以实现有效的电流密度、低耗量、不产生二次污染以及高效的处理率为标准。

④ 电化学反应器结构。电化学反应器是电化学反应发生的重要场所。目前，主要的反应器形式有二维反应器及三维反应器。二维反应器主要有平板式、圆筒式等。各种三维电极设计如多孔电极、填充床电极、流化床电极和移动床等电化学反应器，由于扩大了电极作用面积，且根据加入的粒子的特性，可强化阳极过程或者阴极过程，在有机废水处理方面被认为是最具有发展前景的结构。然而在电化学循环水处理领域应用还较少。设计合理、结构优化、能耗小、电流效率高的高效反应器，有助于提升电化学水处理装置的整体处理效果。

（四）循环冷却水微生物处理技术

292 ▶ 什么是循环冷却水微生物酶处理技术？

该技术利用高效降解细菌和降解性酶彻底分解和降解高 COD、氨氮、有机物以及不断死亡的微生物，使 COD 转换成有机酸、乙醇等，可杀死环境中部分有害微生物，将 CO_3^{2-} 转化为 CO_2，将 SO_4^{2-} 转化为含 S 氨基酸，将 Ca^{2+} 吸收至微生物体内，减少了水体中杂菌滋生的环境，同时消耗水系统部分溶解氧，改变氧化还原电位（ORP），避免局部腐蚀和化学品引起的腐蚀。利用非固着性微生物为优势菌，抑制有害生物的生长，减少藻类形成有机黏性物质，使水垢不易形成，且易剥落，抑制了垢下腐蚀；同时减低有害微生物生长时所排放的氨气、硫化氢、硫醇、三甲基胺、硫化甲基、粪臭素等，大幅度地减少污泥总量的排放。利用特殊酶对碳酸盐沉淀的溶解作用，降低水体中 Ca^{2+}、Mg^{2+}、Fe^{2+}、Cl^-、PO_4^{3-} 等物质沉淀；利用特定的微生物群体和氮、磷等元素产生多糖、多肽，形成阴（阳）离子絮凝剂，对钙、镁离子及盐类物络合，使得系统内缺乏磷等限制元素而难以形成新的有害异氧菌群和藻类，相比于化学药剂盐类物大幅减少，提高循环水的浓缩倍数。

293 ▶ 循环冷却水生物阻垢剂的成分是什么？

循环冷却水生物药剂是纯生物制剂，是由人工筛分、培养、驯化专门用于循环冷却水水质稳定处理的高效生物菌群药剂。这种微生物菌群不仅可以以碳、氮、硫、磷等作为营养源，还可以吞噬其他微生物菌群、消解有机物、溶解垢层，具有广泛的食物链和营养源，主要由溶垢细菌、群体淬灭细菌、高效降解细菌等多种高效复合细菌组成。

（1）溶垢细菌

溶垢微生物在生长繁殖过程中，能够与钙镁离子形成稳定的可溶性螯合物，将更多的钙镁离子稳定在水中，从而增大钙镁盐的溶解度，使得水体中的硬度升高，抑制垢的沉积，而且能够使已经形成的碳酸盐垢逐步溶解，阻止钙镁离子在金属表面形成碳酸盐垢，瓦解混合垢的沉积。

（2）群体淬灭细菌

通过群体淬灭细菌分泌的群体淬灭酶，可降解细菌群体感应系统的信号分子，干扰细菌群体感应系统，阻碍细菌之间的信息交流，抑制细菌的生长繁殖，减少形成微生物黏泥的源头，以达到消减细菌在金属管道上形成微生物垢的条件，进一步减少细菌对金属腐蚀的可能，达到缓蚀阻垢的效果。

（3）高效降解细菌

高效降解细菌能够消耗循环水系统内部分溶氧，可使溶氧适度减少，改变氧化还原电位（ORP）；分解有机黏泥，避免局部有机酸及电极电位引起的腐蚀，避免金属被锈蚀；还能够分解消除循环水中的有机物及含氮物质，同时能对水体中比藻类高等的好氧微生物产生激活作用，改变水体环境与养分竞争机制，中断菌藻的养分供给链，使菌藻的滋生环境恶化，进而逐步抑制菌藻生长。

294 ▶ 循环冷却水生物药剂阻垢的阻垢机理是什么？

水垢主要成分是 $MgCO_3$ 和 $CaCO_3$，在偏碱性条件下，冷却水中 Mg^{2+}、Ca^{2+}、CO_3^{2-} 由于浓缩作用达到饱和而沉积成 $MgCO_3$ 和 $CaCO_3$，形成水垢。由于微生物体形成的有机黏泥使水垢附着于循环冷却水设施表面难以清除，生物酶制剂可将有机黏泥分解并将 CO_3^{2-} 转化为 CO_2 排入大气，从而减少 CO_3^{2-} 浓度，故水垢易脱落且不易生成。

295 ▶ 循环冷却水生物药剂的缓蚀机理是什么?

生物酶水质稳定剂能消耗循环水系统内部分溶氧,可使溶氧适度减少,改变氧化还原电位(ORP),并且不含氯盐、氨盐、硫酸盐,故能避免化学品引起的腐蚀,分解有机黏泥,避免局部有机酸及电极电位引起的腐蚀,因而可避免金属被锈蚀。同时通过生物降解作用使循环冷却水水质干净,加上 pH 稳定,系统又不需添加其他化学药剂,故不易锈蚀,酶制剂也会使锈脱落,简易分解式如下:

$$铁锈 \longrightarrow Fe_2O_3 \cdot Fe(OH)_2 \cdot xH_2O \tag{6-25}$$

296 ▶ 循环冷却水生物药剂的抑菌机理是什么?

生物酶制剂能分解消除循环水中的有机物及含氮物质,同时能对水体中比藻类高等的好氧微生物产生激活作用,改变水体环境与养分竞争机制,中断菌藻的养分供给链,使菌藻的滋生环境恶化,生物酶系统也能快速分解脱落菌藻,进而逐步抑制菌藻生长,简易分解式如下:

$$C_aH_bO_cN_dP_e + H_2O \longrightarrow CO_2 \uparrow + N_2 \uparrow + P_2O_5 + H^+ + e \tag{6-26}$$

生物酶制剂会将菌藻分解生成氮气(N_2)逸入大气中,从而使菌藻因缺少氮、磷等主要营养成分而难以再生长。

297 ▶ 什么是微生物硝化产酸防垢技术?

将含氨氮废水回用于循环水时,循环水中的氨氧化细菌进行亚硝化反应,在将氨氮转变成亚硝酸的过程中能产生 H^+,降低循环水碱度。亚硝化反应产生酸的量恰好抵消循环水浓缩倍率升高时碱度升高的量,从而使碱度在某一个值附近波动,这样既降低了循环水碱度,又控制循环水的 pH 值。微生物硝化产酸技术即是基于上述原理开发的循环冷却水水质稳定技术。

298 ▶ 典型杀菌剂对硝化菌的硝化作用有何影响?

氧化性杀生剂对硝化菌的活性有着显著影响。季铵盐杀生剂对氨氧化菌的活性有直接的影响,25mg/L 的季铵盐在 12h 后对氨氧化菌的活性抑制率就接近 100%,并且随季铵盐浓度增加,对氨氧化菌活性的抑制程度更大。异噻唑啉酮杀生剂加药量为 25~100mg/L 时,对氨氧化菌的活性抑制率在 50%~80% 之间,浓度增加,杀菌率没有显著变化。1227 杀生剂对氨氧化菌的活性有明显影响,加药浓度为 25mg/L 时,0~12h 内,氨氧化菌活性抑制率为 81.63%,12h 以后抑制率接近 100%,并且随着加药浓度增加,杀菌率增大。此外,杀生剂还可与硝化菌的底物(如氨氮)等发生氧化还原反应,影响菌落的生长环境。

$$Cl_2 + H_2O \longrightarrow HOCl + HCl \tag{6-27}$$

$$2NH_3 + 3HOCl \longrightarrow N_2 + 3HCl + 3H_2O \tag{6-28}$$

（五）循环冷却水臭氧处理技术

299 ▷ 循环冷却水臭氧处理的工艺流程是什么？

臭氧处理循环冷却水系统包括臭氧发生装置、气水混合装置、自动监控装置等。该系统与循环冷却水系统旁路连接，建议从循环冷却水系统中取出 3%～5% 流量的循环冷却水，在气水混合装置中与臭氧充分混合，再将含臭氧的水注入间冷开式循环冷却水系统，并监控水中及空气中臭氧浓度。工艺流程见图 6-8。

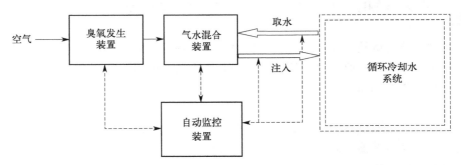

图 6-8　循环冷却水臭氧处理工艺流程

300 ▷ 臭氧对循环冷却水系统的阻垢作用原理是什么？

在循环冷却水中通入臭氧后，由于臭氧的强氧化作用，使得水中能与 Ca^{2+} 发生络合作用的有机成分可能与臭氧发生反应，而生成其他产物（如醛基、羧基等），使醛基和羧基在水中的总数增长，对 Ca^{2+} 的络合能力增强，这样就会破坏碳酸盐平衡体系，从而影响水垢的形成。臭氧还可以将部分有机物直接氧化为二氧化碳溶于水，使部分碳酸钙转化为碳酸氢钙。

此外，臭氧虽然不能直接氧化无机水垢，如碳酸钙和硫酸钙等，但是能氧化垢层基质中的有机物成分，使垢层变得不再坚实并且容易脱落，从而起到了一定的阻垢作用。

301 ▷ 臭氧在循环冷却水处理中的防腐作用原理是什么？

投加臭氧后在水中生成的活性（O）与 Fe^{2+} 发生化学反应，可在阳极金属上生成一层致密的氧化物钝化膜 $\gamma\text{-}Fe_2O_3$，降低了扩散到金属表面的溶解氧含量，氧腐蚀能力减弱。因臭氧的半衰期时间不长，逐渐增加的溶解氧经对流和扩散方式，通过水层和紧贴表面的静止水层达到金属表面，这一进程使得氧向金属表面输送和还原的速率相差较小，降低了由于浓差极化作用产生的腐蚀。此外，臭氧的强杀菌作用能有效地遏制微生物的生长，减轻了生物污垢及其引起的垢下腐蚀。

302 ▶ 臭氧在循环冷却水处理中的杀菌作用原理是什么?

臭氧及其反应生成的活性组分可与细菌细胞的蛋白质成分结合,改变还原酶的活性或者对有机体链状结构进行毁坏,使细胞失去了细胞质,难以维持生命而死亡。臭氧的杀伤力很强,对过滤性微生物、芽孢和其他病毒等的灭菌效率远高于其他火电厂常用的化学杀菌剂。

303 ▶ 臭氧发生装置的组成有哪些?

臭氧发生装置包括空气压缩机、制氧机、臭氧发生器等。空气压缩机将压缩空气通入制氧设备后制成氧气,氧气通过臭氧发生器转化为臭氧。臭氧发生器系统图见图6-9。

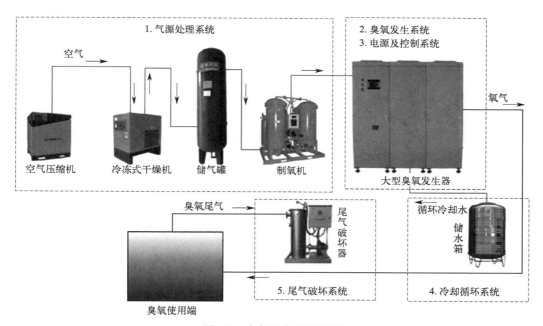

图 6-9   臭氧发生器系统图

304 ▶ 臭氧产量和空气压缩机供气量如何计算?

(1) 臭氧发生量

臭氧发生量与循环冷却水量、工艺控制的臭氧水浓度以及溶气效率等因素有关。

臭氧发生量以 D 计,数值以 g/h 表示,按式(6-29)计算:

$$D = kQ_r\rho_w/r \tag{6-29}$$

式中,k 为设计余量系数,通常取值 1.2~1.3;Q_r 为循环冷却水量,m^3/h;ρ_w 为循环冷却水控制点处水中臭氧浓度,mg/L,通常取值范围为 0.01~0.1mg/L;r 为溶气效率,视不同的气水混合条件,可取 50%~80%。

（2）制氧量

进入制氧机的压缩空气应符合下列要求：供气压力≥0.5MPa；颗粒度≤0.01μm；含油量≤0.01mg/L；压力露点≤−20℃。

制氧机应以洁净的压缩空气为气源，对于不满足上述要求的压缩空气，建议进行除油除尘除湿处理。

制氧机的氧气流量以 Q 计，数值以 m^3/min 表示，按式（6-30）计算：

$$Q = D/(60\rho) \tag{6-30}$$

式中，D 为臭氧发生量，g/h；ρ 为臭氧出气浓度，g/m^3，通常氧气源臭氧发生器的出气浓度为 $80\sim120g/m^3$。

（3）空气压缩机

压缩空气的供气量应为制氧机氧气流量的 $15\sim18$ 倍，且压缩空气的供气压力应大于制氧机和供气管路的阻力。

305 ▶ 循环冷却水臭氧处理工艺的发展现状和前景如何？

近半个世纪以来，臭氧氧化法在国外循环冷却水处理领域取得了广泛的应用和发展。1970 年，来自美国的学者 Ogden 就发表文章讨论了臭氧氧化法处理循环冷却水的主要优点。1990 年 10 月第 51 届国际水会议上，来自美国 National Water Management Corporation 的 A. Pryor 做了一篇汇报，是关于"臭氧处理冷却水的特点与经济性"的研究，讲述了该公司在三年内使用臭氧成功地处理了一百多座冷却塔的实际案例。在 1990 年 3 月美国辛辛那提举办的"全美腐蚀工程学会年会（NACE）"上，有 7 篇论文讨论了臭氧作为水处理剂处理冷却水的研究，差不多占到冷却水处理论文的一半。德国使用臭氧氧化法处理循环冷却水已经有将近 30 年的历史。

国内从 20 世纪 90 年代开始，哈尔滨工业大学、清华大学等科研单位就已经开展了关于空调、发电厂等循环冷却水臭氧氧化法处理的相关试验研究，通过大量试验证明了臭氧能够有效地处理循环冷却水，起到杀菌、阻垢、缓蚀的作用，并且无二次污染。然而，目前臭氧技术在循环冷却水处理领域的实际应用案例还很少，大多数仍处于实验研究阶段。之所以在国内未得到广泛应用，其原因在于：

① 国内大容量的臭氧发生装置的制造技术还相对比较落后，单机容量较小，设备运行费用较高，开发大容量低成本的臭氧发生装置是一个重要的方向。

② 大多数循环冷却水臭氧处理工艺的试验都是开环控制，无法实现循环冷却水臭氧处理工艺过程的闭环自动控制，只能凭借经验选择臭氧投量的多少，自动化水平较低。但由于循环冷却水臭氧处理的需臭氧量受到循环水水质、pH、温度、补充水水质、处理时长等多种因素的影响，固定的臭氧投加量并不能满足实际应用的需要。

有关臭氧处理循环冷却水的机理已趋于成熟。近几年来，随着科学技术的不断更新和进步，很多发达国家在臭氧检测技术、工艺过程控制技术、臭氧生产技术等方面持续取得重大进展，推动了臭氧技术在工业循环冷却水处理领域的快速发展及广泛应用。臭氧技术在循环冷却水处理领域的应用在国外已经十分普及，是一种非常有前途的循环冷却水杀菌剂。

七、

循环冷却水系统监测与运行管理

（一）循环冷却水系统加药管理

306 循环冷却水自动化运行包括哪些内容？

循环冷却水自动化处理原理为：根据在线监测的循环冷却水电导率、补充水电导率自动计算浓缩倍率，根据浓缩倍率控制排污电动阀自动排污，使浓缩倍率稳定在控制范围内；通过流量计在线监测补充水量，控制磷系阻垢缓蚀剂计量泵；通过荧光示踪技术在线监测循环冷却水中药剂的质量浓度，从而控制无磷阻垢缓蚀剂计量泵；通过在线监测循环冷却水中的氧化还原电位（ORP）来控制氧化性杀菌剂输送泵，保持循环冷却水中游离余氯的质量浓度；通过在线监测污垢热阻、污垢沉积速率、碳钢腐蚀速率、不锈钢腐蚀速率、循环冷却水浊度、循环冷却水温度等参数，达到全面了解系统运行状况的目的。

307 火电厂循环冷却水在线监测系统如何设计？

火电厂循环冷却水在线监测系统结构框图如图 7-1 所示。

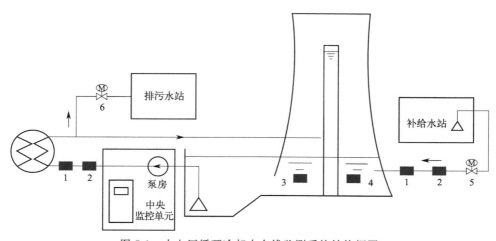

图 7-1　火电厂循环冷却水在线监测系统结构框图

1—电导率传感器；2—温度传感器；3—pH 值传感器；4—液位传感器；5—补给水电动阀；6—排污水电动阀

系统涉及的测量对象与被控对象如图7-2所示。其中，被控变量有冷却塔液位、循环水浓缩倍率、循环水碱度；测量值有冷却塔液位、补给水电导率、补给水温度、循环水电导率、循环水温度和循环水 pH 值；操纵量有补给水量、排污水量、加药量。由于被控对象之间的相互关系复杂，使得控制回路的设计比较困难。

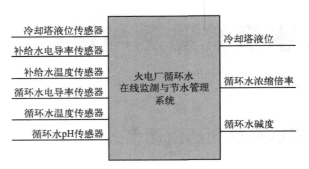

图 7-2　火电厂循环水在线监测系统涉及的测量与被控对象

（1）控制回路 1：液位控制

根据实际的冷却塔液位，通过控制排污水电动阀来控制排污水量，从而实现对液位的控制。液位高，则排污量大。液位控制回路如图 7-3 所示。

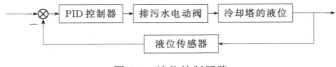

图 7-3　液位控制回路

系统在液位控制方面提供了两种控制方式：手动控制和自动控制，用户可以根据需要自行选择控制方式。手动控制，用户可以直接操纵排污水电动阀。自动控制，则是将液位传感器采集的实际液位与给定的液位进行比较，通过 PID 算法计算出排污水电动阀的开度，自动操纵排污水电动阀。

（2）控制回路 2：浓缩倍率控制

通过测量补给水的电导率和循环冷却水的电导率，计算浓缩倍率，如式(7-1)所示。

$$K = \frac{D_x}{D_b} \tag{7-1}$$

式中，K 为循环冷却水浓缩倍率；D_x 为循环冷却水电导率，$\mu S/cm$；D_b 为循环冷却水补充水电导率，$\mu S/cm$。

同时，测量循环冷却水补充水温度和循环冷却水温度，对计算的浓缩倍率按式(7-1)进行温度修正，如式(7-2)所示。

$$K = \frac{D_{x25}}{D_{b25}} = \frac{D_{xT}[1 + \chi(T_x - 25)]}{D_{bT}[1 + \chi(T_b - 25)]} \tag{7-2}$$

式中，D_{x25}、D_{b25} 分别为换算到 25℃时循环冷却水、循环水补充水电导率，$\mu S/cm$；D_{xT}、D_{bT} 分别为 T℃时循环冷却水、循环水补充水电导率，$\mu S/cm$；T_x、T_b 分别为循环冷却水、循环水补充水温度，℃；χ 为温度折算系数，通过试验确定。

将修正后的浓缩倍率值与设定值进行比较，经过 PID 算法计算出控制量，来控制补给水电动阀。浓缩倍率大，则加大补给水的流量。浓缩倍率控制回路如图 7-4 所示。

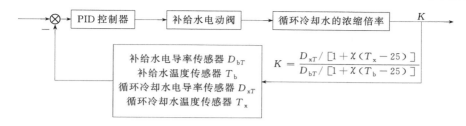

图 7-4　浓缩倍率控制回路

系统对浓缩倍率有两种控制方式：手动控制和自动控制，用户可以根据需要自行选择控制方式。手动控制，用户可以直接操纵补给水电动阀。自动控制，同样通过 PID 算法计算出补给水电动阀的开度，自动操纵补给水电动阀。

（3）控制回路 3：碱度控制

循环冷却水 pH 值与碱度之间存在一定的关系，通过试验测得不同循环水 pH 下的碱度，拟合得到 pH 与碱度的关系式，如式（7-3）所示：

$$pH = 0.1316J_D + 7.7630 \qquad\qquad (7-3)$$

式中，J_D 为循环水碱度，mmol/L。

通过测量循环冷却水的 pH 值，计算出循环冷却水的碱度，分析水质的结垢趋势，控制加药装置自动加药，或发送加药信息，促使操作人员手动加药，保证水管不结垢或腐蚀。碱度控制回路如图 7-5 所示。

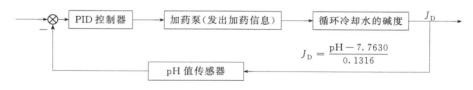

图 7-5　碱度控制回路

308 ▶ 循环冷却水系统 pH 值过低有什么危害？如何处理？

循环水系统由于操作失误、换热器泄漏或其他原因，有时会发生 pH 值降得过低的事故，过多的酸漏入循环水系统，其后果是严重的。当 pH 值降到 5 以下时，碳钢表面形成的钝化膜会很快被破坏。在 pH 值为 4 左右时，析氢反应开始，铁迅速溶解，腐蚀速率加快。冷却水的 pH 较低时，混凝土冷却塔也会遭到严重侵蚀，使水的硬度增加。

当发生 pH 值降得过低时，一般的处理方法是开大排污阀增加补水量，使 pH 值自然回升。如果 pH 值降到 4.5 以下时，除加大排污和增加补水使 pH 值迅速恢复正常外，还应加入相当于 10 倍正常浓度的缓蚀剂，并使这一浓度保持一周左右，以便重新形成保护膜。若是换热器泄漏造成 pH 值降低，还必须消除泄漏点。

309 ▶ 水质稳定剂加药位置如何选择？投药量如何计算？

投药点的选择既不能靠近排水口，使药剂被直接排出，也不能靠近某一台泵的吸水口，造成药剂浓度分布不均。最好在回水口附近，以保证药剂与水充分混合。还需考虑药剂间的相容性，以免造成与杀生剂在同一点投加，较高浓度时相互作用而降低功效。

药剂浓度是影响其效果的主要因素之一，其浓度在规定范围内波动越小越好。如投加方式不当，就会造成较大的波动。为确保冷却水中药剂浓度的稳定，投加量计算必须正确。系统首次投药量计算公式为：

$$G_f = VS/1000 \tag{7-4}$$

式中，G_f 为系统首次投药量，kg；V 为系统容积，m^3；S 为系统中规定的药剂浓度，mg/L。

在正常运行过程中，由于风吹损失及排污损失均会带走部分药剂，而进入系统的补充水是不含药剂的，这将导致循环冷却水中药剂浓度的下降。为保证药剂浓度的相对稳定，应不断向循环冷却水中补充药剂，投药量计算公式为：

$$G_r = \frac{(B+D)S}{1000} = \frac{ES}{1000(K-1)} = \frac{MS}{1000K} \tag{7-5}$$

式中，G_r 为系统正常运行时单位时间的加药量，kg/h；B 为排污损失水量，m^3/h；D 为风吹损失水量，m^3/h；E 为蒸发损失水量，m^3/h；M 为补充水量，m^3/h；K 为循环水浓缩倍率。

310 ▸ 复合水质稳定剂有哪些筛选评价指标和方法？

为了便于管理，操作简便，常要求将各种水处理剂复合使用。因此，复合后的水处理剂其缓蚀、阻垢分散等性能有无改变？其相配伍性如何？是增效还是对抗？就必须进行检验。为此常将分别筛选好的缓蚀剂、阻垢剂、分散剂等进行复合，再作进一步的筛选。复合水处理剂的筛选常用污垢热阻、污垢沉积速率和缓蚀率三个指标进行比较和判别。

复合水质稳定剂筛选方法有动态模拟测试法和恒温动态模拟测试法两种。

（1）动态模拟测试法

动态模拟测试如图 7-6 所示，该装置可同时测取污垢热阻、污垢沉积速率和缓蚀率。

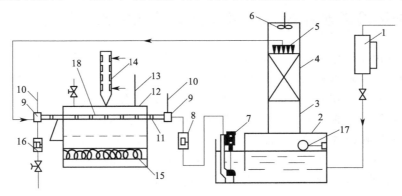

图 7-6　动态模拟测试装置示意图

1—补充水槽；2—集水池；3—冷却塔；4—填料；5—喷头；6—轴流风机；7—循环泵；8—进水流量计；
9—连接接头；10—精密测温原件；11—硅钢刮垢管；12—蒸汽发生炉；13—蒸汽温度测温元件；
14—冷凝器；15—电加热元件；16—排污流量计；17—浮球阀；18—试验管

① 污垢热阻　污垢增长与时间的关系可以用污垢的沉积速率和脱落速率的差来表示，即：

$$\frac{\mathrm{d}\gamma_\theta}{\mathrm{d}t} = \varphi_\mathrm{d} - \varphi_\mathrm{r} \tag{7-6}$$

式中，$\dfrac{\mathrm{d}\gamma_\theta}{\mathrm{d}t}$ 为污垢瞬时增长的速率，g/(m²·s)；φ_d 为污垢沉积速率，g/(m²·s)；φ_r 为污垢脱落速率，g/(m²·s)。

如果污垢脱落速率很小，可以忽略不计，或者污垢脱落速率和污垢沉积速率都是常数，但沉积速率是主要的，这时污垢增长与时间的关系如图 7-7 中的直线 A。如果污垢脱落速率随着污垢层厚度增加而增大，也即意味着沉积层的剪切强度降低了，或者产生了其他减弱沉积层强度的作用，那么在流体冲刷的剪切力影响下，后期生成的污垢较初期形成的污垢易于脱落，这样污垢的沉积速率最终将与污垢的脱落速率相等，因而污垢增长时间的关系是渐近平衡的关系，如图 7-7 中的渐近线 B。

还有一种可能是污垢沉积速率随着时间的延长而增加，污垢脱落速率则随时间的延长而减小，这种情况在实验中还没有观察到，根据污垢物性质的不同，其增长关系可能是直线 A，也可能是渐近线 B。

污垢增长与时间的关系，除了图 7-7 中所表示的两种外，在不少试验中还发现在结垢初期有一段诱导期。在这期间，只观察到很少的污垢沉积，此时污垢热阻接近于零。人们从 $CaSO_4$ 溶液结垢过程所拍的图片中很清楚地看到，起先只有微小晶粒区，然后在某些点上的晶粒区变得愈来愈多，以致连成一片而使结垢的速率很快增长，此时污垢增长过程从诱导期转到等速增长或渐近平衡增长，如图 7-8 所示。

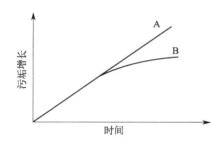

图 7-7　污垢增长与时间的关系

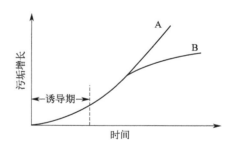

图 7-8　有诱导期的污垢增长与时间的关系

克林-西通（Kem-Seaton）在试验中观察到污垢增长与时间的关系呈渐近平衡形式，并提出如下成垢数模。

$$\gamma_\theta = \gamma^* (1 - \mathrm{e}^{-B\theta}) \tag{7-7}$$

式中，γ_θ 为瞬时污垢热阻，m²·K/W；γ^* 为接近平衡时的极限污垢热阻，m²·K/W；θ 为时间，s；B 为常数。

在这个模式中，首先要解决的是如何求取 γ^* 和 B 这两个常数。

当用动态模拟测试装置测出的 γ-θ 的关系曲线基本上符合渐近平衡形式时，就可以利用克林-西通模式来预测污垢系数，其预测方法主要有：两点法、斜率标绘法、数值解法。

② 污垢沉积速率（又称 m.c.m 法）　在用动态模拟测试装置测定污垢系数的同时，还可以将沉积在传热试验管上的污垢重测定出来。根据每平方厘米传热管面积上，在 1 个月内所沉积的污垢重来测定水处理配方的效果，这种称污垢重法又称污垢沉积速率法。它与前述的称污垢重法的区别在于，前者是将腐蚀产物、无机垢和菌藻黏泥等均包括在污垢重内，而

后者是不包括腐蚀产物在内的。

在实际生产中，用得最多的是碳钢换热管。因此，影响传热效果的常是污垢、腐蚀产物和黏泥沉积重的对照关系。将每月每平方厘米传热面上的污垢重简称为 m.c.m。并规定了通常认为合格的范围。m.c.m 的计算方法如下：

$$m.c.m = \frac{(W-W') \times 1000}{F \cdot \dfrac{t}{24 \times 30} \times 10000} = 72 \times \frac{W-W'}{F \cdot t} \tag{7-8}$$

式中，m.c.m 为污垢沉积速率，$mg/(cm^2 \cdot 30d)$；W 为试验后经烘干处理的传热管重，g；W' 为经酸洗去污垢并烘干的传热管重，g；F 为与冷却水直接接触的传热管表面积，m^2；t 为试验时间，h。

③ 缓蚀率　分别测定加复合水处理剂和不加复合水处理剂时传热管金属的腐蚀速率，代入下式计算出复合水处理剂的缓蚀率。

$$Z = \frac{K_{L1} - K_{L2}}{K_{L1}} \times 100\% \tag{7-9}$$

式中，Z 为缓蚀率，%；K_{L1} 为不加复合水处理剂时传热管金属腐蚀速率；K_{L2} 为加复合水处理剂时传热管金属腐蚀速率。

（2）恒温动态模拟测试法

恒温动态模拟装置如图 7-9 所示。

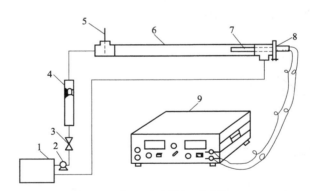

图 7-9　恒温动态模拟测试装置

1—循环冷却水箱；2—循环水泵；3—进水阀；4—转子流量计；5—温度计；
6—有机玻璃管；7—探测器；8—法兰；9—测试主机

① 污垢热阻　探测器中电热元件通电后，产生的热量以稳定传热形式向套筒外壁传递，并被水流带走，其传热原理如图 7-10 所示。

当探测器加热时，其传递的热量 Q 可按下式计算：

$$Q = \frac{V^2}{R} \tag{7-10}$$

式中，Q 为电热元件产生的热量，W；V 为通过电热元件的电压，V；R 为电热元件的电阻，Ω。

探测器刚开始加热，套筒外壁面清洁时，根据稳定传热原理得：

$$\frac{Q}{F} = q = \frac{T_{w1} - T_1}{\gamma_w} = \alpha_1 (T_1 - t) \tag{7-11}$$

式中，F 为套筒外壁表面积，m^2；q 为传热强度，W/m^2；T_{w1} 为套筒外壁清洁时电热元件外壁温度，℃；T_1 为套筒外壁无垢时的壁温，℃；γ_w 为空气间隙和套筒壁的热阻，$\gamma_w = \dfrac{\delta_1}{\lambda_1} + \dfrac{\delta_2}{\lambda_2}$，$(m^2 \cdot K)/W$；$\alpha_1$ 为冷却水给热系数，$W/(m^2 \cdot K)$；t 为冷却水温度，℃；δ_1 为空气间隙厚度，m；δ_2 为套筒壁厚，m；λ_1 为空气导热系数，$W/(m^2 \cdot K)$；λ_2 为管壁导热系数，$W/(m \cdot K)$。

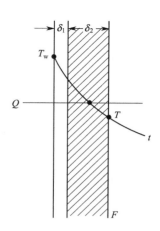

图 7-10　探测器传热原理示意图

由式（7-11）可得：

$$T_1 = \frac{q}{\alpha_1} + t \tag{7-12}$$

又当探测器经过 t 时间测定后，如果冷却水未处理或处理不当时，在套筒外壁上将有污垢沉积，此时电压不变，水温和水流均不变，根据传热原理得：

$$\frac{Q}{F} = q = \frac{T_{w2} - T_2}{\gamma_w + \gamma_\theta} = \alpha_1 (T_2 - t) \tag{7-13}$$

式中，T_{w2} 为套筒外壁面有污垢时电热元件的外壁温度，℃；T_2 为套筒外壁有污垢时的壁温，℃；γ_θ 为污垢热阻，$(m^2 \cdot k)/W$。

由式（7-13）得：

$$T_2 = \frac{q}{\alpha_1} + t \tag{7-14}$$

根据式（7-12）、式（7-14）可知：

$$T_1 = T_2 \tag{7-15}$$

另由式（7-11）可得：

$$T_1 = T_{w1} - q\gamma_w \tag{7-16}$$

另由式（7-13）可得：

$$T_2 = T_{w2} - q(\gamma_w + \gamma_\theta) \tag{7-17}$$

根据式（7-15）～式（7-17）整理得：

$$T_{w1} - q\gamma_w = T_{w2} - q(\gamma_w + \gamma_\theta)$$

$$\gamma_\theta = \frac{T_{w2} - T_{w1}}{q} = \frac{T_{w1} - T_{w2}}{Q/F} \tag{7-18}$$

将式（7-10）代入式（7-18）得：

$$\gamma_\theta = \frac{FR(T_{w2} - T_{w1})}{V^2} \quad [(m^2 \cdot K)/W] \tag{7-19}$$

探测器在测定时，由于 F、R 值是固定的，而 V 值可以控制不变，因此当冷却水温度、流量维持不变时，测出数字显示壁温的变化差值，代入式（7-19）即可求出第 θ 天的瞬时污垢系数。

② 缓蚀率　如前所述，先测定加和不加复合水处理剂时，探测器金属套管的腐蚀速率，再计算其缓蚀率。

设探测器外套筒（经过清洗、烘干等处理）原重为 W_1，经过 t 时间测定后，小心取下并烘干，经称重为 W_2，再经过酸洗、烘干等处理后称重为 W_3，则

$$金属腐蚀率 = \frac{W_1 - W_3}{Ft\gamma} \times \frac{24 \times 365}{1000 \times 0.025} = 350.4 \times \frac{W_1 - W_3}{Ft\gamma} (\text{mil/a}) \qquad (7\text{-}20)$$

式中，F 为套筒表面积，m^2；γ 为套筒金属密度，g/cm^2。

③ 污垢沉积速率

$$污垢沉积速率 = \frac{W_2 - W_3}{Ft} \times \frac{1000 \times 24 \times 30}{10000} = 72 \times \frac{W_2 - W_3}{Ft} [\text{mg/(cm}^2 \cdot 30\text{d)}]$$

$$(7\text{-}21)$$

311 ▷ 水处理加药装置其测控系统有哪些?

目前，水处理加药装置及其自控装置专用测控系统分为两大类。

（1）根据不同的工艺流程特点选用下列常用控制模式的组合

① 调频控制　控制器输出脉冲频率与偏差成正比，常用于脉冲式计量泵的控制。

② 脉宽调制　控制器输出脉冲宽度与偏差成正比，常用于电磁阀或泵类的控制。

③ 反馈控制　常规 PID 控制，执行机构多为调节阀、变频调速器以及由 $4 \sim 20\text{mA}$ 外接信号控制的计量泵等。

④ 扰动调节（或前馈控制）　通常将前馈和反馈回路叠加构成复合控制系统，以期获得较高的动态品质。

（2）设计非标系统

① 拟人控制　模仿人工操作的思维方式，根据测量值与设定值之间的偏差及系统的动、静态特性设计控制规律，可以避免常规控制导致的超调现象。适用于纯滞后过长的工艺对象。

② 增量试探法寻优控制　适用于添加药剂昂贵、排放指标允许在小范围内波动的水处理工程，可望使工艺过程运行在经济技术指标最佳点附近。

312 ▷ 常用的自动加药系统有哪些?

水处理工艺常用的自动加药系统有以下几种。

① 流量比例自动加药系统。

② 酸碱中和过程 pH 控制系统。

③ 锅炉给水、冷却塔循环水电导率控制自动加药系统。

④ 氧化还原值（ORP）控制自动加药系统。该系统用来在循环冷却水系统、废水处理、加氯-除氯等工艺流程中控制氧化还原电位。

⑤ 二氧化氯发生器自动加药系统。给水系统、冷却水系统的环境温度、湿度最适合微生物或藻类的生长，若没有适当的控制则会增加腐蚀率，堵塞管道。二氧化氯发生器自动加药系统控制装置是直接检测氧化还原电位差及 pH 值，再根据所设定残余量计算实际的二氧化氯添加量。控制方法为直接比例式调整添加量，无论是连续添加或断续添加均可控制残余量在 $\pm 0.1\text{mg/L}$ 范围内，并且有多项保护及警示功能。

⑥ 余氯自动控制系统。

⑦ 增量试探法寻优加药系统。这是一种能克服水处理工艺过程非线性和纯滞后对水质控制指标影响的寻优控制系统，该系统可预测被控水质参数的变化趋势，避免运行点越过设定值（极值点或拐点）走向反面，从而保证了工艺过程运行在期望值附近。

⑧ 污泥浓度计复合控制自动加药系统。

⑨ 流动电流仪复合控制自动加药系统。

313 ▶ 什么是流量比例自动加药系统？

流量比例自动加药系统是针对国内水处理工艺设备急需的配套技术而研发的简单实用、性能稳定的低成本自动加药系统，目前已大量用于水处理工程中。

该系统可根据被处理水量的大小按一定比例自动投加药剂，是水处理工艺过程最基本的操作，絮凝过程采用流量比例式自动加药系统可以获得恰到好处的药剂投加量，以保障絮凝过程运行在经济技术指标比较合理的工况。

流量比例自动加药系统由以下仪器设备组成：流量传感器或流量信号发生器、比例自动控制器和执行机构。流量信号发生器的输出信号经比例自动控制器处理后，按照选定的控制模式及设定数值操作执行机构（计量泵或电磁阀），使得药剂的投料量与被处理水量相适应。根据工程项目的具体要求选择不同类型的仪器设备：对于总体水平要求较高的工程项目，流量测量选用过程仪表中的流量变送器和控制器（必要时配置记录仪表），执行机构选用进口计量泵；对于小型污水处理装置，则选用廉价的流量信号发生器和简易型比例控制器，执行机构选用电磁阀，构成特殊设计的低成本自动加药系统。

当需要水质参数直接参与控制时，可以构成以单项水质为目标的复合控制系统，如余氯控制系统即属于此类控制系统。但该系统有如下不足：

① 不能适应水质性质和环境因素的变化（如污泥固体含量、pH 值、环境温度等）；

② 对加药装置本体要求较高（如配药浓度、计量泵精度等）；

③ 不能适应两种药品同时投加。

该系统强调的是加药条件，需要通过严格控制加药条件来达到加药效果。

314 ▶ 什么是 pH 值、电导率、余氯控制的自动加药系统？

（1）酸碱中和过程 pH 控制系统

根据 S.I.（饱和指数）了解水质的腐蚀性倾向，再以酸或碱来控制偏向于微酸性或微碱性，并配合药品的特性、浓缩倍数，达到水质稳定的控制。早期因药品对 pH 值反应较为敏感，pH 值控制不稳定或 pH 值起伏过大，将使药品的效果打折扣。一般使用 pH 自动控制装置于循环冷却系统时，均以上下限为控制方法，或使用手动方式来添加。设计 pH 控制器有一组以上的 pH 值感应棒，并以直接比例式及上下限控制警示，根据所设定 pH 值比例控制酸碱添加量。

（2）锅炉给水、冷却塔循环水电导率控制自动加药系统

包括普及型锅炉给水、冷却塔循环水自动加药系统和阻垢-缓蚀剂自动投加智能控制系统两种类型。以循环水体中含有的适量药剂浓度为控制目标，由专用分析仪实时测试，输出

信号（4～20mA）直接接入主控机，按照测量值与设定值的偏差改变脉冲计量泵的动作频率。水池内药剂浓度以电导率为间接观测参数，最适宜值为补充水电导率的浓缩倍数（M），通过控制排污量和补充水来保持；超声波液位计用以保持水池水量在要求的范围内；腐蚀程度测试仪用来观测、估计管路内壁锈蚀程度；浊度传感器用以监测循环水中由其他干扰因素引起的 SS 增加，以便及时采取措施。

测控参数的各个数据可经企业内部局域网或公共通信网（电话线）随时传输至远端监控中心的上位机。

（3）余氯自动控制系统

次氯酸钠的脉冲计量泵的动作频率可从两个方面进行控制。

① 根据原水流量进行比例控制。当原水流量变化时，流量变送器（或流量信号发生器）随即响应，控制器按照设定的加药比例自动改变脉冲频率，使得加药量始终跟踪原水流量的变化，从而保持余氯含量达标。

② 根据在线式余氯分析仪实时监测的数值进行反馈控制。当原水的水质超出设计范围或出现不可预计干扰因素时，加药量与原水流量之间的比例关系已不复存在，必须由余氯分析仪的输出信号实时修正脉冲计量泵的动作频率，最终仍能保持水体中的残留氯浓度不超过允许范围。

315 ▷ 什么是污泥浓度计复合控制自动加药系统？

每一个污泥浓度化学调节都有一个最佳投药量，在这个投药量下所对应的污泥泥饼的含水率最低，即污泥的脱水率最高，污泥脱水性能最好，化学调节（絮凝）的效果最好。不同的污泥浓度对应的最佳加药量不同，在低浓度范围内（固体含量大约<4%），污泥浓度的变化对最佳加药量的影响尤为显著，而这个浓度范围也正是绝大多数污水处理中的实际污泥浓度变化范围。目前，一般的污泥脱水系统中加药量的计算基本上是由实验用药量乘以一定的保险系数来确定一个固定的加药量，这个加药量一般都能保证在脱水过程中基本不跑泥，但这样实际上浪费了不必要的絮凝剂。此外，在超过实际需要的药量较多时，还会对滤饼从滤带上剥离造成一定的困难。

研究发现，最佳加药量与污泥浓度和污泥流量存在着一定的关系，这也就是控制系统的数学模型。控制系统的流程如下：电磁流量计检测污泥流量并通过 4～20mA 电流信号传送给加药控制器，污泥浓度计检测污泥浓度也通过 4～20mA 电流信号传送给加药控制器，加药控制器根据设定控制模型计算出加药流量，以 4～20mA 电流信号传送给变频调速器，控制加药定量泵的转速来调节加药量到最佳值。但不同种类的污泥化学性能不同，其化学调节所需的加药量可能不同。所以，对于不同的应用工程，还需要根据工艺性能调整加药控制器的设定以控制最佳加药量。

实验和工程调试与运转的数据表明，采用污泥浓度计复合控制自动加药系统可以节约加药量约 15%。

316 ▷ 什么是流动电流仪复合控制自动加药系统？

污水处理中污泥调理的药剂消耗量与污泥性质、消化程度、固体浓度、环境温度等因素有很大的关系，不同性质的污泥的调理效果和采用不同的脱水方法以及采用不同的调理药剂品种、调理药剂的用量有很大关系。目前，国内外确定污泥调理剂种类及投加量多数是在现场或通过实验室直接试验确定，但不能适应污泥性质及环境因素的变化，往往是采用增量试探法寻优加药的加药方法。但混凝过程要求药品投加量尽可能地恰到好处，过多或过少对混凝效果均不利，并且污泥处理的运行费用主要集中在药剂耗量上（占 90% 以上费用）。因此，正确选用药品种类、精确确定药品的投加量来达到最佳的调理效果和经济的处理费用就显得非常重要。

从过程控制的观点出发，要求由直接检测絮凝效果的传感器及相应的仪表构成闭环控制系统。目前，主要应用流动电流仪完成检测任务，其输出控制信号与流量比例、投料系统组成复合控制系统。系统的副环为水流量变送器或流量计的输出信号经调节单元按照设定的比例自动控制絮凝剂的投料量，流动电流输出控制信号作为流量调节单元的外设定值，抑或改变加料泵的冲程。

317 ▶ 实际工程中流动电流仪是如何实现自动加药的？

目前，工程中应用流动电流仪污泥加药自动控制装置通过以下方式进行自动控制：通过流动电流仪确定一个流动电流值作为设定值，控制系统根据测出的流动电流与设定的流动电流范围值作为控制参数来控制调理药剂的投加量或不同药剂最佳比例组合，以取得最佳的混凝效果，并且通过在线流动电流仪发出的 $4 \sim 20 mA$ 信号反馈给加药泵来控制投药量（并可配备记录仪，记录当天的加药量）。

确定的流动电流设定值是通过试验得出的最佳值。最佳投药量的确定及系统地对流动电流仪进行技术调试，采用逐步趋近法，找出最小投加量时最佳混凝效果。方法是通过人工控制计量泵的投加量，记录相应的参数，给出曲线，找出最佳投加量时的测量值作为设定值，然后再通过人工控制调节和记录计算出自动反馈周期。将以上确定的参数输入流动电流的软件程序，启动自动控制程序，使投加系统进入自动控制状态。通过流动电流仪表观最佳混凝效果，使药品投加量真正达到恰到好处。

流动电流仪自动控制装置可适应污泥的特性、药品品种及环境因素等变化，并且还可以实现两种药品（有机药品和无机药品）配套投加，使污泥调理达到最佳的效果和经济的处理费用，节省处理费用 20%～40%。目前，流动电流仪自动控制装置已广泛用于给水厂的加药混凝沉淀、城市污水处理中的污泥调理和废水处理气浮装置中的混凝沉淀的自动控制及其他需加药混凝的场合。

318 ▶ 无磷药剂有哪些监测方法？

无磷药剂的监测一直是一个难题。到目前为止，监测的方法有以下几种：锌离子监测法、聚合物比浊法、唑类跟踪法、钼酸盐测定法、钨酸盐测定法及荧光示踪法。

① 锌离子监测法是对药剂中的锌盐进行测定，达到对药剂监测的目的。这一方法主要的问题在于锌容易二次沉积，从而使得测出来的值不能真实地反应药剂的浓度。

② 聚合物比浊法是利用比浊法定量分析出循环水中无磷配方的聚羧酸类化合物的总含

量。这一方法主要的问题在于其他药剂会对测定结果造成干扰。

③ 唑类跟踪法是对药剂中的唑类进行测定，达到对药剂监测的目的。这一方法主要的问题有两点：一是由于在常规条件下唑类不太容易溶解且在很多配方中唑类能够加入的量有限，这样对监测会带来一定的误差；二是唑类的检测是用紫外分光光度计检测吸光度，再算出结果，而能影响吸光度的因素比较多，暂时又没有好的方法去除，影响监测准确度。

④ 钼酸盐测定法是对药剂中的钼酸盐进行测定，达到对药剂监测的目的。这一方法主要的问题是：钼酸盐遇磷后会变绿，这样对药剂外观的稳定性造成影响；钼酸盐比较贵，直接影响药剂成本；钼酸盐在有些水质中会受到干扰，要用对应方法去除干扰。

⑤钨酸盐测定法与钼酸盐测定法有点类似，不同于钼酸盐的是它不会变色，但是它的价格更高且没有一套完整的标准。

⑥ 荧光示踪法是对药剂中的荧光示踪剂进行检测，达到对药剂监测的目的。这一方法主要就是要选择合适的荧光示踪剂并摸索出合适的检测条件。

319 ▶ 荧光示踪技术的原理是什么？

当紫外光照射到某些物质时，物质会发出不同强度和颜色的光，停止紫外光照射后，发出的光也会消失，这种吸收了紫外光后发出的光就是荧光。常温下荧光物质的分子大部分处于基态，当这些分子吸收了与其特征频率一致的紫外光后，分子中的电子会跃迁到能量更高的轨道，由基态达到激发态；分子不会一直稳定地处于激发态，它们会从激发态回落至基态的不同振动能级，在这个过程中能量以光的形式释放出来，即为荧光。当紫外线停止照射时，物质也会停止发出荧光。荧光量子产率是由激发态回落至基态并释放荧光的分子数量与全部跃迁至激发态分子数量的比值，比值越大，荧光越强，物质的荧光量子产率不会大于1。

摩尔消光系数也称摩尔吸光系数，是指荧光物质浓度为1mol/L时的吸光系数。物质发出荧光的前提是具有能发出荧光的结构并吸收了紫外光，在大多数情况下发射波长要比吸收波长更长，能量更低。荧光灯就是利用了这一原理：灯管中汞蒸气发出的紫外光被覆盖在灯管壁上的荧光粉吸收后，会发出波长更长的可见光，从而起到照明的作用。如果将具有一定荧光量子效率及摩尔消光系数的荧光物质作为示踪剂，与各类水处理剂结合并应用于循环冷却水中，就可以利用荧光强度对水处理剂浓度进行检测，从而提高循环冷却水系统的自动化水平和控制水平，降低水处理费用。

为此，需要制备荧光性能良好、水溶性好、易与水处理剂进行物理共混或单体反应、经济易得的荧光单体，这对促进水处理技术的发展有着重要的意义。有机物产生荧光需要有能吸收特征光的结构，荧光物质的分子通常具有共轭双键体系以及刚性平面结构，体系中电子共轭度越大，产生荧光的概率越大。所以，大部分能产生荧光的物质都含芳环或者杂环。在一定范围内，荧光物质的荧光强度随浓度增加而增加。荧光示踪技术就是利用某些荧光物质的浓度与荧光强度之间的线性关系，来测定水处理剂浓度的方法。

荧光示踪技术根据荧光强度的大小对物质进行检测和分析，具有灵敏度高，检测下限低，可选择性好及可调控性好等优点。

① 灵敏度高是指当荧光物质浓度产生很小的变化时，就能检测到其荧光强度产生的变

化，可以准确地测定荧光物质的浓度。

② 检测下限低是指荧光示踪技术的检测下限最低可到 1×10^{-3} mg/L，可以检测到较低浓度的荧光物质。

③ 可选择性好是指不同荧光物质具有不同激发波长和发射波长，不同的荧光物质需要在不同的条件下检测，易于分辨。

④ 可调控性好是指荧光示踪技术操作简单，需要的仪器少，容易控制。

荧光示踪技术的关键是制备具有荧光特性的水处理剂，即荧光示踪型水处理剂。不同的荧光示踪型水处理剂具有不同的激发波长和发射波长，需要不同的检测条件。荧光示踪型水处理剂不仅具有水处理剂的性能，还可以利用其浓度与荧光强度间的线性关系，实现循环冷却水系统的在线监测和加药控制。

320 ▶ 荧光示踪剂有哪些要求？

荧光示踪型水处理剂的荧光性能需要通过水处理剂中含有的荧光基团体现，因此选择合适的荧光基团是非常重要的。荧光基团应具有良好的荧光性能，在低浓度下就有较强的荧光强度；还应具有良好的稳定性，在应用过程中既不受循环水中干扰因素的影响，也不影响水处理剂的效果；含有荧光基团的单体需要能与水处理剂进行物理共混或与水处理剂进行单体反应。具体包括以下要求：

① 本身没有很深的颜色及气味，要求添加过荧光示踪剂的产品和循环水没有明显的不可接受的颜色和气味。

② 必须在 2mg/L 氯或者溴存在下稳定。

③ 必须有很高的量子效率，能在 mg/L 浓度级别和有很多常见于实际水体的干扰因素条件下被准确检出。

④ 激发波长最好在 280～380nm 之间的近紫外区，更长的激发波长意味着示踪剂有可见颜色，更短意味着与水中常见其他物质有干扰；使用短紫外激发波长还使检测仪器成本太高。

⑤ 能在强酸和强碱配方中长期稳定。

⑥ 荧光强度在 pH 6.5～10.0 之间不受 pH 变化影响。

⑦ 无毒、价格便宜，有稳定的市场供应。

⑧ 有很好的配伍性，与其他药剂复配后能有良好的协同增效效果。

⑨ 本身为惰性物质，不与其他物质轻易发生反应。

321 ▶ 荧光强度的影响因素有哪些？

物质的荧光强度受到多方面的影响，从本质上可以分为物质本身结构的影响及外部化学环境的影响。

（1）物质结构对荧光强度的影响

一般而言，物质结构中含有双键、三键或共轭大 π 键等共轭结构越多，则该物质吸收特定波长光线的能力就越强，物质结构中非定域 π 电子就越容易吸收能量跃迁至激发态，物质的荧光强度就越大。当物质结构中的离域电子处于同一平面时，离域电子形成的轨道才能最大程度上产生重叠。同时，能增强物质结构中离域电子的取代基（即给电子基团），也可以增强物质的荧光特性。

（2）外部化学环境对荧光强度的影响

荧光示踪技术是在不同的环境中进行的，环境对物质的荧光特性有较大的影响，分析外界环境对荧光特性的影响因素，有利于更好地应用荧光示踪技术。

① 溶剂的影响 一般而言，荧光分析是在溶液中进行的。由于溶剂不同，同一种物质在不同的溶液中所表现出的荧光特性也不尽相同。造成这种现象的主要原因是不同溶剂的性质（如极性、介电常数及折射率）有所差别。在极性溶剂中，由于荧光物质与溶剂之间存在分子间作用力（包括范德华力和氢键），使得荧光光谱的强度和峰的位移均有所差别。

② 溶液 pH 值的影响 荧光物质所处溶液的 pH 值不同，其自身表现出的荧光特性也有较大的差别。这是因为在不同的 pH 值溶液中，荧光物质的存在状态会有所不同，而荧光物质在分子和离子状态下的电子构型有很大差别，这将导致荧光物质的荧光强度和荧光光谱有很大的不同。

③ 温度的影响 通常，荧光物质的荧光强度随着温度的升高而降低。这是因为即使同一种物质，当其处于不同温度时，物质内部能量的转化也有所不同。一般而言，随着温度的升高，物质内部的分子运动加快，导致荧光分子内部消耗的能量增多，荧光强度则呈现下降趋势。

322 ▶ 如何检测荧光示踪剂？

荧光示踪剂的检测用到的设备有 3 种：实验室荧光分光光度计、在线荧光示踪仪和便携式水质分析仪。方法一般有两种，一种是直接读数法，在仪器上直接读取数据；另一种是"标准曲线法"，利用标准曲线对样品进行比对，根据曲线方程得出结果。

323 ▶ 荧光示踪水处理剂的制备方法有哪些？ 各有什么特点？

荧光示踪技术应用于水处理领域的前提是荧光物质的荧光强度与其浓度之间具有良好的对应关系，通过测定某时刻荧光物质的荧光强度可以得出此时药剂的实际浓度。荧光示踪水处理剂的制备一般采用物理共混法、荧光单体共聚法及聚合物改性法。

（1）物理共混法

此种方法是将具有荧光特性的物质即示踪剂（如萘磺酸、吡啶磺酸盐、氨基苯甲酸等），按照一定的比例，经过简单的物理混合，将其与阻垢缓蚀剂混合均匀，一并加入水处理系统，通过测定水质中示踪剂的荧光强度，进而间接得出水质中药剂的浓度。物理共混法具有操作简单、易于制备等优点，最初应用的荧光示踪水处理剂均是采用此类方法制备。

物理共混法虽具有制备简单、操作方便快捷等优点，但由于此种方法主要是通过测定循环水系统中荧光示踪剂的荧光强度，间接得出水处理剂的浓度，因此具有一定的延迟性，无法及时准确地计算出循环水系统中药剂的实际浓度。另一方面，此方法只是将荧光示踪剂与水处理剂经过简单地混合，无法避免荧光示踪剂与水质中其他杂质结合，使其失去荧光示踪作用。

（2）荧光单体共聚法

荧光单体共聚法的前提是具有合适的荧光单体和聚合物单体，此类荧光单体须具有较好的荧光特性，同时含有可用于聚合反应的不饱和键。此外，聚合物单体也需具备两个条件：一是含有可与荧光单体发生聚合反应的不饱和键；二是聚合单体或聚合产物需具有阻垢缓蚀性能。由于疏水性荧光单体在水溶液中的溶解性较差，采用此类荧光单体制备荧光性聚合物的过程较为复杂，设备要求较为苛刻，且在一定程度上降低了聚合物的阻垢缓蚀性能。

（3）聚合物改性法

聚合物改性法的前提是具有合适的荧光单体及阻垢缓蚀性能优异的聚合物，两者可通过接枝改性的方法，将具有荧光特性的单体接枝到聚合物侧链上，在不改变聚合物阻垢缓蚀性能的基础上，使得聚合物具有荧光特性。相比物理共混法，通过聚合物改性法制备的荧光聚合物的荧光稳定性更强，可制备的荧光聚合物种类更广。

（二）循环冷却水水质监测

324 ▶ 日常运行中，循环冷却水需要监测哪些指标？

循环冷却水日常分析监测项目和分析目的见表 7-1。

表 7-1　循环冷却水日常分析监测项目和分析目的

监测项目	分析目的
pH	控制投药效果
总硬度（以 $CaCO_3$ 计）/（mg/L）	控制缓蚀阻垢效果
碱度（以 $CaCO_3$ 计）/（mg/L）	控制阻垢趋势
Ca^{2+}/（mg/L）	控制阻垢效果，浓缩倍数
Cl^-/（mg/L）	控制浓缩倍数，防点蚀
SO_4^{2-}/（mg/L）	控制缓蚀阻垢趋势
电导率/（μS/cm）	控制浓缩倍数
总铁/（mg/L）	控制缓蚀效果
浊度/NTU	控制污垢、黏泥
余氯/（mg/L）	控制微生物繁殖
总无机磷（以 P 计）/（mg/L）	控制磷酸盐的水解度
有机磷（以 P 计）/（mg/L）	控制结垢、腐蚀趋势

注：各项目控制指标根据循环水动态模拟试验确定。

325 ▶ 循环冷却水日常水质指标监测所用方法有哪些？

循环冷却水日常水质指标监测所用方法见表 7-2。

表 7-2　循环冷却水日常水质指标监测所用方法

项目	测试方法	标准
pH	电极法	HJ 1147
总硬度（以 $CaCO_3$ 计）/（mg/L）	乙二胺四乙酸二钠滴定法	GB 7477
碱度（以 $CaCO_3$ 计）/（mg/L）	滴定法	GB/T 15451

续表

项目	测试方法	标准
Ca^{2+}/(mg/L)	乙二胺四乙酸二钠滴定法	GB 7476
Cl^-/(mg/L)	硝酸银滴定法	GB 11896
SO_4^{2-}/(mg/L)	重量法	GB/T 6911
电导率/(μS/cm)	电极法	GB/T 6908
总铁/(mg/L)	邻菲啰啉分光光度法	HG/T 3539
浊度/NTU	透射法或散射法	DL/T 809
余氯/(mg/L)	N,N-二乙基-1,4-苯二胺滴定法	HG/T 2022
总磷(以P计)/(mg/L)	钼酸铵分光光度法	GB/T 11893

326 ▷ 如何确定循环冷却水的水质监测频率？

为及时了解循环冷却水处理的效果，应设置一些常规检测项目和非常规检测项目，常规检测项目见表 7-3 所示，非常规检测项目见表 7-4。

表 7-3　常规检测项目

序号	项目	间冷开式系统	间冷闭式系统	直冷系统
1	pH 值(25℃)	每天 1 次	每天 1 次	每天 1 次
2	电导率	每天 1 次	每天 1 次	可抽检
3	浊度	每天 1 次	每天 1 次	每天 1 次
4	悬浮物	每月 1～2 次	不检测	每天 1 次
5	总硬度	每天 1 次	每天 1 次或抽检	每天 1 次
6	钙硬度	每天 1 次	每天 1 次或抽检	每天 1 次
7	全碱度	每天 1 次	每天 1 次或抽检	每天 1 次
8	氯离子	每天 1 次	每天 1 次或抽检	每天 1 次或抽检
9	总铁	每天 1 次	每天 1 次	不检测
10	异养菌总数	每周 1 次	每周 1 次	不检测
11	铜离子[①]	每周 1 次	抽检	不检测
12	油含量[②]	可抽检	不检测	每天 1 次
13	药剂浓度	每天 1 次	每天 1 次	不检测
14	游离氯	每天 1 次	视药剂而定	可不测
15	NH_4^+-N[③]	每周 1 次	抽检	不检测
16	COD[④]	每周 1 次	不检测	不检测

① 铜离子检测仅对含有铜材质的循环冷却水系统。
② 油含量检测仅对炼钢轧钢装置的直冷系统，对炼油装置的间冷开式系统为每天 1 次。
③ NH_4^+-N 检测仅对有氨泄漏可能和使用再生水作为补充水的循环冷却水系统。
④ COD 对炼钢轧钢装置的直冷系统为抽检，对炼油装置的间冷开式系统为每天 1 次。

表 7-4　非常规检测项目

项目	间冷开式和闭式系统		直冷系统		检测方法
	检测时间	检测点	检测时间	检测点	
腐蚀率	月、季、年或在线	—	—	可不测	挂片法
污垢沉积量	大检修	典型设备	大检修	设备/管线	检测换热器检测管
生物黏泥量	故障诊断	—	—	可不测	生物滤网法
垢层或腐蚀产物成分	大检修	典型设备	大检修	设备/管线	化学/仪器分析

327 ▶ 可能引起水样检测结果失真的原因有哪些?

水样在从采样到分析化验这段时间内,由于物理、化学或生物反应,很容易发生不同程度的变化。这些反应的性质和速率需引起重视。如果样品在运送之前、运送过程中以及样品保存在实验室直到分析之前这段时间内没有采取必要的防护措施,则会造成所测定的浓度与采样当时的浓度出现较大差异。

引起水样检测结果失真的原因如下:

① 细菌、藻类及其他微生物能够消耗样品中的某些组分,改变一些组分的性质而产生新的组分。这种生物作用会对溶解氧、二氧化碳、氮化合物、磷等,有时还会对硅的含量产生影响。

②某些化合物可能被样品中的溶解氯或空气中的氧所氧化(如有机化合物、二价铁和硫化物等)。

③某些物质能够沉淀出来(如碳酸钙、金属或金属化合物),或转入气相(如氧、氰化物和汞等)。

④pH值、电导率、二氧化碳含量等会因吸收空气中的二氧化碳而发生改变。

⑤溶解的或胶体形态的金属以及某些有机化合物能够被(不可逆地)吸收或吸附在容器表面或样品中固体物质的表面上。

⑥聚合的产物可能发生解聚;反之,单体化合物会发生聚合。

328 ▶ 如何采集和保存水样?

循环冷却水系统水样的采集和保存方法如下。

(1) 将容器充满

对用于分析物理、化学参数的样品而言,一种简单的防护措施是将长颈瓶完全充满,并且将瓶盖盖紧,使样品上面没有空气存在。这样就限制了其与气相之间的相互作用,避免了运送过程中的搅动(从而避免了二氧化碳含量的改变,pH值也不致引起变化;碳酸氢盐不致转变为可沉淀的碳酸盐,减少了铁被氧化的倾向,由此控制了颜色的变化等)。当保存的样品会有冰冻的情况产生时,样品容器不应完全充满。

(2) 使用适宜的容器

如何选择和使用容器是一个非常重要的问题,然而还需注意的是,作为保存水样的容器及其瓶盖不应成为污染的来源(例如,硼硅酸盐或碱石灰质玻璃容器会增加硅和钠的含量),不应吸收或吸附待测组分(例如,烃类会被聚乙烯容器吸收,微量金属可能会被玻璃容器表面吸附),不应与样品中的某些组分起反应(例如,氟化物与玻璃反应)。应保存并分析空白样品,以用于选择适宜的容器和清洗方法。

329 ▶ 循环冷却水系统中的泡沫是如何产生的?

泡沫由分散相和分散质组成,其分散相一般为气体,即不活性气体分散在液体或固体溶化物中，并形成分散体系。一方面，循环水系统中含有颗粒、尘埃、电解质等物质；另一方面，润滑剂等分子链较长的油类进入系统后，具备形成稳定泡沫的条件。在起泡剂参与下，系统中的颗粒、气体一起形成稳定泡沫。

泡沫产生应满足以下条件。

① 系统应有起泡剂存在。

② 在气泡周围形成的薄膜应坚固，有一定的机械强度，才能和起泡剂一起形成三相稳定的泡沫。

③ 系统中液体部分（分散质）的黏度应较小，成膜物质的黏性应较大，因气泡间液膜受到重力、曲面压力作用，会促使气泡间的液体流失，使泡沫变薄而破裂。

④ 膜电势。泡沫带有电荷，可阻止泡沫聚结，所以泡沫稳定性与膜电势有关。

330 ▷ 泡沫对冷却水系统运行的危害有哪些?

泡沫的危害主要归纳为以下几个方面。

① 延长了反应周期　由于化学反应产物中有气体、液体，泡沫会造成气体滞留，延长了反应周期，不必要地增加了动力消耗。

② 影响产品品质　纺织工业中的染色、印花以及水性涂料工艺过程中，由于气泡的滞留，导致成品布上斑痕、疵点；纸浆浆液的泡沫除了给环境卫生、工人健康造成危害，成品纸也会出现许多孔洞，造成产品质量严重下降。

③ 不利于准确计量　工业过程中，由于泡沫的存在，干扰液面计的准确测量，造成测量失误，液体中由于泡沫的存在使得液体密度发生较大波动，往往还能引起反应釜、吸收塔、蒸馏塔液位虚高，致使操作失去平衡，甚至发生事故。

④ 污染环境、引起事故的原因之一　由于泡沫漫溢，必然会污染生产环境及其周围环境，有的甚至造成重大事故。

331 ▷ 常用消泡剂的种类有哪些?

从消泡剂的作用来看，可分为破坏泡沫和抑制泡沫两种作用。所以有的人称消泡剂为破泡剂，有的又将其称作抑泡剂。而学术上将具有化学和表面化学消泡作用的药剂统称为消泡剂。

常用的消泡剂有低碳醇、矿物油、有机极性化合物、硅氧烷树脂等。低碳醇中常用的为甲醇、正丁醇，它们具有暂时性的破泡作用。矿物油中常用的有液体石蜡与表面活性剂的复配物，价格较便宜，但消泡性不太好。常用的有机极性化合物有高碳醇、油酸、聚丙二醇等。硅氧烷树脂是破泡性及抑泡性都好的药剂，常用的是聚二甲基硅氧烷，有人称其为硅油（其实硅油是具有硅氧烷结构且常温下为液体的有机硅的总称）。各厂出的硅油由于硅氧烷键与分子结构差异较大，因而性能上的差别较大。

我国使用的消泡剂主要有乳化硅油、高碳醇脂肪酸酯复合物、聚氧乙烯聚氧丙烯季戊四醇醚、聚氧乙烯聚氧丙醇胺醚、聚氧丙烯甘油醚、聚氧丙烯氧化乙烯甘油醚和聚二甲基硅氧烷等。

332 ▶ 循环冷却水系统供水压力突降的原因是什么？如何处理？

循环冷却水系统供水压力突降的可能原因有：

① 跳泵。

② 供水管道爆管。

③ 用水单位大量放水或增加用水量。

④ 水泵供水量突降。

可采用的处理方法如下：

① 及时开启备泵，恢复正常供水压力。

② 找出泄漏点，关闭相应管线的相关阀门或降压运行，以确保生产，并及时组织抢修堵漏。

③ 及时制止放水，及时调整供水压力。

④ 及时切换备泵，确保供水。

333 ▶ 化学清洗的安全、质量保证体系应该包括哪些部分？

化学清洗是一项对设备、人身和环境都有一定危害的危险作业。因此，必须强调设备与人身的安全，确保清洗质量，不污染环境。为此，应加强管理，建立完善可靠的安全、质量保证体系。

（1）在安全保障方面

① 化学清洗中使用有强烈侵蚀性的酸、碱，使用具有一定毒性的清洗剂、缓蚀剂和钝化剂，使用电动设备驱动溶液注入被清洗设备和做必要的循环，使用参数较高的蒸汽加热清洗介质，使用较精密的仪器仪表监测清洗过程时，为确保人身、设备、仪器的安全，应设置专人负责安全监督保障，严格管理化学清洗中的安全工作。

② 清洗单位的负责人是安全保证体系的责任人，对所承担的每项清洗业务必须过问安全保障工作。重要设备的化学清洗，例如相当于该清洗机构资格等级的锅炉，使用了特殊清洗介质（尤其是对人身威胁大的介质）的清洗项目，使用奥氏体不锈钢的设备等，都必须到达清洗现场，作为安全第一负责人监督、检查安全工作。

③ 清洗工作的技术负责人是该清洗项目的安全责任人，在安排清洗工作时必须同时安排安全保障工作，提出安全防护的敏感点，制订针对性的安全措施，布置安全保障工作，检查安全措施的执行情况，确保人身与设备安全。

④ 大型设备的清洗应有专职安全人员负责安全监察，监督检查安全措施的执行情况，纠正违规行为。当确认违章作业将导致人身损伤、设备损伤和环境污染时，除立即向主管领导汇报外，有权制止违章作业的进行。

⑤ 清洗操作负责人、维修与辅助工作负责人和化验工作负责人是该工作的安全负责人。尤其是使用临时工、合同工进行清洗辅助工作时，其带队人员必须熟知安全防护工作，并向非专业的雇用人员讲明所从事工作的危险性，讲清安全防护知识，并培训简单有效的安全救护知识。

⑥ 建立岗位责任制与安全规程。在清洗组织中应设置安全员，按照有岗必须有岗位规范的原则规定安全员的岗位责任。安全员在主管领导与技术负责人的领导下负责清洗中的各项安全工作。在清洗中按照安全工作规范和该清洗项目的安全措施监督执行，在清洗现场中巡视检查，发现隐患时提出防范措施和警告。

（2）在质量保障方面

① 化学清洗的质量保证应贯穿于化学清洗的全过程中，包括化学清洗方案的制订、方案的呈报审批、化学清洗中的质量监督等。在这些技术管理工作中，建立质量保证体系是重要环节。

② 化学清洗单位负责人应对清洗质量负责，应对所属人员进行清洗质量教育，抓化学清洗科学研究，不断提高清洗质量。清洗项目的现场负责人与技术负责人直接对清洗质量负责，应根据垢成分分析、设备材质提出清洗方案。为支持清洗方案，可对新的垢种、清洗介质、清洗工艺、不熟悉的设备材质进行试验，筛选所用药剂和工艺条件。化学清洗中应严格按照经审查批准的方案执行。

③ 对重要设备的清洗，清洗单位负责人必须到现场办公，抓清洗质量保证工作。除清洗现场（技术）负责人必须抓清洗质量的每一个环节外，清洗操作的负责人与化验工作的负责人都必须对清洗质量负责，清洗操作人员必须严格按清洗工艺操作，化验人员应对碱处理、清洗、钝化和过渡中的冲洗工序进行严密的监督，指导各工序的转换，确定清洗的腐蚀速率与除垢率，提供清洗质量的评价标准。

④ 专业化学清洗单位应设置专职的或兼职的质量保证工程师，负责化学清洗的技术监督工作，利用自身的丰富实践经验解决化学清洗中的技术问题，以保证清洗质量。

⑤ 在清洗工作结束后，应由清洗单位负责人或清洗现场负责人召集总结评价会议，研讨清洗中发生的和存在的问题，提出改进措施，提出研究方向，以提高自身素质和清洗质量。

334 ► 如何加强循环冷却水系统的日常监测管理？

加强循环冷却水系统的日常管理，要做好以下几点。

① 把循环冷却水系统的监测管理作为一项系统工程来管，将循环冷却水系统的工况与化工装置的负荷和工艺介质泄漏情况联系起来，化工生产车间与水汽车间紧密配合，共同做好循环水系统的维护工作。在生产装置出现物料泄漏时，除了工艺上积极想办法尽可能降低泄漏量外，循环冷却水系统也要采取加大水质稳定剂投加量、交替投加氧化性杀菌剂和非氧化性杀菌剂、增加黏泥剥离剂投加频率、增加排污量等积极措施，保证循环冷却水的水质不恶化，维护生产装置正常运行。

② 不断改进水质稳定剂投加技术，减少每次加药量，增加加药频次，精确计量药剂，使药剂量更加准确、均匀，消除大时间间隔冲击式加药导致水质稳定剂浓度大起大落的问题。

③ 结合循环冷却水系统浓缩倍数不断提高的需要，组织技术力量积极改进水质稳定剂配方，研制适用有效的水质稳定剂，改善水质稳定剂的性能。

④ 科学评估技改项目、设备改动、工艺改动对循环冷却水系统的影响，制定相应的对策，提出保证循环冷却水系统稳定运行的可行措施。

⑤ 培养一批精通循环冷却水业务的技术人员，除了指导操作工正确执行循环冷却水的送、停、管操作外，更重要的是在循环冷却水系统出现问题时能够在最短的时间里找出问题所在，提出解决方案，尽可能将问题消除在萌芽状态，避免事态扩大。

⑥ 对工艺设备不断地进行改造和完善，选用性能可靠的新设备，减少设备泄漏对循环冷却水系统的影响。

（三）循环冷却水系统的清洗

335 ▶ 什么是物理清洗？

设备物理清洗就是借助物理力（如热、搅拌摩擦力、研磨力、压力、超声波、电解力等）作用于内壁上，使污垢脱离内壁，达到清洗的目的。常用的物理清洗方法主要有：液体冲洗、蒸汽吹洗、气体吹扫、喷砂、喷丸处理、机械清理。正在推广运用的物理清洗方法有：高压射流清洗技术、吹珠、通球吹扫等。施工中用何种方法必须根据管道介质、系统构成的要素、污垢的成分、工程成本以及清洗技术要求来选择，以做到安全可靠、经济高效。

物理清洗的优点是：①可以省去化学清洗所需的药剂费用；②避免了化学清洗后清洗废液带来的排放或处理问题；③不易引起被清洗设备的腐蚀。

物理清洗的缺点是：①一部分物理清洗方法需要在冷却水系统中断运行后才能进行；②对于黏结性强的硬垢和腐蚀产物，物理清洗（除了高压水力清洗和刮管器清洗外）效果不佳；③清洗操作比较费工。

336 ▶ 什么是高压射流清洗技术？

高压射流清洗技术是通过专用设备使水压升至 147MPa，形成强力水射流，对被清洗设备或管道内的堵塞物和污垢进行切削、破碎、挤压、冲刷，达到清洗的目的。国外 20 世纪 70 年代初开始应用高压水射流清洗技术，国内已引进应用该技术。主要应用于石油、化工、发电设备、热交换器及长距离管线、U 形管线等。

该技术有以下特点：

① 工作效率高，适用范围广，清洗干净彻底，除垢率达 100%，金属物能显其金属本身；

② 对金属没有任何腐蚀、破坏；

③ 对于污垢成分复杂、管线完全堵死而化学清洗不能奏效的管线，仍有同样的除垢效力；

④ 清洗过程中不需要任何化学药品，因而不产生污染。

337 ▶ 什么是定压爆破吹扫技术？

定压爆破吹扫技术就是根据管道的实际情况，把管道分为储气管段、引爆管段和吹扫管段。储气管段和引爆管段之间的插板称为爆破板 1，引爆管段和吹扫管段之间的插板为爆破板 2。用小容量空压机向储气管段送气升压，当储气压力达到预定压力后，便启动引爆装置，爆破板 2 即迅速击穿，从而爆破板 1 也被击穿，被压迫的气体膨胀喷出，吹扫管段得以清洁。对于长距离、大直径、设计压力偏低而清洁度要求较高的管道，采用定压爆破吹扫技术既能满足规范对吹扫气体提出的要求，又能满足管道清洁标准。

338 ▸ 循环冷却水系统进行水清洗时，要考虑哪些指标？

循环冷却水系统的水清洗，应符合下列规定：
① 冷却塔集水池、水泵吸水池、管径大于或等于 800mm 的新管，应进行人工清扫；
② 管道内的清洗水流速不应低于 1.5m/s；
③ 清洗水应从换热设备的旁路管通过；
④ 清洗时应加氯杀菌，水中余氯宜控制在 0.8～1.0mg/L 之内。

339 ▸ 常见的机械性物理清洗有哪几种？

（1）吹珠、通球吹扫

根据活塞在气缸内运动的原理，把管子视为气缸，活塞是具有弹性和一定硬度的由橡胶、木材、尼龙或薄铁件制成的以圆柱为主体的空心体或碟形体，即将"珠"视为活塞。当"珠"后的气体（或液体）压力大于前面的气体（或液体）压力时，活塞在压差的作用下克服球与管壁之间的摩擦阻力和管内污垢的阻力，"珠"向前运动，从而去掉管内污垢，达到清洗的目的。

（2）喷丸清理技术

喷丸清理技术是对钢材表面进行大面积清理最有效的方法，广泛应用于钢构件、大型船体和罐体的表面处理，以去除金属表面的铁锈、氧化皮和其他污物。

喷丸清理技术应用于管道内壁清理时，其设备主要由两个系统构成。喷丸系统由空气压缩机、喷丸缸、磨料调节阀、喷嘴和磨料等构成。回收除尘系统由离心风机、回收容器、袋式除尘器等构成。除空气压缩机外，通常将其他部分均组装在可移动的拖车上。喷丸清理是以压缩空气为动力，通过对磨料流量的调节，使磨料与压缩空气混合送往喷嘴，并调节压缩空气和磨料的流量至最佳状态，使磨料获得足够的出口速率喷射到金属表面上，从而达到最高的清理效率和清理质量。

喷丸清理用的磨料十分广泛，可以是河砂、石英砂、煤渣、钢炉渣，亦可是铸钢丸、玻璃丸。采用河砂、石英砂作磨料进行金属表面处理，就是常用的喷砂。喷砂清理应用于管道内壁清理。该方法一般用于 $4''$（$1'=25.4mm$）以上的管段内壁的清理，如衬里管。当喷丸清理技术应用于管道内壁的清理以取代传统的酸洗、碱洗、蒸汽吹扫时，则磨料一般采用铸钢丸，粒径一般为 0.5～1.2mm，压缩空气的压力以 0.6～0.8MPa 为宜。

340 ▸ 需要机械清洗的沉淀物主要有哪些？

根据来源，冷却水系统中金属冷却设备里的沉积物大致有以下几种。

① 由补充水带入的无机盐类。由于以下原因，在冷却水中析出而生成水垢。

a. 在运行过程中，冷却水被蒸发浓缩，从而使一些溶度积小的无机盐浓度超过其溶解度，在传热表面上析出为无机盐垢，例如硫酸盐垢、硅酸镁垢等。

b. 补充水带入的碳酸氢钙在冷却塔中曝气和在换热器管壁上受热时，分解为溶解度很小的碳酸钙垢。

② 金属冷却设备腐蚀而产生的腐蚀产物，例如铁的氧化物或氢氧化物。

③ 补充水带入的固体悬浮物——泥沙、尘土、碎片以及冷却水在冷却塔内从空气中洗涤下来的尘埃。在冷却水运行过程中，它们凝聚成大的颗粒，在流速缓慢处沉降为淤泥。

④ 补充水或空气中带入的微生物在冷却水中繁殖后形成的微生物黏泥和团块。

⑤ 生产中的物料，例如炼油厂的油类泄漏入冷却水系统中后生成的污垢。油类常黏附在金属的表面，起着沉积物黏结剂的作用。

⑥ 加入冷却水中的有些水处理剂由于选用不当或管理不善而生成的沉积物，例如生成的磷酸钙、氢氧化锌等。

341 ▶ 什么是化学清洗？一般的程序是什么？

通过向循环冷却水系统中投加药剂发生化学反应，以达到破坏管道腐蚀/沉积物结垢稳定性的清洗方法为化学清洗，一般的清洗程序如下：

① 调查了解生产工艺和管道材质、系统运行情况和以往清洗情况及效果。

② 测定污垢的附着量、成分和生成速率。

③ 初定清洗剂，进行污垢的溶解试验，根据试验结果最终确定清洗剂，并确定清洗方式。

④ 编制管道清洗方案，主要内容包括：工程概况、管道清洗系统设计、清洗剂的配方、公用工程条件、清洗作业程序和操作规程、质量检查标准和方法、施工人员和机具安排计划、网络计划、安全技术措施、废水处理方法等。

⑤ 实施清洗作业。

⑥ 清洗质量检查。

⑦ 整理清洗工艺数据，签发清洗报告。

342 ▶ 常用化学清洗剂的配方有哪些？

化学清洗剂可除去设备表面的污垢，有利于下一步骤预膜处理的效果。常用的化学清洗剂配方见表 7-5。

表 7-5　常用的化学清洗剂配方

序号	配方	备注
1	碘化琥珀酸-2-乙基己酯钠 18%，异丙醇 30%，乙醇 2%，水 50%	该清洗剂具有良好的渗透力和去污力，可渗透湿润污垢的内部，使油脂性污垢易于脱落，从而达到设备清洗目的。经清洗的金属表面能增加预膜处理后的防腐效果
2	聚丙烯酸 15%，乙二胺四亚甲基膦酸（EDTMP）12%，邻二甲酸酯 1%，水 72%	

343 ► 换热系统进行化学清洗时，有哪些方面要注意?

换热设备的化学清洗应符合下列规定。

① 当换热设备金属表面有防护油或油污时，宜采用全系统化学清洗。可采用专用的清洗剂或阴离子表面活性剂。

② 当换热设备金属表面有浮锈时，宜采用全系统化学清洗。可采用专用的清洗剂。

③ 当换热设备金属表面锈蚀严重或结垢严重时，宜采用单台酸洗。当采用全系统酸洗时，应对钢筋混凝土材质采取耐酸防腐措施。换热设备酸洗后应进行中和、钝化处理。

④ 当换热设备金属表面附着生物黏泥时，可投加具有剥离作用的非氧化性杀菌灭藻剂进行全系统清洗。

344 ► 热交换器酸洗所用药剂有哪些?

使用钢铁作为换热管的热交换器，可使用盐酸循环清洗。使酸液的流速达到 0.1m/s，即可有效地带走所产生的二氧化碳，能防止其"封闭"换热管的上半周，使酸液与垢层隔离。

提高清洗效率的另一措施是使酸洗溶液由下而上地进入被清洗的热交换器，利用酸液的上升排挤所产生的二氧化碳气体和泡沫，防止它们干扰对水垢的清洗。

有些较小容量的热交换器使用铝或铝合金管作为换热器，应使用硝酸作清洗剂，硝酸的含量可为 8% 或更高。

奥氏体不锈钢制的板式换热器使用日趋广泛，这是由于它结构紧凑、占地面积少、热交换表面大的缘故。但是由于其通水间隙很小，结垢后容易堵塞而影响通水，甚至完全不通水，所以要频繁清洗。它所用的清洗介质也应是硝酸。

硝酸清洗所用的缓蚀剂可为 0.2%～0.3% 的乌洛托品，加入 0.15%～0.2% 的苯胺和 0.05%～0.1% 的硫氰酸铵，经硝酸清洗并冲洗干净后的设备在空气中可自行钝化。

345 ► 常用的冷却水处理设备酸洗除锈除垢剂的配方有哪些?

常用的冷却水处理设备酸洗除锈除垢剂的配方见表 7-6。用时把药水灌注入需清洗的锅炉内（一般分两次注入），浸泡至锅炉中的酸液已无气泡上升为止，排出酸液，先用冷水冲洗，再用温水冲洗几次即可。已用过的酸液注意回收，有的可以重复使用，或用于除去垢层薄的水垢。

表 7-6 常用的酸洗除锈除垢剂配方

序号	配方
1	盐酸 8%，乌洛托品 0.5%，水 91.5%
2	盐酸 8%，苯胺 1%，乙酸 2.5%，乌洛托品 2.5%，水 86%
3	盐酸 7%，乌洛托品 0.2%，工业氯仿 2.5%，磺化蓖麻油 0.2%，松节油 0.15%，水 90%
4	硫酸（93%）7.5%，若丁 0.5%，水 92%
5	硝酸 10%，苯胺 0.2%，乌洛托品 0.3%，硫氰酸钾 0.1%，水 89.4%

346 ▶ 常用的络合清洗剂有哪些？

（1）柠檬酸

柠檬酸的分子式为 $C_3H_4OH(COOH)_3$，这是有三个羧酸基团的有机酸，常用于清洗有奥氏体钢的锅炉过热器管与再热器管。由于铁的氧化物以络合方式溶解，不会有成片剥落造成弯头部位卡塞的危险。柠檬酸有不含结晶水的和含一分子结晶水的。用于清洗的是柠檬酸的一铵盐（柠檬酸单铵）。它和蔗糖一样，在水中很容易溶解，常用作各种饮料的酸味剂，因此是无毒的清洗剂。

柠檬酸单铵是用 3%～6% 的柠檬酸加氢氧化铵调节 pH 值为 3.5 左右。用柠檬酸清洗铁垢时，溶液中铁离子浓度不可过高，以免产生难溶的柠檬酸铁，以控制铁离子浓度<0.5%为宜。

（2）氢氟酸

氢氟酸和盐酸一样是无氧酸，它虽是中等强度的酸，但是溶解铁的氧化物的能力远高于盐酸。这是由于它不仅是酸溶，还进而形成络合物，因此可在常温下和较低的浓度下快速清洗铁的氧化物。直流锅炉的开路清洗就是基于这一原理发展起来的。

在清洗中氟离子是过量的，以后的反应以生成氟硅酸为主。新安装的锅炉内表面主要是氧化皮、浮锈和灰尘，其成分是铁的氧化物和二氧化硅。因此，适于采用氢氟酸清洗。尤其是直流锅炉管径小，可以使氢氟酸在以较高流速流过的过程中除去铁的氧化物与二氧化硅。国外对直流锅炉多采取开路法清洗。我国对直流锅炉与汽鼓锅炉均进行过开路清洗，也采用过循环清洗。

由于氢氟酸对铁的氧化物溶解速率是盐酸和柠檬酸的几十倍甚至上百倍。因此，在用盐酸和柠檬酸清洗时，常加入氟化物或少量氢氟酸助溶，既可提高对铁的氧化物清洗速率，也可对垢中硅酸盐进行络合清洗。常用的氟化物是氟化氢铵，用盐酸清洗时也可加氟化钠。

（3）EDTA 的二钠盐或二铵盐

国外常利用周末停炉的机会用 EDTA 的二钠盐或二铵盐清洗锅炉运转中产生的磁性氧化铁与氧化铁，称 ACR 清洗。EDTA 的钠盐是氨羧络合剂中的广谱络合剂，它是四元酸，在不同 pH 值下有不同的存在形式。EDTA 的熔点为 240℃，在 150℃ 以上有分解倾向，通常可在 135℃ 下清洗，其对应的饱和压力为 0.23MPa。

选择 EDTA 清洗的 pH 值时，既要保证附着物清洗干净，又要防止腐蚀。pH 值较低时（例如 pH 值为 3 以下），垢中成分容易以离子状态溶出，可加快清洗，但是在 135℃ 的温度下钢铁难以缓蚀。如果 pH 值过高（例如 6 以上），虽然钢铁的腐蚀速率较低，但是不利于清洗反应。因为 EDTA 钠盐的络合清洗是利用垢中溶出的金属离子与 EDTA 钠盐反应，溶液的 pH 越高，垢中氢氧化物（和碳酸盐）越稳定，清洗时间将延长，清洗效果也差。

考虑到在 pH 值为 5 时清洗液中主要是 Na_2H_2EDTA，还有相当数量的 Na_3HEDTA，均可与钙、镁、铜、锌及二价铁、三价铁等离子络合，可选取为开始清洗的 pH 值。pH 值应在 8.5 以下结束清洗。为防止清洗中高价铁的沉淀，可向溶液中加入联氨，将三价铁还原为二价铁。如果垢中钙的含量很低，也可加亚硫酸钠作还原剂。在 pH 值为 8～8.5 时金属可进入钝态，热态排放清洗液，可防止锈蚀，有助于钝化膜的稳定。

347 ▷ 针对不同水垢如何选择合适的清洗剂?

化学清洗是带有很大风险的作业,为确保清洗成功而不损伤设备,必须根据不同的对象(锅炉、热交换器或管道)和不同的垢种制定不同的清洗工艺,切忌千篇一律和按固定的配方清洗。要对不同对象进行针对性的处理。

① 应对碳酸盐垢、磷酸盐垢、铁铜垢、硅酸盐垢和硫酸钙垢分别制定清洗工艺,包括所用的清洗剂、缓蚀剂、清洗促进剂的差别,清洗系统的差别,监控手段的差别,都应各具特色。还应对不同的设备制定不同的清洗工艺。

② 磷酸盐垢中总含有一定量的硅酸镁(蛇纹石),如果通过清洗模拟试验,单用盐酸清洗除垢率低于90%时,可试用以氢氧化钠为主的碱液转化,或加助溶剂氢氟酸铵。可酌情浸泡或循环清洗。

③ 铁铜垢可加联氨助溶并防止产生孔蚀,应适当提高清洗温度和用较高流速循环,以提高除垢率。对硫酸钙垢和硅酸盐垢可转化清洗。

④ 新建的大容量发电锅炉锈量超过 $100g/m^2$ 时,可采用盐酸清洗。如果确有必要清洗过热器、再热器和给水系统时,可采用柠檬酸清洗。直流锅炉可采用氢氟酸做通过式清洗。如果已对运行中的锅炉进行过 EDTA 清洗,清洗中新购 EDTA 不超过总用量的 1/3 时,也可用 EDTA 的钠盐清洗新建锅炉,但是用于溶解 EDTA 的氢氧化钠应是用苛化法或水银法(汞法)制取的。使用 EDTA 的钠盐现货清洗时,也应化验其氯离子含量。

⑤ 腐蚀严重的锅炉可采用 EDTA 的钠盐、柠檬酸等弱酸清洗。对于用盐酸清洗黄铜管热交换器(或凝汽器)无充分把握时,可用氨基磺酸或醋酸、甲酸等低分子羧酸,它们同样适用于奥氏体钢板式热交换器。

基于以上 5 大类水垢及其混合型垢,并考虑不同设备的特点和不同目的的清洗(防止超温、防止腐蚀和提高传热能力),可派生出几十种化学清洗工艺规程。为了确保清洗质量,必须分别写成操作规程,并且严格按规程实施清洗。

348 ▷ 新设备应该如何清洗?

新的冷却设备由于没有经过运行,设备内部一般比较干净,故清洗方案主要是除去设备在加工、储存或安装期间沉积在设备金属表面的少量氧化物(例如铁锈)和油脂。这时可以采用下面的方案进行清洗。

① 向冷却水水池中装水,达到一定水位,加入氯或次氯酸钠,使水中游离氯浓度达到指定浓度,调整水的 pH 值达到 6.5~7.0,加入表面活性剂,以清洗设备上的油脂和增强氯控制微生物生长的效果。

② 根据冷却水系统的清洁程度,向水中加入 200~1000mg/L 聚磷酸盐和适量的聚羧酸类化合物。

③ 安装监测用的腐蚀试片。

④ 通过加硫酸,把水的 pH 值降低到 5.0~5.5,循环清洗 12h。

⑤ 排去冷却水系统中的水,换入新水,准备下一步的预膜。

349 ▶ 老设备应该如何清洗?

对于一些腐蚀和结垢严重的冷却设备或换热器,可以在停车后进行单台设备的清洗。若这些换热器都是由碳钢制造的,则可以用加有缓蚀剂的盐酸清洗液进行清洗;若除了碳钢换热器外还有不锈钢换热器或部件,则可以用含有 0.6％缓蚀剂 Lan-5＋10％ HNO_3 的清洗液或含 0.25％缓蚀剂 Lan-826＋10％ HNO_3 的清洗液进行循环清洗。清洗时,酸洗液中应放入监测用的腐蚀试片。

对于薄垢,一般进行循环酸洗 2h;对于厚垢,则循环酸洗 4～6h。沉积物洗净后,即停止酸洗,以减轻酸对基体金属的侵蚀。

废酸液应该用氨水或碱液中和后,稀释排放到化学污水中,再去处理。

换热器排去残酸后应加清水进行循环,以除去残留的酸和溶解物。水洗干净后换热器进行预膜或钝化处理。

沉积物上如有油污等有机杂物,会使硝酸还原形成亚硝酸,从而引起缓蚀剂 Lan-5 的破坏。因此硝酸酸洗前必须进行脱脂(除油)。

350 ▶ 清洗操作中如何消除微生物膜?

化学清洗用于冷却水系统时,往往清洗效果不能令人满意,这是由于传热表面除了碳酸钙等易溶于酸的成分外,还有以微生物膜为主的黏泥,微生物膜捕集和黏附了冷水塔中洗下的空气中的悬浮颗粒物与飘尘,这些成分不溶于酸。

① 对于以碳酸钙垢为主(例如超过 60％)的垢与微生物黏泥混合物,采取盐酸清洗后加压力水冲击可以基本除去。如果传热表面上是碳酸钙垢,其上附有微生物膜时(这是较为常见的),先用毛刷捅刷,再用水冲洗,然后进行酸洗,其清洗效果较好。

② 如果传热表面以微生物黏泥为主(例如超过 60％),则应以高压水射流清洗。如果微生物黏泥所占比例更高,则可使用微生物黏泥剥离剂使黏泥扩散松动,然后随水流冲走。如果辅以水力喷射冲洗则清洗效果更佳。常用的黏泥微生物膜剥离剂是新洁尔灭和洁尔灭之类季铵盐,它们既是表面活性剂,又具有杀菌作用。采取冲击投药方法,以 100～200mg/L 的剂量连续投加 30min,可使黏泥及微生物膜剥离除去。除新洁尔灭外,也可使用次氯酸钠冲击加药剥离,其剂量可略多于季铵盐,而投药持续时间相等。

③ 如果循环冷却水系统和传热面上的附着物以微生物黏泥为主,而且黏泥经烘干灼烧后 70％是由氧化硅、氧化铝等尘埃组成的,表明该系统浓缩倍率较高,应进行旁流过滤除去水中悬浮物和抑制微生物膜的生长。

当循环冷却水量少于 10000t/h 时,旁流过滤的水量可为循环水量的 2％～3％;如果循环水量超过 10000t/h,则可取 0.5％～1.8％。采取旁流过滤措施,可使循环水中悬浮物低于 15mg/L。常用的过滤装置是无阀滤池或单阀滤池,过滤速率可为 10m/h,经过过滤的水浊度可达 2～5FTU。有旁流过滤装置时,可在运转中定期投加黏泥剥离剂做不停机清洗去污。

351 ▶ 怎样不停车清洗水冷却器中的黏泥?

冷却器换热效率的下降有可能是结垢或黏泥沉积的原因。黏泥造成的危害必然会表现在循环水水质上,如循环水色、味异常,或菌数和黏泥量超出正常的指标。不停车清洗以黏泥为主的污垢应选杀菌和分散的方法,将生物黏泥进行清洗剥离掉。清洗剥离时间一般为 3～5 天。第一天以杀菌剥离为主,故在循环水中投入大剂量的杀菌剂,并通大量的氯气,使余氯维持在 1～2mg/L,同时将 pH 值降至 6～6.5 的范围内。第二天以分散清洗为主,故在循环水中投入大剂量的清洗剂和分散剂。第三天再加杀菌并通大量氯气。第四天又加分散剂和清洗剂。如此经过反复杀菌剥离和分散清洗,基本上可以洗去生物黏泥,但对硬垢和锈瘤的清洗效果差。

在进行清洗、剥离生物黏泥的时候,循环水中要维持较大的药剂浓度,为了节省药剂费用和控制排污水对环境的污染,一般不进行排污,故清洗剥离时循环水的浊度要增加。浊度太高了也会影响清洗效果,最好是在每一步清洗工作结束前进行一次排污置换,以降低浊度。

352 ▶ 清洗工艺有哪些安全设计?

应根据被清洗设备所用的材料选取安全无害的清洗介质。例如,当设备中有对氯脆敏感的材料时,既不能用盐酸清洗,也不能用含有食盐的若丁作缓蚀剂,也不能用含氯化钠高的氯碱法或隔膜法制取的氢氧化钠钝化。

对清洗系统的承压设计要有足够的裕量,并考虑腐蚀使强度、韧性的减弱。对焊接工艺及系统的冷热态水压试验应提出要求。对所用的箱罐防腐蚀衬层、涂层必须提出明确要求,包括所选用材料、施工工艺和质量检查。例如,曾有某工程 EDTA 二钠盐清洗用的 $450m^3$ 回收箱,理应耐酸、耐温,但在充入温水后,玻璃钢衬层即全部脱落。

在清洗工艺设计中必须考虑到酸碱溶液稀释时的放热反应引起溶液的沸溅危险。配制清洗液时,必须使加药顺序正确,先溶解缓蚀剂,再加入清洗介质;进行柠檬酸清洗时应防止柠檬酸铁沉淀;EDTA 清洗时应防止氢氧化铁沉淀。

353 ▶ 清洗过程中有哪些安全注意事项?

化学清洗系统与工艺的安全,注重设备安全及环境保护,多已体现在设计、施工和操作规程中。对人身的安全必须作出专门规定,并且在化学清洗作业前宣传、宣讲,清洗当中贯彻。化学清洗中的安全注意事项(或安全措施)包含:

① 制定各项清洗作业的安全措施,该措施应针对不同的清洗介质和清洗工艺单独制定;

② 规定清洗现场的安全防护范围,在规定地区内禁止明火作业,进出人员按工种佩戴专用的胸章符号;

③ 对清洗作业范围内的通风、照明、通道、临时管线作专门处理;

④ 准备防溅漏的用具(如胶皮、卡子、塑料薄膜等)包扎遮挡物品;

⑤ 准备防酸工作服、围裙、面罩、长筒胶靴和手套等个人防护用品；

⑥ 配制防护药品、储备中和酸碱的药剂（如石灰、硫酸亚铁），准备冲洗水源，预备急救的药箱、担架等。

以上安全措施应注意人身保护，充分准备，熟知防护急救知识，可减少人身伤害。

354 ▶ 化学清洗中如何进行全过程质量管理？

为确保化学清洗质量，必须有相应的管理手段，实行自准备阶段到清洗结束的全过程质量管理。

① 在接受清洗任务时，必须对所清洗的设备类别、型式、参数了解清楚。

② 应查阅设备图纸，了解设备中水汽流程，以便规划清洗介质的注入、排出和循环回路。

③ 应了解所洗设备的水处理方式、水汽质量和运行管理情况。

④ 应采取不同部位的代表性水垢样品进行成分分析。

⑤ 应根据垢的化验结果制订清洗的几种方案，并通过静态、动态模拟试验确定清洗参数。

⑥ 依据模拟试验提供的信息写成化学清洗方案，编制清洗工艺操作规程，提出安全措施，呈报主管部门和锅炉压力容器监察部门批准。

⑦ 组织全体清洗人员学习清洗工艺操作规程和安全措施，通过培训熟知本岗位的工作及安全知识才能上岗。

⑧ 由清洗负责人、质量保证负责人和安全保证负责人会同检查清洗现场，确认被清洗的设备已与运行或停用的设备隔绝，清洗系统安装质量合格，所用的各种药剂经检验质量合格，数量可满足清洗中耗用，现场的工作环境满足清洗要求方可开始清洗。

⑨ 严格按规定的工艺操作规程进行碱处理、冲洗、清洗、冲洗和钝化等工序，不得任意省去工序或更换程序。

⑩ 清洗结束后必须认真检查被清洗的设备，确保无脱落垢片、堵塞、堆积等情况，除垢率及腐蚀速率应达标。

⑪ 会同设备业主检查清洗结果，共同评定清洗质量后写出化学清洗专题报告，上报有关单位备案。

⑫ 清洗过程中化验监督应严格、严密，及时上报结果，提供负责人决策。化验结果不得涂改，原始记录要作为档案材料长期保存。

⑬ 结束清洗后，立即恢复原运转系统，现场清理干净。待被清洗设备恢复运转并确认无清洗引发的故障、确认清洗效果后，技术负责人方撤离被清洗设备的现场，圆满完成该化学清洗。

（四）循环冷却水系统钝化与预膜

355 ▶ 为什么进行钝化处理？

在化学清洗中钝化是最关键的环节，它标志着化学清洗完成，锅炉金属已转入准钝态，将在运行中建立永久性的自然氧化膜。人们重视酸洗介质的选取、酸洗系统的布置，这是使污垢彻底清除的先决条件。人们也重视酸洗缓蚀剂的配合，因为缓蚀剂选取不当会使设备在清洗当中产生腐蚀，也难以满足规定的允许腐蚀速率。但是人们往往忽视钝化工艺，误认为钝化膜只是为了防止锅炉清洗后锈蚀而建立的临时钝化膜；还有的误认为酸洗后的钝化膜在运行中还会脱落，代之以永久钝化膜。事实上钝化工艺和清洗、缓蚀一样是必不可少的。许多酸洗的失误是由钝化不良造成的。

锅炉经化学清洗后，原有的自然氧化膜完全被溶去，金属表面呈活化状态。活化了的金属面不仅在大气中容易锈蚀，还容易产生各种形式的腐蚀。当给水含氧量不合适时，它易于产生氧腐蚀，其特点是产生较密集的孔蚀；如果炉水中氢氧化钠含量超过总溶解固形物的20%，而且有局部浓缩时，可产生碱腐蚀；如果炉水 pH 值低于 8（尤其是低于 7），容易产生酸腐蚀，其特点是水冷壁管的向火侧减薄，比碱腐蚀更容易脆爆失效。如果锅炉在清洗后建立了良好的钝化膜，在运行中过渡性的钝化膜转化为永久性的自然氧化膜，就能防止上述腐蚀。即使存在上述腐蚀的产生条件，其腐蚀程度也远比没有钝化的金属面轻。

356 ▷ 常用钝化剂的配方有哪些？

常用的钝化剂配方见表 7-7。使用表中钝化剂，时间大约 5h，钝化后可使设备表面形成一层稳定的保护膜。

表 7-7　常用的钝化剂配方

序号	配方（质量分数）
1	尿素 3.5%，亚硝酸钠 3.5%，碳酸钠 1%，苯甲酸 0.4%，水 91.6%
2	尿素 20%，亚硝酸钠 20%，苯甲酸 0.4%，水 56%
3	磷酸 0.5%，硫酸锌 0.55，硅酸钠 0.5%，亚硝酸钠 0.4%，水 98.1%

357 ▷ 如何选择预膜的时机？

应该进行预膜的情况主要有以下几种。
① 新的换热器或者冷却水系统清洗之后。
② 旧的换热器或者冷却水系统清洗，尤其是酸洗之后。
③ 冷却水系统出现了低 pH 值漂移（pH<4 达 2h），但被复原到控制的 pH 值之后。
④ 冷却水系统进行年度检修之后。
⑤ 停水 40h 或换热器设备暴露在空气中 12h 后。

358 ▷ 为什么要进行预膜处理？

预膜（prefilming）是在循环冷却水中投加预膜剂，使清洗后的换热设备金属表面形成均匀致密的保护膜的过程。

预膜的方法是在系统清洗过后换入干净的冷却水，并关闭补水阀和排污阀，再投入一定剂量的预膜剂，然后按预膜剂预膜的要求使冷却水在系统中循环运行。

在系统清洗之后，尤其是经过酸洗，金属表面处于活化状态，或者其表面保护膜受到重大损伤，仍处于新鲜状态，这样的金属表面很容易腐蚀，加上循环冷却水系统运行初期没有热负荷、水温低，所以溶解氧很高，很容易发生腐蚀。所以要进行预膜处理。

若首先使用高浓度的缓蚀剂进行预膜，然后用低浓度的缓蚀剂进行正常的运行，比不经过预膜而直接用高浓度缓蚀剂运行要经济得多，又比直接用低浓度缓蚀剂运行去控制腐蚀要有效得多。

359 ▶ 常用的预膜剂有哪些?

常用的预膜剂配方见表 7-8。

表 7-8　常用的预膜剂配方

序号	配方	备注
1	六偏磷酸钠 72%，硫酸锌 28%	预膜剂可使预膜处理过的设备表面形成一层药剂沉积膜，它可提高设备的抗腐蚀能力，使用浓度为 70~80mg/L
2	聚磷酸盐 80%，硫酸锌 20%	每次投药量 800mg/L，pH=5.5~6.5，预膜 48h

360 ▶ 常用预膜剂的配方有哪些?

纵观国内外预膜剂的现状，大体可归结为以下几类：聚磷酸盐-锌盐、有机磷-聚磷酸-锌盐、钼酸盐-锌盐、钨酸盐、硅酸盐。由于钼酸盐、钨酸盐、硅酸盐价格较高，限制了它们的应用范围。目前，使用最多的是聚磷酸盐-锌盐，它不仅来源广泛、价格低廉，而且容易溶解、运输方便，使用范围广。但由于聚磷酸盐络合胶状粒子扩散速率较慢，实际生产过程常因预膜条件控制不好而达不到较好的成膜速率，影响了预膜的效果，有时还会加剧腐蚀。

常用的例如聚磷酸盐和非离子表面活性剂等组成的混合物可作为清洗预膜剂，易溶于水，能迅速除去换热设备中油污等有机物和初期的铁锈、钙垢，使所有的金属表面得到清洗并处于活性状态，然后在这些表面形成一层均匀的防蚀膜。防蚀膜均匀，不仅有利于金属表面清洗，而且还可在金属表面形成一层牢固的防蚀保护膜。可以用于循环冷却水、输油管线中的管道、换热器清洗预膜，尤其适用于炼油厂清洗和不停车清洗。聚磷酸盐和锌盐等组成的混合物可作为预膜缓蚀剂，其水溶液在短期内使碳钢表面形成一层防蚀膜。

361 ▶ 聚磷酸盐是如何成膜的?

"电沉积机理"理论认为聚磷酸盐中的聚磷酸根是带负电荷的离子，当水中有一定的钙离子时，直链的聚磷酸根离子通过与钙离子络合形成一个带正电荷的聚磷酸钙络合离子，并以溶胶状态存在于水溶液中。当这种络合离子到达金属表面区域时，可再与铁离子相络合，生成以聚磷酸钙铁为主要成分的络合离子，依靠腐蚀电流沉积于阴极表面形成沉淀膜，这种膜具有一定的致密性，能阻挡溶解氧扩散到阴极，即抑制了腐蚀电池的阴极反应，从而抑制整个腐蚀反应。同时在聚磷酸盐中投加一定量的锌盐，锌盐可与聚磷酸盐相互协同增效，并可加速膜的形成。此时膜的主要成分为 $\gamma\text{-}Fe_2O_3$、聚磷酸钙铁络合物、磷酸锌和氢氧化锌，该膜比聚磷酸钙铁有更好的耐腐蚀性。

聚磷酸盐预膜剂的最佳预膜条件为：①预膜剂的组成为聚磷酸盐∶锌盐＝2.5∶1；②预膜液中预膜剂总浓度为 800mg/L；③预膜液中的 Ca^{2+} 为 100mg/L 左右；④pH 值为 6～7；⑤常温预膜 48h。

362 ▶ 聚磷酸盐与锌盐的配比对聚磷酸盐成膜有什么影响？

聚磷酸盐是成膜的主剂，锌盐是成膜的促进剂。其实锌盐本身也是一种阴极缓蚀剂，它单独使用时，可以在腐蚀电池的阴极高 pH 区域迅速形成氢氧化锌的覆盖膜而抑制腐蚀反应，但保护膜是不牢固的。复配使用的目的是利用锌盐成膜快速和聚磷酸盐成膜牢固的特性。

在总浓度 800mg/L 下，当锌盐用量减少时，腐蚀速率明显增加。而当聚磷酸盐浓度低时，由于成膜速率太慢，膜不完整。但当聚磷酸盐浓度过高时，则膜由于全部络合增溶而稳定于水溶液中，使得膜不存在，故腐蚀加剧。操作中聚磷酸盐和锌盐之比为 2.5∶1 比较合适。

363 ▶ pH 值对聚磷酸盐成膜有什么影响？

pH 值对预膜效果的影响见表 7-9。pH 值较低时，聚磷酸盐的络合物膜将因增溶而破坏，因此腐蚀率较高，但试片表面色晕明显，表面清洁，说明无沉积物。pH 值增大时，聚磷酸盐水解率提高，水中 PO_4^{3-} 量升高，易形成磷酸钙垢沉积在金属表面。此时，由于聚磷酸钙离子不能与金属表面的铁离子形成聚磷酸钙铁而使膜的牢固性降低。理想的 pH 值范围为 6～7。

表 7-9 pH 值对预膜效果的影响

pH 值	腐蚀速率/(mm/a)	显微镜下的观察情况
5.0	0.0306	膜均匀，但较薄
5.5	0.0209	膜不完整
6.0	0.0069	膜均匀，较薄，表面光洁
6.5	−0.0016	膜均匀，较薄，表面光洁
7.0	−0.020	膜均匀，较厚，表面尚光洁
7.5	−0.140	膜均匀，但不致密

364 ▶ 钙离子浓度对聚磷酸盐成膜有什么影响？

钙离子浓度对预膜效果的影响见表 7-10。由表可见，如果水中没有钙离子或浓度太低，就不能形成或不能很好地形成带正电荷的聚磷酸钙胶状粒子，这样无法完成电沉积过程，也就不能形成良好的保护膜而导致预膜效果下降。故预膜液中的钙离子浓度应控制在 100mg/L 左右。

表 7-10　钙离子浓度对预膜效果的影响

Ca²⁺/(mg/L)	腐蚀速率/(mm/a)	显微镜下的观察情况
40	0.00627	膜不完整,有明显的点蚀,色晕不明显
60	−0.00488	膜不致密,色晕比较明显
80	−0.00523	膜致密,但不均匀,色晕明显
100	−0.00686	膜致密,完整,色晕明显
120	−0.00732	一面膜完整,另一面膜有些不完整
140	−0.00744	两面膜致密

365 ▷ 预膜温度对聚磷酸盐成膜有什么影响?

温度与预膜效果的关系见表 7-11。由表可见,温度升高有利于聚磷酸盐的水解和 PO_4^{3-} 扩散到金属表面,同时也有利于氧的扩散,使腐蚀电流增大而加速电沉积过程,因而成膜速率快。但当水温过高时,聚磷酸盐易水解生成羟基磷灰石,使膜疏松。在常温下预膜,所需的预膜时间虽较长,但能获得理想的效果。

表 7-11　温度与预膜效果的关系

温度/℃	时间/h	腐蚀速率/(mm/a)	显微镜下的观察情况
60	8	−0.087	5h 后已成膜,但不完整,8h 后膜完整,但不致密
40	12	−0.0284	5h 后观察已成膜,但不完整,12h 后观察膜完整,膜较厚
20	48	−0.0052	膜致密

366 ▷ 什么是磷酸盐转化膜?

磷酸盐类钝化剂含各种正磷酸盐和偏(聚)磷酸盐,它们可与钢铁形成铁的磷酸盐膜,这种膜在空气中有良好的防锈作用,但是在水中可水解和溶解。如果是以磷酸三钠为主体形成的碱性钝化膜,水解对锅炉无不良影响,可在锅炉运转中建立以铁的氧化物为主的自然氧化膜,这种膜本身也是由磷酸铁膜水解产物转化而成。如果是中性的偏(聚)磷酸盐或酸式磷酸盐形成的钝化膜,虽在空气中有防锈蚀作用,但在高温的锅炉水作用下可水解,产生酸性物质,有引起锅炉酸腐蚀的危险。如果只进行磷酸漂洗而不钝化,或用磷酸等物质在低 pH 值下对锅炉金属面处理,不仅防锈作用不好,在锅炉投入运转时还必然会水解产生酸腐蚀。比较理想的组合是磷酸三钠与氢氧化钠组成的钝化剂。

还应指出的是,钝化膜是纳米级的肉眼不可见膜,通常其厚度 $<0.1\mu m$。有些人工建立的膜,例如用硫酸亚铁处理黄铜管形成的水合氧化铁沉淀膜可达 $10\mu m$,铝合金表面的氧化膜也为 $1.0\mu m$,过厚则由于内应力过大,容易破损而不连续。

367 ▷ 什么是铁的氧化物转化膜?

碳酸钠用于低压锅炉和热交换器化学清洗后的钝化,它在钢铁表面形成以氧化铁为主的表面膜。对于电站锅炉来说,使用氢氧化钠代替碳酸钠。氢氧化钠可以单独使用,也可和磷酸三钠联合使用,可用于停用锅炉的保护。有研究表明,小型试验的试片挂于空气中数年不锈，用该混合液保护的两台 70t/h 中压锅炉经数年保护后恢复运行，未发生任何腐蚀故障。

亚硝酸钠在中性和弱碱性环境中都能使钢铁形成保护性的氧化膜。但是亚硝酸钠对环境有污染作用，使用它作钝化膜应进行分解处理。

由于联氨毒性较强，在渔业用水标准中对联氨的规定为≤0.01mg/L。因此，联氨钝化受一定限制。基于甲乙基酮肟、二甲基酮肟（丙酮肟）、乙醛肟的毒性小，其脱氧、钝化作用与联氨相近。因此，近年来使用丙酮肟代替联氨钝化者较多，其用量是联氨的 1.3～1.7 倍，也是用氨调节 pH 值至 10 以上。由甲乙基酮肟、丙酮肟、乙醛肟的碱性还原性溶液形成的表面膜，也处于电位-pH 图中磁性氧化铁稳定存在的区域。锅炉正常运行中锅炉水的电位和 pH 条件与之相近，可使磁性氧化铁膜充实、致密，连续性更好，转化为永久保护膜。

368 〉如何进行循环冷却水系统的预膜处理？

循环冷却水系统的预膜处理方法与要求如下：

① 取一崭新挂片于旁路系统中。化验水中的钙离子含量，一般要求钙离子含量大于 75mg/L，水中钙离子在 100～200mg/L 时预膜效果最好。当钙离子含量小于 75mg/L 时，需向系统投加氯化钙。

② 向系统内投加 pH 调节剂，控制 pH 在 5.5～6.5 之间，pH 在 6.0 时效果最好。然后，向系统内投加预膜剂。期间定期检测 pH，随着系统的运行，pH 值在不断的上升，当 pH 值大于 7.0 时，及时添加 pH 调节剂。因为 pH 值大于 7.0 后成膜效果有所下降，pH 值小于 5.5 时，形成的膜因为酸性环境增溶而被破坏。预膜开始的前 8h，要严格控制好 pH 值，后期为了防止 pH 升高带来的磷酸盐沉积的危险，可向系统内投加一定的分散剂。

③ 预膜期间定期检测钙离子及总磷含量，当总磷含量小于 200mg/L 时，及时添加预膜剂。

④ 预膜时间一般为 48h，在系统水温高的情况下有利于成膜，温度低时可适当延长预膜时间。

⑤ 控制好水的浊度和总铁，一般要求浊度小于 10NTU，总铁小于 1.0mg/L。

⑥ 控制好系统管道内的水流速度，预膜期间，保证管道流速为 1.2～1.8m/s。

⑦ 预膜结束后转入置换，置换至总磷小于 10mg/L 时，向系统内投加缓蚀阻垢剂转入正常运行。

八、

附录

附录一 工业循环冷却水处理设计规范（GB/T 50050——2017）（摘录）

1 总则

1.0.1 为了贯彻国家节约水资源、节约能源和保护环境的方针政策，使工业循环冷却水处理设计做到技术先进，经济实用，安全可靠，制定本规范。

1.0.2 本规范适用于以地表水、地下水和再生水作为补充水的新建、扩建、改建工程的工业循环冷却水处理设计。

1.0.3 工业循环冷却水处理设计应吸取国内外先进的生产实践经验和科研成果，应符合安全生产、保护环境、节约能源和节约用水的要求，并便于施工、维修和操作管理。

1.0.4 工业循环冷却水处理设计除应符合本规范外，尚应符合国家现行有关标准的规定。

3 循环冷却水处理

3.1 一般规定

3.1.1 循环冷却水处理方案应根据全厂水平衡方案、盐平衡方案，并结合全厂水处理工艺综合技术经济比较确定。设计方案应包括下列内容：

1 补充水来源、水量、水质及其处理方案；

2 设计浓缩倍数、阻垢缓蚀、清洗预膜处理方案及控制条件；

3 系统排水处理方案；

4 旁流水处理方案；

5 微生物控制方案。

3.1.2 循环冷却水量应根据生产工艺的最大小时用水量确定。

3.1.3 补充水水质资料收集宜符合下列规定：

1 补充水为地表水，不宜少于一年的逐月水质全分析资料；

2 补充水为地下水，不宜少于一年的逐季水质全分析资料；

3 补充水为再生水，不宜少于一年的逐月水质全分析资料，包括再生水水源组成及其处理工艺等资料；

4 水质分析项目宜符合本规范附录 A 的要求，水质分析误差宜满足本规范附录 B 的规定。

3.1.4　补充水水质设计依据应采用水质分析数据平均值，并以最不利水质校核设备能力。

3.1.5　间冷开式系统循环冷却水换热设备的控制条件和指标应符合下列规定：

1　循环冷却水管程流速应大于 1.0m/s；

2　循环冷却水壳程流速应大于 0.3m/s；

3　设备传热面冷却水侧壁温不宜高于 70℃，当被换热介质温度高于 115℃时，宜采取热量回收措施后再使用循环冷却水冷却；

4　设备传热面水侧污垢热阻值不应大于 $3.44×10^{-4}$ m² · K/W；

5　设备传热面水侧黏附速率不应大于 15mg/(cm² · 月)，炼油行业不应大于 20mg/(cm² · 月)；

6　碳钢设备传热面水侧腐蚀速率应小于 0.075mm/a，铜合金和不锈钢设备传热面水侧腐蚀速率应小于 0.005mm/a。

3.1.6　闭式系统设备传热面水侧污垢热阻值应小于 $0.86×10^{-4}$ m² · K/W；腐蚀速率应符合本规范第 3.1.5 条第 6 款的规定。

3.1.7　间冷开式系统循环冷却水水质指标应根据补充水水质及换热设备的结构形式、材质、工况条件、污垢热阻值、腐蚀速率、被换热介质性质并结合水处理药剂配方等因素综合确定，并宜符合表 3.1.7 的规定。

表 3.1.7　间冷开式系统循环冷却水水质指标

项目	单位	要求或使用条件	许用值
浊度	NTU	根据生产工艺要求确定	≤20.0
		换热设备为板式、翅片管式、螺旋板式	≤10.0
pH 值(25℃)	—		6.8~9.5
钙硬度＋全碱度 (以 CaCO₃ 计)	mg/L	—	≤1100
		传热面水侧壁温大于 70℃	钙硬度小于 200
总 Fe	mg/L	—	≤2.0
Cu²⁺	mg/L	—	≤0.1
Cl⁻	mg/L	水走管程：碳钢、不锈钢换热设备	≤1000
		水走壳程：不锈钢换热设备 传热面水侧壁温小于或等于 70℃ 冷却水出水温度小于 45℃	≤700
SO₄²⁻ ＋ Cl⁻	mg/L	—	≤2500
硅酸 (以 SiO₂ 计)	mg/L	—	≤175
Mg²⁺×SiO₂ (Mg²⁺ 以 CaCO₃ 计)	—	pH(25℃)≤8.5	≤50000
游离氯	mg/L	循环回水总管处	0.1~1.0
NH₄⁺-N	mg/L		≤10.0
		铜合金设备	≤1.0
石油类	mg/L	非炼油企业	≤5.0
		炼油企业	≤10.0
COD	mg/L	—	≤150

3.1.8　闭式系统循环冷却水水质指标应根据系统特性和用水设备的要求确定，并宜符合表 3.1.8 的规定。

表 3.1.8　闭式系统循环冷却水水质指标

适用对象	水质指标		
	项目	单位	许用值
钢铁厂闭式系统	总硬度	mg/L(以 CaCO₃ 计)	≤20.0
	总铁	mg/L	≤2.0
火力发电厂发电机铜导线内冷水系统	电导率(25℃)	μS/cm	≤2.0①
	pH 值(25℃)	—	7.0~9.0
	含铜量	μg/L	≤20.0②
	溶解氧	μg/L	≤30.0③
其他各行业闭式系统	总铁	mg/L	≤2.0

① 火力发电厂双水内冷机组共用循环系统和转子独立冷却水系统的电导率不应大于 5.0μS/cm（25℃）。
② 双水内冷机组内冷却水含铜量不应大于 40.0μg/L。
③ 仅对 pH<8.0 时进行控制。
注：钢铁厂闭式系统的补充水宜为软化水，其余两系统宜为除盐水。

3.1.9　直冷系统循环冷却水水质指标应根据工艺要求并结合补充水水质、工况条件及药剂处理配方等因素综合确定，并宜符合表 3.1.9 的规定。

表 3.1.9　直冷系统循环冷却水水质指标

项目	单位	适用对象	许用值
pH 值(25℃)	—	高炉煤气清洗水	6.5~8.5
		合成氨厂造气洗涤水	7.5~8.5
		炼钢真空处理、轧钢、轧钢层流水、轧钢除鳞给水及连铸二次冷却水	7.0~9.0
		转炉煤气清洗水	9.0~12.0
悬浮物	mg/L	连铸二次冷却水及轧钢直接冷却水、挥发窑窑体表面清洗水	≤30
		炼钢真空处理冷却水	≤50
		高炉转炉煤气清洗水 合成氨厂造气洗涤水	≤100
碳酸盐硬度 (以 CaCO₃ 计)	mg/L	转炉煤气清洗水	≤100
		合成氨厂造气洗涤水	≤200
		连铸二次冷却水	≤400
		炼钢真空处理、轧钢、轧钢层流水及轧钢除鳞给水	≤500
Cl⁻	mg/L	轧钢层流水	≤300
		轧钢、轧钢除鳞给水及连铸二次冷却水、挥发窑窑体表面清洗水	≤500
油类	mg/L	轧钢层流水	≤5
		轧钢、轧钢除鳞给水及连铸二次冷却水	≤10

3.1.10　间冷开式系统与直冷系统的钙硬度与全碱度之和大于 1100mg/L（以 CaCO₃ 计）或稳定指数 RSI 小于 3.3 时，应加硫酸或进行软化处理。

3.1.11　间冷开式系统的设计浓缩倍数不宜小于 5.0，且不应小于 3.0；直冷开式系统的设计浓缩倍数不应小于 3.0，浓缩倍数可按下式计算：

$$N = \frac{Q_m}{Q_b + Q_w} \tag{3.1.11}$$

式中，N 为浓缩倍数；Q_m 为补充水量，m^3/h；Q_b 为排污水量，m^3/h；Q_w 为风吹损失水量，m^3/h。

3.1.12　间冷开式系统的微生物控制指标宜符合下列规定：

1 异养菌总数不宜大于 $1×10^5 CFU/mL$；

2 生物黏泥量不宜大于 $3mL/m^3$。

3.2 系统设计

3.2.1 开式系统循环冷却水的设计停留时间不应超过药剂的允许停留时间。设计停留时间可按下式计算：

$$T_d = \frac{V}{Q_b + Q_w} \tag{3.2.1}$$

式中，T_d 为设计停留时间，h；V 为系统水容积，m^3。

3.2.2 间冷开式系统水容积宜小于循环冷却水量的 1/3，系统水容积可按下式计算：

$$V = V_e + V_r + V_t \tag{3.2.2}$$

式中，V_e 为循环冷却水泵、换热器、其他水处理设备中的水容积，m^3；V_r 为循环冷却水管道容积，m^3；V_t 为水池水容积，m^3。

3.2.3 闭式系统水容积可按下式计算：

$$V = V_p + V_e + V_r + V_k \tag{3.2.3}$$

式中，V_p 为工艺生产设备内的水容积，m^3；V_k 为膨胀罐或水箱的水容积，m^3。

3.2.4 循环冷却水不应挪作他用。

3.2.5 循环水场的布置宜避开工厂的下风向，并宜远离主干道及煤场、锅炉、高炉等污染源，冷却塔周围地面应铺砌或植被。

3.2.6 间冷开式系统管道设计应符合下列规定：

1 循环冷却水回水管应设接至冷却塔水池的旁路管，设计能力应满足系统清洗预膜要求。

2 换热设备循环冷却水接管应设旁路管或旁路管接口。

3 循环冷却水系统的补充水管径、水池排净水管径应根据排净、清洗、预膜置换时间要求确定，置换时间不宜大于 8h。当补充水管设有计量仪表时，应设系统开车时大流量补水的旁路管。

4 管道系统的低点应设置泄水阀，高点应设置排气阀。

5 当补充水有腐蚀倾向时，其输水管道应采用耐腐蚀材料。

3.2.7 闭式系统管道设计应符合下列规定：

1 循环冷却水给水总管和换热设备的给水管宜设置管道过滤器；

2 管道系统的低点应设置泄水阀，高点应设置排气阀；

3 当补充水有腐蚀倾向时，其输水管道应采用耐腐蚀材料。

3.2.8 冷却塔集水池和循环水泵吸水池应设置便于排除或清除淤泥的设施；冷却塔水池出水口或循环冷却水泵吸水池前应设置便于清洗的拦污滤网，拦污滤网宜设置两道。

3.3 阻垢缓蚀处理

3.3.1 循环冷却水的阻垢缓蚀处理药剂配方宜经动态模拟试验和技术经济比较确定，或根据水质和工况条件相类似的工厂运行经验确定。动态模拟试验应结合下列因素进行：

1 补充水水质；

2 污垢热阻值；

3 黏附速率；

4 腐蚀速率；

5 浓缩倍数；

6　换热设备材质；

7　换热设备传热面的冷却水侧壁温；

8　换热设备内水流速；

9　循环冷却水温度；

10　药剂的稳定性及对环境的影响。

3.3.2　阻垢缓蚀药剂应选择高效、低毒、化学稳定性及复配性能良好的环境友好型水处理药剂。当采用含锌盐药剂配方时，循环冷却水中的锌盐含量应小于 2.0mg/L（以 Zn^{2+} 计）。阻垢缓蚀药剂配方宜采用无磷药剂。

3.3.3　循环冷却水系统中有铜合金换热设备时，水处理药剂配方应有铜缓蚀剂。

3.3.4　闭式系统设置有旁流混合阴阳离子交换器时，不应添加对树脂再生有影响的水处理药剂。

3.3.5　循环冷却水系统阻垢缓蚀剂的首次加药量可按下式计算：

$$G_f = \frac{vg}{1000} \qquad (3.3.5)$$

式中，G_f 为首次加药量，kg；g 为循环冷却水加药量，mg/L。

3.3.6　循环冷却水系统运行时，阻垢缓蚀剂加药量计算应符合下列规定：

1　间冷开式和直冷系统可按下式计算：

$$G_r = \frac{(Q_b + Q_w)g}{1000} \qquad (3.3.6\text{-}1)$$

式中，G_r 为系统允许时加药量，kg/h。

2　闭式系统可按下式计算：

$$G_r = \frac{Q_m g}{1000} \qquad (3.3.6\text{-}2)$$

3.3.7　循环冷却水采用硫酸处理时，硫酸投加量可按下式计算：

$$A_c = \frac{(M_m - M_r/N)Q_m}{1000} \qquad (3.3.7)$$

式中，A_c 为硫酸投加量，纯度为 98%，kg/h；M_m 为补充水碱度，以 $CaCO_3$ 计，mg/L；M_r 为循环冷却水控制碱度，以 $CaCO_3$ 计，mg/L，可按本规范附录 C 确定。

3.3.8　开式循环冷却水处理宜加酸或加碱调节 pH 值，并宜投加阻垢缓蚀剂。

3.4　沉淀、过滤处理

3.4.1　直冷系统沉淀、过滤处理工艺应根据循环冷却水给水及回水水质，经技术经济比较确定，并宜选用表 3.4.1 中的基本工艺。

表 3.4.1　沉淀、过滤处理基本工艺

基本工艺	适用对象
平流式沉淀池	合成氨厂造气洗涤水处理等
斜板沉淀器或中速过滤器	炼钢真空精炼装置冷却水及挥发窑窑体表面清洗水处理等
辐射沉淀池或斜板沉淀器	高炉煤气清洗水及挥发窑窑体表面清洗水处理等
粗颗粒分离机—辐射沉淀池或斜板沉淀器	转炉煤气清洗水处理等
一次平流沉淀池或旋转沉淀池—化学除油沉淀器	中小型轧钢装置直接冷却循环冷却水处理等
一次平流沉淀池或旋流沉淀池—二次平流沉淀池或化学除油沉淀器—高速过滤器	连铸二次冷却及轧钢装置直接冷却循环水处理等

3.4.2 对不吹氧的炼钢真空精炼装置和轧钢层流等直冷系统，其沉淀、过滤处理水量应根据工艺要求确定，宜为循环水量的 30%～50%。

3.4.3 直冷系统循环冷却水的混凝沉淀处理，混凝剂配方应根据试验或现场实际情况确定。

3.5 微生物控制

3.5.1 开式循环冷却水微生物控制宜以氧化型杀生剂为主，非氧化型杀生剂为辅，杀生剂的品种应进行技术经济比较确定。

3.5.2 开式系统的氧化型杀生剂宜采用次氯酸钠、液氯、有机氯、无机溴化物等，投加方式及投加量宜符合下列规定：

1 次氯酸钠或液氯宜采用连续投加，也可采用冲击投加。连续投加时，宜控制循环冷却水中余氯为 0.1～0.5mg/L；冲击投加时，宜每天投加 1～3 次，每次投加时间宜控制水中余氯 0.5～1.0mg/L，保持 2～3h；

2 无机溴化物宜经现场活化后连续投加，循环冷却水的余溴浓度宜为 0.2～0.5mg/L（以 Br_2 计）。

3.5.3 非氧化型杀生剂宜选用高效、低毒、广谱、pH 值适用范围宽、与阻垢剂和缓蚀剂不相互干扰、易于降解、使生物黏泥易于剥离等性能。非氧化型杀生剂宜选择多种交替使用。

3.5.4 闭式系统宜定期投加非氧化型杀生剂。

3.5.5 炼钢真空处理和高炉、转炉煤气清洗的直冷循环冷却水可不投加杀生剂。

3.5.6 氧化型杀生剂连续投加时，加药设备能力应满足冲击加药量的要求，加药量可按下式计算：

$$G_0 = \frac{Q_r g_0}{1000} \qquad (3.5.6)$$

式中，G_0 为氧化型杀生剂加药量，kg/h；g_0 为循环冷却水氧化型杀生剂加药量，mg/L，卤素杀生剂连续投加宜取 0.2～0.5mg/L，冲击投加宜取 2～4mg/L，以有效氯计。

3.5.7 非氧化型杀生剂宜根据微生物监测数据不定期投加。

3.6 清洗和预膜

3.6.1 间冷开式系统开车前应进行清洗和预膜处理，清洗和预膜程序宜按人工清扫、水清洗、化学清洗、预膜处理顺序进行；闭式和直冷系统的清洗和预膜可根据工程具体条件确定。

3.6.2 人工清扫范围内应包括冷却塔水池、吸水池和首次开车时管径大于或等于 800mm 的管道等。

3.6.3 水清洗应符合下列规定：

1 管道内的清洗流速不应低于 1.5m/s；

2 首次开车清洗水应从换热设备的旁路管通过。

3.6.4 化学清洗应符合下列规定：

1 清洗剂和清洗方式宜根据换热设备传热表面污垢锈蚀情况选择；

2 化学清洗后应立即进行预膜处理。

3.6.5 预膜剂配方和预膜操作条件应根据换热设备的材质、水质、温度等因素由试验或相似条件的运行经验确定。

3.6.6 间冷开式循环冷却水系统清洗、预膜水应通过旁路管直接回到冷却塔水池。

3.6.7 当一个循环冷却水系统向两个及以上生产装置给水时，清洗、预膜应根据不同步开车的情况采取处理措施。

4　旁流水处理

4.0.1　循环冷却水处理设计中有下列情况之一时，应设置旁流水处理设施：

1　循环冷却水在循环过程中受到污染，不能满足循环冷却水水质标准的要求；

2　经过技术经济比较，需要采用旁流水处理以提高设计浓缩倍数。

4.0.2　旁流水处理设计方案应根据循环冷却水水质标准，结合去除的杂质种类、数量等因素综合比较确定。

4.0.3　当采用旁流水处理去除碱度、硬度、油、某种离子或其他杂质时，其旁流水量应根据浓缩或污染后的水质成分、循环冷却水水质标准和旁流处理后的水质要求等，按下式计算确定：

$$Q_{si} = \frac{Q_m C_{mi} - (Q_b + Q_w) C_{ri}}{C_{ri} - C_{si}} \tag{4.0.3}$$

式中，Q_{si} 为旁流处理水量，m^3/h；C_{mi} 为补充水某项成分含量，mg/L；C_{ri} 为循环冷却水某项成分含量，mg/L；C_{si} 为旁流处理后水的某项成分含量，mg/L。

4.0.4　间冷开式系统旁滤处理应符合下列规定：

1　间冷开式系统宜设有旁滤处理设施，小型或间断运行的循环冷却水系统视具体情况确定。

2　间冷开式系统旁滤水量可按下式计算：

$$Q_{sf} = \frac{Q_m C_{ms} + K_s \cdot A \cdot C - (Q_b + Q_w) C_{rs}}{C_{rs} - C_{ss}} \tag{4.0.4}$$

式中，Q_{sf} 为旁滤水量，m^3/h；C_{ms} 为补充水悬浮物含量，mg/L；C_{rs} 为循环冷却水悬浮物含量，mg/L；C_{ss} 为滤后水悬浮物含量，mg/L；A 为冷却塔空气流量，m^3/h；C 为空气含尘量，g/m^3；K_s 为悬浮物沉降系数，可通过试验确定，当无资料时可选用 0.2。

3　当缺乏空气含尘量等数据时，间冷开式系统旁滤水量宜为循环水量的 $1\% \sim 5\%$，对于多沙尘地区或空气灰尘指数偏高地区可适当提高。

4　间冷开式系统的旁流水过滤处理设施宜采用砂、多介质等介质过滤器。

5　旁流过滤器出水浊度应小于 3.0NTU。

5　补充水处理

5.0.1　开式及闭式系统补充水处理设计方案应根据补充水量、补充水水质、循环冷却水的水质指标、设计浓缩倍数等因素，并结合旁流处理和全厂给水处理工艺经技术经济比较确定。设计方案应包括下列内容：

1　补充水处理水量及处理后的水质指标；

2　工艺流程、平面布置、设备选型并进行技术经济比较；

3　水、电、汽、药剂等消耗量及经济指标。

5.0.2　间冷开式系统补充水宜优先采用再生水，直冷系统补充水宜优先采用间冷开式系统排污水及再生水。

5.0.3　当补充水为高硬度、高碱度水质时，宜采用石灰或弱酸树脂软化等处理方法。

5.0.4　直冷系统补充水为新鲜水与间冷开式系统排污水的混合水时，应根据直冷循环冷却水水质指标、间冷开式系统的浓缩倍数及排污水水质、新鲜水水质等因素，确定水处理方案及补充水最佳混合比例。

5.0.5 间冷开式系统补充水为新鲜水与再生水的混合水时，应按最差水质确定补充水处理方案及补充水最佳混合比例。

5.0.6 开式系统的补充水量可按下列公式计算：

$$Q_m = Q_e + Q_b + Q_w \tag{5.0.6-1}$$

$$Q_m = \frac{Q_e N}{N-1} \tag{5.0.6-2}$$

$$Q_e = k \Delta t Q_r \tag{5.0.6-3}$$

式中，Q_e 为蒸发水量，m^3/h；Q_r 为循环冷却水量，m^3/h；Δt 为循环冷却水进、出冷却塔温差，℃；k 为蒸发损失系数，$℃^{-1}$，按表 5.0.6 取值，气温为中间值时采用内插法计算。

表 5.0.6 蒸发损失系数 k

进塔大气温度/℃	−10	0	10	20	30	40
$k/℃^{-1}$	0.0008	0.0010	0.0012	0.0014	0.0015	0.0016

注：表中进塔大气温度指冷却塔设计干球温度。

5.0.7 闭式系统的补充水量不宜大于循环水量的 1.0%。

5.0.8 闭式系统的补充水系统设计流量宜为循环水量的 0.5%～1.0%。

6 再生水处理

6.1 一般规定

6.1.1 再生水水源应包括工业及城镇污水处理厂的排水、矿井排水、间冷开式系统的排污水等。

6.1.2 再生水水源的选择应经技术经济比较确定，再生水的设计水质应根据收集区域现有水质和预期水质变化情况确定。

6.1.3 再生水直接作为间冷开式系统补充水时，水质指标宜符合表 6.1.3 的规定或根据试验和类似工程的运行数据确定。

表 6.1.3 再生水用于间冷开式循环冷却水系统补充水的水质指标序号

序号	项目	单位	水质控制指标
1	pH 值（25℃）	—	6.0～9.0
2	悬浮物	mg/L	≤10.0
3	浊度	mg/L	≤5.0
4	BOD_5	mg/L	≤10.0
5	COD	mg/L	≤60.0
6	铁	mg/L	≤0.5
7	锰	mg/L	≤0.2
8	Cl^-	mg/L	≤250
9	钙硬度（以 $CaCO_3$ 计）	mg/L	≤250
10	全碱度（以 $CaCO_3$ 计）	mg/L	≤200
11	NH_4^+-N	mg/L	≤5.0（换热器为铜合金换热器时，≤1.0）
12	总磷（以 P 计）	mg/L	≤1.0
13	溶解性总固体	mg/L	≤1000
14	游离氯	mg/L	补水管道末端 0.1～0.2
15	石油类	mg/L	≤5.0
16	细菌总数	CFU/mL	<1000

6.1.4 再生水水源可靠性不能保证时，应有备用水源。

6.1.5 再生水作为补充水时，循环冷却水的浓缩倍数应根据再生水水质、循环冷却水水质控制指标、药剂处理配方和换热设备材质等因素，通过试验或参考类似工程的运行经验确定。

6.1.6 再生水输配管网必须采用独立系统，严禁与生活用水管道连接，并应设置水质、水量监测设施。

6.2 处理工艺

6.2.1 再生水处理工艺的选择应结合全厂水处理工艺，根据再生水的水质及补充水量、循环冷却水水质指标、浓缩倍数和换热设备的材质、结构形式等条件，进行技术经济比较，并借鉴类似工程的运行经验或试验确定。

6.2.2 再生水处理系统的进水水质应符合现行国家标准《城镇污水处理厂污染物排放准》（GB 18918）中的二级标准或现行国家标准《污水综合排放标准》（GB 8978）中的一级标准。

6.2.3 再生水处理系统的进水为城镇污水处理厂出水时，宜设置再生水调节池，并宜在池内加杀生剂。

6.2.4 再生水处理宜选用下列基本工艺：

1 过滤；

2 混凝—澄清；

3 生物滤池；

4 膜生物反应器（MBR）处理；

5 超滤或微滤；

6 反渗透/电渗析除盐。

6.2.5 再生水处理工艺宜设置杀生系统。

6.2.6 间冷开式系统排污水回用时，循环水处理药剂宜采用无磷药剂。

6.2.7 对于暂时硬度低于 $100mg/L$（以 $CaCO_3$ 计）的再生水水源，不宜采用石灰处理工艺。

6.2.8 采用石灰处理时，石灰药剂宜用消石灰粉。

6.2.9 采用超（微）滤处理工艺时应选择耐氧化型的材质，采用反渗透处理工艺时应选用抗污染复合膜。

7 排水处理

7.0.1 开式系统排水应包括系统排污水、排泥、清洗和预膜的排水、旁流水处理及补充水处理过程中的排水等。

7.0.2 排水处理方案应根据综合利用原则和环保要求，并结合全厂污水处理设施，进行经济技术比较确定。设计方案应包括下列内容：

1 处理水量、水质、排放地点及水质排放指标；

2 处理工艺、设备选型、平面布置；

3 水、电、汽、药剂等消耗量及经济指标；

4 排水处理过程中产生的污水、污泥的处置方案。

7.0.3 开式系统的排污水量可按下列公式计算：

$$Q_b = \frac{Q_e}{N-1} - Q_w \qquad (7.0.3\text{-}1)$$

$$Q_b = Q_{b1} + Q_{b2} \qquad (7.0.3\text{-}2)$$

式中，Q_{b1} 为强制排污水量，m^3/h；Q_{b2} 为循环冷却水处理过程中损失水量，即自然排污水量，m^3/h，直冷系统的 $Q_w + Q_{b2}$ 宜为 $(0.004 \sim 0.008) Q_r$。

7.0.4　排水处理设施的设计能力应按正常排放量确定，对于系统检修时的排水、清洗和预膜排水、旁流处理排水等超标间断排水，应结合全厂排水设施设置调节池。

7.0.5　排水采用生物处理时，宜结合全厂的生物处理设施统一设置。

7.0.6　闭式系统因试车、停车或紧急情况排出含有高浓度药剂的循环冷却水时，应设置贮存设施或结合全厂事故系统统一设置。

8　药剂贮存和投加

8.1　一般规定

8.1.1　循环冷却水系统的水处理药剂宜在化学品仓库贮存，并应在循环冷却水装置区内设药剂贮存间。药剂中属于危险化学品的贮存必须按危险化学品管理。

8.1.2　药剂的贮存量宜根据药剂的消耗量、供应情况和运输条件等因素确定，或按下列规定计算：

1　全厂仓库中贮存的药剂量宜按 15～30d 消耗量计算；

2　药剂贮存间贮存的药剂量宜按 7～15d 消耗量计算；

3　酸、碱液贮罐的容积宜按 10～15d 消耗量并结合运输条件确定；

4　NaClO 的贮存量宜按 7d 消耗量确定。

8.1.3　药剂堆放高度宜符合下列规定：

1　袋装药剂宜为 1.5～2.0m；

2　桶装药剂宜为 0.8～1.2m，且不宜高于 2 层；

3　散装药剂宜为 1.0～1.5m。

8.1.4　药剂贮存（堆放）区的地平标高宜高出同一室内地平标高 100～200mm。

8.1.5　药剂贮存间宜与加药间相互毗连，并宜设运输设备。

8.1.6　药剂的贮存、配置、投加设施、计量仪表和输送管道等，应根据药剂性质采取相应的防腐、防潮、保温和清洗措施。

8.1.7　药剂贮存间、加药间、加氯间、酸液贮罐、碱液贮罐、加酸设施、加碱设施等的生产安全防护设施应根据药剂性质及贮存、使用条件确定。

8.1.8　废酸、废碱管理应按《国家危险废物名录》执行。

8.1.9　加药间、药剂贮存间、酸液贮罐、碱液贮罐附近必须设置安全洗眼淋浴器等防护设施。

8.1.10　各药剂投加点之间应保持一定的距离。

8.1.11　酸、碱输送管道不应直接埋地敷设。当架空敷设管道位于人行通道上方时，宜设置防护设施。

8.1.12　加药间和药剂贮存间应设通风系统。

8.2　酸、碱贮存及投加

8.2.1　酸、碱液贮存应符合下列规定：

1　酸、碱液的装卸应采用泵输送或重力自流，严禁采用压缩空气压送。

2　酸、碱液贮罐应设安全围堰，围堰的容积应能容纳 1.1 倍最大贮罐的容积，围堰内必须做防腐处理并应设集液坑。

3　浓硫酸贮罐应设防护型液位计和排气口，排气口应设置除湿器，碱液贮罐排气口宜设置二氧化碳吸收器。

4　碱液应有防止低温凝固的措施。

8.2.2　当采用计量泵输送酸、碱时，连续运行的计量泵宜设备用。

8.2.3　浓硫酸、碱液宜投加在水池最高水位以上，且易于水流扩散处。

8.2.4　采用浓硫酸、碱液调节循环冷却水的 pH 值时，宜直接投加。

8.2.5　硫酸使用时应设置防泄漏飞溅保护设施，控制箱设在防护区外侧。

8.3　阻垢缓蚀药剂投加

8.3.1　液体药剂宜直接投加。

8.3.2　药剂溶液的计量宜采用计量泵或转子流量计，连续运行的计量泵宜设备用。

8.3.3　药剂宜投加在冷却塔水池出口或吸水池中，且宜深入正常运行水位下 0.4m 处。

8.4　杀生剂贮存及投加

8.4.1　氧化型和非氧化型杀生剂应贮存在避光、通风、防潮、防腐的贮存间内。

8.4.2　液体制剂可采用重力投加或计量泵投加，连续运行的计量泵宜设备用；固体制剂宜经过溶解槽溶解成液体后投加。

8.4.3　次氯酸钠应设安全围堰，围堰的容积应能容纳 1.1 倍最大贮罐的容积，围堰内应做防腐处理并应设集液坑。

8.4.4　液氯的贮存及投加必须符合下列规定：

1　液氯瓶应贮存在氯瓶间内，氯瓶间和加氯间的设计必须按现行国家标准《氯气安全规程》（GB 11984）和《室外给水设计规范》（GB 50013）的规定配置安全防护设施，并必须符合下列规定：

①　氧瓶间必须设置"双制动"起吊设备及运输设备，严类使用叉车装卸。

②　室内电气设备及灯具必须采用密闭、防腐类型产品。

2　加氯机的总容量和台数应按最大小时加氯量确定，满足冲击式投加的需要，并应设备用机，备用能力不应小于最大 1 台工作加氯机的加氯量。

8.4.5　氧化型杀生剂宜投加在冷却塔集水池出口的对面和远端的池壁内并多点布置，液氯投加点宜在正常水位下 2/3 水深处，次氯酸钠的投加点宜在最高水位以上。

9　监测、控制和检测

9.0.1　循环冷却水系统监测与控制宜符合下列规定：

1　pH 值在线监测与加酸/加碱量宜联锁控制；

2　电导率在线监测与排污水量宜联锁控制；

3　ORP（氧化还原电位）或余氯在线监测与氧化型杀生剂投加量宜联锁控制；

4　阻垢缓蚀剂浓度在线监测与阻垢缓蚀剂投加量宜联锁控制。

9.0.2　循环冷却水系统监测仪表设置应符合下列规定：

1　循环给水总管应设置流量、温度、压力仪表；

2　循环回水总管应设置流量、温度、压力仪表；

3　补充水管、排污水管、旁流水管应设置流量仪表；

4　间冷系统换热设备对腐蚀速率和污垢热阻值有严格要求时，在换热设备的进水管上应设置流量、温度和压力仪表，在出水管上应设置温度、压力仪表。

9.0.3　间冷开式系统给水总管上宜设模拟监测换热器，在回水总管上宜设监测试片架和生物黏泥测定器。

9.0.4　钢铁厂直冷水腐蚀检测宜采用监测试片。

9.0.5 循环冷却水系统宜在下列管道上设置取样管：

1 循环给水总管；

2 循环回水总管；

3 补充水管；

4 旁流处理出水管；

5 间冷开式或间冷闭式系统换热设备进、出水管。

9.0.6 循环冷却水泵吸水池和冷却塔水池应设置液位计，且泵吸水池液位计宜与补充水控制阀联锁并宜设高低液位报警。

9.0.7 化验室的设置应根据循环冷却水系统的水质检测要求确定，宜利用全厂中央化验室进行。

9.0.8 循环冷却水的常规检测项目应根据补充水水质和循环冷却水水质要求确定，宜符合表9.0.8的规定。

表 9.0.8 常规检测项目

序号	项目	间冷开式系统	间冷闭式系统	直冷系统
1	pH 值(25℃)	每天1次	每天1次	每天1次
2	电导率	每天1次	每天1次	可抽检
3	浊度	每天1次	每天1次	每天1次
4	悬浮物	每月1次~2次	不检测	每天1次
5	总硬度	每天1次	每天1次或抽检	每天1次
6	钙硬度	每天1次	每天1次或抽检	每天1次
7	全碱度	每天1次	每天1次或抽检	每天1次
8	氯离子	每天1次	每天1次或抽检	每天1次或抽检
9	总铁	每天1次	每天1次	不检测
10	异养菌总数	每周1次	每周1次	不检测
11	铜离子①	每周1次	抽检	不检测
12	油含量②	可抽检	不检测	每天1次
13	药剂浓度	每天1次	每天1次	不检测
14	游离氯	每天1次	视药剂而定	可不测
15	NH_4^+-N③	每周1次	抽检	不检测
16	COD④	每周1次	不检测	不检测

① 铜离子检测仅对含有铜材质的循环冷却水系统。

② 油含量检测仅对炼钢轧钢装置的直冷系统；对炼油装置的间冷开式系统每天1次。

③ NH_4^+-N检测仅对有氨泄漏可能和使用再生水作为补充水的循环冷却水系统。

④ COD对炼钢轧钢装置的直冷系统为抽检，对炼油装置的间冷开式系统每天1次。

9.0.9 循环冷却水非常规检测项目宜符合表9.0.9的规定。

表 9.0.9 非常规检测项目

项目	间冷开式和闭式系统		直冷系统		检测方法
	检测时间	检测点	检测时间	检测点	
腐蚀率	月、季、年或在线	—	—	可不测	挂片法
污垢沉积量	大检修	典型设备	大检修	设备/管线	检测换热器检测管
生物黏泥量	故障诊断	—	—	可不测	生物滤网法
垢层或腐蚀产物成分	大检修	典型设备	大检修	设备/管线	化学/仪器分析

9.0.10 补充水和循环冷却水的水质全分析宜每月 1 次。

9.0.11 当补充水为再生水时，根据再生水的水源及处理工艺，对特定水质指标宜每周进行水质分析。

附录 A 水质分析项目表

表 A 水质分析项目表

水样（水源名称）：　　　　　　　　　　　　外观：

取样低点：　　　　　　　　　　　　　　　　水温：　　℃

取样日期：

分析项目	单位	数值	分析项目	单位	数值
K^+	mg/L		PO_4^{3-}	mg/L	
Na^+	mg/L		pH 值（25℃）	—	
Ca^{2+}	mg/L		悬浮物	mg/L	
Mg^{2+}	mg/L		浊度	mg/L	
Cu^{2+}	mg/L		溶解氧	mg/L	
$Fe^{2+}+Fe^{3+}$	mg/L		游离 CO_2	mg/L	
Mn^{2+}	mg/L		氨氮（以 N 计）	mg/L	
Al^{3+}	mg/L		石油类	mg/L	
NH_4^+	mg/L		溶解固体	mg/L	
SO_4^{2-}	mg/L		COD	mg/L	
CO_3^{2-}	mg/L		总硬度（以 $CaCO_3$ 计）	mg/L	
HCO_3^-	mg/L		总碱度（以 $CaCO_3$ 计）	mg/L	
OH^-	mg/L		碳酸盐硬度（以 $CaCO_3$ 计）	mg/L	
Cl^-	mg/L		全硅（以 SiO_2 计）	mg/L	
NO_2^-	mg/L		总磷（以 P 计）	mg/L	
NO_3^-	mg/L				

注：再生水作为补充水时，需增加 BOD_5 项目。

附录 B 水质分析数据校核

B.0.1 分析误差 $|\delta| \leqslant 2\%$，δ 按下式计算：

$$\delta = \frac{\sum(C \cdot n_c) - \sum(A \cdot n_a)}{\sum(C \cdot n_c) + \sum(A \cdot n_a)} \times 100\% \qquad (B.0.1)$$

式中，C 为阳离子毫摩尔浓度，mmol/L；A 为阴离子毫摩尔浓度，mmol/L；n_c 为阳离子电荷数；n_a 为阴离子电荷数。

B.0.2 pH 值实测误差 $|\delta_{pH}| \leqslant 0.2$，$\delta_{pH}$ 按下式计算：

$$\delta_{pH} = pH - pH' \qquad (B.0.2-1)$$

式中，pH 为实测 pH 值；pH' 为计算 pH 值。

对于 pH<8.3 的水质，pH' 按下式计算：

$$pH' = 6.35 + \lg[HCO_3^-] - \lg[CO_2] \qquad (B.0.2-2)$$

式中，6.35 为在 25℃水溶液中 H_2CO_3 的一级电离常数的负对数；$[HCO_3^-]$ 为实测 HCO_3^- 的毫摩尔浓度，mmol/L；$[CO_2]$ 为实测 CO_2 的毫摩尔浓度，mmol/L。

附录 C　循环冷却水的 pH 值与全碱度变化曲线图

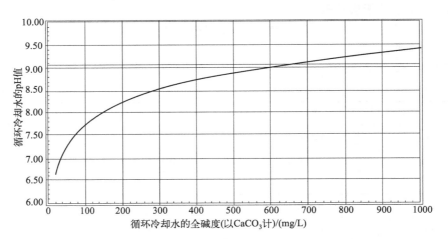

图 C　循环冷却水的 pH 与全碱度变化曲线图

附录二　循环冷却水节水技术规范（GB/T 31329—2014）(摘录)

循环冷却水节水技术规范（GB/T 31329—2014）

1　范围

本标准规定了敞开式间接循环冷却水系统节水技术要求。

本标准适用于以地表水、地下水、海水淡化水和再生水等为补充水，采用化学处理技术达到节水减排目标的循环冷却水系统。

4　总则

4.1　循环冷却水节水技术规范应根据系统冷却方式、全厂水量平衡、水源水量及水质、材质及运行条件等因素，全面考虑腐蚀、结垢、菌藻及水生生物的滋生因素，选用节水效率高、环境友好、使用安全的水处理技术和水处理药剂。

4.2　循环冷却水节水技术规范应满足推广先进的工业节水技术，提高水的重复利用率的要求。

4.3　循环冷却水节水技术规范应发展高效循环冷却水处理技术，在保证系统安全、节能的前提下，提高循环冷却水的浓缩倍数。循环冷却水系统应选择技术先进、能耗低、自用水耗少的水处理设备。

4.4　循环冷却水节水技术规范应满足保护环境的要求，应采用高效、低毒、化学稳定性好的水处理药剂，并优先使用可生物降解性水处理药剂，严格限制使用有毒、有害的水处理药剂。

4.5　循环冷却水节水工艺和技术宜积极借鉴国内外先进的生产实践经验、科研成果和专利技术，积极采用具有先进技术的绿色化学药剂、信息自动化的监控技术及节水设备等新技术。

5 技术要求

5.1 循环冷却水补充水水质要求

5.1.1 采用地表水、地下水及海水淡化水为补充水的水源时，应根据水源水质、冷却水水质控制指标和工况条件等，经技术经济比较，选择适当的循环冷却水浓缩倍数。运行过程中应确保补充水水质满足安全、节能、节水的要求。地表水、地下水或海水淡化水用作敞开式间接循环冷却水系统补充水时，水质经处理后符合表1的规定。

表 1　地表水、地下水、海水淡化水作为敞开式间接循环冷却水系统补充水的水质要求

项目	允许值	项目	允许值
浊度/NTU	≤3	NH_4^+-N/(mg/L)	≤0.5
pH 值	6.0～8.5	石油类/(mg/L)	≤0.3
总铁(Fe)/(mg/L)	≤0.3	COD_{Cr}/(mg/L)	≤15
Cl^-/(mg/L)	≤200		

5.1.2 采用再生水作为补充水的水源时，水质应符合表2的规定，方可直接补入循环水系统，否则宜进行深度处理。

表 2　再生水作为补充水的水质要求

项目	允许值	项目	允许值
pH 值	6.0～8.5	钙离子(以 $CaCO_3$ 计)/(mg/L)	≤250
悬浮物/(mg/L)	≤5	甲基橙碱度(以 $CaCO_3$ 计)/(mg/L)	≤200
浊度/NTU	≤5	NH_4^+-N/(mg/L)	≤5;有铜材时≤1
BOD_5/(mg/L)	≤10	总磷(以 PO_4^{3-} 计)/(mg/L)	≤3
COD_{Cr}/(mg/L)	≤40	溶解性总固体/(mg/L)	≤1000
总铁(Fe)/(mg/L)	≤0.3	石油类/(mg/L)	≤5
余氯/(mg/L)	≥0.1	细菌总数(菌落数)/(个/mL)	<1000

5.2 循环冷却水系统控制指标

5.2.1 以地表水、地下水及海水淡化水做补充水水源时

5.2.1.1 换热设备传热面水侧污垢热阻值应小于 $3.0×10^{-4}\,m^2\cdot K/W$。

5.2.1.2 换热设备传热面水侧黏附速率不大于 $15mg/(cm^2\cdot月)$，石油化工行业不大于 $20mg/(cm^2\cdot月)$。

5.2.1.3 碳钢换热设备传热面水侧腐蚀速率小于 0.075mm/a，铜合金和不锈钢换热设备传热面水侧腐蚀速率小于 0.005mm/a；海水淡化水为补充水时，碳钢换热设备传热面水侧腐蚀速率小于 0.10mm/a，铜合金和不锈钢换热设备传热面水侧腐蚀速率小于 0.005mm/a。

5.2.1.4 循环冷却水异养菌总数不大于 $1.0×10^5$ 个/mL。

5.2.1.5 循环冷却水生物黏泥不大于 $2.0mL/m^3$，石油化工行业不大于 $3.0mL/m^3$。

5.2.2 以再生水作为补充水的水源时

5.2.2.1 换热设备传热面水侧污垢热阻值应小于 $3.0×10^{-4}\,m^2\cdot K/W$。

5.2.2.2 换热设备传热面水侧黏附速率不大于 $20mg/（cm^2\cdot月）$，石油化工行业不大于 $25mg/(cm^2\cdot月)$。

5.2.2.3 碳钢换热设备传热面水侧腐蚀速率小于 0.075mm/a，铜合金和不锈钢设备传

热面水侧腐蚀速率小于 0.005mm/a。

5.2.2.4　循环冷却水异养菌总数不大于 1.0×10^5 个/mL。

5.2.2.5　循环冷却水生物黏泥不大于 4.0mL/m^3，石油化工行业不大于 5.0mL/m^3。

5.2.3　循环冷却水系统的浓缩倍数应符合表 3 的要求

表 3　循环冷却水浓缩倍数

补充水水源	浓缩倍数
地表水、地下水或海水淡化水	≥5.0
再生水	≥3.0

5.2.4　循环冷却水系统水质控制指标如表 4 的要求

表 4　循环冷却水水质控制指标

项目	要求使用条件	允许值
浊度/NTU	根据生产工艺要求确定	≤20
	换热设备为板式、翅片管式、螺旋板式	≤10
pH 值	—	7.0~9.2
钙硬度＋甲基橙碱度（以 $CaCO_3$ 计）/(mg/L)	—	≤1500
总 Fe/(mg/L)	—	≤1.5
Cl^-/(mg/L)	碳钢换热设备	≤1000
	不锈钢换热设备①	≤700
SO_4^{2-}/(mg/L)	—	≤2000
$Mg^{2+} \times SiO_2$（Mg^{2+} 以 $CaCO_3$ 计）/(mg/L)	—	≤25000
NH_4^+-N/(mg/L)	—	≤10
石油类/(mg/L)	非炼油企业	≤5
	炼油企业	≤10
COD_{Cr}/(mg/L)	地表水、地下水、海水淡化水	≤100
	再生水	≤150

① 不锈钢牌号为 TP316、TP316L 时，$Cl^- \leqslant 1000 \text{mg/L}$；不锈钢牌号为 TP317、TP317L 时，$Cl^- \leqslant 5000 \text{mg/L}$。

5.3　循环冷却水节水处理技术要求

5.3.1　提高循环冷却水的浓缩倍数

5.3.1.1　一般要求

补水水质、浓缩倍数能够满足本规范要求时，可采用 pH 值自然平衡处理技术，补水水质不符合要求，浓缩倍数不能满足本规范要求时，应对补充水或循环水（旁流水）进行处理，处理技术可采用软化、加酸、脱盐或部分脱盐等。

5.3.1.2　软化处理技术

5.3.1.2.1　水质软化处理技术有：石灰软化法、石灰-碳酸钠软化法、弱酸树脂离子交换法、钠离子交换法等。

5.3.1.2.2　软化水处理的水量应根据循环冷却水系统运行参数、循环水水质要求和软化处理后能达到的水质指标经技术经济比较确定，采用弱酸树脂离子交换法时还应考虑对循环冷却水 pH 值的影响。

5.3.1.2.3　软化处理过程中产生的废水应回收利用，如可作为冲渣水和熄焦水等，无利用价值并符合排放标准或经处理后符合排放标准的可外排。

5.3.1.3 脱盐或部分脱盐处理技术

5.3.1.3.1 脱盐或部分脱盐处理技术有：反渗透、离子交换（含弱酸弱碱树脂离子交换法）、电渗析、电容性去离子技术等。

5.3.1.3.2 脱盐或部分脱盐处理的水量应根据循环冷却水系统运行参数、循环水水质要求和脱盐处理后能达到的水质指标经技术经济比较确定。可采用对部分补水进行处理或部分循环冷却水进行旁流处理。

5.3.1.3.3 脱盐或部分脱盐处理时应尽可能的提高产水率，处理产生的浓水或者废水应回收利用，无利用价值并符合排放标准或经处理后符合排放标准的可外排。

5.3.1.4 加酸处理技术

5.3.1.4.1 加酸量应根据循环冷却水系统运行参数、循环水控制指标和补水水质指标确定。

5.3.1.4.2 采用加酸处理技术时宜使用浓硫酸，投加浓硫酸应采用自动加酸装置，并采取相应的安全措施。

5.3.2 循环水水质稳定处理技术

5.3.2.1 一般要求

对于循环冷却水处理无论采用 pH 值自然平衡处理技术，还是采用软化、加酸、脱盐或部分脱盐等处理技术，均需要进行水质稳定处理，包括阻垢、缓蚀、微生物控制和清洗预膜技术。

5.3.2.2 阻垢缓蚀处理技术

5.3.2.2.1 阻垢缓蚀剂品种的选择及其用量，应根据补充水水质和循环冷却水系统材质按 GB/T 16632、GB/T 18175、HG/T 2160 对水处理药剂进行阻垢缓蚀性能评价。

5.3.2.2.2 应选择高效、稳定、配伍性良好的环境友好型阻垢缓蚀剂。

5.3.2.3 微生物控制技术

5.3.2.3.1 应根据微生物的种类如异养菌、铁细菌、硫酸盐还原菌、硝化菌等选择适宜的杀生剂或其他控制技术。

5.3.2.3.2 为避免微生物产生抗药性，应交替使用氧化型杀生剂和非氧化型杀生剂。

5.3.2.3.3 定期投加黏泥剥离剂。

5.3.2.4 清洗和预膜技术

5.3.2.4.1 循环冷却水系统开车前宜进行清洗和预膜处理。

5.3.2.4.2 应根据换热设备传热表面的污垢腐蚀情况及生产工艺状况，选择相应的清洗剂和清洗方式。

5.3.2.4.3 预膜剂及预膜方案应根据换热设备的材质、水质、温度等条件确定。

5.3.3 再生水回用处理技术

5.3.3.1 鼓励使用再生水作为补充水，当其用量占总补水量的 50% 以上时，再生水的水质应符合本标准再生水的指标要求。

5.3.3.2 以再生水做补水的循环冷却水系统应加强杀菌处理，对于含有铜材设备的需考虑氨氮的影响。

5.3.3.3 循环水排污水的利用

应建立分级用水制度，并建立不同水种的管网；在水平衡许可的条件下，清循环水的排污水宜作为下一级污循环、浊循环、冲灰水等的补充水使用。循环冷却水系统排水有害物质的含量应满足后续水处理系统水质要求，最终排放应满足 GB 8978 要求。

6　管理要求

6.1　应建立供水管网平面图、全厂水量平衡图、水处理系统流程图。

6.2　使用单位应结合本单位实际情况做好加药处理、补充水处理和旁流处理工作，确保污垢热阻值、黏附速率、腐蚀速度、异养菌总数、生物黏泥量、浓缩倍数、补充水水质、循环冷却水水质符合本规范的要求。

6.3　使用单位及时记录水处理药剂使用种类、数量和时间；认真做好补充水处理、旁流水处理、再生水处理设备的操作，并及时记录操作参数。

6.4　应建立水冷器日常检漏制度，应尽量减少循环冷却水系统跑、冒、滴、漏，降低循环水损失率。

6.5　循环冷却水系统除了在符合 HG/T 3778 规定的条件下进行化学清洗、预膜外，当出现下列条件之一者，也应及时计划安排化学清洗、预膜并对技术处理方案进行调整：

——换热设备传热面水侧污垢热阻值超过本规范的要求；

——换热设备传热面水侧黏附速率大于本规范的规定；

——碳钢换热设备传热面水侧腐蚀速率超出本规范的限定值。

6.6　循环冷却水系统应严格闭路循环，不得将循环水任意排放，也不得将其他不符合循环水补水标准的水排入循环水系统。

6.7　使用单位应建立以下制度：

——节水降耗效果评价制度；

——水处理药剂质量分析和性能评价制度；

——污垢热阻值、黏附速率、腐蚀速率、浓缩倍数定期评价制度；

——补充水、旁流处理水、循环冷却水水质定期分析制度；

——排污管理制度；

——垢样分析制度。

6.8　应对循环冷却水系统进出水温差、补充水量、旁流处理水量、排污水量、蒸发损失水量、风吹损失水量、非正常损失水量、循环水用作其他工艺用水量、循环冷却水量、浓缩倍数定期进行统计、分析：

——每个循环冷却水系统补充水管、冷却水出水管、排污管、循环水用作其他工艺用水管应装设具有瞬间指示和累计功能的流量计，补充水量、循环冷却水量、排污水量、其他工艺用水量按流量计统计；

——每个冷却塔进、出水管应分别设置温度测量装置；

——浓缩倍数。

循环冷却水浓缩倍数按式（1）计算：

$$N = \frac{\rho_{K循}}{\rho_{K补}} \tag{1}$$

式中，N 为循环水浓缩倍数；$\rho_{K循}$ 为循环冷却水中钾离子的质量浓度，mg/L；$\rho_{K补}$ 为补充水中钾离子的质量浓度，mg/L。

注：也可采用在系统中相对稳定的其他离子。

6.9　使用单位每天应记录补充水量、排污水量、循环冷却水量，并计算浓缩倍数。每月应对其进行统计分析。

6.10 定期对水质进行全分析，检测指标参见附录 A 和表 A.1。

6.11 定期对垢样进行全分析，检测指标参见附录 A 表 A.2。

6.12 按如下要求，腐蚀速率每月至少监测一次：

——腐蚀试管、腐蚀试片的材质应与换热设备传热面的材质相同；

——腐蚀试片的制作应符合 HG/T 3523 的规定；

——腐蚀试管的孔径应经计算确定，腐蚀试管内的流速应与换热设备传热面的流速相同，腐蚀试管的制作技术要求可参照 HG/T 3523 的规定；

——每月按失重法监测腐蚀试管、腐蚀试片的腐蚀速率，监测装置内同时放置有腐蚀试管和腐蚀试片的，以腐蚀试管的腐蚀数据为准，腐蚀试片数据作参考；

——腐蚀速率应符合本规范的规定，当腐蚀速率超过规定时，应查明原因，及时处理。

6.13 黏附速率每季度至少监测一次，当黏附速率超过本规范规定时，应查明原因，及时处理。

6.14 每周监测异养菌总数一次，当异养菌总数超过本规范规定时，应查明原因，及时处理。

6.15 每周监测生物黏泥一次，当生物黏泥超过本规范规定时，应查明原因，及时处理。

6.16 应严格管理塔池出口滤网，防止杂物堵塞水冷器。

附录 A （资料性附录）标准中所使用的表式

表 A.1、表 A.2 分别给出了水质分析、垢样分析用表的表式。

表 A.1 水质分析表

单位名称		分析项目		取样日期	
		水样名称		取样人姓名	
分析项目	补充水 mg/L	循环水 mg/L	分析项目	补充水 mg/L	循环水 mg/L
K^+			pH 值		
Ca^{2+}			总硬度		
Mg^{2+}			酚酞碱度		
可溶性铁			总碱度		
Cu^{2+}			耗氧量		
氨氮			悬浮物		
OH^-			溶解固形物		
HCO_3^-			电导率		
CO_3^{2-}			浊度		
Cl^-			溶解氧		
SiO_3^{2-}			油含量		
SO_4^{2-}					
总磷					
NO_3^-					
NO_2^-					
总铁					
浓缩倍数					
黏泥量					
细菌数					
备注	可按需要选择测定项目				
分析			审核		

表 A. 2　垢样分析报告

单位名称：		系统名称：	
取样设备位号：		取样部位：	
取样名称：		报告日期：	
取样日期：		分析者：	
项目		结果	
外观			
550℃灼烧失重/%			
950℃灼烧失重/%			
CaO/%			
Fe_2O_3/%			
P_2O_5/%			
MgO/%			
ZnO/%			
SiO_2/%			
Al_2O_3/%			
CuO/%			
其他			
备注		可按需要选择测定项目	
取样部位照片		取样部位照片	

参考文献

[1] 郭飞. 循环冷却水处理技术 [M]. 北京：化学工业出版社，2014.

[2] 赵杉林，张金辉，李长波，等. 工业循环冷却水处理技术 [M]. 北京：中国石化出版社，2014.

[3] 唐受印，戴友芝. 工业循环冷却水处理 [M]. 北京：化学工业出版社，2003.

[4] 刘智安，赵巨东，刘建国. 工业循环冷却水处理 [M]. 北京：中国轻工业出版社，2017.

[5] 于水利. 全国勘查设计注册公用设备工程师给水排水专业执业资格考试教材，第 1 册，给水工程 [M]. 北京：中国建筑工业出版社，2021.

[6] 杨宝红，汪德良，王正江. 火力发电厂废水处理与回用 [M]. 北京：化学工业出版社，2006.

[7] 周柏青，陈志和. 热力发电厂水处理 [M]. 4 版. 北京：中国电力出版社，2009.

[8] 李培元. 火力发电厂水处理及水质控制 [M]. 2 版. 北京：中国电力出版社，2008.

[9] 丁桓如，吴春华，龚云峰. 工业用水处理工程 [M]. 2 版. 北京：清华大学出版社，2014.

[10] 郑淳之. 水处理剂和工业循环冷却水系统分析方法 [M]. 北京：化学工业出版社，2001.

[11] 全国化学标准化技术委员会水处理剂分会编. 循环冷却水水质及水处理剂标准应用指南 [M]. 北京：化学工业出版社，2003.

[12] 高秀山. 火电厂循环冷却水处理 [M]. 北京：中国电力出版社，2002.

[13] 金熙，项成林，齐冬子. 工业水处理技术问答 [M]. 4 版. 北京：化学工业出版社，2010.

[14] 何铁林. 水处理化学品手册 [M]. 北京：化学工业出版社，2003.

[15] 宋业林. 水处理技术问答 [M]. 北京：中国石化出版社，2002.

[16] 郑书忠. 工业水处理技术及化学品 [M]. 北京：化学工业出版社，2010.

[17] 钱易，唐孝炎. 环境保护与可持续发展 [M]. 北京：高等教育出版社，2000.

[18] 刘奥灏，李国忠，钱晓斌，等. 水质稳定剂阻垢性能评价方法对比研究 [J]. 工业水处理，2014，34（6）：25-28.

[19] 姜琪，闫锟，许建学. 火电厂循环水处理水质稳定剂阻垢性能评价方法的研究 [J]. 热力发电，2004，（6）：62-64.

[20] 胡大龙，许臻，杨永，等. 火电厂循环水排污水回用处理工艺研究 [J]. 工业水处理，2019，39（1）：33-36.

[21] 张贵权，贾明书，王力峰. 湍流凝聚接触絮凝沉淀给水处理技术在原水预处理系统中的应用 [J]. 气象水文海洋仪器，2005，（2）：34-36.

[22] 徐浩，袁孟孟，罗清林，等. 电化学水垢去除技术中试实验研究 [J]. 工业水处理，2019，39（7）：37-41.

[23] 林纬，袁蛟，徐建民，等. 阴极材料及结构对电化学法水处理性能的影响 [J]. 工业水处理，2019，39（7）：81-84.

[24] 叶春松，郝洪铎，王天平，等. 微生物菌剂处理循环冷却水的作用原理及其工业应用试验 [J]. 环境工程，2019，37（8）：42-46.

[25] 李兴峰，李芳军，郭豪，等. 一种新型循环冷却水系统生物处理技术 [J]. 清洗世界，2012，28（2）：1-6.

[26] 黄建军，李育宏. 臭氧技术在循环冷却水处理中的应用 [J]. 供水技术，2009，3（1）：27-31.